한없이 사악하고
더없이 관대한

인간 본성의 역설

한없이 사악하고
더없이 관대한

The Goodness Paradox

인간 본성의 역설

리처드 랭엄 지음 | 이유 옮김

⊗ 을유문화사

한없이 사악하고
더없이 관대한
인간 본성의 역설

발행일
2020년 11월 30일 초판 1쇄
2021년 4월 5일 초판 3쇄

지은이 | 리처드 랭엄
옮긴이 | 이유
펴낸이 | 정무영
펴낸곳 | (주)을유문화사

창립일 | 1945년 12월 1일
주   소 | 서울시 마포구 서교동 469-48
전   화 | 02-733-8153
팩   스 | 02-732-9154
홈페이지 | www.eulyoo.co.kr
ISBN 978-89-324-7431-1 03400

엘리자베스에게

일러두기

1. 본문의 원주(출처 표기 및 관련 부가 설명)는 숫자로 표시하고 모두 후주로 하였고, 내용 이해를 돕기 위해 옮긴이가 만든 주석은 본문 하단에 달았습니다.
2. 원서의 이탤릭체는 고딕체로 표기했습니다. 단 '호모 사피엔스', '호모 에렉투스'와 같은 인류를 분류한 학명은 처음에 나올 때 한 번 고딕체로 표기하고 이후부터는 일반 서체로 표기했습니다.

프롤로그

내가 경력을 쌓아 가기 시작했을 때는 50년이 지난 지금 내가 인간에 관한 책을 출판한다는 사실을 알았더라면 놀랐을 것이다. 1970년대에 나는 탄자니아에서 침팬지와 관련된 제인 구달Jane Goodall의 프로젝트를 수행하는 대학원생이었다. 하루 종일 자연 서식지에서 유인원을 따라다니며 보내는 것은 기쁜 일이었다. 내가 하고 싶은 일은 동물을 연구하는 것이었고, 1987년 우간다의 키발레 국립공원에서 야생 침팬지에 대한 나만의 연구를 시작했다.

그러나 야생에서의 연구는 너무나 흥미로운 구석이 많아서 혼란스러웠다. 침팬지는 가끔 폭력을 행사한다. 나는 이런 행동에 대한 진화론적인 해석을 하기 위해 침팬지를 자매 종인 보노보와 비교했다. 1990년대에 보노보에 대한 연구가 본격적으로 시작되었다. 침팬지와 보노보는 비범한 쌍으로 입증되었으며, 보노보는 침팬지보다 상대적으로 훨씬 더 평화적이다. 나는 이 책에서 설명된

다양한 공동 연구를 통해, 특히 브라이언 헤어Brian Hare와 빅토리아 우버Victoria Wobber와 공동으로 진행한 연구를 통해 보노보가 침팬지와 같은 조상으로부터 길들이기된 것 같다고 결론을 내렸다. 우리는 그것을 "자기 길들이기self-domestication"•라고 명명했다. 그리고 인간의 행동은 종종 길들이기된 동물의 행동과 유사하다고 생각되므로, 보노보에 대한 통찰은 인간 진화에 대한 교훈을 제공한다. 이로부터 발견한 중요한 사실은 우리 사회의 공동체 내에서는 싸우는 경향이 적다는 것이다. 대부분의 야생 포유류와 비교할 때, 우리는 매우 관대하다.

　그러나 나는 인간이 어떤 면에서 눈에 띄게 반응적이지 않지만, 다른 면에서 매우 공격적인 종이라는 것을 알고 있었다. 나는 1996년에 데일 피터슨Dale Peterson과 함께 쓴 『악마 같은 남성: 유인원과 인간 폭력의 기원Demonic Males: Apes and the Origins of Human Violence』•이란 책에서 침팬지와 인간의 공격의 유사성을 진화론적으로 설명했다. 인간 사회에서 폭력의 확산은 피할 수 없으며, 그것을 설명하는 진화론은 타당해 보인다. 그렇다면 길들이기된 성질과 끔

• 자기 길들이기: '길들이기'는 특정 동물 종에서 공격성이 줄어들고 참을성이 증가하는 과정을 가리킨다. 길들이기된 동물은 야생동물과 달리 사육이 가능하고 인간에게 경제적 이득을 준다. 동물을 길들인다는 의미는 인간이 의도를 가지고 동물을 선택적으로 교배시켜 신체적 특성, 행동적 특성을 인간 필요에 맞게 변화시키는 과정이다.
　'자기 길들이기'는 인간이 인위적으로 개입하지 않아도 야생 동물이 행동과 신체의 변화를 나타내는 것이다. 자기 길들이기 과정은 이 책에서 이야기하듯이 인간에게서도 나타나는데 인간이 사회화 과정을 거치면서 친사회성을 높이는 방향으로 진화했다는 것이다. 즉 스스로 덜 공격적인 방향으로 동물적 본성을 억제해 사회에 맞춰 가는 것이다. 최근 연구에 의하면 현생 인류인 호모 사피엔스가 네안데르탈인이나 데니소바인 같은 친척들과 유전학적으로 갈라진 뒤 공격성을 줄이는 방향으로 스스로가 길들이기되었다고 한다. 길들이기된다거나 익숙해진다는 것의 생물학적 용어로는 '가축화domestication'가 있다. 이 책에서 언급한 '길들이기되다'는 '가축화하다'의 의미도 포함한다.
• 『악마 같은 남성』, 리처드 랭엄·데일 피터슨 지음, 이명희 옮김, 사이언스북스, 1998

찍한 폭력을 행사할 수 있는 능력은 어떻게 조정될 수 있을까? 지난 20년 동안 나는 이 질문에 대해 고민했다.

이 책에서 설명하는 결론은 우리의 사회적 관용과 공격성이 보이는 것처럼 반대되는 것이 아니라는 것이다. 왜냐하면 두 가지 행동은 서로 다른 유형의 공격성을 포함하고 있기 때문이다. 우리의 사회적 관용은 반응적 공격을 하는 경향이 상대적으로 낮은 데서 온 반면, 인간을 치명적인 존재로 만드는 공격은 주도적 공격이다. 우리 종이 어떻게 이러한 두 가지 경향(낮은 반응적 공격과 높은 주도적 공격)을 결합시키게 되었는지에 대한 이야기는 알려진 바가 없다. 그 이야기는 인류학, 생물학, 심리학의 많은 분야로 우리를 데리고 갈 것이며, 의심할 여지 없이 계속 발전할 것이다. 그러나 나는 이미 그 이야기가 우리의 행동 및 도덕적인 경향의 진화뿐만 아니라 **호모 사피엔스**_Homo sapiens_가 어떻게 그리고 왜 존재하는지에 대한 매혹적인 질문과 관련해 풍부하고 신선한 관점을 제공한다고 믿는다.

이 책에 실린 많은 자료는 논문으로만 발표된 매우 새로운 것들이다. 나의 목표는 이 풍부한 전문적 문헌들과 그것들이 담고 있는 광범위한 의미를 쉽게 이해할 수 있게 만드는 것이다. 나는 동아프리카와 중앙아프리카의 많은 서식지를 걸었고, 보았고, 들었던, 침팬지를 연구하는 사람의 눈을 통해 이 주제에 접근한다. 유인원과 함께 며칠을 보내는 특권을 지닌 사람들은 홍적세에서 불어오는 산들바람에 감동을 받는다. 과거의 로맨스, 우리 조상의 이야기는 스릴이 넘치며, 깊은 시간 속에 있는 현대적 마음의 기원을 찾는 미래 세대에게 무수한 수수께끼가 남겨져 있다. 선사 시대와 우리에 대한 이해가 넓어지는 것이 유일한 성과는 아니다. 만약 우리가 잘 알고 있는 세계 너머에 있는 세계에 마음을 연다면, 아프리카의 대기에서 영감을 받은 꿈은 우리 인간 정신에 대한 더 강하고 안전한 관점으로 이어질 것이다.

차례

3부 어제 그리고 내일

서론
인류 진화에서 나타난 미덕과 폭력성

아돌프 히틀러Adolf Hitler의 비서였던 트라우들 융게Traudl Junge는 8백만 명을 학살하고 그에 더해 수백만 명의 죽음에 책임이 있는 히틀러가 쾌활하고 친절하며 아버지 같은 사람이었다고 말했다. 히틀러는 채식주의자이면서 그의 반려견 블론디를 사랑했고 블론디가 죽었을 때 슬픔에 잠겼던 동물 학대 혐오자였다.

캄보디아의 지도자 폴 포트Pol Pot는 국민의 사분의 일을 죽이는 정책을 폈지만, 지인들한테는 부드럽고 친절한 프랑스 역사 선생님이었다.

이오시프 스탈린Iosif Stalin은 18개월 동안 교도소에 있으면서 항상 놀랍도록 조용했고 절대 소리를 지르거나 욕을 하지 않았다. 사실 스탈린은 모범수였고 정치적인 편의를 위해 절대로 수백만 명을 학살할 사람은 아니었다.

아주 악한 사람도 유순한 면이 있기 때문에 우리는 그들의 범죄를 합리화하거나 변명하게 될까 봐 그들이 친절했다는 것을 강조하는 데 주저하게 된다. 하지만 그런 사람들은 인간에 대한 호기심을 불러일으키는 사실을 일깨운다. 우리는 동물들 중에서 단지 가장 영리한 것만은 아니라는 것이다. 우리는 드물면서도 혼란스러운 도덕적인 경향들의 조합을 가지고 있다. 우리 인간은 가장 악한 종이기도 하고 가장 선한 종이기도 하다.

1958년 극작가이면서 작사가였던 노엘 카워드Noël Coward는 인간의 이러한 이중성을 포착했다. 그는 제2차 세계대전을 겪었고, 인간성에 악한 면이 있다는 것은 그에게는 아주 분명한 점이었다. 그는 "인류의 타고난 어리석음, 잔인함, 미신을 고려할 때 인류가 지금까지 어떻게 유지해 왔는지 상상하기 힘들다. 수 세기에 걸친 인간의 마녀사냥, 고문, 속임수, 학살, 편협함, 야성적 무익함은 믿어지지 않는다."라고 썼다.[1]

그러나 인류는 대부분의 시간을 합리성, 친절, 협동을 바탕으로 어리석음, 잔인함, 미신에 정반대되는 훌륭한 일들을 하는 데 보낸다. 인류를 다른 종과 구별하게 만드는 기술과 문화의 경이로움은 우리가 갖고 있는 지능과 더불어 합리성, 친절, 협동 때문에 가능하다. 카워드가 제시한 예들은 지금까지도 반향을 불러일으킨다.

우리는 죽은 심장을 가슴에서 꺼내 교묘하게 손을 본 후에 새것처럼 기능하는 심장을 도로 집어넣을 수 있다. 우리는 하늘을 정복할 수 있다. 스푸트니크*는 지구 주위를 윙윙거리며 돌 수 있고, 우리의 통제와 인도를 받을 수 있다. (…) 그리고 「마이 페어

• 스푸트니크Sputnik: 소련이 1957년 10월 4일에 타원형의 지구 저궤도로 발사한 최초의 인공위성

서론

레이디」는 어젯밤 런던에서 공연되었다.

심장 수술, 우주여행, 익살스러운 오페라는 우리의 먼 조상을 놀라게 할 만한 우리의 진보한 결과들이다. 그러나 진화론적 관점에서 더 중요한 것은 그런 결과들이 관용, 신용, 이해를 통해 함께 일할 수 있는 능력에서 나온다는 것이다. 그러한 특질들을 보면 우리종은 예외적으로 선한 종이라고 생각하게 된다.

요약하면 인간성의 아주 기이한 점은 인간의 도덕적 범위가 말할 수 없이 사악한 데서부터 애끓도록 관대한 데까지라는 것이다. 생물학적인 관점에서, 그런 다양성은 아직 풀리지 않은 문제를 제시한다. 만약 우리가 착하게 진화했다면, 우리는 왜 악하기도 한 것인가? 또는 만약 우리가 사악하게 진화했다면 우리는 왜 그렇게 온화한 것인가?

인간의 선과 악의 조합은 현대의 산물이 아니다. 최근 수렵 채집인들의 행동과 고고학적 자료를 보고 판단해 보건대, 수십만 년 동안 인간은 음식을 나누었고, 분업을 했으며, 가난한 사람들을 도왔다. 빙하기의 우리 조상은 여러 면에서 철저하게 관대했고 평화로웠다. 그러나 같은 자료에 따르면 우리의 선조는 나치만큼 잔인무도하게 약탈, 강간, 고문, 처형 등의 여러 만행을 저지르기도 했다. 확실히 오늘날 인간이 엄청나게 잔인하고 폭력적일 수 있는 능력은 어떤 한 집단에만 국한되지 않는다. 여러 가지 다양한 이유로 인해 어떤 사회는 수십 년 동안 평화를 누린 반면 어떤 사회는 상당히 폭력적인 사건들을 경험했다. 그러나 이것은 시간이나 장소에 따라 인간의 선천적인 심리학이 다르다는 것을 의미하진 않는다. 인간은 모든 곳에서 미덕과 폭력에 대해 동일한 성향을 보여 왔다.

아기들은 성향상 유사한 모순을 보인다. 아기들은 말을 할 수 있기 이전에 미소를 짓고 까르륵 웃을 수 있고 때로는 도움을 필요로 하는 어른들을 돕는데, 이는 우리가 다른 사람을 믿는 선천적인 경향을 갖고 있다는 놀라운 증거다. 그러나 어떤 때는 그렇게 마음이 넓던 아기가 원하는 것을 얻기 위해 상당히 자기중심적으로 비명을 지르고 분노한다.

이러한 이타성과 이기성의 역설적인 조합에 대해 전형적으로 두 가지 설명이 있다. 이 두 가지 설명 모두 우리의 사회적 행동이 상당히 우리의 생물학에 의해 결정된다는 전제를 갖고 있다. 두 가지 설명은 또한 우리의 뚜렷한 두 가지 경향이 유전적 진화의 산물이라고 가정한다. 그러나 유순함 또는 공격성 중에 어느 쪽을 기본으로 생각하는지가 두 설명의 다른 점이다.

한 가지 설명은 관용과 유순함이 선천적인 인간성이라고 가정한다. 이 관점에 따르면, 우리는 근본적으로 선함에도 불구하고 타락할 수 있다는 점이 우리가 영원히 평화롭게 사는 것을 방해한다. 어떤 종교 사상가들은 이러한 사태 때문에 "악마" 또는 "원죄"와 같은 초자연적인 힘을 비판한다. 세속적인 사상가들은 대조적으로 악이 족장제, 군국주의, 제국주의 또는 불평등과 같은 사회적 힘들에서 생긴다고 생각한다. 어느 쪽이든, 우리는 선하게 태어났지만 타락할 수 있다고 가정한다.

다른 설명은 우리가 악한 것이 선천적이라고 주장한다. 우리는 이기적이고 경쟁하도록 태어났으며, 부모, 철학자, 목사, 선생님 또는 역사적 교훈에 따른 금지를 포함한 교화력에 의한 자기-발전적 노력이 없다면 계속 그렇게 이기적이고 경쟁적이 된다는 것이다.

수 세기 동안, 사람들은 이러한 상반되는 관점들 중 하나를 택

함으로써 혼돈스런 세상을 좀 더 단순하게 이해해 왔다. 장-자크 루소Jean-Jacques Rousseau와 토머스 홉스Thomas Hobbes는 각각 이 두 관점을 대표하는 고전적인 우상들이다. 루소는 인간성이 선천적으로 선하다는 쪽을 대표하고 홉스는 악하다는 쪽을 대표한다.[2]

양쪽 모두 장점이 있다. 인간이 선천적으로 친절한 경향이 있는 만큼 공격으로 이어질 수 있는 자발적으로 이기적인 경향이 있다는 증거는 많다. 어느 누구도 한 가지 경향이 다른 경향보다 생물학적으로 의미가 있다거나 진화적으로 영향이 있다고 말하지 못한다.

정치가 개입되면 이 논쟁을 가라앉히기는 더 힘들어진다. 왜냐하면 이 추상적이고 이론적인 분석들이 사회적인 중요성을 가진 논쟁이 되면, 양쪽 모두 입장을 굳히기 때문이다. 만약 당신이 루소주의자로서, 절대적인 인간선人間善에 대한 믿음을 가지고 있다면 당신은 대중에 대한 신뢰를 바탕으로 평화를 사랑하고 태평한 태도로 사회 정의를 위한 개혁을 수행할 것이다. 만약 당신이 홉스주의자로서, 인간의 행동 동기에 대한 냉소를 가지고 있다면 당신은 사회적 통제, 계급의 생성, 전쟁의 불가피성을 받아들일 것이다. 논쟁은 점점 더 생물학이나 심리학에서 멀어지게 되고 점점 더 사회적 원인, 정치적 구조, 도덕적 우위를 강조하게 된다. 단순히 해결할 수 있다는 전망은 당연히 적어진다.

나는 이 근본적인 인간성에 대한 혼란으로부터 탈출할 수 있을 것이라고 생각한다. 우리는 어느 쪽이 잘못인지 증명한다기보다는 이 논쟁을 한다는 것이 타당한 일인지 물어보아야 한다. 아기는 우리를 바른 방향으로 안내한다. 말하자면 루소와 홉스의 견해는 그들의 입장에서 모두 옳다. 루소의 주장대로 우리는 선천적으로 선하다. 그리고 홉스의 주장대로 우리는 선천적으로 악하다. 모든 사람은 선하거나 악할 잠재력을 가지고 있다. 우리의 생물학은 우리가 갖고 있는 상반된 성격들을 결정하고 사회는 두 경향을 변화시킨다. 우리의 선함은 우리의 이기심이 과장되거나 줄어들 수 있는 것과 같이 강화되거나 타락할 수 있다.

일단 우리가 선천적으로 착한 동시에 악하다는 것을 받아들인다면, 헛되고 오래된 논쟁은 멋지고 새로운 문제로 변한다. 만약 루소를 지지하는 자들과 홉스를 지지하는 자들이 모두 부분적으로 옳다면, 우리가 갖고 있는 행동 경향들의 이상한 조합은 어디서 오는 것인가? 우리는 우리와 다른 종, 특히 조류와 포유류에 대한 연구를 통해 자연 선택이 여러 가지 성격을 선호한다는 것을 알고 있다. 어떤 종들은 상대적으로 덜 경쟁적이고, 어떤 종들은 공격적이며, 다른 종들은 양쪽 모두일 수 있고, 또 어떤 종들은 둘 다 아닐 수 있다. 인류를 이상하게 만드는 조합은 우리가 정상적인 사회적 상호 작용에서는 상당히 점잖으면서 어떤 상황이 되면 누구를 죽일 만큼 공격적이 된다는 것이다. 어떻게 이럴 수 있는 것일까?

진화생물학자들은 1973년 유전학자 테오도시우스 도브잔스키 Theodosius Dobzhansky가 국립 생물학 교사협회를 대상으로 한 연설에서 힘차게 말한 원리를 따른다. "진화 없이는 생물학에서 어떤 것도 설명할 수 없다." 그러나 진화론을 어떻게 가장 잘 이용할 것인가에 대해서는 아직 논쟁 중이다. 이 책에서의 주된 질문은 영장류의 행동에서 무엇이 중요한가 하는 것이다.

전통적인 관점에서는 동물과 인간의 심성이 너무나 달라서 영장류는 인간성의 과학과 관계가 없다고 주장한다.[3] 토머스 헉슬리 Thomas Huxley는 이러한 입장에 도전한 최초의 진화생물학자였다.

1863년에 헉슬리는 유인원은 인간 행동과 인식의 기원에 대해 풍부한 단서를 제공한다고 주장했다. "나는 동물의 세계와 인간의 세계 간에 절대적인 경계가 없다는 것을 보여 주려고 노력해 왔다." 헉슬리는 반대자들의 반응을 예상했다. "나는 모든 곳에서 야수성과의 모든 진정한 제휴에서 벗어나게 하는 지식의 힘, 선과 악의 양심, 인간 애정의 가련한 부드러움을 부르짖는 소리를 들을 수 있다."[4] 이런 종류의 회의는 이해할 수 있는 것이고 완전히 사라진 것은 아니다. 2003년에 진화생물학자 데이비드 바라시David Barash는 인간의 행동을 생각할 때 인간이 유인원의 유산을 가지고 있는지에 대해서는 아주 의심스럽다고 주장했다.[5]

문화로 인해 수많은 행동의 변화가 일어났다. 어떤 사회는 평화롭고 어떤 사회는 폭력적이다. 어떤 사회는 모계로 씨족을 구성하는 반면, 어떤 사회는 부계로 구성한다. 어떤 사회는 성행위에 대한 엄격한 규칙이 있는 반면, 다른 사회는 그것에 대해 느슨하다. 다양성이 너무나 현저해서 다른 종들과 비교하는 데 있어 균등성은 부적절해진다. 인류학자 로버트 켈리Robert Kelly는 수렵 채집인들의 행동을 자세하게 조사한 이후, 인간의 행동이 어떤 특정한 형으로 특징지어진다는 생각을 버렸다. 그는 "원초적인 인간 사회라는 것은 없으며, 기본적인 인간 적응이라는 것도 없다. 보편적인 행동이라고 하는 것은 절대로 존재하지 않는다."라고 썼다.[6]

요약하면 인간의 행동에 대한 생각이 너무 다양해서 인간이 영장류와 공통으로 갖고 있는 특징이 없다는 것은 이해될 수 있다. 그러나 두 가지 강력한 주장이 이에 맞서고 있다.

한 가지 주장은, 인간의 다양성은 제한되어 있다는 것이다. 우리는 진정으로 특정한 형태의 사회를 형성한다. 인간은 비비처럼 무리를 지어서 살지 않고, 고릴라처럼 고립해서 살지 않으며, 침팬지나 보노보처럼 순전히 난잡한 사회에서도 살지 않는다. 인간 사회는 보다 큰 공동체 내의 가족으로 구성되며, 이러한 사회 형태는 인간이 갖고 있는 커다란 특징이고 다른 종과 구별되는 부분이다.

반면 다른 주장은, 인간과 유인원은 많은 점에서 진정으로 비슷하게 행동한다는 것이다. 진화론자 찰스 다윈Charles Darwin은 일찍이 "극도의 공포로 인해 털을 곤두세우는 것"이라든지 "극도의 분노로 인해 이를 드러내는 것"과 같은, 인간과 다른 동물들의 비슷한 감정 표현을 관찰했다. 이런 특정 표현들의 공통성은 우리가 공통 조상에서 유래했다는 것을 믿는다면 어느 정도 이해할 수 있는 것이라고 그는 썼다.[7]

우리가 미소를 짓고 얼굴을 찡그리는 것이 영장류와의 공통점이라는 사실은 흥미롭지만, 이는 1960년대부터 시작되어 계속 축적되고 있는 침팬지와 보노보의 행동에서 발견한 것들과 비교할 때 대단하지 않다. 침팬지와 보노보는 인간과 동일하게 가장 가까운 두 원숭이다. 그들은 놀라운 쌍을 이룬다. 침팬지와 보노보는 너무 비슷하게 생겨서 보노보가 발견된 이후 여러 해 동안 서로 다른 종으로 인식되지 못했다. 두 종 각각은 인간과 행동 면에서 상당히 유사하다. 그러나 침팬지와 보노보는 여러 면에서 사회적으로 반대다.

침팬지는 수컷이 암컷을 지배하고 수컷은 비교적 폭력적이다. 보노보는 암컷이 수컷을 종종 지배하고, 폭력을 행사하지 않으며, 에로티시즘이 종종 공격성을 대치한다. 두 종 간의 행동상의 차이는 현대 인간 세계에서 나타나는 경쟁적인 사회적 경향을 반영한다. 예를 들어 남녀 간의 이익 차이라든지, 한편으로는 계급, 경쟁,

권력 그리고 다른 한편으로는 인류 평등주의, 관용, 타협된 순응 간의 불일치다. 침팬지와 보노보가 그러한 원숭이의 본질적으로 상이한 버전을 상기시킴으로써 그 대립은 영장류학에서 전쟁 같은 것이 된다. 서로 다른 학파들이 우리의 조상 계보가 다른 계보보다 더 낫다고 추측하는 것이다. 앞으로 보게 되겠지만 침팬지 또는 보노보가 인간 행동의 기원이라고 지적하는 관념은 아주 도움이 되지 않을 것이다. 왜 침팬지와 보노보가 서로 다른 방향으로 인간과 유사한지 이해하는 것이 더 흥미로운 목표다. 침팬지와 보노보의 행동상의 대조는 이 책의 내용을 활기 있게 만드는 주요 질문이다. 말하자면 왜 인간은 보노보처럼 관대하면서 침팬지처럼 폭력적인가?

1장에서는 인간, 침팬지, 보노보 간의 행동상의 차이를 실증하는 것을 통해 연구를 시작한다. 수십 년의 연구는 공격성의 종 간 차이가 어떻게 진화했는지 제시한다. 공격성은 일차원적으로 낮은 수준에서 높은 수준으로 진행되는 경향이 있다고 여겨졌다. 그러나 우리는 현재 공격의 형태가 하나가 아닌 두 가지라는 것을 알고 있는데, 각각은 자체적으로 생물학적인 토대와 진화학적인 이야기를 품고 있다. 2장에서 나는 인간은 공격성이란 관점에서 확실히 이원적이라는 것을 보여 준다. 우리는 어느 면에서는 하등하고(반응적 공격reactive aggression), 다른 면에서는 고등하다(주도적 공격proactive aggression). 반응적 공격은 화를 버럭 낸다든지 몰아세우는 것과 같이 '화끈한' 형태다. 주도적 공격은 계획적이고 정교한, 즉 '냉정한' 공격이다. 따라서 우리는 두 가지 질문을 던질 수 있다. 우리는 왜 반응적 공격을 적게 하는가? 반면에 왜 우리는 주도적 공격을 더 잘하는가? 첫 번째 질문에 대해서는 우리의 미덕으로 설명하고, 두 번째 질문에 대해서는 우리의 폭력성으로 설명한다.

우리는 반응적 공격성이 낮기 때문에 상대적으로 유순하고 관용적이다. 관용은 야생 동물에서 아주 드물게 볼 수 있는 현상인데, 이는 인간이 보여 주는 특징 중 가장 극단적인 형태다. 그러나 관용은 길들이기된 동물에서도 발견할 수 있다. 3장에서는 길들이기된 동물과 인간의 차이에 대해서 언급할 것이고, 인간이 이전 인간의 조상에서 길들이기되었다고 생각하는 과학자들의 수가 늘어나는 이유를 보여 줄 것이다.

길들이기된 동물의 생물학에서 흥미로운 점들 중 하나는 연구자들이 유연관계가 없는 많은 종들 사이에 나타나는 수수께끼 같은 유사성을 이해하기 시작했다는 것이다. 예를 들어 왜 개, 고양이, 말은 종종 야생종과 달리 흰 털 뭉치를 갖고 있는가? 4장에서는 신체적 특징의 진화와 행동의 변화를 연결하는 새로운 이론을 설명한다. 인간은 인간이 길들이기된 종이라는 것을 합리화할 수 있는 신체적 특징을 가지고 있다. 2백 년 이상 전에 공표된 이 결론은 의문을 낳는다. 만약 인간이 길들이기된 종이라면 어떻게 길들이기되었는가? 누가 인간을 길들였는가?

보노보가 그 해결책을 제시한다. 5장에서는 보노보가 인간처럼 길들이기된 종의 많은 특징을 지닌다는 증거들을 살펴본다. 보노보는 분명 인간에 의해 길들이기되지 않았다. 보노보의 길들이기는 인간의 영향을 받지 않고 자연스럽게 일어났다. 보노보는 스스로 길들이기된 것이 틀림없다. 그런 진화적 전환은 야생종들 사이에서 만연해 보인다. 만약 그렇다면 인간 조상이 자기 길들이기된 것은 예외일 수 없다. 6장에서는 약 30만 년 전부터 호모 사피엔스가 길들이기 증후군domestication syndrome을 가졌다는 증거들을 추적한다. 놀랍게도 왜 호모 사피엔스가 출현했는지 설명하려는 시도가 거의 없었으며, 심지어 가장 최근의 인류고고학적 시나리오는 자연 선택이 왜 낮은 반응적 공격성을 갖는 비교적 관대하고 유순한 종을 선호했는지와 같은 질문을 제기하지 않았다.

자기 길들이기가 어떻게 일어났는지는 일반적으로 해결되지 않은 문제로서 상이한 종에 대하여 상이한 답들이 존재한다. 공격적인 개체가 다른 개체를 지배하지 못하게 하는 방법에서 그 단서들이 나온다. 보노보의 경우에는 공격적인 수컷이 협동하는 암컷들의 단결된 행동에 의해 주로 억제된다. 따라서 보노보의 자기 길들이기는 암컷이 공격적인 수컷을 벌함으로써 시작되었을 것이다. 소규모 인간 사회에서는 여성이 보노보가 하는 만큼 남성을 제어하지 않는다. 대신에 인간 사회에서 공격적인 남성을 제압하는 궁극적인 해결책은 성인 남성에 의한 처형이다. 7장과 8장에서, 나는 평등주의적 규범을 따르기 위해 권력을 휘두르는 남성을 처형하는 것에 대해 기술할 것이며, 또한 호모 사피엔스가 출현하고 나서 사형의 선택적인 힘을 통해 자기 길들이기되는 것이 왜 인간의 반응적 공격성을 감소시키는 원인이라고 믿게 되었는지 설명한다.

만약 자기 길들이기를 통해 반응적 공격에 대항하는 유전적 선택이 실제로 일어났다면, 우리는 인간 행동이 줄어드는 공격성을 넘어서 길들이기된 동물의 행동과 공통점이 있을 것이라고 기대해야 한다. 9장에서 나는 이 주장을 시험한다. 나는 7백만 년 동안 수많은 진화적 변화가 일어났기 때문에 인간과 유인원을 비교하는 것은 적절하지 않다고 강조한다. 대신에 나는 호모 사피엔스 이전 우리 조상을 대신하는 네안데르탈인이 인간과 적절한 비교 대상이라고 생각한다. 9장에서는 호모 사피엔스가 네안데르탈인보다 더 고도로 정교한 문화를 가졌다는 증거를 살펴본다. 나는 호모 사피엔스와 네안데르탈인 간의 차이는 아마 호모 사피엔스가 공통 조상이 지닌 공격성을 네안데르탈인보다 더 많이 상실했다는 데서 기인한다고 주장한다.

반응적 공격성이 낮아지는 경향은 관대한 협동력을 증진시키지만, 그것이 인간이 갖고 있는 사회적 미덕에 기여하는 유일한 원인은 아니다. 도덕성도 살아 있다. 10장에서는 우리의 진화된 도덕적 감수성이 왜 사람들로 하여금 비판을 받는 것을 두려워하게 만들었는지 질문한다. 나는 비판에 대한 감수성이 자기 길들이기의 원인이 된 한결같이 새로운 사회적 특징을 출현시킨 덕분에 진화적인 성공을 증진시켰을 것이라는 결론을 내린다. 바로 사형을 마음대로 할 수 있는 연합이다. 우리 조상의 도덕성은 복종하지 않은 죄를 지어 죽게 되는 것을 막는 데 도움을 주었다.

사형을 집행하는 데 공모하는 성인들(특히 남성들)의 능력은 모든 인간 사회의 특징인 주도적 공격을 사용하는 큰 사회적 통제 체계의 일부다. 11장에서는 인간이 이런 관점에서 침팬지보다는 훨씬 더 정교하지만 침팬지의 행동을 어떻게 모방하는지에 대해 검토할 것이다. 주도적 공격과 반응적 공격은 반대라기보다는 상보적이기 때문에, 반응적이고 감정적인 공격성이 진화적으로 억제되어 왔음에도 불구하고 주도적이고 계획적인 공격성이 분명히 선택될 수 있다. 따라서 인간은 선택한 적을 죽이기 위해 압도적인 힘을 사용할 수 있다. 이 인간의 고유한 능력은 변화시킬 수 있는 힘이 있다. 이 능력은 우리 사회가 다른 종보다 훨씬 더 포학한 계층적 사회관계를 만들도록 이끌었다.

친숙하고 중요한 주도적 공격성은 전쟁에서 나타난다. 따라서 12장에서는 공격의 심리가 전쟁에 영향을 주는 방식을 고려한다. 현대의 전쟁은 대부분 유사 이전의 집단끼리의 전쟁보다 훨씬 제도화되어 있지만, 주도적 그리고 반응적 공격에 대한 우리의 경향은 어떤 때는 군사적 목표를 증진시키지만 어떤 때는 목표를 방해하는 식으로 중요하게 작용한다.

13장에서는 미덕과 폭력 모두 인간의 삶에서 두드러진다는 역설에 접근한다. 해결책은 우리가 바라는 만큼 단순하지도 도덕적으로 바람직하지도 않다. 인간은 전적으로 선하지도 악하지도 않다. 우리는 동시에 양방향으로 진화해 왔다. 우리의 관용과 폭력 모두 우리가 현재 상태에 이르는 데까지 중요한 역할을 한 적응적 경향이다.* 우리 모두는 단순한 것을 바라기 때문에 인간성이 고결한 동시에 사악하다는 생각은 도발적인 것이다. 스콧 피츠제럴드F. Scott Fitzgerald는 "일급 지능 테스트는 상반된 두 가지 생각을 동시에 마음에 두면서도 여전히 기능하는 능력을 유지하는 것을 보는 테스트다."라고 말했다. 그리고 "나는 균형을 잡아야 한다. (…) 과거의 죽은 손과 미래의 높은 의도 사이의 모순 속에서."라고 덧붙였다. 나는 피츠제럴드의 생각을 좋아한다. 우리 조상이 도덕적 모순을 가졌다고 해서 우리가 누구인지에 대한 현실적인 평가를 주저해서는 안 된다. 우리가 그렇게 할 때, 희망을 높게 가질 수 있다.[8]

• 적응adaptation: 자연 선택의 결과로 일어나는 한 집단의 유전적 변화 과정이다. 즉 어느 특정한 기능에 관하여 한 형질의 평균적 상태가 향상되거나, 한 집단이 자신의 환경 중 어떤 특징들에 의해 더 적합하게 되는 것이다. 하나의 적응은 그 특징에 의해 일부 기능이 향상되는 선택 이득을 얻기 때문에 집단에서 유행하게 되는 하나의 특징이다.

1부

두 개의 문

1장
역설: 인간의 이중적 본성

나는 몇십 년 전에 콩고민주공화국의 외딴곳에서 평화로움의 생물학적 원천에 대해 생각하기 시작했다. 그 후 콩고민주공화국은 내전으로 인해 심하게 고통을 받았지만, 1980년에 엘리자베스 로스 Elizabeth Ross와 내가 이투리Ituri 숲에서 아홉 달간 신혼 생활을 시작했을 때는 고요했다.

우리는 두 쌍으로 이루어진 팀의 일부였다. 우리의 작업은 서로 이웃하고 있는 두 사회, 레세 농부들Lese farmers과 에페 약탈자들Efe foragers의 삶을 기록하는 것이었다. 레세 농부들이 살던 작은 마을들은 광활한 이투리 평야 안에 있었는데, 일부는 이웃까지 도보로 이틀 걸리는 거리에 있었다. 에페 피그미족은 같은 곳에 살았다. 에페족은 뿌리와 과일을 찾을 때, 숲속 깊은 곳에서 캠프를 했고, 가뭄이 들 때는 잘 알고 있는 마을 근처에 정착했다. 에페 여성들은 카사바, 바나나, 쌀을 받는 대가로 레세 농장에서 일했다.

우리는 레세 마을 가까이에 있는 조그맣게 개간한 땅에 잎으로 지붕을 만들고 진흙으로 벽을 만든 오두막에 살았다. 우리는 레세족의 언어인 킬레세KiLese 말을 할 줄 몰랐지만, 레세족과 정다운 대화를 할 수 있을 정도로 스와힐리어의 방언인 킹와나KiNgwana는 많이 알고 있었다. 이투리에 사는 사람들은 바깥세상을 거의 몰랐다. 그들의 경제 활동은 대부분 물물 교환으로 이루어졌다. 핵폭탄, 깡통 소다, 전기는 그들이 경험하지 못한 것들이었다.

에페 약탈자와 레세 농부들의 숙소는 작으면서 어두웠고 낮에는 숙소를 이용하지 않았다. 따라서 새벽부터 해가 질 때까지 생활은 개방되어 있었는데, 이는 우리가 낮에 그들의 공개된 행동을 기록할 수 있었다는 것을 의미했다. 우리는 그들을 관찰하고 따라다녔으며, 그들의 말을 경청했다. 우리는 그들과 음식을 나누어 먹었고 그들의 활동에 참여했다. 침팬지를 연구하고 그들의 난폭한 공격성을 본 행동생물학자로서 나는 주먹을 불끈 쥔 모습이나 활을 당기는 것과 같은 중요한 사건들이 발생할 가능성에 주의를 집중했다. 나는 대중들 간의 다툼은 차치하고 목청을 높이는 일조차 아주 드문 따분한 영국의 시골에서 자랐기 때문에 멀리 콩고인들이 정착해 있는 곳에서 공격성이 더 두드러질지 의문이었다.

그렇게 많은 사회적 상호 작용을 볼 수 있었던 것은 좋았지만, 공격성에 대해서는 관심을 끌 만한 것이 거의 없었다. 여러 사람이 코끼리 시체의 고기를 두고 경쟁해도, 간헐적으로 목청을 높이는 것 외에는 특별한 것이 없었다. 한번은 투구를 쓴 세 남자를 만났는데, 그들은 엉덩이에 사자 가죽을 걸치고 추장이 있는 마을로 가고 있었다. 세 남자는 그들의 10대 여동생들이 추장의 친족들에 의해 축제에 끌려갔다는 소식을 듣고 여동생들이 유혹당하는 것을 막으려고 했다. 그들은 폭력을 사용하지 않고 여자들을 구할 수 있었다.

우리는 어떤 에페 남자가 불이 붙은 장작으로 그의 아내를 때렸다는 이야기를 들었다. 분명히 다른 많은 사건들이 공개되지 않고 비밀리에 이야기되었겠지만, 우리가 목격한 유일한 상해는 사고와 질병에 의한 것들이었다.

이투리 사람들은 지구에서 가장 힘든 삶을 산 사람들에 속했다. 그들은 재배하거나 사냥하거나 불모의 숲에서 찾은 것들로 살아야 했기 때문에, 음식의 고갈, 가난, 불편, 현대 의학의 실질적인 도움을 받을 가망이 없는 병들을 일상적으로 접해야 했다. 그들의 문화적 예식은 종종 그들의 삶을 힘들게 했다. 그들은 여자들의 이를 잔인하게 쪼개서 미화했다. 그들은 조상들을 식인종으로 기억했다. 고기 통조림 깡통 표면에 붙어 있는 사진에 미소 짓는 사람들이 있었는데, 레세족들은 통조림 음식을 먹는 유럽인들도 식인종이라고 하면서 우리를 놀렸다. 장례식에서는 죽은 사람의 값어치를 두고 논쟁을 했다. 저 여자가 아이를 많이 생산하여 일곱 마리의 닭만큼의 가치가 있는 신붓감인가? 가장 이해할 수 있는 불행은 매일 몰상식한 공포를 만들어 내는 마력으로 인한 것이었다. 여러 면에서 이투리는 무엇이든지 일어날 수 있는 곳이었다.[1]

그러나 실제적인 고난과 이상한 미신을 넘어서, 레세족과 에페족은 그들의 기본적인 심리에 완전히 익숙해 있었다. 비논리적인 신념, 가난, 이상한 의술은 외딴 영국의 시골과 콩고민주공화국 양쪽에서 상이한 형태이긴 하지만 전부 존재했던 것들이다. 심성을 보면, 이투리 사람들은 영국의 시골 사람들과 잊을 수 없을 정도로 비슷하다. 그들은 아이들을 사랑하고, 애인을 놓고 싸우고, 소문에 대해 걱정하고, 같은 편을 찾고, 권력을 위해 교묘하게 행동하고, 정보를 교환하고, 이방인들을 두려워하고, 파티를 준비하고, 환영

의식을 하고, 처한 운명에 야단법석을 떤다. 그리고 아주 드물게 싸우는 것이다.

인간은 분명히 사회적 배경에 따라 다소 폭력적일 수 있다. 콩고 민주공화국에는 중앙 정부가 있었고, 이투리 사람들은 여러 면에서 정부로부터 독립해 있었지만, 전적으로 그런 것은 아니었다. 아마도 레세족과 에페족의 평온은 멀리 있는 수도 킨샤사에서 근본적으로 전해지는 문화적 발달의 영향으로 인한 문명화의 결과였을 것이다. 예를 들어 그곳에는 경찰력이 있었다. 경찰은 대부분 그 지역의 지도자의 친척 남성들이었다. 그들은 그들의 지위를 법을 집행하기보다는 마을을 착취하기 위해 사용했다. 가끔 이웃을 순찰하던 몇몇 경찰관이 몇 시간을 걸어 마을에 도착했다. 그들은 절대로 음식을 갖고 오지 않았다. 그래서 그들은 운이 나쁜 주인이 닭으로 벌금을 내게 할 사소한 이유를 찾았고, 그날 저녁에 닭을 먹고 나서 먹을 것을 뺏을 수 있는 한 오래도록 머물렀다. 세속적인 부패는 당연히 분노를 사서 경찰은 존경을 받지 못했다. 그럼에도 불구하고 이론적으로는, 더 큰 국가 기구와 소문난 관계를 맺고 있는 경찰의 임시적 존재로 인해 자발적인 분노의 표출이 완화되었을 수도 있다. 그러므로 현대의 사회적 영향들로 이투리에서 공격성의 정도가 감소되었다고 볼 수 있다.

한 집단이 정부로부터 진정으로 독립해 있을 때 똑같은 온화함이 유지되는지 알아보기 위해, 우리는 경찰력, 병력 또는 어떠한 다른 힘을 발휘하는 기관이 없는 사회를 고려해 볼 필요가 있다.

뉴기니는 드물게 국가에 의한 원격 개입으로부터 자유로우면서 진정한 무정부 상태로 살고 있다고 보고된 소규모 사회들이 있는 곳이다. 그들의 문화는 이웃 집단으로부터 공격을 받는 상시적 공포 속에서 살 때 사람들이 어떻게 행동하는지 보여 주기 때문에 특히 시사하는 바가 크다.

인류학자 칼 하이더Karl Heider는 그런 사회를 한 곳 방문했다. 그는 1961년 3월에 뉴기니 북쪽 해변에서 출발한 조그만 비행기를 타고 섬의 중심부를 향해 올라갔다. 그는 높은 산 장벽에서는 자유롭게 떠다니는 구름을 발견했고, 아래로는 푸르고 넓게 펼쳐져 있는 발리엠강의 그랜드 밸리를 보았다. 미군들은 1944년에 충돌로 인해 그곳에 비상 착륙을 했을 때 이 숨겨진 세계를 발견했다. 그들은 5만 명의 대니Dani 농부들이 구석기 시대에 있는 것처럼 생활하는 모습을 발견하고 나서, 그곳을 샹그릴라Shangri-La라고 순수하게 명명했다—샹그릴라는 1933년에 제임스 힐턴James Hilton이 쓴 『잃어버린 지평선Lost Horizon』이라는 허구적 낙원을 그린 소설에 나오는 계곡이다. 그러나 대니의 비옥한 땅에서 보이는 평화로운 모습은 어떤 면에서는 현혹하는 것이었다. 대니는 전혀 낙원이 아니었다. 대니는 전쟁의 온상이었다.[2]

대니족은 가장 높은 살인율 기록을 갖고 있었다. 하이더는 어떤 때는 확실한 희생자를 매복해서 습격하기 위해 기다리고 있는 소규모 남성 집단을 발견했다. 종종 전투가 벌어졌다. 두 마을이 대치 중인 곳에서 소규모 접전이 큰 전쟁으로 확대되어 125명의 마을 사람이 한 번에 죽었다. 유혈의 무시무시한 목록을 보면, 죽은 전사들을 추모하는 방식은 세 살짜리 소녀들의 손가락 하나를 제거하는 것이었다. 따라서 대니족 안에서는 제대로 된 손을 가진 여자가 없었다. 하이더의 계산에 의하면, 만약 나머지 세계가 대니족 같았다면, 20세기에 일어난 신물 나는 전쟁에서 생긴 1억 명의 사망자는

상상하기 힘든 20억 명으로 늘어났을 것이다.[3]

그러나 하이더가 대니족에 대해 책을 썼을 때, 그의 책 부제는 "평화로운 전사들"이었다. 그의 표현은 절대적인 인간 역설에 관심을 가지게 만들었다. 그곳은 가끔 있는 신체적 상해를 넘어, 평범한 삶의 고요함이 있는 곳이었다. 샹그릴라는 정말로 그랜드 밸리에 적절한 이름이었다. 대니족은 농부의 전형적인 안정감으로 돼지와 서양송로를 키웠다. 하이더는 사람들의 억제된 성질, 점잖은 태도, 화를 내지 않는 모습을 썼다. 이들은 상호적인 의존과 지지가 있는 시스템 속에서 살아가며, 평화적이고 남을 배려하는 사람들이었다. 그들 사이에 편안한 대화가 잠시 중단된 경우에는 노래와 웃음이 울려 퍼졌다. 절제와 존경이 그들 일상의 상호 작용에서 뚜렷하게 나타났다. 그들이 전쟁을 하지 않는 한, 대니족은 여러 면에서 조용하고, 철저하게 비공격적인 삶을 사는 평범한 시골 사람들이었다.[4]

대니족은 종족 내에서의 평화와 외부인에 대한 살인이 공존하는 외딴 뉴기니 고지의 전형적인 면을 보여 주었다. 다른 뉴기니 집단인 박타만Baktaman족은 플라이강의 상류에 살았다. 박타만족 사람 모두 침입에 저항했고 심지어 폭력을 이용했다. 영토 분쟁이 너무 심해서 그들 사회의 삼분의 일이 죽었다. 그러나 마을 안에서는 폭력이 극도로 통제되었고 "살인은 생각할 수 없었다".[5] 이는 파푸아 뉴기니의 중서부에 있는 타가리강 유역의 훌리Huli족도 같았다. 훌리족은 적을 탄압했지만 자기 마을 안에서는 폭력을 사용하지 않았다.[6] 뉴기니 사람들은 선교사와 정부와 접촉하고 나서 변했지만 그들이 개입하기 전까지 중요한 것을 보여 주었다. 계속되는 전쟁 중에 있던 사람들 사이에서라도 "내부의 평화"와 "외부의 전쟁" 사이에는 큰 구별이 존재했다는 것이다.

단지 다른 몇 곳에서만 뉴기니와 같이 정부의 영향을 받지 않는 독립적인 사회를 연구하기 위한 기회가 주어졌다. 인류학자 나폴리언 섀그넌Napoleon Chagnon은 1960년대 중반부터 약 30년 동안 베네수엘라에 있는 야노마뫼Yanomamö족의 외딴 집단을 연구했다.[7] 섀그넌은 비슷하게 현저한 대조를 발견했다. 마을들 간의 높은 치명적인 폭력률에도 불구하고, 마을에서는—심지어 섀그넌이 포악하다고 규정한 사람들마저—가족생활은 아주 조용했고 공격은 대부분 형식적인 결투로 제한되었다.[8]

인류학자 킴 힐Kim Hill과 막달레나 허타도Magdalena Hurtado는 아체Aché 집단이 성지에 정착한 직후에 벌어진 파라과이 아체 수렵채집인들의 집단 간 싸움을 기록했다. 아체 집단은 적을 현장에서 죽이기 위해 종전에 썼던 사냥 활과 화살을 이용했다고 보고되어 있다. 이로 인해 상당히 많은 사람이 죽었다. 힐과 허타도는 한 번에 수 주 동안 숲속을 같이 걷는 것을 포함하여, 17년 동안 아체 집단과 같이 일하면서, 집단 내에서는 몸싸움을 보지 못했다.[9]

몇 세기 전 탐험의 시대에, 유럽의 탐험가들은 아메리카를 포함하여 세계 각지의 독립적인 소규모 사회와 접촉했다. 법률가이자 작가, 시인인 마르크 레스카르보Marc Lescarbot도 그들 중 한 명이었다. 레스카르보는 1606년에서 1607년까지 1년 동안 동캐나다의 미크맥Mi'kmaq 인디언과 같이 살았다. 그는 그들의 폭식, 식인, 죄인에 대한 잔혹함을 보았지만, 그들의 미덕에 대해서도 분명히 알고 있었다. 그는 싸움이 거의 없었다고 말했다. "정의에 관한 한, 그들은 법이 없었다. (…) 그러나 남을 공격하지 말라는 대자연의 가르침이 있었다. 따라서 그들은 싸우는 일이 아주 드물었다." 레스카르보는 자신의 관찰 기록에 선천적으로 선함을 상징하는 "고상한 야만인"

이라는 개념을 남겼고, 이는 19세기 영국에서 유명해졌다. 오늘날 고상한 야만인에 대한 사상은 루소와 종종 연관되지만, 루소는 그 용어를 절대로 사용하지 않았다. 루소는 그가 사람들이 그가 그럴 것이라고 생각하는 만큼 인간은 자선을 잘 베푼다고 생각하지 않았다. 실제로 민족 음악가 테르 엘링슨Ter Ellingson이 이야기한 고상한 야만인 개념의 역사에 비추어 판단한다면, 루소가 갖고 있던 인간성에 대한 냉소적인 견해는 오늘날 그가 '루소주의자'라고 여겨지지 않을 것이라는 것을 의미한다! [10]

레스카르보는 소규모 사회의 내부적인 평화에 감명받은 많은 사람 중의 하나일 뿐이었다. 역사가 길버트 차이너드Gilbert Chinard에 의하면, 17세기가 끝날 즈음에, 수백만 명의 항해자는 원시인들이 선함goodness을 전수한다는 것을 알고 있었다. 그러나 그들의 '선함'은 같은 사회에 속한 사람들끼리만 적용되었다.[11] 1929년, 인류학자 모리스 데이비Maurice Davie는 오늘날 진실이라고 전해지는 합의된 이해를 요약했다. 말하자면 사람들은 다른 사회 사람들을 혹독하게 다루는 만큼 자기 사회에 속한 사람들을 좋게 대한다.

두 가지 도덕률이 존재하는데, 두 가지 사회적 관행 중 하나는 내부의 동지를 위한 것이고, 다른 하나는 외부의 이방인을 위한 것이다. 그리고 이 모두는 같은 이해관계에서 생긴다. 이방인들을 죽이고, 약탈하고, 피의 복수를 하고, 그들의 여자와 노예를 훔치는 것은 칭찬할 만한 일이지만, 집단 내에 있는 사람들한테는 어느 것도 허용되지 않는다. 왜냐하면 그런 행동은 불화와 연약함을 낳기 때문이다. 하지만 타일러Tylor는 말했다. "수Siux족은 용감한 사람이 되기 위해서는 사람을 죽여야 한다. 그리고 다약

Dyak족은 살인을 처벌한다. (…) 전쟁에서 적을 죽이는 것은 정당할 뿐만 아니라 고대의 법에서는 자기 부족 사람을 죽이는 것과 다른 부족 사람을 죽이는 것은 다른 등급의 죄라는 정책을 따랐다."[12]

사람이 전쟁에서 행해야 할 것과 집에서 행해야 할 것의 차이는 산업 국가의 군인들한테는 너무나 익숙한 것이다. 1936년의 스페인 내전은 전형적으로 잔인했다. 조지 오웰George Orwell은 주중에 최전선에서 공포를 경험했고 주말에 집으로 돌아온 자원자였다. 분위기가 바뀌는 것은 "급작스럽고 깜짝 놀랄 정도였다". 아수라장에서 기차를 잠깐 타고 나와 바르셀로나에만 가도 "뚱뚱하고 성공한 남자들, 우아한 여자들, 번드르르한 차들이 천지였다". 타로고나Tarogona에서는 "깨끗한 해변에서의 일상적인 생활은 거의 중단되지 않고 계속되었다".[13]

이투리의 숲과 뉴기니의 고원에서 세계 방방곡곡까지, 같은 유형이 나타났다. 정착지 밖에서 사람들의 삶이 전쟁으로 인해 소모되든 그렇지 않든 간에 사람들은 집에서 아주 평화로웠다. 콩고민주공화국에서 내가 경험한 것은 인간의 규범인 듯하다.

비교적인 관점에서 보면, '같은 공동체 내에서' 사람들끼리 신체적으로 공격하는 정도는 낮을 것이다. 도덕적 관점에서 우리 대부분이 바라는 정도보다는 높을지 몰라도 말이다. 진화심리학자 스티븐 핑커Steven Pinker는 지난 천여 년 동안 많은 나라에서 폭력으로 인해 죽는 확률이 감소했다고 기록했는데, 이는 우리 모두가 감사하게 생각해야 한다. 의심할 것 없이 만약 그런 사망률이 계속 감소한다면, 수백만 명의 삶이 더 행복해질 것이다.[14]

그러나 진화론적 관점에서 본다면, 인간 사회에서 신체적 공격의 정도는 아주 낮다. 침팬지는 인간과 가장 가까운 두 친척 중의 하나이기 때문에, 침팬지와 비교하면 이해가 쉬워진다. 침팬지는 사람 같지 않다. 야생 침팬지들과 하루 동안 지내면 공포스러운 비명 소리가 들리는 와중에 그들이 서로 쫓아다니고 때때로 때리는 모습을 목격할 기회를 얻는다. 매달 당신은 피 터지는 상처를 쉽게 볼 수 있다. 영장류학자 마틴 뮬러Martin Muller, 마이클 윌슨Michael Wilson과 나는 정상적인 침팬지 집단과 최근에 사냥과 모임을 중단한 정신 장애가 있는 호주 원주민 집단 사이의 차이를 정량했다. 호주 사람들 사이에서는 사회적 분열과 술이 신체적 공격을 특히 중독 수준까지 올리는 원인이라고 생각되었다. 그러나 아주 현저하게 폭력적인 인간 집단과 비교하더라도, 침팬지는 인간보다 수백 배 또는 수천 배 더 공격적이다. 인간들끼리 싸우는 빈도와 침팬지끼리 싸우는 빈도의 차이는 엄청나게 크다.[15]

보노보들은 인간과 가장 가까운 또 다른 종인데, 침팬지보다 마땅히 훨씬 더 평화적이라고 평판이 난 원숭이를 닮은 종이다. 그러나 보노보가 공격적이지 않은 것은 아니다. 최근의 장기간의 현장 연구에 의하면, 수컷 보노보들이 침팬지보다 절반 정도 덜 공격적인 반면, 암컷 보노보들이 암컷 침팬지보다 더 폭력적인데도 불구하고, 이 두 유인원의 공격률은 인간의 공격률보다 훨씬 높다. 전반적으로 인간의 신체적인 공격은 인간과 가장 가까운 유인원 친척 중 어느 하나에서 일어나는 빈도의 1퍼센트 미만의 비율로 일어난다. 이런 점에서 우리는 그들과 비교하면 정말로 극적으로 평화적인 종이다.[16]

인간이 일반적으로 자신의 공동체 내에서 특히 평화적이라는 생각은 신중하게 검토해야 할 중요한 주장이다. 투쟁 전체에 관한 통계는 명백해 보인다. 학교에서의 총격 사건은 미국에서 자주 있는 일이지만, 그 빈도는 침팬지와 보노보의 폭력에 비해서는 낮다. 그렇다면 가정에서의 폭력은 어떤가?

보츠와나의 !쿵 산!Kung San 수렵 채집인(지금은 종종 주/'호안시 Ju/'hoansi라고 불린다)처럼 평화적이기로 유명한 집단에서도 가정 폭력은 자주 기록되었다.* 더구나 이런 종류의 공격은 계획적으로 덜 보고된 듯싶다. 초기의 항해자들과 인류학자들은 가부장적 사회의 남성들인 경우가 많았다. 아내 구타는 공개되지 않은 상황에서 벌어지는 경향이 있어서 인류학자들의 관심을 피할 수 있었다. 여성에 대한 남성의 공격 빈도가 인간 가정이 특별하게 폭력적이지 않다는 주장을 약화시키는 것인가? 여성에 대한 남성의 폭력과 관련해 인간과 다른 영장류들을 어떻게 비교할 수 있는가?[17]

확실히 아내 구타 — 또는 일반적으로 친밀한 파트너 폭력 intimate-partner violence — 는 인간에게 보편적인 현상이다. 2005년, 세계보건기구WHO는 여성의 건강과 가정 폭력에 대한 다국적 연구를 통해 10개국 2만 4천 명의 여성을 대상으로 상세한 데이터를 만들었다.[18] 배우자에 대한 신체적 폭력은 때리고, 밀고, 차고, 쑤시고, 질질 끌고, 채찍질하고, 목을 조르고, 불에 데게 하고, 무기를 사용해 위협하는 것들을 포함한다. 도시에서 배우자로부터 신체적인 폭력을 당했다고 말한 여성들의 비율은 평균 31퍼센트로, 그

• 이 표기에서 사용되는 !와 /은 각각 국제 음성 기호로 치경 흡착음(잇몸으로 내는 흡착음(들이쉬는 숨에 의하여 발음되는 소리. 남아프리카의 토어에 흔하다))과 치 흡착음(이와 혀로 내는 흡착음)을 나타낸다.

범위는 일본의 13퍼센트부터 페루의 49퍼센트에 이른다. 지방은 평균 41퍼센트로 도시보다 높았다. 친밀한 파트너 폭력의 50~80퍼센트는 '심한 것'으로 나타났다. 이 비율은 미국보다 약간 높은 것으로, 미국에서는 9천 명의 여성을 상대로 한 상세한 인터뷰를 통해 24퍼센트의 여성이 친밀한 파트너로부터 심한 신체적 공격을 당했다고 보고되었다.[19] 그렇게 높은 비율을 볼 때, 세계보건기구 연구원인 크리스티나 팔리토Christina Pallitto와 클라우디아 가르시아-모레노Claudia García-Moreno가 내린 결론은 놀랄 일이 아니다. 그들은 "폭력이 발생하는 것을 방지하고 폭력을 겪고 있는 여성에게 필요한 서비스를 제공하기 위해 다양한 부문에 걸쳐서 노력을 확대할 필요성이 분명히 있다"고 말했다.[20] 신체적 폭력에 성폭력을 추가하면 상황은 더 나빠진다. 2013년 세계보건기구의 연구에 따르면 신체적 또는 성적인 폭력을 경험한 여성의 비율은 10개 주요 국가의 도시에서 41퍼센트, 그리고 지방에서 51퍼센트로 나타났다. 미국에서 같은 항목의 통계는 36퍼센트였다.[21]

따라서 여성에 대한 폭력이 전 세계적으로 만연해 있다는 것은 부인할 수 없다. 여성의 약 41~71퍼센트가 일생 동안 한 남자에게 구타를 당해 왔다. 그러나 이 범위는 우리와 가장 가까운 친척 사이의 발생률에 비해 낮다. 야생 암컷 침팬지 모두가 수컷으로부터 정기적으로 심한 구타를 당한다.[22] 암컷이 수컷보다 상위인 보노보들 사이에서도 수컷이 암컷을 공격하는 경우가 많다. 영장류학자 마틴 서백Martin Surbeck은 평균 아홉 마리로 묶인 작은 집단에서 수컷 보노보가 평균 6일마다 실제로 암컷 보노보를 공격하는 것을 보았다.[23] 만약 그 비율을 콩고민주공화국의 이투리에 사는 에페 약탈자와 레세 농부들에게 적용하면, 엘리자베스와 나는 9개월 동안 수백

번의 아내 구타를 보거나 들었을 것이다. 그러나 우리는 그런 것을 보지 못했고, 가끔 때린다는 이야기가 있었다.

여성에 대한 남성의 공격적인 행동은 전쟁에 나간 남성의 중요성을 축하하는 소규모 사회에서 특히 널리 퍼져 있는 것으로 보인다. 확실히 뉴기니의 삼비아Sambia[24] 또는 베네수엘라의 야노마뫼[25]와 같은 사회에서 남성이 여성을 지배하고 괴롭힌다는 인상적인 보고가 있고, 두 집단은 모두 마을들 간의 폭력이 중요하게 벌어졌던 때와 장소에서 연구되었다. 그러나 다시 말하지만, 여성에 대한 남성 폭력의 비율과 강도는 어떤 인간 사회의 상황에서도 높더라도, 그것은 영장류의 비율과 비교할 때 약한 것이다. 왜 엘리자베스 마셜 토머스Elizabeth Marshall Thomas가 !쿵족에 관해 쓴 그녀의 책 제목을 『무해한 사람들The Harmless People』이라고 지었고, 진 브릭스Jean Briggs가 이누이트Inuit족에 대해 쓴 그녀의 책 제목을 『제대로 화내지 않는Never in Anger』이라고 지었으며, 폴 멀론Paul Malone이 보르네오의 페난Penan족에 대해 쓴 그의 책 제목을 『평화로운 사람들The Peaceful People』이라고 지었는지 이해할 수 있다.[26]

가정 폭력은 혐오스럽고, 항상 심각하게 받아들여져야 한다. 그러나 우리가 남성이 여성에게 가하는 끊임없는 위협을 포함하더라도 인간은 우리의 친척 종보다 덜 폭력적이라는 것은 사실이다.

전쟁은 전혀 다른 문제다. 콩고민주공화국에서 일어난 사건은 지역 사회 안에서의 고요한 평온과 외부인과의 폭력의 대조를 보여준다. 1994년 르완다에서 투치Tutsi족에 대한 대량 학살이 벌어지고 콩고민주공화국으로 후투Hutu족 민병대가 도착하자 이투리 숲은 살해의 현장이 되었다. 이투리 사람들은 1996년부터 2008년까지 1차와 2차 콩고 전쟁을 겪었다. 숲에서의 삶은 악몽이었다. 돌아다니던 군인들은 주민을 죽이고 강간하기 위해 무력을 사용했다. 콩고민주공화국 동부의 이투리와 그 주변 지역에서 최소 5백만 명이 사망한 것으로 보이며 수십만 명이 강간을 당했다.[27]

전쟁은 수십 년 동안 없을 수 있지만, 다시 시작되면 인간이 침팬지나 다른 영장류보다 더 높은 속도로 서로를 죽이는 것으로 나타났다. 로런스 킬리Lawrence Keeley는 수렵 채집인들과 원예인들이 모인 소규모 사회에서의 집단 간 폭력으로 인한 사망률이 영장류 집단보다 높다는 것을 발견했다. 그뿐만 아니라 제2차 세계대전으로 인한 막대한 손실에도 불구하고 1900년에서 1990년까지 러시아, 독일, 프랑스, 스웨덴 및 일본에서 기록된 비율보다 높았다.[28] 학자들은 킬리의 장기간 평균에 대한 데이터가 얼마나 정확한지에 대해 논쟁을 벌이는 중이지만, 이 숫자는 소규모 사회에서 다른 집단의 사람들을 죽이는 비율이 종종 불쾌할 정도로 높다는 것을 보여 준다.[29]

높은 살인율이나 다른 형태의 폭력은 불가피하지 않으며, 시간이 지남에 따라 그리고 사회들끼리는 많은 변화가 있다. 그러나 전반적인 경향은 분명하다. 다른 영장류와 비교할 때 우리는 일상생활에서 매우 낮은 수준의 폭력을 행사하지만, 전쟁 폭력으로 인한 사망률은 매우 높다. 이런 불일치가 선함의 역설이다.

2장
두 가지 공격

제2차 세계대전 이후의 중요한 문제는 어떻게 과도한 공격성을 통제하는가였다. 1965년 생리학자 호세 델가도^{José Delgado}는 이해를 위한 돌파구를 찾기 위해 자신의 목숨을 걸었다. 델가도는 그를 직접 공격하는 황소만 있는 투우장에 빨간 망토, 칼, 수비를 위한 무기로 간주될 수 있는 그 어떤 것도 가지지 않고 혼자 섰다. 그러나 그는 무선 송신기를 갖고 있었다. 그는 실험실에서 수술로 이 순간을 준비했다. 그의 환자는 "싸우는 황소"라는 별명을 가진 다 자란 수컷이었고, 투우를 위해 사육되었으며, 가장 용감한 투우사도 두려워하던 품종이었다. 델가도는 소의 뇌에 전극을 이식하여 전극의 끝을 황소의 시상하부에 매우 정확하게 위치시켰으며, 전선을 황소의 두개골 표면으로 연결했다. 그는 무선 신호를 이용하여 전극의 활동을 제어할 수 있는지 확인했다.

지금 진실이 밝혀지는 순간이다.

투우장에 풀어놓은 황소는 델가도를 보고는 단번에 공격을 했다. 당신은 이 상호 작용을 유튜브에서 볼 수 있다. 황소는 코로 씩씩거리며 빨리 달려갔다. 델가도는 정신이 나간 것처럼 한 자리에 서 있었다. 그는 단추를 눌렀다.

황소는 멈추었고 델가도는 투우장을 유유히 빠져나갔다.

델가도의 연구는 폭력이 생물학을 통해 통제될 수 있다는 생각을 보이려던 열정의 일부였다. 동물의 공격을 연구하는 신경생물학자인 그는 투우를 이용한 실험과 유사한 실험이 더 넓은 의미를 가질 수 있다고 생각했다. 그는 원격 제어를 통해 조절할 수 있는 이식 가능한 전극을 사용하여 사람들을 심리적으로 문명화할 수 있다는 환상을 가지고 있었다.[1] 그의 제안은 소용없게 되었지만, 델가도의 용감한 행동은 오래전인 1965년에도 공격의 신경적 토대에 대한 과학적 이해가 높아지고 있었음을 보여 주었다. 그 이후로 우리는 훨씬 더 많은 것을 배웠다.

공격적인 행동에는 풍부하고 복잡한 생물학적 능력과 감정이 포함된다. 어떤 사람은 다른 사람들보다 훨씬 더 공격적이다. 사람들이 공격하는 방법도 다양하다. 일부는 대립적이고, 일부는 수동적이며, 일부는 소문을 이용한다. 공격은 너무나 다양해서 공격의 유형을 의미 있게 분류할 수 있는 간단한 방법이 없다고 생각할 수 있다.

그러나 1960년대 이후 공격의 생물학을 이해하려는 많은 과학적인 노력이 동일하고 중요한 생각으로 수렴되었다. 신체적 또는 정신적인 해를 입히기 위한 행동을 의미하는 공격은 두 가지 주요 유형으로 분류되는데, 그 둘의 기능과 생물학이 너무 뚜렷하기 때문에 그 유형들은 진화적인 관점에서 개별적으로 고려될 필요가 있다. 나는 "주도적" 및 "반응적" 공격이라는 용어를 사용하지만, 다른 많은 단어 쌍은 같은 의미를 가진다. 즉 "냉기"와 "온기", "공격적"과 "방어적", "사전에 계획한"과 "충동적인"과 같은 것들이다. 이 모두는 동일하게 핵심적인 구별을 가리킨다.[2]

반응적 공격은 위협에 대한 대응이다. 이 유형은 델가도의 황소가 보여 준 공격의 유형이며 우리 대부분은 이에 친숙하다. 이 유형은 스포츠 경기에서 선수들끼리 또는 선수와 심판이 화를 낼 때 쉽게 볼 수 있다. 이 유형은 동물 행동에 관한 교과서에서 자주 등장하며, 아마도 샴투어Siamese fighting fish나 발정한 붉은 사슴이 예가 될 수 있을 것이다. 반응적 공격은 여성보다 남성에게서 더 많이 볼 수 있고, 높은 수준의 테스토스테론과 관련이 있다.[3] 대부분의 사람은 다른 동물들과 비교하여 격렬한 반응적 공격을 보이지 않지만 불행히도 예외가 있다. 다음은 한 가지 슬픈 예다.

2015년 10월, 열여섯 살의 베일리 그윈Bailey Gwynne은 그가 죽은 날 스코틀랜드 에버딘에 있는 학교에서 한 무리의 소년들과 비스킷을 나누어 먹고 있었다. 작은 소년이 하나를 받아먹고 다른 한 개를 또 요구했다. 그윈은 거절했고 그 소년을 뚱뚱보라고 하고는 뒤돌아섰다. 화가 난 작은 소년은 "네 엄마는 뚱뚱한 똥개야!" 하고 맞받아쳤다. 모욕의 교환으로 충분했다. 그윈은 돌아서서 보복했다. 두 아이는 서로 주먹을 날리기 시작했다. 그윈은 다른 아이보다 컸고, 작은 소년에게 헤드록을 걸고 벽에 계속 부딪치게 했다. 작은 소년은 주머니칼을 꺼내 그윈의 가슴을 찔렀다. 그윈은 쓰러졌다.

작은 소년은 크게 후회했다. 그윈이 피를 흘렸을 때 작은 소년은 교장 선생님한테 "그건 제 잘못이에요."라고 말했다. 그윈은 몇 분 뒤에 죽었다. 수갑을 채우자 작은 10대 소년은 경찰관에게 "순간적으로 화가 났어요. 그럴 생각이 없었어요. 하지만 그를 찔렀어요."라고 말했다. 그는 재판에서 과실 치사culpable homicide(스코틀랜드

에서는 살인manslaughter과 동등하다)*로 유죄 판결을 받고 9년 징역형을 선고받았다.[4]

사소한 모욕은 싸우는 두 소년이 생각할 시간도 없이 치명적인 공격을 하게 만들었다. 그윈의 죽음은 대표적인 고수준의 반응적 공격인 확대된 "성격 싸움character contest" 또는 "명예 살인honor killing"의 전형으로서 비용과 이득을 잘못 계산한 비극이었다. 성격 싸움은 종종 술집의 언쟁에서 비롯된다. 술로 억제가 완화된 두 남자는 서로에게 적대적으로 욕을 하기 시작한다. 그들은 싸우기 위해 밖으로 나가고 한 사람이 무기를 꺼내자 갑자기 말다툼이 심해진다. 범죄학자 마빈 볼프강Marvin Wolfgang은 1958년 미국에서 살인 사유에 관해 첫 번째 주요한 연구를 수행했을 때 필라델피아에서 4년 동안 일어난 성격 싸움이 도시의 살인 사건 중에서 가장 많은 비율인 35퍼센트를 차지한다는 사실을 밝혀냈다. 다른 곳에서도 비슷한 빈도가 나타났다.[5]

반응적 공격은 적대적, 분노한, 충동적, 감정적, 또는 '뜨거운' 등으로 다양하게 묘사된다. 반응적 공격은 항상 분노를 수반하며, 종종 화를 내는 것과 같이 통제력을 상실하게 된다. 반응적 공격은 인식된 모욕, 당황, 신체적 위험 또는 단순한 좌절과 같은 자극에 대한 반응이다. 반응적 공격의 전형적인 모습인 격렬한 각성 상태에서, 싸우는 사람은 주변 모든 사람에게 폭언을 한다. 반응적 공격자는 도발적 자극을 제거하는 것 이외에는 목적이 없으며, 도발적 자극은 종종 모욕을 하는 사람이다.[6]

• manslaughter는 murder보다 약하다. murder는 흥분이나 자신이나 타인의 방어에 의한 살인이고 manslaughter는 의도하지 않은 살인이다.

1부 두 개의 문

어떤 사람이 다른 사람보다 반응적 공격을 더 많이 하는 경향이 있는 것처럼, 종들 사이에서도 다양한 모습이 나타난다. 대부분은 침팬지나 늑대와 같이 인간보다 반응적 공격을 더 많이 하는 경향이 있다. 동물에 대한 연구를 통해 유형이 잘 드러나 있다. 반응적 공격은 지위나 짝짓기 권리를 놓고 싸우는 수컷 사회에서 특히 두드러진다. 일반적으로 동물들끼리의 싸움은 다치지 않고 끝이 나지만, 이해관계가 많이 관여될수록 경쟁은 심해질 수 있다. 발정한 수컷 가지뿔영양 간의 싸움에 대한 연구를 보면, 발정기의 암컷과의 짝짓기 권리에 대한 갈등의 12퍼센트에서 한두 마리의 수컷이 희생을 당했다.[7] 다양한 붉은 사슴 집단에서 사망한 수컷의 13~29퍼센트가 발정한 사슴들이었다. 이것과 비슷한 통계가 있다. 만약 남성들이 발정한 말들처럼 반응적 공격을 할 준비가 되어 있다면, 미국 남성들 사이의 성격 싸움으로 인한 연간 사망자 수는 현재 추정치보다 1만 명에서 10만 명 이상 증가했을 것이라고 추정되었다.[8]

매튜 파이크Mathew Pyke를 죽인 데이비드 하이스David Heiss의 행동과 같이 냉정하게 계획된 공격과 반응적 공격을 비교할 필요가 있다. 하이스는 영국 노팅엄에 있는 파이크의 집에서 멀리 떨어진 독일 프랑크푸르트 근처에 살았다. 둘은 20대 초반인 2007년에 파이크의 여자 친구인 조애너 위턴Joanna Witton이 운영하던 게임 포럼에서 만났다. 하이스는 조애너에게 호감을 보였다. 그는 그녀를 만나기로 결심했다. 하이스는 2008년에 조애너를 향한 자신의 열정을 알리기 위해 조애너와 파이크가 있던 노팅엄의 아파트에 예고도 없이 도착했다. 하이스에게 불행히도, 조애너는 하이스와 아무 관련이 없기를 바랐다. 그러나 하이스는 포기하지 않았다. 하이스는 한 달 동안 영국에 머물면서 사랑의 메모를 남기고 스토킹을 했다.

하이스는 독일로 돌아왔지만, 그의 집착은 그를 몇 주 만에 노팅엄으로 돌아가게 만들었다. 조애너는 그를 다시 거부했고 그는 다시 떠났다. 2008년 9월, 조애너는 파이크와 결혼할 계획이라고 발표했다. 그것이 방아쇠가 되었다. 하이스는 독일을 떠나 다시 노팅엄으로 갔다. 이번에는 알리바이를 준비했고 파이크의 자살 편지를 썼고 칼로 무장했다. 하이스는 그들의 아파트로 가서 조애너가 출근한 것을 보고 초인종을 눌렀다. 파이크가 대답했을 때 하이스는 즉시 파이크를 공격했다. 하이스는 86군데를 찔렀다. 파이크가 쓰러질 때 자기의 피로 하이스의 이름을 적었다. 친구를 이기기 위한 전략으로서, 하이스의 행동은 한심한 실패였다. 하이스는 최소 18년의 징역형을 선고받았다. 그러나 경쟁자를 제거하는 전략으로는 효과가 있었다.[9]

하이스의 행동은 주도적 공격의 전형적인 예다. 주도적 공격은 사전에 숙고하는, 약탈적, 도구적, 또는 '차가운' 등으로 특징지어지기도 한다. 반응적 공격과 달리, 두려움이나 위험에 대항하여 의도적으로 공격한다. 주도적 공격은 의도적으로 사람이 많은 건물을 향해 비행기를 몰거나, 빌린 트럭으로 무고한 사람들을 치거나, 전형적인 학교 저격수가 신중하게 계획한 행동을 하는 것처럼 전문적인 암살자의 행위다. 주도적 공격을 할 때는 외적인 분노 또는 다른 감정 표현이 나타나지 않을 수 있지만, 감정은 무엇을 해야 하는지 결정하는 데 관여한다. 사실 우리가 앞으로 살펴보겠지만, 주도적 살인자의 감정이 강해지는 것은 그의 뇌 활동으로 알 수 있다.

계획된 폭력의 목적은 돈, 권력, 배우자와 같이 구체적인 것일 수도 있고, 복수, 자기방어, 또는 단순히 약속을 지키는 것과 같이 추상적인 것일 수도 있다. 예를 들어 습격과 같이 전쟁에서 하는 대부분의 일은 미리 계획된 일이다. 전쟁으로 인한 높은 사망 빈도는 인간이 침팬지와 같은 대부분의 종에 비해 높은 수준의 사전에 계획된 공격을 한다는 것을 나타낸다. 우리는 계획가, 사냥꾼, 공격자, 원한다면 살인자들이다. 인류학자 세라 허디Sarah Hrdy는 비행기에서 수백 마리의 침팬지를 한곳에 몰면 폭력적인 혼란이 나타나는 반면, 대부분의 사람 승객들은 혼잡한 상황에서도 침착하게 행동한다고 지적했다. 그러나 데일 피터슨이 관찰한 바에 의하면, 비밀의 적이 비행기 안에서 폭탄을 운반하지 못하도록 강력한 검사가 필요하다. 이런 대조는 반응적 공격에 대한 우리의 낮은 성향과 주도적 공격에 대한 높은 성향의 차이를 보여 준다.[10]

폭력적인 행동이 범죄인 경우, 가해자는 정신 이상이거나 정상일 수 있다. 현혹된 하이스의 마음에서, 파이크를 죽인 목적은 조애너를 차지하거나 아마 그녀의 잘못된 선택을 벌하기 위해서인 것으로 보인다. 그러나 정상적으로, 하이스는 법적으로 정신 이상이 아니다. 주도적 공격에는 목적에 맞는 계획을 세우고, 그것을 이행하며, 일관된 목표에 집중하는 등 다양한 고도의 인지 능력이 필요하기 때문이다. 행동은 혐오스런 자극을 제거하기 위한 노력이 아니라 자기를 위한 보상인 것이다. 즉 살인자는 목표를 달성할 때 기뻐하는 것이다. 주도적 공격은 돈, 권력, 통제, 또는 가학적인 환상에 대한 욕구를 포함한 다양한 동기에 의해 유발될 수 있다.[11] 그러나 성공적인 공격자는 적은 비용으로 목표를 달성할 수 있다고 판단할 때만 행동을 시작한다.[12]

다른 사람보다 주도적 공격성이 더 강한 사람은 특징적인 사회적 감정을 갖는다. 그런 사람은 감정적 감수성이 떨어지고 피해자에 대한 공감을 덜 느끼며 자신의 행동에 대한 후회가 감소하는 경향이 있다.

주도적이거나 반응적인 살인(전쟁의 살인이 아닌)의 비율은 잘 규명되지 않았지만, 전반적으로 반응적 살인이 더 보편적이라고 발견되었다. 마빈 볼프강이 필라델피아에서 일어난 살인의 35퍼센트가 성격 싸움에서 벌어진다고 밝혔지만, 그와 범죄학자인 프랑코 페라쿠티Franco Ferracuti는 "알려진 모든 살인의 5퍼센트 미만은 사전에 계획되었거나 의도적"이라는 결론을 내렸다.[13] 이 비율의 합계는 전체 살인 사건의 40퍼센트에 불과하며, 나머지 60퍼센트의 살인 사건은 주도적인지 아니면 반응적인지 확실하지 않다. 분류되지 않은 살인 사건은 "집안싸움"(살인 사건의 14퍼센트), "질투"(12퍼센트), "돈"(11퍼센트)과 같은 범주 안에 들었다.[14] 나머지 60퍼센트의 일부는 복수를 포함했기 때문에 주도적이었다. 범죄학자 피오나 브룩먼Fiona Brookman은 살인자와 희생자 모두가 남성인 영국의 살인 사건의 34퍼센트에서 복수가 살인 동기라고 보고했으며, 복수는 항상 계획이라는 구성 요소를 포함하기 때문에 주도적 공격으로 간주될 수 있다.[15] 5퍼센트의 수치가 낮다고 생각하는 두 번째 이유는 주도적 살인자들이 사건을 신중하게 계획할 시간이 있었기 때문에 비교적 자주 범죄 처벌을 모면할 수 있었기 때문이다. 해결하지 못한 살인 사건의 비율은 높을 수 있다. 미 연방수사국의 자료에 의하면, 미국 살인자의 최소 35퍼센트는 결코 법의 심판을 받지 않는다. 이러한 이유 때문에 주도적 살해는 아마도 살인의 5퍼센트보다 높은 빈도로 발생할 것이다.[16]

진화과학자인 요한 판 데르 데넨Johan van der Dennen조차 주도적이 아닌 반응적 공격이 대부분의 살인 원인임을 발견했다. 17개도시에서 범죄 조사를 실시한 결과 대부분의 살인은 사소한 의견 불일치에 의한 것으로 밝혀졌으며 이는 필라델피아에서의 볼프강의 조사 결과를 뒷받침했다. "이것과 이전 연구에서 언쟁이 중요한 동기로 작용했다."[17] 다시 성격 싸움이 자주 발생했다. 댈러스의 살인 담당 형사에 따르면, "화가 치밀어 싸움이 붙고 누군가가 총에 맞거나 찔린다. 나는 주크박스의 10센트짜리 음반을 갖고 언쟁하거나 주사위 놀이에서 1달러의 도박 부채로 언쟁하는 사건을 다루었다"고 했다. 계획된 공격보다 언쟁이 많은 것은 단순히 총과 같은 현대 무기의 존재로 인한 것으로 보이지 않는다. 판 데르 데넨이 지적했듯이 13세기에서 14세기 영국 옥스퍼드에서의 살인 사건의 대부분은 우발적이라는 것이 밝혀졌다.[18]

주도적 살해와 반응적 살해는 다르게 설명된다. 주도적 살해는 고의적이기 때문에 더 쉽게 이해할 수 있다. 데이비드 하이스의 사례에서 알 수 있듯이, 주도적 살인자의 목표는 미리 정해져 있으며 그것이 좋은 생각이라고 착각하는 상황에서도 살인자에게는 의미가 있다. 반응적 살인은 싸움의 강도가 종종 도발의 정도에 비례하지 않기 때문에 설명하기 어렵고, 살인은 종종 우발적이다. 반응적 살인자는 일반적으로 후회하며 베일리 그윈을 죽인 작은 소년처럼 정상적으로 잡히고 처벌을 받는다. 진화심리학자 마고 윌슨Margo Wilson과 마틴 달리Martin Daly는 사소한 언쟁으로 인한 대부분의 살인은 지위를 유지하기 위한 추진력을 반영하는데, 이 욕구는 알코올이 없고 무기가 덜 효과적인 세계에서 적응적일 수 있지만, 오늘날에는 추진력이 공격자로 하여금 사람을 죽이게 만들기 때문에 더 이상 적응적이 아니라고 주장한다.[19] 범죄학자 케네스 포크Kenneth Polk와 피오나 브룩먼은 지위에 대한 싸움은 물질적인 자원이 부족하고 명예를 중요하게 여기는 하층 노동자들과 하층민들 사이에서 빈번하게 일어난다고 주장한다. 달리와 윌슨도 소득이 매우 불균등한 집단에서는 반응적 공격이 빈번하다는 것을 보여 주었다.[20] 미국의 남부와 같이 문화적인 이유로 명예를 높이 평가하는 "명예의 문화"에서는 반응적 공격이 비교적 쉽게 유발될 수 있다는 주장도 있다.[21] 따라서 반응적 공격은 다양한 경제적, 문화적 영향을 받지만, 살인자와 피해자 모두가 손해를 보는 경향이 있으며, 이런 살인들은 일반적으로 걷잡을 수 없이 일어난다. 이런 살인들은 '잘못된' 공격이다. 그러나 치명적인 결과가 사고일지라도 반응적 싸움의 강도는 인식된 명예 또는 존경의 중요성을 상기시킨다.

주도적 공격과 반응적 공격은 그것들의 빈도와 이유에 따라 구분될 뿐만 아니라 대중과 법에 의해 어떻게 비추어지는지에 따라서도 다르다. 주도적 공격은 신중한 선택이 요구되기 때문에, 우리는 주도적 공격을 한 사람들에게 반응적 공격을 한 사람들보다 더 가혹한 유죄 판결을 내리는 경향이 있다. 유명한 퀘이커교도였던 윌리엄 펜William Penn을 생각해 보라. 펜은 1682년에 펜실베이니아를 건설할 때, 사형 제도를 싫어한 온건주의자였다. 그러나 그의 동정심에도 불구하고, 주도적 살인은 궁극적인 운명을 맞이해야 했다. 1682년에서 1683년의 펜실베이니아 법에 의하면,

> 어떤 사람이라도 (…) 다른 사람을 고의로 또는 계획적으로 죽이면, 그런 사람은 하나님의 율법에 따라 죽을 것이다.[22]

냉정하게 계획된 살인은 혐오의 대상이 된다. 1705년에 법령이

논의되었을 때, 당시 법무 장관은 사전에 계획하지 않은 살인은 변명할 여지가 더 있다고 주장했다. 그는 계획된 살인에만 사형이 적용되어야 한다고 생각했다.

> 살인에 대한 법으로서, 누구든지 다른 사람을 고의로 또는 계획적으로 죽이면 (…) 죽을 것이다. 고의적인 살해는 갑작스러운 충돌로 일어날 수 있으므로 나는 이것이 불합리하다고 생각한다. 따라서 살인은 고의적이거나 계획적이어서는 안 되고, 고의적이면서 계획적이어야 성립된다.[23]

앤Anne 여왕은 이 개념을 지지했으며, 법이 정식으로 제정되었다. 한동안 살인자들은 미리 계획한 경우에만 사형 선고를 받았다.

흥분 행동으로 인한 살인은 더 용서받을 수 있었다. 간음한 배우자를 찾거나 자녀가 성적인 학대를 받은 사실을 아는 것과 같이 '일리가 있는' 도발로 인해 자제력을 상실한 경우, 살인 혐의는 자발적인 살인 행위들 중의 하나로 축소될 수 있었다. 그러한 도발 이후의 반응적 폭력을 아주 동정적으로 간주해서, 극단적인 경우 죄를 지은 사람이 완전히 풀려나올 수 있었다.

에드워드 머이브리지Eadweard Muybridge의 사례를 살펴보자. 머이브리지는 최근 자신보다 스물한 살 적은 젊은 여성인 플로라 샬크로스 스톤Flora Shallcross Stone과 결혼한 유명한 사진작가였다. 머이브리지는 많은 선구적인 업적을 남겼는데, 특히 달리는 말과 같은 동물의 움직임을 촬영하는 시스템*을 발명했다. 머이브리지는 자주

---

* 연속적인 동작을 재생하는 기계인 주프락시스코프zoo-praxiscope를 일컫는다.

출장을 나갔고, 그런 때에 대담하고 젊은 연극 비평가 해리 라킨스 Harry Larkyns 소령이 때때로 플로라를 호위했다. 어느 날 머이브리지는 플로라의 조산사 집에서 그의 아들 사진을 보았다. 그 사진 뒤에는 "꼬마 해리"라는 플로라의 글씨가 적혀 있었다. 머이브리지는 화가 폭발하였고 조산사한테 말을 해 보라고 다그쳤다. 그녀는 마지못해 플로라와 라킨스 사이에 오간 연애편지를 보여 주었다.

다음 날, 머이브리지는 계획을 세웠다. 그는 먼저 동료와 업무를 정리했다. 그러고 나서 그는 샌프란시스코에서 페리와 기차를 탔고, 이어서 말을 타고 8마일을 달려 라킨스가 머물고 있는 나파 밸리에 있는 목장에 도착했다. 머이브리지는 문을 두드리고 라킨스를 불렀다. 라킨스가 오자 머이브리지는 "안녕하십니까, 소령. 내 이름은 머이브리지이고 내 아내한테 보낸 편지에 대한 답장이 여기 있소" 하고 말하고는 스미스앤드웨슨 2번 6연발 권총으로 한 방을 날려 라킨스를 죽였다. 재판에서 머이브리지는 정신병을 호소했지만, 그의 증언은 그의 행동이 아주 명백하게 계획적이었음을 보여 주었기 때문에 판사는 적절한 판결을 내릴 수 있었다. 판사는 죄가 계획적이었고 피고는 제정신이었다고 말하면서 머이브리지에게 살인으로 유죄를 선고하도록 배심원들에게 말했다.

그러나 배심원들은 판사의 말을 무시했다. 배심원들은 머이브리지의 폭력은 아내가 불륜을 저지른 데서 생긴 강한 감정이 제어될 수 없었던 결과였다고 생각했다. 그 때문에 배심원들은 정당한 살인으로 인정하여 무죄를 선고했다. 머이브리지는 즉시 풀려났다. 머이브리지는 재판소에서 나올 때 무척 기뻐했다. 반응적 공격은 대중이 머이브리지의 행동을 판단했던 것처럼 용서를 받을 수 있었다. 현대의 재판 시스템은 그보다 덜 관대하다. 머이브리지는 캘리포니아에서 정당한 살인으로 수혜를 받은 마지막 사람이었다.[24]

머이브리지의 재판에서 판사의 견해와 배심원들의 견해 간의 마찰은 신체적 공격이 주도적인지 아니면 반응적인지 결정하기 힘들다는 것을 보여 준다. 현재 미국 사법계에서는 살인을 계획적 살인(주도적 공격)보다는 우발적 살인(반응적 공격)으로 판단할 수 있는 네 가지 조건을 적용하고 있지만, 여러 해석이 있을 수 있다.

(1) 합당한 도발이 있었어야 한다.
(2) 피고는 도발을 당했어야 한다.
(3) 도발당한 이성적인 사람은 도발과 치명적 공격 사이에서 냉정할 수 없었어야 한다.
(4) 피고는 그 시간 사이에 진정할 수 없었어야 한다.[25]

논의는 분명하지만, 의미는 주관적인 결정에 좌우된다. 무엇이 정당한 도발인가? 어떤 사람은 머이브리지가 했던 것처럼 배우자의 불륜을 발견한 것이 경쟁자를 죽인 것에 대한 정당한 도발이라고 생각할 것이다. 다른 사람들은 이에 동의하지 않을 것이다. 그리고 피고가 진정하지 못할 정도로 도발과 살해 사이의 시간 간격이 얼마나 짧았어야 하는가? 심리학자 브래드 부시먼Brad Bushman과 크레이그 앤더슨Craig Anderson이 보고한 것처럼, 미국의 어떤 주에서는 만약 살인자가 수 초 전에 살해를 미리 생각했다면 살인은 계획적이라고 간주한다. 따라서 공격 중에 강간범을 죽인 피해자는 1분 뒤에 죽인 피해자보다 용서를 더 받을 수 있다고 간주된다. 만약 그녀의 폭력이 더 고의적이라 판단된 경우에는 더 무거운 형벌을 받을 것이다. 법은 계획된 폭력에 대해 자유 의지가 더 큰 역할을 할 것이라는 것을 인정할 수는 있지만, 고의적 살인이나 우발적 살인을 구분할 수 있는 보편적이고 수용할 만한 정의를 내리지 못했다.[26]

법과 대중이 계획적 행동과 도발에 대한 반응 간의 중요한 차이를 오래전부터 인식해 왔음에도 불구하고 확실한 경계를 긋는 일이 여전히 어려운 이유는 공격성을 낮은 수준부터 높은 수준까지 한 가지 척도로만 잴 수 있다는 생각 때문일 것이다. 주도적 공격과 반응적 공격 간의 차이를 정하기 위해 여러 방면에서 과학적인 접근이 시도되었다. 20세기 중반에 아동발달학, 범죄학, 임상심리학, 동물행동학 모두 주도적 공격과 반응적 공격의 구분에 대한 기준을 개발하고 있었다. 1993년까지, 심리학자 레오나르드 버코위츠Leonard Berkowitz가 『공격: 원인, 결과, 제어Aggression: Its Causes, Consequences, and Control』라는 책에서 현상을 요약한 이후로 공격의 이중성은 명백해졌다.[27]

버코위츠는 "반응적"과 "도구적"이라는 공격 유형을 명명하고 이를 살인뿐 아니라 모든 범주의 갈등에 적용했다. "반응적"과 "주도적"이라는 용어는 1980년대 어린이에 대한 연구에서 처음으로 짝을 이루었다. 반응적 공격은 분노, 공포, 또는 둘을 모두 포함하는 임박한 위협에 대한 즉각적인 대응이다. 반응적 공격은 교감 신경계의 각성으로 시작하여 투쟁-또는-도피 반응fight-or-flight response을 생성한다. 즉 아드레날린이 분비되고, 심장 박동이 빨라지며, 포도당이 소모되고, 동공이 확장되고, 입이 마르고, 소화와 같은 필수적이지 않은 과정이 억제된다. 대조적으로 주도적 공격은 어떤 각성에 의해서도 즉각 일어나지 않는다. 즉각적인 대응 위협

은 없다. 주도적 공격에는 신중한 계획이 따르며, 공격할 당시 감정이 없는 것이 특징이다.[28]

주도적 공격과 반응적 공격의 구분은 법의학적으로 살인(성적 살인 및 대량 살인을 포함), 스토킹, 가정 폭력으로 인한 아동의 공격 행동을 이해하는 데 유용하다. 범죄심리학자 리드 멜로이Reid Meloy는 배우자를 폭행하는 대다수의 사람은 약탈적(주도적) 또는 충동적(반응적) 유형으로 쉽게 분류된다고 보고했다. 약탈적 폭력자는 일반적으로 더 폭력적이며 파트너를 지배하고 통제하는 데 더 관심이 있다. 특히 배우자가 말대꾸를 할 때 더 폭력적이 될 가능성이 높다. 반면 충동적인 폭력자는 배우자가 약속을 취소하려고 할 때 자제력을 잃을 가능성이 높다. 이러한 구분은 신체적 위험에 대한 위험 요소를 식별하거나, 반복해서 공격할 가능성이 있는 가해자를 식별할 수 있는 능력을 향상시키거나, 공격성을 조절하기 위한 적절한 약물을 고르는 데 도움이 된다.[29]

따라서 생물학적인 메커니즘은 반응적 공격과 주도적 공격 간의 차이를 지정하는 데 중요하다. 공격의 생물학적 토대를 연구하는 주 초점은 살인자들에게 있었다. 1994년 신경법의학자 에이드리언 레인Adrian Raine은 유죄 판결을 받은 살인자들의 범죄가 주도적인지 아니면 반응적인지에 따라 그들의 뇌 활동이 다른지 평가하는 첫 번째 연구를 했다. 레인은 살인자들의 성격 차이에서 깊은 인상을 받았다. 랜디 크래프트Randy Kraft는 지능 지수가 129인 컴퓨터 컨설턴트로서 1983년까지 12년 동안 성관계를 맺기 위해 젊은 이들을 납치했다. 그는 희생자들에게 약을 먹이고 시체를 처리하는 데 신중했기 때문에 음주 운전으로 우연히 체포되기 전까지 적어도 64명을 죽였다고 여겨진다. 크래프트는 주도적 살인자 범주에 들어간다. 안토니오 부스타만테Antonio Bustamante는 강도를 하려다가 기습 공격을 해서 노인을 주먹으로 때려죽인 충동적인 범죄자였다. 부스타만테는 정신없고 무능한 사람이었다. 그가 훔친 여행자 수표를 현금으로 바꾸려는데, 수표에 노인의 피가 묻어 있었고, 체포되었을 때 옷에도 피가 묻어 있었다. 부스타만테가 저지른 계획하지 않은 살인은 명백하게 반응적인 범죄였다.[30]

주도적 살인자의 뇌와 반응적 살인자의 뇌의 차이에 대한 레인의 관심은 전전두피질prefrontal cortex에 집중되어 있었다. 대뇌피질 cerebral cortex은 융기부 사이에 놓인 많은 주름을 포함하여 뇌의 표면을 덮는 3밀리미터 두께의 얇은 조직층이다. 대뇌피질은 사고와 의식과 같은 고도의 인지 기능에 관여한다. 뇌 앞쪽에 있고 눈 위에 있는 피질의 일부를 전전두 부위prefronal segment라고 한다. 전전두피질은 특히 감정의 제어, 즉 감정 표현의 억제를 담당한다. 반응적 공격은 공포나 분노와 같은 감정의 통제(또는 억제)가 실패한 것이라고 생각될 수 있다. 레인 스스로 단도직입적인 질문을 던졌다. 감정을 거의 통제하지 않는 충동적인 (반응적인) 살인자들은 다른 사람보다 전전두피질에서의 신경 활동이 더 적은 경향이 있는가? 그는 이것이 사실일 것이라고 추측했다.[31] 레인은 캘리포니아 교도소에서 PET 스캔*을 사용하여 뇌의 각 부분에서 포도당을 사용하는 비율을 측정했는데 이는 기본적으로 뇌의 일부가 얼마나 작동하는지 보는 것이다. 그는 살인 혐의로 기소된 40명의 남

• PET(positron emission tomography): 양전자 방출 단층 촬영. 양전자를 방출하는 방사성 동위원소를 결합한 의약품을 체내에 주입한 후 양전자 방출 촬영기를 이용하여 이를 추적해 체내 분포를 알아보는 방법이다. F-18-불화디옥시포도당을 주입하면 암과 같이 포도당 대사가 항진된 부위에 모여 영상에 나타난다.

성의 뇌를 스캔했다(연구할 당시 일부 남성들은 유죄 판결을 받지 않았다). 주도적 또는 반응적 공격자로 고발당한 사람들을 규정하기 위해, 레인 팀의 구성원 두 명은 각 사람의 범죄 기록, 심리 및 정신 평가, 변호사와의 인터뷰, 신문 보도 자료 및 의무 기록을 조사했다.

한 가지 방식으로는 반응적 살인자와 주도적 살인자를 구별할 수 없는 것으로 판명되었다. 살인을 하지 않은 자와 비교했을 때, 피고는 감정적 반응을 처리하는 뇌 네트워크인 변연계를 포함하여 뇌의 피질에서 높은 신경 활동을 보였다. 이 발견은 기소된 살인자들 모두는 특히 강한 감정을 경험하는 경향이 있음을 시사한다. 그러나 레인이 예상했던 것처럼, 기소된 살인자들의 뇌는 그들의 살인 행위가 반응적인지 또는 주도적인지에 따라 달랐다. 반응적 살인자들은 뇌의 억제 부분인 전전두피질의 활동이 적었다. 차이점은 일부 사람들이 충동적인 범죄를 저지르는 데 더 취약한 원인을 설명하는 데 도움이 된다. 즉 그들은 스스로를 통제하는 데 어려움을 느낀다.

레인의 데이터는 살인 사건이 일어나고 나서 한참 후에 수집되었다. 그것은 그가 찾은 뇌 활동의 차이가 살인하는 순간의 흥분으로 인해 나타나는 것이 아니라는 것을 의미한다. 대신 관찰된 뇌 활동의 수준은 개인의 특징이었다. 어떤 사람들은 다른 사람보다 감정적으로 더 반응한다.

사이코패스로 진단된 사람들의 정보를 이용한 후속 연구를 통해 피질에 의한 정서적 충동의 제어에 대한 우리의 이해가 개선되었다. 반응적 공격과 관련이 있는 충동과 달리, 사이코패스 증상은 주도적

공격을 하는 경향이 있는 몇 가지 특성을 이해할 수 있는 기회를 제공한다.[32]

사이코패스 증상은 전 세계에서 발견된다. 범죄심리학자 로버트 헤어Robert Hare가 고안한 표준 등급에 따르면, 사이코패스는 피상적인 매력, 잦은 거짓말, 성적 난잡함, 지루한 것은 참지 못하는 성질을 포함하여 20가지 특성을 보인다. 그들은 다른 사람들의 생각과 느낌에 무감각하다. 그들의 오만, 야망, 기만할 용의에도 불구하고, 그들의 자신감은 그들을 매력적으로 만들 수 있기 때문에 이것은 적어도 단기적으로 유리한 점으로 작용할 수 있다. 그들은 평범한 사람보다 공감하는 일이 적으며, 죄책감과 후회를 덜 느끼는 경향이 있다. 이런 타인에 대한 관심 부족으로 인해 공격적인 성향이 상대적으로 높아진다. 결국 사이코패스는 필요한 수단에 관계없이 원하는 것을 얻으려고 시도하기 쉽다. 요약하면, 사이코패스는 도덕적 판단력이 손상된, 자기중심적이고 남을 배려하지 않는 사람이다. 놀랍지 않게도, 그들은 범죄를 저지를 가능성이 높고 주로 남성이기도 하다.[33]

영국에서의 한 조사에 따르면, 사이코패스는 가구 인구의 1퍼센트 미만으로 발견되었으며, 이 수치는 전 세계적인 근사치에 가까울 것이다. 사이코패스 증상은 여성, 중년, 노인보다 남성, 젊은 성인에게서 더 일반적이다. 사이코패스는 다른 사람보다 더 폭력적인 행동을 보인다. 영국에서는 사이코패스가 자살 시도, 약물 중독, 반사회적 성격 장애, 노숙자와 관련이 있었다. 사이코패스의 많은 특징 중에서 양심의 부족이 특히 중요하다.[34]

잠시 사이코패스에서 주의를 돌려, 우리는 사이코패스와 다른 사람들을 구분하게 만드는 뇌 영역의 기능에 관한 통찰을 얻기 위해 여러 종을 살펴볼 수 있다. 변연계limbic system는 뇌의 깊숙한 곳의 피질 밑에 작은 구조들이 서로 연결되어 있는 구조로서, 분노, 불안, 두려움, 즐거움과 같은 감정을 생성하는 데 크게 관여한다. 보다 강력한 감정 반응을 유지하는 야생 포유류는 길들이기된 포유류보다 더 큰 변연계를 갖는 경향이 있다. 변연계에서 연구가 잘된 부분은 아몬드 크기만 한 한 쌍의 편도체amygdala다. 정상보다 더 큰 편도체는 상대에 대해 두려움을 더 많이 느끼거나 공격적인 반응을 하는 것과 관련이 있으며, 야생 동물이 길들이기된 동물보다 더 큰 편도체를 갖는 것이 일반적이다.[35]

사이코패스는 두려움이 없는 것으로 보이며, 뇌 영상에서 사이코패스가 다른 사람들보다 작고, 때로는 변형된, 덜 활동적인 편도체를 갖는다는 것이 이를 뒷받침한다. 사이코패스가 도덕적인 의사 결정, 두려움에 대한 인식, 사회적 협력과 같은 행동을 할 때 편도체의 활동이 낮다는 점은 주목할 만하다. 사이코패스는 대부분의 사람이 공감이나 두려움을 느끼는 상황에서 상대적으로 낮은 감정 반응을 보이는 경향이 있다. 두려움과 공감이 적은 것은 모두 주도적 공격을 도와준다. 따라서 감소한 편도체의 활동은 일부 개인이 두려움과 공포를 적게 갖게 되는 기초가 될 수 있으며, 이러한 개인은 주도적 공격을 할 준비가 되어 있다는 설명을 뒷받침한다.[36]

인간의 뇌를 가지고 윤리적으로 문제가 없는 실험을 수행하기 어렵기 때문에 주도적 공격에 대한 신경생물학은 인간과 관련해 심도 있게 연구되지 않았지만, 최근의 접근법은 대단히 흥미로운 기회를 제공한다. 신경생물학자 프란지스카 담바허르Franziska Dambacher가 이끄는 팀은 델가도의 황소 실험같이 남성의 공격을 줄일 수 있음을 발견했다. 담바허르 팀이 줄인 공격은 반응적 공격이 아니라 주도적 공격이었다. 다행히 담바허르의 방법에는 뇌수술이 필요 없었다. 연구팀은 전전두피질의 특정 부분(우등측 right dorsolateral)에서 양극 경두개 직류 자극술anodal transcranial direct current stimulation, anodal tDCS이라고 불리는 새로운 방법을 사용하여 신경 활동을 자극했다. 그들은 피험자가 예상 경쟁자에게 소음을 낼 수 있게 하고 주도적 공격을 평가한 다음 소음의 양과 지속 시간을 측정했다. 그들의 실험은 여성이 아닌 남성에게서 주도적 공격이 양극 경두개 직류 자극술에 의해 유의적으로 감소되었음을 발견했다.[37]

공격적 행동의 차이가 신경 활동의 차이와 관련이 있다는 것은 놀라운 일이 아니다. 전반적인 증거는 편도체와 전전두피질에 대한 우리의 기대를 보여 준다. 편도체의 기능 중 일부는 두려움과 같은 부정적인 감정을 느끼는 것에 관여하는데, 주도적인 공격을 저지르는 사이코패스의 편도체의 기능은 저하되어 있다. 전전두피질은 충동 조절, 보상과 처벌의 처리, 계획에 관여한다. 반응적 공격을 일으킬 가능성이 있는 사람들은 전전두피질의 기능이 저하되어 있다. 편도체와 전전두피질 모두에 대한 해부학과 뇌 활동에 관한 연구는 여전히 초기 단계에 있지만, 우리가 두 가지 유형의 공격에 대한 독특한 생물학을 이해하는 시발점이 되었다.

우리가 인간의 반응적 공격 및 주도적 공격의 생물학적 기초를 더 잘 이해할수록 공격을 줄일 수 있는 가능성이 높아진다. 반응적 공격을 조절하는 전전두피질의 신경 회로는 세로토닌이라는 신경전달 화학 물질의 높은 분해율turnover에 의해 영향을 받는다. 따라서 뇌의 세로토닌 농도가 낮은 사람은 충동적인 폭력에 취약하다. 결과적으로 과도한 반응적 공격의 병력이 있는 정신질환자는 세로토닌의 농도를 증가시키는 약물인 선택적인 세로토닌 재흡수 억제제SSRI를 복용함으로써 도움을 받을 수 있다.[38] 대조적으로 인간의 주도적 공격에 영향을 미치는 성공적인 정신 약리학의 개입은 밝혀지지 않았다.[39]

세로토닌의 조절 작용은 그 농도만이 아니라 세로토닌 수용체의 밀도에 따라서도 달라진다. 높은 충동을 보이는 사람들(따라서 반응적 공격에 취약한 사람들)은 특정 종류의 수용체(5-HT1A 수용체)가 충동을 제어하는 전전두피질의 부분에 높은 밀도로 존재하는 경향이 있다. 성호르몬(예를 들어 안드로겐, 에스트로겐)도 세로토닌 시스템을 조절한다. 뇌 세로토닌의 양이 적은 남성이 스트레스 호르몬인 코르티솔cortisol에 비해 테스토스테론의 비율이 높으면 공격적으로 될 가능성이 높다. 여성은 월경 주기의 단계에 따라 변하는 혈중 호르몬의 농도와 관련해 5-HT1A 수용체의 분포가 변한다. 세로토닌 재흡수 억제제는 과민성 공격을 증가시키는 심각한 월경 증후군을 완화시킬 수 있다. 다시 말해 세로토닌 농도에 영향을 미치는 이런 약물의 개입은 반응적 공격은 감소시키지만 주도적 공격에는 영향을 미치지 않는다.[40]

인간에게서 나온 증거는 뇌에서 주도적 공격과 반응적 공격이 어떻게 다르게 조직되는지 제시하지만, 세부 사항은 알려 주지 않는다. 이를 밝히기 위해서는 동물에 대한 연구가 필요하다. 동물에 대한 연구를 통해 주도적 그리고 반응적 공격을 제어하는 특정한 신경 회로가 드러날 수 있다.

동물의 공격이 뇌 활동의 미묘한 차이에 의해 두 가지 유형으로 구분된다는 첫 번째 단서는 제2차 세계대전 전에 나왔다. 시상하부hypothalamus의 부위를 약간 달리하여 자극받은 고양이는 예측할 수 있게 상이한 행동을 일으킨다는 것이 밝혀졌다. 뇌하수체는 뇌 기저에 위치하고 있는 작은 부분으로서 그것의 밖에 있는 작은 분비샘과 물리적으로 연결됨으로써 전신의 호르몬 생성에 영향을 준다. 연구자들은 전극으로 시상하부를 자극하여 나온 행동 반응이 전극의 접촉 지점에 따라 좌우됨을 발견했다. 철창 안에 같이 갇힌 생쥐mouse의 시상하부 내의 한 부위를 자극하면 "조용한 물기 공격quiet biting attack"을 하는데, 이는 다음에 설명을 하겠지만, 주도적 공격의 한 형태다. 시상하부의 또 다른 부위를 자극하면 "방어 공격defensive aggression"이라는 일종의 반응적 공격이 생기는데 이는 다른 고양이나 인간에게서도 나타난다.

고양이의 "조용한 물기 공격"은 먹이를 사냥하는 행동으로 정확하게 해석되었는데, 이는 사냥하는 순서의 일부다. 이러한 이유 때문에, 시상하부에서 서로 다른 영역을 자극하여 생긴 상이한 행동은 공격의 대안으로 생각되지 않았다. 연구자들은 그 차이를 단순히 사냥하는 것과 싸우는 것의 대조라고 생각했다.[41]

"조용한 물기 공격"을 사냥 행동으로 국한시킨 관점은 설치류를 대상으로 병행 연구를 수행한 이후 바뀌었다. 시궁쥐rat와 생쥐 모두 때때로 동종의 쥐를 향해 주도적 공격을 하기 때문에 중요한 실험 동물이었다. 주로 연구 대상이 된 쥐는 시궁쥐였다. 시궁쥐는 스토킹하고 공격을 하며 때로는 다른 시궁쥐를 죽인다. 고양이와 동일한 시상하부의 영역이 쥐의 "조용한 물기 공격"을 제어하는 데 관여하는 것으로 입증되었다. 그러나 고양이는 먹이(생쥐)를 공격하지만, 시궁쥐는 때때로 다른 시궁쥐를 공격했다. 이때 "조용한 물기 공격"은 사냥 행동으로 분류되지 않았다. "조용한 물기 공격"이

동종의 구성원을 상대한다는 것을 감안할 때 그것은 주도적 공격으로 간주되었다.

동물에 대한 연구는 주도적 및 반응적 공격의 신경생물학적 기초를 상세히 보여 준다. 고양이와 쥐 모두 시상하부의 어느 특정 영역을 자극하느냐에 따라 어떤 종류의 공격을 유발하는지 결정되었다. 시상하부의 중기부mediobasal를 자극하면 "방어성" 반응적 공격을 일으켰다. 시상하부의 측면부를 활성화하면 "조용한 물기 공격"이라는 주도적인 공격을 일으켰다. 이는 현저하고 놀라운 성과였다. 전극 위치의 미세한 변화는 표현되는 공격의 급격한 변화를 일으켰다. 그리고 그 차이는 유연관계가 먼 관련된 포유류, 즉 고양이와 설치류에서 밀접하게 일치했다.

뇌의 또 다른 깊은 부위에서도 비슷한 대조가 나타났다. 수도 주변 회백질periaqueductal gray•은 기저 부위에서의 제어 중추다. 수도 주변 회백질의 등 쪽을 활성화시키면 반응적 공격을 하고, 복부 쪽을 활성화시키면 주도적 공격을 일으켰다.

반응적 공격과 주도적 공격은 무슨 관계가 있는가? 그들은 하나를 증가시키면 다른 하나를 증가시키는 경향이 있는가(상호 촉진하는가)? 또는 한 종류의 공격을 가하면 다른 유형의 공격이 억제되는 길항 작용이 나타나는가(상호 억제하는가)? 개인의 주도적 공격과 반응적 공격 사이의 관계를 다룸으로써 우리는 두 가지 유형의 공격적 행동의 진화적인 기능에 대한 통찰을 얻을 수 있다. 헝가리의 신경과학자 요제프 할러Jozsef Haller가 이끄는 연구팀은 이런 질

• 수도 주변 회백질: 중뇌 덮개 안에 있는 대뇌수도 주위에 위치한 회백질로, 중앙 회백질로도 알려져 있으며, 자율적 기능, 동기화된 행동, 위협적인 자극 반응에서 중요한 역할을 한다. 통증 조절에도 관여한다.

문을 통해 고양이와 쥐의 자극을 유발하는 차이를 발견했다.

고양이의 경우에는 시상하부의 두 영역이 상호 억제를 가능하게 하는 연결을 하고 있다. 즉 한 영역에서 활성이 증가하면, 다른 영역에서의 활성이 억제된다. 우리가 보았듯이, 고양이의 "조용한 물기 공격"은 사냥 행동인 반면, 같은 행동이 쥐에서는 다른 쥐를 향한 행동이다. 할러 그룹은 고양이가 싸우고 있을 때 (반응적 공격을 할 때) 시상하부의 중저부에서 나오는 신경 자극이 측부에서 나오는 신경의 발사를 억제하여 "조용한 물기 공격"을 억제한다고 주장했다. 결과적으로 고양이는 싸움과 사냥을 동시에 할 수 없다. 이는 두 가지가 동시에 양립할 수 없는 일들(싸움과 사냥)을 시도하는 혼란을 피하기 위한 유용한 적응이다. 대조적으로 시궁쥐의 경우에는 시상하부의 중저부와 측부의 연결이 최소이므로, 한 가지 공격에 의한 다른 유형의 공격의 억제는 적다. 즉 시궁쥐가 미리 계획된 "조용한 물기 공격"을 시작하지만 희생자가 반격하는 것을 보면, 시궁쥐는 즉각적으로 반응적 공격으로 대응할 수 있다는 의미다. 따라서 시궁쥐의 경우, 상호 억제가 없으며 한 가지 공격이 다른 공격을 방해하지 않으므로 주도적 공격과 반응적 공격을 동시에 할 수 있다.[42]

계획된 공격이 싸움으로 바뀌면, 인간 공격자는 반응적인 "방어 공격"을 하여 쉽게 적응하는 능력을 발휘할 수 있다. 따라서 인간에게서 보이는 상호 억제의 부족은 고양이보다는 시궁쥐와 더 유사한 것으로 보인다. 할러의 주장을 인간에게 적용한다면, 계획된 공격이 싸움으로 변할 때, 인간 공격자들은 반응적 공격에 더 쉽게 적응한다는 것을 감안하여 인간은 시상하부 중저부와 측부 사이의 연결이 거의 없다는 점이 증명될 수 있을 것이다.

동물에게서 볼 수 있는, 반응적 및 주도적 공격이 상이한 신경 회로에 의해 생성된다는 증거는 상이한 종들이 각 유형의 공격을 행사하는 더 크거나 작은 경향에 어떻게 적응될 수 있는지를 나타낸다. 이와 동시에, 인간에 대한 연구는 뇌 활동의 차이를 보여 주는데, 이는 왜 어떤 사람들은 다소 주도적인 공격을 하는지 또는 반응적 공격을 하는지를 보여 준다.

공격의 생물학적 토대가 모두 유전적 구성에서 비롯되는 것은 아니다. 인생에서의 사고는 개인에게 중요할 수 있다. 머이브리지는 범죄를 저지르기 훨씬 전에 그의 인생에서 비교적 일찍 일어난 사건으로 어떻게 반응적 공격 성향이 높아질 수 있는지 보여 주었다. 1860년, 머이브리지가 30세가 되었을 때, 그와 일곱 명의 다른 승객들은 텍사스의 산기슭을 타고 내려오는 마차에 있었고, 마부는 말을 통제하지 못했다. 그들은 빠른 속도로 나무에 부딪쳤다. 마차는 산산조각이 났고, 한 사람은 죽었으며, 모두가 다쳤다. 머이브리지는 땅에 머리를 부딪쳤다. 그는 의식을 잃었고 나중에 사고를 기억할 수 없었다. 그는 전전두피질의 손상에 해당하는 이중 시력, 미각의 상실, 후각의 상실을 경험했다. 그가 회복하기까지는 수개월이 걸렸다.

15년 후, 머이브리지의 재판에서 일련의 증인들은 그가 사고 이후에 성격이 심하게 변했다고 증언했다. 그는 괴상해졌고 화를 잘 냈다. 그는 사회적으로 자제력이 없어 카메라 앞에서 누드로 포즈를 취했고, 통제되지 않은 감정의 폭발을 보여 신문에 보도되었다. 심리학자 아서 시마무라Arthur Shimamura는 머이브리지의 증상을 두고 의사 결정에 관여하는 전전두피질의 일부인 안와전두피질orbitofrontal cortex이 손상되어 과도한 감정이 생겼다고 결론지었다. 그는 신경이 손상된 이력으로 인해 반응적 공격을 하기 위한 자극을 포함하여 그 충동을 예외적으로 통제할 수 없었던 것으로 보인다.[43]

쌍둥이 연구는 유전적 영향에 대한 중요한 정보를 제공한다. 핵심적인 부분은 일란성 쌍둥이가 유전 물질의 1백 퍼센트를 공유하는 반면, 이란성 쌍둥이는 다른 형제와 같이 50퍼센트를 공유한다는 것이다. 따라서 일란성 쌍둥이가 이란성 쌍둥이보다 일부 형질에서 더 유사하다면, 일란성 쌍둥이의 더 강한 유사성은 둘이 유전적으로 더 유사하기 때문에 나타나는 것이다. 한 형질에 대한 유전적 영향의 강도는 일란성 쌍둥이가 이란성 쌍둥이에 비해 얼마나 유사한지에 따라 평가될 수 있다.

환경적인 영향은 환경이 물리적 세계만이 아니라 사회적인 반응을 포함할 수 있는 광범위한 개념이기 때문에 설명하기가 쉽지 않다. 특히 까다로운 문제는 일란성 쌍둥이가 함께 살 때, 서로 닮았다는 이유 때문에 다른 사람들이 둘에게 비슷한 방식으로 반응할 수 있다는 것이다. 따라서 같이 사는 일란성 쌍둥이는 서로 닮지 않은 이란성 쌍둥이가 경험하는 환경보다 더 비슷한 환경을 경험할 수 있다. 이런 이유로, 최적의 실험은 일란성 쌍둥이들이 인생 초기에 서로 분리되어 서로 다른 가정에서 자라는 비교적 드문 쌍둥이의 연구로 국한된다. 1936년부터 1955년까지 데이터를 수집한 후 수십 년에 걸쳐 출판된 미네소타 쌍둥이 가족 연구Minnesota Twin Family Study는 이런 종류의 희귀 사례, 즉 서로 다른 곳에서 양육한 쌍둥이를 찾는 데 특히 효과적이었다. 연구자들은 유전자의 유사성이 지능에서부터 종교적 성향, 행복, 서 있을 때의 자세에 이르기까지 많은 특성에 영향을 미친다는 것을 발견했다.[44]

2015년 이전 5년 동안에 40건이었던, 쌍둥이의 공격성과 관련해 수집 가능한 사례에 대한 2015년의 조사에 따르면, 공격적 행동의 유전성은 일반적으로 39~60퍼센트이며 평균은 50퍼센트다. 이는 그런 환경에서 유전 및 사회화의 영향이 개인의 공격성을 형성하는 데 거의 똑같이 중요하다는 것을 의미한다. 흥미롭게도 이 점은 규칙 위반과 그에 상응한 행동에는 적용되지 않는다. 어린이들이 규칙을 어기려는 경향이 서로를 공격하려는 경향과 차이 나는 것은 전적으로 사회화에 의한 것으로 밝혀졌다.[45]

연구자들은 종종 주도적 공격과 반응적 공격을 따로 고려했다. 대부분의 공격에 대한 연구는 소년들을 대상으로 수행되었다. 공격성을 측정하기 위해 연구자들은 부모, 교사, 그리고/또는 소년들에게 설문지를 작성하도록 요청했다. 주도적이라고 판단되는 공격 행위는 "다른 아이들을 괴롭히는 것" 또는 "재미로 물건을 상하게 하는 것"이 포함된다. 반응적 공격의 예는 "그가 화가 나면 물건을 상하게 한다" 또는 "그를 놀리면 화를 내거나 때린다"이다.[46]

최근의 연구는 태어날 때부터 열두 살 때까지 같은 가족과 함께 살았던 254쌍의 일란성 쌍둥이와 413쌍의 이란성 쌍둥이를 비교했다. 이 경우 교사가 아동의 공격성을 평가했다. 유전적 요인은 주도적 공격의 분산이 39~45퍼센트였고, 반응적 공격의 분산이 27~42퍼센트였다. 주도적 공격이 반응적 공격보다 유전성이 다소 높다는 이 연구의 결론은 유사한 여러 결과 중 제일 최근의 것이다. 초기의 연구에 따르면, 주도적 공격이 반응적 공격보다 유전자에 의해 영향을 많이 받는 것으로 판명할 수 있지만, 현재 우리가 말할 수 있는 것은 두 유형 모두 유전적인 영향을 받는다는 것이다.[47]

쌍둥이 연구는 유전성이 강하다는 것을 보여 주었지만, 어떤 유전자가 중요한지는 밝혀지지 않았다. 광범위한 연구 노력에도 불구하고 대부분의 경우 공격에 대한 특정 유전자의 영향에 대해서는 알려진 것이 거의 없다. 이는 놀라운 일이 아니다. 유전적인 기여는 스트레스 반응, 불안, 세로토닌 신경전달 물질 경로, 성性적인 분화의 역학과 같은 여러 생물학적 시스템을 통해 영향을 준다. 수백 또는 수천 개의 유전자가 복잡한 행동 유형에 영향을 줄 수 있다. 약 20만 개의 유전자가 있는 인간 유전체에서 한 유전자의 영향을 분리한다는 것은 엄청난 수의 표본, 일반적으로 수백만 명을 필요로 하기 때문에 매우 도전적인 일이다. 설사 연구자들이 많은 수의 인자형genotype에 접근하더라도 수많은 사람을 대상으로 공격적인 성향을 체계적으로 규명하는 일이 어렵다는 것을 깨닫게 될 것이다.[48]

그럼에도 불구하고 세로토닌 활성에 미치는 영향을 통해 유전적 요인이 반응적 공격에 어떻게 영향을 주는지와 같은 몇 가지 유용한 단서가 얻어졌다. 전형적인 사례는 성염색체인 X 염색체에 있는 *MAOA* 유전자다. 남성은 하나의 X 염색체를 가지고 있으므로 그 유전자의 변이체'는 하나뿐이다. 이 사실은 남성의 경우, 희귀한 변이체에서의 효과•는 정상적인 X 염색체에 있는 상대 대립 인자에 의해서 가려지지 않는다는 (보상되지 않는다는) 것을 의미한다. (여성은 X 염색체가 두 개이므로 한 개가 돌연변이가 일어나도 나머지 X 염색체에 의해 돌연변이 효과가 가려진다.) 더구나 남성의 공격은 여성보다 더 명확하기 때문에 남성의 공격은 여성의 공격보다 측정하기

• 대립 유전자를 말한다.
• 대립 유전자의 돌연변이를 말한다.

쉽다. 따라서 대부분의 연구는 남성들에게 초점을 맞추었다.

정상적인 *MAOA* 유전자는 모노아민 산화효소 A라는 효소를 암호화하는데, MAOA는 세로토닌과 다른 두 가지 신경전달 물질인 도파민과 노르에피네프린을 분해한다. 변이된 유전자 가족gene family을 저활성 *MAOA*(*MAOA-L*로 약칭)라고 한다. 이들 변이된 유전자에서 생성된 효소는 신경전달 물질을 비교적 비효율적으로 분해한다. 따라서 유전자의 변이체는 정상적인 세로토닌 대사를 방해한다. 세로토닌 시스템의 중단은 개인이 감정 조절을 쉽게 하지 못하고, 더 많은 위험을 감수하여, 더 반응적으로 공격을 하게 되는데 영향을 줄 것으로 예상할 수 있다.

2014년에 실시한 31개의 연구에 따르면, *MAOA-L*을 갖고 있는 남성들이 비교적 높은 비율로 반사회적 행동을 하는 경향이 적지만 일관성 있게 나타났다. 비슷한 현상이 실험에서 발견되었다. 정치학자 로즈 맥더못Rose McDermott과 그녀의 동료들은 피험자가 *MAOA-L* 유전자를 갖고 있을 때, 그들을 기분 나쁘게 만든 사람들에게 불쾌한 매운 칠리 소스를 더 많이 주는지를 시험했다. 피험자들은 그렇게 했고, 피험자들이 더 강한 자극을 받았을 때 더 그렇게 행동했다.[49]

이런 연구 결과로 인해 *MAOA-L*은 종종 전사 유전자warrior gene라고 불린다. 그 유전자를 갖고 있는 많은 사람이 다른 사람들보다 더 공격적인 성향을 보이지 않기 때문에 그런 별명이 붙은 것은 운이 나쁜 것이다. 그리고 유전자를 가진 사람들조차 *MAOA-L*의 효과는 경험과 상호 작용을 한다. 따라서 어린 시절에 겪은 경험을 고려할 때, 반사회적 행동에 대한 전형적인 효과는 더 예측 가능해진다. *MAOA-L* 유전자를 가진 남성이 어렸을 때 신체적인 학대를 받았다면 폭력적인 행동을 할 가능성이 높아진다. 대조적으로 MAOA-L 유전자가 주도적 공격이나 사이코패스 증상과 관련이 있다는 징후는 없다.

아동 학대와 MAOA-L 유전자 사이의 상호 작용은 유전적 영향이 결코 진공 상태에서 발생하지 않는다는 것을 상기시킨다. 젊은 인간이 자라 온 환경은 행동에 관련된 유전적인 효과에 영향을 줄 수 있다. 대부분 개별 유전자 간의 차이는 약하게 예측된다.

동등한 경고들이 뇌 활동에도 적용된다. 에이드리언 레인은 주도적 및 반응적 살인 혐의로 기소된 남성들의 뇌 활성에 차이가 있다는 것을 발견한 이후, 자신의 뇌를 조사했다. 그의 PET 스캔 결과는 살인 혐의로 기소되지 않은 대조군의 결과보다는 주도적 살인으로 기소된 사람과 사이코패스들의 결과에 더 가까웠다. 그 결과는 레인에게 흥미롭게 다가왔다. 그는 "당신이 연쇄 살인범처럼 보이는 뇌 스캔 결과를 받으면, 그 결과는 분명히 당신을 주저하게 만들 것이다."라고 말했다. 그는 낮은 심박 수와 같이 사이코패스들이 공유하는 다른 공통점에 대해 생각했다. 그는 자신이 연구원으로서의 운명에 묶인 것이 운이 좋다고 생각했다. 그는 쉽게 범죄자가 될 수도 있었다. 유전자는 행동에 영향을 줄 수 있지만, 결정하지는 않는다.[50]

공격적인 행동은 유전자의 영향을 받는다. 주도적 및 반응적 공격은 상이한 신경 회로에 의해 제어되며, 유전성의 정도가 다르다. 특정한 유전자는 반응적 공격을 촉진하지만 주도적 공격은 촉진하지 않는다. 미래에는 쌍둥이 연구, 입양 연구, 유전자 자체에 대한 연구를 통해 반응적 및 주도적 공격에 대한 분리된 위험 요소가 점차 규명될 것이라고 기대할 수 있다. 현재 우리는 두 종류의 공격적인 행동이 상이한 생물학적 토대를 가질 정도로 다분히 대조적인 감정적 및 인지적 반응을 나타낸다고 말할 수 있다.

따라서 반응적 공격과 주도적 공격은 서로 독립적으로 진화할 수 있으리라 생각된다. 러시아에서 수행한 시궁쥐를 대상으로 한 실험에서 그런 결과가 나타났다. 사람에게 온순한 노르웨이 쥐를 선택해 실험한 결과 반응적 공격이 감소했는데, 이는 증가된 세로토닌의 농도가 뒷받침한다. 그러나 쥐의 주도적 공격에 대한 성향은 바뀌지 않았다.[51]

인간이 다른 동물에 비해 반응적 공격성이 낮고 주도적 공격성이 높다면, 인간이 왜 이런 조합을 갖는지 의문이다. 우리는 반응적 공격에 대한 낮은 성향을 다룸으로써 답을 찾기 시작할 것이다. 인간과 같이 비정상적으로 유순한 동물들 중 많은 동물은 길들이기되었다. 종을 길들일 때 어떤 일이 벌어지는지 알아야 한다.

3장
인간의 길들이기

길들이기는 사육되는 것과 같지 않다. 야생 동물은 사육될 수 있지만 길들이기되지는 않는다. 레이먼드 코핑거Reymond Coppinger는 그런 말을 들려줄 수 있을 것이다.

개를 사육했던 코핑거는 세계의 그 어떤 사람보다 개를 이해한 개 썰매 선수이자 생물학자였다. 2000년에 인디애나주 울프 공원의 관리자로 있던 그의 친구 에릭 클링해머Erich Klinghammer는 코핑거를 포획된 늑대가 있는 우리에 초대했다. 코핑거는 망설였다. 그는 "나는 사육된 늑대에 대해서는 많이 알지 못해."라고 말했다. 클링해머는 코핑거를 안심시켰다. 그 늑대들은 야생에서 멀리 떨어져 여러 세대를 거친 포획된 늑대를 번식시켜서 탄생한 자손들이었다. 그들은 태어난 지 10일 이후부터 인간 '강아지 부모'에 의해 양육되었다. 성체가 된 이후에도 매일 돌봄을 받았다. 늑대들은 가죽끈에 익숙했고 최대한 사육되어 있었다. 클링해머는 "개처럼 다루게."라고 말했다.

코핑거는 그렇게 했다. 코핑거는 클링해머와 함께 늑대가 있는 축사로 들어갔다. 캐시라는 다 큰 암컷 늑대에게 "착한 늑대" 같은 말을 건네면서 늑대의 옆구리를 가볍게 두드렸다.

코핑거의 말을 옮겨 보자.

캐시가 이빨을 드러낼 때였다. 나는 물렸다기보다 전쟁을 겪었다. 그 상황은 내가 곤경에서 빠져나와 에릭의 흥분된 명령에 반응하는 시험이었다. "나가! 나가! 그들이 너를 죽일 거야!" "죽일 거야"라는 말에 주목하자. 캐시가 내 왼팔을 물고 늘어질 때 늑대들이 모였고 내 바지를 물어 당기는 모습이 흐려졌다.

"왜 캐시를 때렸어?" 나중에 에릭이 내 심장 소리 때문에 듣지 못할 만큼 아주 나직이 물었다.

"때린 게 아니었어! 토닥거린 거지! 너는 늑대들을 개처럼 다루라고 했고 나는 개를 토닥거려. 그리고 내가 개한테 잘못된 행위를 한다고 해서 내 목이 날아가지는 않아. 늑대를 사육하는 모든 사람이 왜 흉터를 갖고 있지?" 나는 거위 털 재킷 속의 찢긴 팔에 지혈대를 대면서 단숨에 말했다. 다시는 사육된 늑대를 개처럼 대할 수 있다고 생각한 일이 없었다.[1]

늑대는 개와 다르다. 늑대를 얼마나 사육했든 간에 늑대는 길들이기되지 않는다. 수년간 잘 훈련된 늑대도 갑자기 훈련받은 것을 잊을 수 있다. 모든 야생 동물은 너무 반응적으로 공격하기 때문에 믿어서는 안 된다. 반면에 길들이기된 동물들은 야생의 조상에서 유전적으로 변한 것이다. 그들은 반응적 공격을 할 정도로 쉽게 자극을 받지 않는다.

문제는 동물이 얼마나 잘 배울 수 있는가가 아니다. 침팬지는 다른 동물들과 마찬가지로 영리하고 특정한 사람과 좋은 관계를 맺으면 클링해머의 늑대가 클링해머에게 했던 것과 같이 행동할 수 있다. 보전주의자 카를 암만Karl Ammann을 생각해 보라. 그와 그의 아내 캐시Kathy는 20년 동안 케냐에 있는 집에서 야생 동물 고기 시장에서 도망친 매지Mzee라는 침팬지를 데리고 있었다. 카를은 매지가 성년이 다 되어서도 항상 자기 침대에서 잠을 잤다고 말했다. 사실 매지는 카를과 캐시 사이에서 손을 잡고 눕지 않으면 잠을 자지 않았다.

몇 년 전에 암만 가족과 함께 있을 때 매지를 만났다. 매지는 착하게 행동했지만, 우리의 관계에는 우열이 있었다. 어느 날 아침 식사 중에 매지와 나는 동시에 오렌지 주스 용기를 집었다. 매지는 내가 용기를 잡자 내 손을 꽉 쥐었다. 나는 "아야! 너 먼저!"라고 소리를 질렀고 매지가 주스를 마신 후에도 내 손가락을 문질렀다. 카를과 캐시는 매지와 훌륭한 관계를 맺었지만, 대부분의 사람이 매지와 안전하게 지내려면 많은 훈련이 필요할 것이다.

매지는 암만 가족의 헌신으로 그들과 좋은 관계를 유지했다. 페니 패터슨Penny Paterson과 고릴라 코코Koko, 로저 파우츠Roger Fouts와 침팬지 워쇼Washoe와 같이 사람들과 긴밀하게 살았던 유인원들도 마찬가지다. 그러나 성년 유인원은 안전하지 않기 때문에 잘 훈련된 개한테 주어지는 자유를 주어서는 안 된다. 동물 조련사 비키 헌Vicki Hearne은 심리학자 로저 파우츠와 그의 연구팀이 언어로 숙련된 침팬지 워쇼와 함께 지낸 방식에 공감하면서 가죽끈, 호랑이 고리, 소 찌르개가 필요하다는 것을 말해 주었다. 이러한 예방 조치를 취했더라면 찰라 내시Chala Nash는 침팬지 트래비스Travis에 의해 시력, 얼굴, 손, 뇌의 일부를 잃지 않았을 것이다. 트래비스는 열세 살짜리 텔레비전 쇼 베테랑으로 그의 주인 샌드라 해럴드Sandra Herold는 그를 가족의 일원으로 대했다. 어느 날 찰라가 트래비스의 장난감을 들고 있었을 때, 트래비스는 찰라를 공격하여 끔찍한 부상을 입혔다.[2]

침팬지들이 사람이 사는 집에서 양육되거나 사랑하는 사람들에 의해 사려 깊게 평생 훈련을 받아 규칙을 완전히 이해했더라도 그들이 공격하지 않는다고 장담할 수 없다. 워쇼와 같이 운이 좋은 침팬지는 자신들의 동반자와 편안하게 느낄 수 있도록 설계된 공간에서 지낸다. 불행한 침팬지는 독방에서 지내며 성년 생활을 한다. 어느 쪽이든, 침팬지는 자제력이 약하기 때문에 우리는 보호벽을 사용해야 한다. 헌이 지적했던 것처럼, 길들이기된 동물들만이 우리와 쉽게 신뢰 관계를 형성할 수 있다.

사육된 것과 길들이기된 것에 대한 이분법에서 인간의 상태는 명확하다. 우리는 늑대보다는 개처럼 전형적인 야생 동물에 비해 침착하다. 우리는 서로 눈을 마주칠 수 있다. 우리는 쉽게 이성을 잃지 않는다. 우리는 일반적으로 공격적인 충동을 자제한다. 영장류가 공격하는 데 가장 자극을 주는 요소 중의 하나는 이상한 상대다. 그러나 아동심리학자 제롬 케이건Jerome Kagan은 두 살짜리 소년이 낯선 어린이를 만나는 수백 건의 사례를 관찰한 결과 한 사람이 다른 사람을 공격하는 것을 본 적이 없다고 보고했다. 다른 사람, 심지어 낯선 사람과 평화롭게 대화하려는 의지는 선천적이다. 길들이기된 동물들과 같이 인간은 반응적인 공격을 일으키는

임계점이 높다. 이런 점에서 인간은 야생 동물보다는 길들이기된 동물을 더 많이 닮았다.[3]

인간이 길들이기된 종이라는 개념은 적어도 고대 그리스만큼 오래되었다. 2천 년 전 당시에는 그 개념의 형태가 두 가지였다. 하나는, 길들이기된 상태가 인간의 특성이라는 것이고, 다른 하나는, 유감스럽게도 더 두드러진 것인데, 인간 집단이 길들이기된 정도에 따라 다르다는 것이다. 테오파라투스Theophrastus는 아테네 소요학파의 지도자로서 아리스토텔레스의 제자였다. 그는 길들이기가 인간에게 보편적이라는 견해를 가졌다. 모든 사람이 그 말을 들었다면 [얼마나 좋았을까?—옮긴이] 다른 견해는 아리스토텔레스의 것이었는데, 19세기에 그의 개념이 다시 떠오를 때 문제가 발생했다. 아리스토텔레스는 그가 잘 알던 그리스인이나 페르시아인처럼 대부분의 인간은 그가 말, 돼지, 소, 양, 염소, 개와 같이 길들이기된 범주 안에 넣었던 야생 동물보다 공격성이 덜하다고 여겼다. 다른 한편으로 아리스토텔레스는 수렵 채집인을 야생의 상태에 있다고 생각했기 때문에 길들이기되지 않았다고 여겼다. 따라서 아리스토텔레스는 어떤 사람들이 다른 사람들보다 더 길들이기되었다고 생각했다.

나치는 아리스토텔레스의 이런 경멸을 길들이기된 정도가 낮다고 추정되는 사람들에 대한 폭력을 정당화하는 데 이용했다.

2천 년 이후, 인간의 길들이기라는 주제는 영향력이 있었던 초기 인류학자 요한 블루멘바흐Johann Blumenbach의 직관에 힘입어 다시 등장했다. 1752년 독일에서 태어난 블루멘바흐는 괴팅겐에서 일했다. 그는 『인간의 자연적 다양성On the Natural Variety of Mankind』이라는 제목의 열다섯 쪽짜리 박사 학위 논문을 발표하면서 그의 장래성을 일찍 보여 주었다. 그는 24세에 의학 교수가 되었으며, 인간이 어떻게 자연계에 적응하는지를 연구하면서 평생을 보냈다. 일련의 흥미진진한 발견들은 중세의 무지함에 빠져 있던 생물학을 인간이 된다는 의미가 무엇인가라는 현실적인 접근으로 바꾸기 시작했다. 블루멘바흐는 인간을 동물로 이해한다는 목표에 대해 결코 관심을 잃지 않았다.

블루멘바흐의 기여는 상당했다. 위대한 분류학자 칼 폰 린네Carl von Linné는 오랑우탄과 인간은 같은 종이라고 주장했다. 블루멘바흐는 그 둘이 다르다는 것을 보여 주었다. 블루멘바흐는 침팬지와 오랑우탄을 서로 구별했으며, 침팬지의 학명을 지정하는 권위자가 되었다〔*Pan trogbdytes*(Blumenbach, 1775)〕. 인간과 관련해서 블루멘바흐는 인간 집단 간의 차이에 매료되었다. 그는 자신이 만든 용어인 "코카시안Caucasian"을 포함한 인종 분류법을 내놓았다. 이런 이유로 현재 블루멘바흐는 종종 초기의 인종 차별주의자였던 것처럼 비난을 받는다. 그러나 그는 전적으로 인종주의를 반대한 사람이었다. 그는 모든 인류가 다 같이 영리하다고 주장했으며, 노예 제도가 잘못되었다고 선언했다. 고생물학자 스티븐 제이 굴드 Stephen Jay Gould의 말에 따르면, "블루멘바흐는 인류의 다양성에 대한 주제에 관한 한 모든 계몽주의 작가들 중에서 가장 덜 인종 차별주의적이었고, 평화주의자였으며, 가장 온화한 사람이었다". 블루멘바흐는 1840년에 학계의 영광을 누리며 사망했으며, 때로는 인류학의 아버지로 추앙되는 높고 큰 인물이었다.[4]

블루멘바흐가 많은 존경을 받았음에도 불구하고, 그는 아무도 진지하게 받아들이지 않는 한 가지 목적을 가지고 있었다. 그는 인간이 특수한 양상을 갖는다고 확신했으며, 가장 명확하게 그 점을 드러냈다. 1795년 그는 "인간은 시초부터 다른 어떤 동물들보다 훨씬 더 길들이기되었고 고등하다."라고 썼다. 그는 1806년에 인간의 길들이기가 생물학 때문이라고 설명했다. "여기에 오로지 하나의 가축이 있다. (…) (이 단어의 일반적인 의미가 아니라면 진정한 의미에서 길들이기된) 또한 이런 관점에서 다른 모든 동물을 능가하는, 그 가축이 바로 인간이다. 인간과 다른 가축과의 차이점은 이것에 불과하다. 즉 다른 가축들은 인간처럼 완전히 길들이기된 상태로 태어난 것이 아니라 자연에 의해 즉시 가축으로 창조된 것이다." 블루멘바흐의 견해는 1811년에도 여전히 명백했다. "인간은 길들이기된 동물이다. (…) 자연에서 가장 완벽하게 길들이기된 동물로 태어났고 선택되었다. (…) 창조된 모든 종류의 가축들 중에서 가장 완벽하다."[5]

블루멘바흐의 자신 있는 판단은 널리 인정되지 않았다. 문제는 인종에 있었다. 블루멘바흐는 가축에 대한 개념을 일부 집단(개체군)이 아닌 인간이라는 종에 적용함으로써 테오파라투스를 반영했다. 그것은 당시의 지식인들한테는 지나친 생각이었다. 블루멘바흐의 비평가들은, 세계는 문명화되지 않은 사람들로 가득 차 있으며, 그 사람들은 길들이기되지 않았다고 했다. 비평가들에 의하면, 어떤 인간들은 길들이기되었고, 다른 인간들은 그렇지 않았다.[6]

블루멘바흐의 반대자들이 말한 문명화되지 않은 사람들은 두 집단이었다. 한 집단은 유럽인들에 의해 발견된 "야만인들"이었다. 그러나 회의론자들은 그 먼 집단들과 거의 접촉을 할 수 없었다. 문명화되지 않은 두 번째 집단은 유럽의 숲에서 외로이 사는 아이들이었다. 두 번째 집단은 자손을 낳을 수 있었고 연구 대상이 될 수 있었기 때문에 과학적으로 더 유용했다.

1758년 린나이우스Linnaeus로 알려진 생물학자 칼 폰 린네는 생물학적인 다양성에 관한 그의 분류학 책의 열 번째 판인『자연의 체계Systema Naturae』에서 "야생 아이들"에 대해 기술했다. "야생 아이들"을 다루는 그의 방법은 생물학에 대한 이해가 얼마나 혼란스러웠는지 보여 주었다. 린네는 그들을 있는 그대로 인식하는 대신에, 즉 정신적, 육체적인 능력이 약화된 불행한 부랑아로 인식하지 않고, 그들을 마치 인류의 아종을 대표하는 것처럼 취급했다. 린네는 그들을 호모 사피엔스 페루스Homo sapiens ferus라고 명명했다. 린네는 당시 과학의 우상이었으며, 블루멘바흐보다 45살 많은 최고의 권위자였다. 린네가 "야생 아이들"이 "야생 인간"에서 왔다는 것을 암시했을 때, 대부분의 사람은 그가 옳다고 생각한 것 같았다. 그러나 블루멘바흐는 그 생각이 말이 되지 않는다고 했다.[7]

블루멘바흐는 "야생 아이들"의 최신 사례를 연구함으로써 위대한 린네에게 도전했다. 하멜른의 페터Peter of Hameln가 1724년 독일에서 발견되었을 때 열두 살 정도인 것으로 알려졌다. 그 소년은 분명히 문명화되지 않았다. 그는 숲에 있는 식물을 먹었고 말을 할 줄 몰랐으며 때로는 네 발로 잤다. 그는 수치심이 없어 다른 사람들 앞에서 몸짓을 하는 것을 부끄러워하지 않았다. 영국의 조지 1세는 페터를 시인인 알렉산더 포프Alexander Pope와 작가인 조너선 스위프트Jonathan Swift 등의 지식인들에게 보냈다. 페터는 14세기 이래로 기록된 소수의 야생 어린이 중의 하나였으며, 페터의 사례는 "본성과 양육"이라는 논제와 관련이 있었기 때문에, 소년에게 관심을 보였던 언어학자 몬보도 경Lord Monboddo*은 페터의 발견이 "천왕성의 발

• 몬보도 경: 18세기 역사언어학의 아버지라 불린 제임스 버넷James Burnett의 존칭이다.

1부 두 개의 문

견보다 더 주목을 받은" 논쟁의 사건cause célèbre이 되었다고 말했다.

몬보도는 페터가 야생에서 왔다고 가정하여 린네에게 동조했다. 장 자크 루소도 마찬가지였다. 이 지식인들과 다른 지식인들은 페터에게 "진정한 자연인의 표본"이라고 찬사를 보냈다. 몬보도는 "나는 페터의 생애를 단순한 동물에서 문명화된 삶의 첫 단계에 이르는 인간 본성의 진보에 대한 간략한 연대기 또는 요약으로 생각한다."라고 썼다.[8] 린네, 몬보도, 루소 및 그들의 동료들이 펼친 주장은 지금 우리에게 놀라워 보인다. 저명한 학자들은 유럽의 야생 숲이 길들이기되지 않은 인간들이 숨을 수 있을 만큼 충분히 크다고 생각했는데, 길들이기되지 않은 인간의 존재는 오직 페터와 같은 개체가 가끔 나타남으로써 밝혀진 것이다. 호모 사피엔스 페루스에 대한 생각을 수용한다는 것은 명백한 의미를 가지고 있었다. 야만인 집단의 일원으로서 페터가 철저하게 문명화되지 않았다는 사실은 보편적인 인간에 대한 블루멘바흐의 주장과 모순되었다. 블루멘바흐는 이런 도전들에 대해 더 많은 탐색 작업을 수행하며 대응했다. 블루멘바흐는 페터가 전혀 야생 아이가 아니라 힘든 삶을 살아온 소년이라는 것을 보여 주었다. 페터는 한때 아버지와 함께 살았지만, 계모가 들어왔을 때 두들겨 맞고 강제로 쫓겨났다. 페터가 말을 하지 못한 이유는 정신적인 장애가 있었기 때문이다. 그것이 계모가 페터를 돌보지 않으려고 했던 이유였다. 페터는 어려움에도 불구하고 1년 동안 숲에서 살아남을 만큼 영리했다. 그는 양육 과정에서 상처를 받은 한 장애아였지만, 야생인 집단이 아닌 평범한 마을의 가정에서 태어났다.[9]

블루멘바흐의 발견에 따르면 "야생 아이들"은 실제로 "야생"이 아니었다. "야생 아이들"은 인간의 길들이기를 다루는 인간성에 대한 이론과 무관한 신화였다. 그들이 만약 자연에서 왔고 길들이기 되지 않은 인간이 있다는 가장 좋은 증거라면, 더 큰 교훈이 나와야 한다. 블루멘바흐는 페터에 대한 설명을 가지고 분명하게 결론을 내렸다. "무엇보다도 자연의 원초적인 야생 상태는 길들이기된 동물로 태어난 인간의 특성이 아니다."[10]

"야생 아이들"에 대한 논란은 해결되었다. 린네와 몬보도가 틀렸다. 원주민의 "야생 아이들"에 대한 반박을 통해, 사람들이 자연스럽게 잘 행동한다는 것은 인간이 실제로 길들이기된 종으로 간주되어야 함을 보여 준다는 블루멘바흐의 주장이 입지를 굳힌 것처럼 보인다.

그러나 훨씬 더 심각한 걸림돌이 된 두 번째 어려움으로 인해 한 세기 동안 블루멘바흐의 생각은 받아들여지지 않았다. 문제는 인간의 길들이기가 어떻게 일어났는가였다. 농장 안에 있는 동물의 경우, 인간은 그 가축을 사육할 책임이 분명히 있다. 그럼 인간이 길들이기된다면, 누가 맡을 것인가? 누가 우리 조상을 길들일 수 있었을까?

블루멘바흐조차 답을 할 수 없었다. 블루멘바흐는 한 가지 제안을 시도했는데, 『자연사에 대한 논문*Contributions to Natural History*』이라는 책의 각주에 숨어 있다. 그는 가능한 해결책을 익명의 "매우 심오한 심리학자"에게 돌렸다. 그 해결책은 신성을 환기시킨다. "원시 시대에는 사람을 일종의 가축처럼 행동하게 만든, 지상에서 더 높은 존재가 있었을 것이다." 사라진 초인간 종이 인간을 길들였는가? 이상한 생각은 무시되었다.[11] 블루멘바흐는 창조론자처럼 생각했기 때문에 인간이 어떻게 길들이기되었는지 설명을 못 하는 것은 개인적으로 별로 중요하지 않았다. 그는 인간의 본성을 어떻게 받아들여야 하는가라는 질문에 신경을 쓰지 않았고 단순하게 받아들였다. 블루멘바흐는 찰스 다윈이 『종의 기원On the Origin of Species』에서 자연 선택에 관한 진화론을 소개하기 19년 전인 1840년에 사망했다. 블루멘바흐는 인간이 창조된 이래 길들이기되었다는 생각을 편안하게 받아들인 것 같았다.

다윈은 자연에서의 인간의 위치를 생각한 블루멘바흐 다음의 위대한 사상가였으며, 블루멘바흐와는 달리, 인간의 길들이기가 어떻게 일어났는지에 대한 설명이 없다는 점을 불편하게 여겼다. 물론 다윈은 인간이 진화했다고 가정했고, 그의 주장을 설득력 있게 만들기 위해서는 진화가 어떻게 작동하는지를 보여 주는 것이 중요하다는 것을 알았다. 다윈이 쓴 두 권짜리 책, 『길들이기에 따른 동물과 식물의 변이The Variation of Animals and Plants Under Domestication』 (1868)에서 그는 인간이 길들이기되었는지에 대해서 고려하지 않았다. 대조적으로, 인간 진화에 관한 그의 1871년 책, 『인간의 유래와 성선택The Descent of Man, and Selection in Relation to Sex』에서 다윈은 블루멘바흐의 제안을 고려했다. 만약 인간이 실제로 길들이기되었다면, 그는 그 방법과 이유를 알고 싶었다.

다윈은 "문명화된 사람은 (⋯) 어떤 의미에서는 고도로 길들이기된 것이다. 그리고 많은 면에서 인간은 오랫동안 길들이기된 동물과 비교될 수 있다"는 데 동의했다.[12] 그러나 길들이기에 대한 그의 전문 지식이 문제가 되었다. 『종의 기원』에서 그는 집에 사는 비둘기의 진화를 논함으로써, 야생 동물의 진화에 대한 논지를 펼쳐 나갔다. 그는 어떤 개체들이 다른 개체들보다 번식을 더 잘하기 때문에 진화가 일어났다고 주장했다. 그는 선택이 야생 동물의 경우 자연에 의해 그리고 길들이기된 동물의 경우 인간에 의해 일어난다고 보았다. 그는 농장과의 유사성을 들어, 보다 더 길들이기된 인간의 진화는 누군가에 의한 선택에 달려 있다고 주장했다. 다윈은 어떻게 그런 일이 일어났는지 알 수 없었다.[13]

다윈은 인간 집단의 특정한 형질을 선택하기 위해 노력한 한 예를 인용했다. 이 일화는 야만적이며 인간에게서 인위 선택을 상상하기 어렵다는 것을 보여 준다.

1713년부터 1740년 죽을 때까지 오만하고 지배적이었으며 주정뱅이이기도 했던 프로이센의 프리드리히 빌헬름 1세는 포츠담 경비대를 세계에서 가장 인상적인 군대로 만들고 싶어 했다. 그렇게 하기 위해 그는 1천 명의 모집인들에게 돈을 지불하고 유럽 15개국을 돌면서 가장 키 큰 남자들을 프로이센으로 잡아 오게 했다. 왕은 그 일에 엄청난 돈을 썼다. 모집인들에 대한 포상이 너무 많아서 주저함이라는 것이 없었다. 선택된 남자들은 납치될 수 있었고, 그들의 경호원은 죽을 수도 있었다. 갖가지 방법을 써서 모은 남자들이 초기에 1천2백 명이었다.

키 큰 병사들은 군대의 자랑이 될 예정이었으나, 그것은 그들의 의지와 관계없는 일이었기 때문에 그곳에 감금되어 있어야 했다. 항의하면 심한 처벌을 받았다. 불복종은 고문으로 보상받았다. 매년 250명 정도가 탈출했는데 잡히면 코와 귀가 잘렸고 슈판다우 교도소에서 종신형 선고를 받았다. 그래서 군대의 사기가 급락했다. 자살이 이어지자 군대는 눈에 띄게 약화되었다. 그럼에도 불구하고 왕이 죽을 무렵에는 3,030명의 키 큰 병사들로 구성된 세 개의 대대가 만들어졌다.

거인들을 모으는 데 어려움이 너무 컸기 때문에 왕은 그 대안으로 인위 선택을 채택했다.[14] 그는 거인을 쉽게 구할 수 없다면, 그들을 번식시키기로 결정했다. 따라서 왕의 남자들은 농촌에서 키 큰 여성을 찾아 키 큰 경비대원과 결혼시키는 짝으로 임명했다. 역사학자 로버트 허친슨Robert Hutchinson은 "왕이 농민의 고결한 아내와 딸들에게 폭력을 행사했다. 동의를 구한 적도 없었으며 결혼을 한 적이 있는지 여부도 상관없었다. 모든 품위와 도덕적 규칙이 그에 반대되는 가장 엄격한 법에 따라 무자비하게 무시되었다. 오직 키만 고려되었다. (…) 여기에 왕의 신성한 권리가 독창적으로 적용되었다."라고 이 시스템을 설명했다.[15]

프로이센 왕의 실험으로 인해 포츠담에는 비정상적으로 키 큰 사람이 늘었지만 전반적으로 실패였다. 그 실험은 남편과 아내 모두를 분노하게 만들었으며, 왕이 죽자 실험은 즉시 끝났다. 강력한 군주조차 이를 해낼 수 없었다면, 인간을 인위 선택한다는 것은 미친 짓이었다. 프로이센의 실패한 실험은 다윈이 알고 있던 유일한 실험이었고, 그와 비슷한 것은 없었기 때문에 그는 인간의 길들이기는 불가능하다고 생각했다. "인간의 번식은 체계적인 또는 무의식적인 선택을 통해 통제되지 않는다. 다른 종족에 의해 인종이나 신체는 완전히 정복되지 않기 때문에 특정 개인은 보존되어 무의식 중에 선택되었다." 이러한 이유로 다윈은 "인간은 철저하게 길들이기된 어떤 동물과도 전반적으로 다르다"고 결론을 내렸다.[16]

이것으로 논쟁은 끝이 났겠지만, 다윈은 항상 철저했기 때문에 블루멘바흐의 생각에서 두 번째 문제점을 발견했다. 블루멘바흐는 테오파라투스가 그랬듯이 길들이기는 모든 개체에 똑같이 적용될 수 있는 인류 전체의 균일한 현상이라고 생각했다. 그러나 다윈은 블루멘바흐의 개념을 어떤 사람은 다른 사람보다 더 길들이기되었다는 아리스토텔레스의 생각으로 해석했다. 결국 여기서 꼬인 것이 끔찍한 선택을 하는 선례를 낳았지만, 첫 번째 결과는 약한 것이었다. 그것은 단지 다윈을 잘못된 결론으로 이끌었다. 이 결론은 다윈이 "야생의" 사람들과 접촉해서 도출된 것이었다.

1832년 12월, HMS 비글호로 항해하던 다윈은 남아메리카 남단에 위치한, 현재 칠레와 아르헨티나령으로 나뉜 티에라델푸에고섬에서 수렵 채집인들과 마주쳤다. 그 만남은 충격적이었는데, 초기 원정 때 영국으로 끌려갔던 티에라델푸에고섬 사람들인 젊은 여자와 두 남자가 당시 다윈과 같이 항해하고 있었기 때문이다. 이 포로들은 야마나Yámana(야그한Yaghan이라고도 함)에서 왔다. 비글호의 선장 로버트 피츠로이Robert Fitzroy는 그들을 영국에서 어느 정도 지내게 하다가 유명한 선교사로 만들어 그들의 섬으로 돌아가게 할 희망으로 그들을 납치했다. 다윈은 비글호에서 그들과 어울리는 것을 즐겼다. 다윈은 야마나 사람들이 티에라델푸에고섬에 가면 어떻게 달라지는지에 대해 준비한 것이 없었다.

비글호는 티에라델푸에고섬에서 여러 주를 정박했는데, 다윈은 거기 주민인 야마나 수렵 채집인들을 볼 기회가 많았다. 다윈은 충격을 받았다. "그들은 내가 본 사람들 중 가장 비천하고 비참했다. 그들의 살은 더럽고 기름투성이였으며 머리카락은 엉켜 있었고 목소리는 조화롭지 않았으며 몸짓은 격렬하고 품위가 없었다. 그런 사람들을 보면 그들이 친구들이고 같은 세계에 사는 사람들이라고 스스로 믿기 힘들었다. (…) 그들이 갖고 있던 기술들은 경험으로 개선되지 않았기 때문에 어느 면에서는 동물의 본능과 비교될 수 있었다. (…)"[17] 이 만남을 통해 다윈은 인간은 길들이기된 정도에 따라 다르다는 생각(다윈은 이 생각이 블루멘바흐의 생각이라고

1부 두 개의 문

잘못 해석했다)을 탐구하게 되었다. 그는 만약 문명화된 사람이 실로 야생 사람들보다 더 길들이기되었다는 것이 사실이라면, 문명화된 사람들의 생물학이 길들이기된 동물들의 생물학과 유사해야 한다고 말했다.

다윈은 길들이기된 동물이 야생의 동종 동물보다 더 빨리 번식한다는 것을 알았다. 만약 블루멘바흐가 옳았다면, "문명화된 사람"은 "야생 사람"보다 더 빨리 번식한다고 예상할 수 있다. 그러나 다윈은 반대로 보고했다. 즉 "야생 사람"이 "문명화된 사람"보다 더 빨리 번식한다는 것이었다. 이를 기초로 "문명화된 사람"과 "야생 사람"의 차이는 길들이기 같은 과정에 의한 것이 아니라고 결론지었다. 다른 문제들도 있었다. 다윈은 길들이기된 동물이 야생의 조상보다 작은 뇌를 가진 반면, 인간의 뇌와 두개골은 시간에 따라 커지는 것을 알았다. 따라서 다윈은 인간이 길들이기된 동물이라는 생각이 이중으로 틀렸다고 생각했다. 인간의 길들이기 메커니즘이 없을 뿐 아니라 인간은 길들이기된 동물의 패턴을 밟지 않았다. 따라서 다윈은 블루멘바흐의 개념을 기각했다.

『종의 기원』을 발표한 이후 지적인 희열을 만끽한 다윈은 인간 행동에 대한 진화론의 중요성을 생각한 많은 사람 중 한 사람이었을 뿐이다. 수필가 월터 배젓Walter Bagehot에게는 인간의 유순함과 야생 동물의 공격성 간의 대조는 무시하기에는 너무나 흥미로운 점이었다. 배젓은 다윈이 감탄했고 조심스럽게 인용했던 그의 정치적 진화론에 대한 1872년 논문에서 "사람은 (…) 그 자신의 사육사가 되어야 한다. 사람은 스스로 순해져야 한다."라고 썼다. 따라서 블루멘바흐의 생각은 완전히 사라진 것이 아니었다.[18] 그러나 배젓은 저널리스트였다. 그는 인간의 길들이기에 대한 그의 추측을 가지고 아무것도 하지 않았다. 아마도 다윈의 회의론 때문에 그 문제에 대해 더 이상 생각할 의욕이 사라졌을 것이다.[19] 어쨌든 수십 년 동안 그 생각에 대한 언급이 거의 없었다.

다윈에게는 일부 인간 집단이 다른 집단보다 더 길들이기되었다는 개념은 정치적인 함의가 없는 지적인 분석으로 여겨졌다. 다윈은 노예제의 폐지와 일반적으로 백인이 아닌 사람들(푸에고 군도의 사람들을 제외하고)에 대한 존중에 대하여 썼던 헌신적인 노예 폐지론자였다. 그러나 유감스럽게도 20세기 초에 인간의 길들이기에 대한 생각이 다시 거론되었을 때, 그 생각은 블루멘바흐의 '보편적인' 형태가 아니었다. 대신에 다윈(및 아리스토텔레스)의 이론은 상이한 집단이 길들이기된 정도가 다르다는 이론이었다. 인간의 길들이기는 인종 차이의 원인일 뿐만 아니라 인간의 가치를 따지는 지표로 여겨졌다. 즉 길들이기된 방법에 따라 일부 인종이 다른 인종보다 더 낮다고 생각되었다. 이 생각에 담겨 있던 분열을 일으킬 가능성은 나치와 그 동료들에 이르러 폭발적으로 나타났다.

이 문제는 1941년 『길들이기에 의한 인간의 인종적 특성 *The Racial Characteristics of Man as a Result of Domestication*』이라는 제목의 논문으로부터 시작되었다. 저자인 독일의 인류학자 오이겐 피셔Eugen Fischer는 아리아족이 다른 민족보다 더 길들이기되었기 때문에 다른 민족보다 우월하다고 주장했다. 피셔에 의하면, 금발의 머리와 창백한 피부에 대한 반무의식적인 선호는 아리아족의 특성을 선택하기 위한 번식을 초래했다. 피셔는 1921년 에르빈 바우어Erwin Baur와 프리츠 렌츠Fritz Lenz와 함께 편집한, 인간 유전학과 "인종 위생"에 관한 책을 토대로 그의 논문을 구상했다. 역사가 마르틴 브뤼

네Martin Brüne에 따르면, 이 책은 나치의 우생학이 타당하다는 핵심적인 과학적 정당화를 시도하고 있다. 저자들은 "자연 선택법을 재도입하기 위해 복지 기관의 철거와 해체를 합법화하는 것을 지지했다". 그들의 권고는 1935년에 통과된 반유대 뉘렌베르크 법을 지지하기 위해 사용되었다. 유대인들만이 표적이 아니었다. 1937년 피셔는 독일에 사는 아프리카계 아버지들의 6백 명 자녀에 대해 연구했다. 그의 이론으로 인해 그들은 강제로 불임이 되었다.[20]

혼란스럽게도 인간 길들이기의 중요성에 대한 대조적인 개념은 반대되는 이론적 관점을 취했음에도 불구하고 거의 똑같이 불행한 결론에 도달한다는 것이 입증되었다. 오스트리아의 동물행동학자 콘라트 로렌츠Konrad Lorenz는 1973년에 선구적인 연구로 노벨상을 받은 동물 행동 분야의 명석한 학자다. 그는 야생 동물과 농장 동물을 대상으로 일했지만, 농장 동물이 삶의 어려움에 잘 적응하지 못했기 때문에 애를 먹었다. 그가 1940년에 출판한 악명 높은 논문의 제목—『종 특이적인 행동의 길들이기에 의한 장애Disorders Caused by the Domestication of Species-Specific Behavior』—은 그의 우려를 요약한 것이었다. 그는 머스코비 오리Muscovy duck의 야생종은 깔끔하게 생긴 데 비해 길들이기된 것은 쪼그리고 앉아 있고 뚱뚱하고 추악한 생물이라고 경멸했는데, 이런 구분을 인간에게도 똑같이 적용했다. 로렌츠는 문명의 영향으로 인간이 지나치게 길들이기되어 매력적이지 않고 발육 부진이 일어났으며 생존하기 힘들다고 생각했다. 따라서 로렌츠는 아리아족의 훌륭한 자질을 길들이기된 것으로 인정한 피셔와 달리 더 길들이기된 인간은 자연 상태에서 더 저등한 형이라고 생각했다.[21]

로렌츠의 유사 과학에서 나온 결론은 피셔의 생각과 대조를 이루었지만, 똑같이 불쾌한 우생학을 홍보하는 것을 정당화했다. 로렌츠에게 길들이기는 퇴보의 원인이었다. 그러므로 그는 자각적이고 과학을 근거로 한 인종 정치가 그것을 막지 않는다면 문명은 붕괴될 것이라고 주장했다.[22] 로렌츠는 종종 전쟁 중에 나치 장군을 만족시키기 위해 생물학을 왜곡했다고 한다. 그러나 전쟁이 끝난 이후 그에 대한 비판에도 불구하고 길들이기에 의한 퇴화 이론에의 그의 헌신은 히틀러보다 오래 지속되었다. 1970년대 로렌츠는 전기 작가 알렉 니스벳Alec Nisbett에게 다음과 같이 말했다. "내가 싸워 왔고 여전히 싸우고 있는 위대한 악마는 인류의 점진적인 자기 길들이기다."[23]

따라서 인간 길들이기의 가치가 어떻게 매겨지든 간에 그것은 정치적 무기가 되었다. 만약 피셔가 옳고 길들이기가 좋은 것이라면 덜 길들이기된 사람에 대한 억압은 정당화된다. 만약 로렌츠가 옳고 길들이기가 나쁜 것이라면, 길들이기된 사람에 대한 억압이 정당화된다. 어느 쪽이든, 이론은 악을 위해 사용되었다.[24]

우생학과의 섬뜩한 연관에도 불구하고, 제2차 세계대전 이후 인간 길들이기의 개념은 타당성을 천천히 회복하기 시작했다. 우생학자들의 주장에서 비롯된 문제는 인간이 길들이기되었다는 것이 아니라 일부 집단이 다른 집단보다 낮다는 데 있었다. 인간 집단에 대한 가치 판단이 이루어지지 않는 한, 인종 차별주의를 반대하는 학자들도 명시적으로 참여할 수 있었다. 문화적 상대론cultural relativity의 우상이었던 마거릿 미드Margaret Mead가 1954년 "인간은 길들이기된 동물이다."라고 편안한 마음으로 쓴 것은 주목할 만한 사례다.[25] 그녀의 은사는 미국 인류학의 아버지로 불리는 프랜츠 보애스Franz Boas였는데, 그는 현장에서 일하던 학자이자 이론가로서 인류의 심리적인 동일성에 대한 강조로 많은 찬사를 받았다. 1934년에 보애스는 인류가 전체적으로 길들이기되었다고 썼고 심지어 인종이 길들이기에 의해 형성되었다는 피셔의 생각을 받아들이기까지 했다. 보애스는 "인간은 야생은 아니지만, 길들이기된 동물과 비교되어야 한다. (…) 인간은 자기 길들이기된 존재다."라고 주장했다.[26]

그 후 고고학, 사회인류학, 생물인류학, 고생물학, 철학, 신경정신학, 심리학, 동물행동학, 생물학, 역사학, 경제학을 포함한 놀랍도록 광범위한 분야에서 진화론을 지지하는 학자들이 인간의 길들이기를 연구했다. 어디서든 필수적인 근거는 같다. 우리의 유순한 행동은 길들이기된 동물의 모습을 떠오르게 하며, 다른 종이 우리를 길들일 수 없기 때문에 우리는 스스로 해야 했다. 즉 우리는 스스로 길들이기되어야 했다. 그러나 어떻게 그런 일이 일어났는가?[27]

자기 길들이기의 개념은 인간의 유순성을 이해하는 방식으로 여러 차례 새롭게 거듭났지만, 최근까지 그 용어는 기술記述적으로만 사용되었다. 보애스 같은 사람들은 인간은 길들이기된 동물 같다고 말했다. 블루멘바흐 같은 사람들은 우리가 실제로 길들이기된 동물이라고 말했다. 그러나 어느 쪽이든, 그들의 분석은 거기까지였다. 길들이기에 대해 언급하는 것은 곤란한 일이었다. 그것은 단지 인간의 유순함을 뒷받침하는 생물학이 동물과 유사하다는 것을 암시했다. 불행히도, 그런 환상가들에게는 길들이기의 생물학이 모호했다. 또한 인간의 진화에 대해서 알려진 바가 없었다. 진화생물학자 테오도시우스 도브잔스키가 1962년에 한 말에는 일리가 있다. 그는 "인간의 길들이기에 대한 개념은 현재 과학적으로 생산적인 개

넘이라고 하기에는 너무나 모호한 생각이다."라고 썼다.[28]

증거는 더 명확해졌다. 인간은 호모 사피엔스가 된 시기에 반응적인 공격을 덜 하게 되었고 더 유순해졌다는 것이다. 중요한 단서는 길들이기된 동물과의 비교에서 나온다. 다윈은 그의 1868년 책, 『길들이기에 따른 동물과 식물의 변이』에서 유순성 외에도 길들이기 과정에 대한 놀라운 생물학적인 지표가 있다고 보고했다. 예를 들어 길들이기된 포유류는 퍼덕거리는 귀를 갖는 경향이 강하다. 독일 셰퍼드와 같은 일부 개는 귀가 서 있지만, 많은 품종은 강아지처럼 귀가 이상하게 아래로 접혀 있다. 다윈은 다른 모든 종류의 길들이기된 포유류는 일부 다 성장한 개체들을 포함하여 퍼덕거리는 귀를 갖고 있다는 것을 발견했다. 다 큰 야생 동물에서는 퍼덕거리는 귀가 드물기 때문에 이는 놀라운 일이다. 코끼리는 다윈이 알고 있던 퍼덕거리는 귀를 가진 유일한 야생종이었다. 이 사실이 기이한 이유는 유순함이 퍼덕거리는 귀와 연관이 있어야 한다는 분명한 이유가 없기 때문이다. 그것은 단순히 일어난 일이었다.

또 다른 예는 말, 소, 돼지, 개, 고양이에서는 흔하지만, 야생 동물에서는 볼 수 없는 이마의 흰 반점이다. 오그라든 꼬리, 모발의 질이 다양하다는 것, 하얀 발도 같다. 길들이기된 동물이 이런 신비한 연관을 갖게 된 이유는 밝혀지지 않았고, 이제 실마리를 얻기 시작했다. 그러나 설명에 관계없이 "길들이기 증후군domestication syndrome"이라고 불리는 길들이기와 관련된 특성들의 목록은 유용하다. 왜냐하면 그것이 인간의 과거에 대한 단서를 제공하기 때문이다. 결정적으로, 길들이기 증후군에는 뼈의 변화가 포함된다. 고고학자들은 화석 뼈를 통해 개, 염소, 돼지와 같은 종들이 언제 길들이기되었는지를 인식할 수 있다. 따라서 고고학자 헬렌 리치Helen

Leach가 2003년에 주장했던 것처럼 고고학자들은 인간의 화석 뼈를 통해서도 동일한 일을 할 수 있다.[29] 리치는 현대인에게서 발견되는 길들이기된 동물의 뼈가 지닌 네 가지 특성을 열거했다.

첫째, 길들이기된 동물은 대부분 야생 조상보다 몸이 작다. 길들이기된 품종이 확립된 이후, 인간에 의한 인위 선택으로 수레를 끄는 말이나 그레이트데인과 같이 의도적으로 큰 품종을 만들 수 있지만, (발생) 초기 때의 몸 크기의 감소는 똑같다. 양이나 소와 같이 무리를 지어 다니는 동물이나 개의 경우 이 효과를 예측할 수 있는 가능성이 높기 때문에, 고고학자들은 이를 다른 종의 길들이기가 언제 일어났는지 판단하는 중요한 기준들 중 하나로 사용한다. 오늘날 음식의 양과 질이 증가한다는 것은 우리 중 많은 사람이 우리의 조상보다 크다는 것을 의미한다. 그러나 훨씬 이전으로 거슬러 올라가 보면 전 세계 곳곳에서 인간의 키가 작아졌다. 키의 감소는 약 1만 2천 년 전 홍적세* 후기에 일어났다. 과거에 신체가 작아졌다는 것은 또한 뼈의 상대적인 두께의 변화로 나타난다. 우리 조상의 사지 뼈는 길이에 비해 끝과 중간의 축 모두가 더 두껍다. 횡단면을 보면, 사지 뼈가 골수강*을 둘러싸고 있는 두꺼운 벽을 가지고 있음을 알 수 있다. 뼈는 두꺼워질수록 무거워진다. 뼈의 두께로 따지면, 약 2백만 년 전인 **호모 에렉투스**Homo erectus 시대 이후로 인간의 체중 감소는 뚜렷했다. 이러한 변화는 인간은 덜 강해졌고 더 날씬해졌다는 것으로 이해된다.[30]

• 홍적세pleistocene: 약 258만 년 전부터 1만 년 전까지의 지질 시대. 빙하가 발달하고 매머드 같은 코끼리류와 현재의 식물 같은 것이 생육하였다.
▪ 골수강marrow cavity: 뼈 구조의 일부분으로, 치밀뼈의 내부를 가리킨다. 골수강 안에 적혈구, 림프구 등 대부분의 혈구 세포를 만드는 골수가 있다.

둘째, 길들이기된 동물의 얼굴은 야생 조상의 얼굴보다 짧고 상대적으로 앞쪽으로 덜 튀어나오는 경향이 있다. 또한 치아는 작아지고 턱도 더 작아졌는데, 이는 길들이기된 초기의 개의 치아가 밀집 현상이 일어나는 원인이다. 인간은 같은 경향을 따른다. 지난 1만 년 동안 사람들이 계속 살았던 수단에서의 한 연구에 따르면, 그 기간 동안 얼굴은 계속 짧아졌다. 그러나 그런 경향은 훨씬 일찍 시작되었다. 우선, 최초의 호모 사피엔스는 호모 에렉투스와 같은 사피엔스의 이전 속보다 얼굴이 작았다. 치아 크기의 감소는 지난 10만 년 동안 일어났다. 치아 크기는 1만 년 전까지 2천 년마다 1퍼센트의 비율로 작아졌는데, 천 년에 1퍼센트씩 부피의 감소가 가속화했다. 감소율은 유럽, 중동, 중국 및 동남아시아 여러 지역에서 비슷했다.[31]

셋째, 수컷과 암컷의 차이는 항상 같은 이유로 야생 동물보다 가축 동물이 덜하다. 즉 수컷의 성질이 덜 강조되는 것이다. 소와 양 같은 유제류에서는 이런 변화가 야생 조상에 비해 길들이기된 종의 뿔 크기가 감소하는 것으로 나타난다. 인간의 경우에는 최근까지 남성과 여성 사이의 상대적인 신장의 변화가 증명된 것이 없다. 그러나 인류학자 데이비드 프레이어David Frayer에 따르면 지난 3만 5천 년 동안 남성은 키뿐만 아니라 얼굴의 크기, 송곳니의 길이, 어금니의 면적, 턱의 크기 면에서 여성을 닮아 갔다.[32] 약 20만 년 전으로 거슬러 올라가면, 남성의 얼굴은 이미 비교적 여성화되고 있었다. 생물학자 로버트 시에리Robert Cieri와 그의 동료들의 분석에 따르면, 남성의 경우 눈 위의 눈썹 융선은 덜 돌출되고 코의 윗부분에서 치아의 윗부분까지 길이가 짧아졌다.[33]

마지막으로, 포유류든 조류든 길들이기된 동물들은 야생 조상보다 더 작은 뇌를 갖는다. 주어진 체중에 대한 뇌의 부피 감소는 약 10~15퍼센트이지만, 실험용 쥐를 제외하고 모든 길들이기된 포유류에서 어느 정도의 뇌의 감소가 발견된다. 두개골 내부의 부피(또는 두개골 용량)로 측정한 인간의 두뇌 크기는 지난 2백만 년 동안 꾸준히 증가했지만, 두뇌가 작아지기 시작한 3만 년 전에 놀라운 궤적의 변화가 일어났다. 유럽에서 현대인의 뇌는 2만 년 전 인간의 뇌보다 10~30퍼센트 더 작다.[34] 놀랍게도 길들이기된 동물의 경우 뇌 크기의 감소는 인지 능력의 일관된 감소와 관련이 없었다. 실제로 작은 뇌를 가진 종은 큰 뇌를 가졌던 자신의 조상을 종종 능가한다. 예를 들어 기니피그의 뇌는 체중을 감안할 때 그들의 야생조상보다 14퍼센트 작지만 기니피그는 미로를 탐색하고 연관을 짓고 반전시키는 데 더 빠르다. 작은 뇌를 가진 길들이기된 쥐는 야생종보다 학습과 기억력 면에서 더 낫다. 뇌의 크기가 감소했다는 점은 대부분의 길들이기된 동물과 관련해 흥미롭고 놀라운 사실이지만, 그 사실이 또한 작은 뇌를 가진 동물들 또는 호모 사피엔스가 조상에 비해 인지 능력이 낮다고 생각할 이유가 되지 않는다.[35]

전통적으로 인간 화석의 이러한 네 가지 변화는 종종 인간에게 고유한 방식으로 개별적으로 설명되었다. 신체 크기의 감소는 기후의 변화, 음식 이용 가능성의 감소, 또는 새로운 질병에 대한 적응에 의한 것으로 이해될 수 있다. 얼굴 크기의 감소는 음식을 부드럽게 만드는 끓이기와 같은 새로운 요리 방법의 결과일 수 있다. 성차는 기술 사용이 늘어 감에 따라 남성들이 더 이상 훌륭한 사냥꾼이 되기 위해 특수한 신체 기능을 사용할 필요가 없어 줄어든 것일 수 있다. 작은 뇌는 뇌 크기와 신체 크기의 일관된 관계를 고려하면 더 가벼워진 신체의 결과로 설명될 수 있다. 그러나 우리가 각각의 특정 변화에서 물러서서 보면, 더 큰 그림을 볼 수 있다. 현대인과 초기 조상의 차이점은 분명한 유형을 보이고 있다. 그것은 개와 늑대의 차이와 유사해 보인다.

우연이라고 하기에 이런 일치는 너무나 확실해 보인다. 우리가 보았듯이 인간이 길들이기되었다는 생각은 2천 년 전으로 거슬러 올라간다. 이제 우리는 호모 사피엔스의 역사에서 발생한 해부학적인 변화가 개가 늑대에서 진화했을 때 경험한 해부학적 변화와 강한 유사성이 있음을 발견한다. 50만 년 전, 우리 조상들은 몸이 더 무거웠으며, 더 돌출한 얼굴, 비교적 남성적인 얼굴, 더 큰 뇌를 가지고 있었고, 남성이 상대적으로 더 컸다. 길들이기된 동물로부터 추정하면, 그 특성들은 아마도 우리 조상들이 우리보다 덜 유순했다는 것을 나타낸다. 그들은 반응적 공격을 하는 성향이 많았고, 이성을 더 쉽게 잃었으며, 더 빠르게 위협했고, 서로 싸웠다. 그러나 어떻게든 우리는 길들이기되었다. 뼈가 바뀌고 우리의 사회적인 관용은 증가했다. 과거의 늑대와 같은 우리의 행동이 현재 개와 같은 행동이 되었다.

블루멘바흐는 확실히 인간의 길들이기를 지지하는 직접적인 증거를 알았다면 기뻐했을 것이다. 그는 우리가 알고 있는 것, 즉 인간과 길들이기된 동물 사이의 유사성이 뼈뿐만이 아니라 생물학의 다른 측면에서도 발생한다는 것을 깨닫게 되어 훨씬 더 기뻐했을 것이다.

4장
번식의 평화를 가져다준 길들이기

길들이기 증후군은 다윈에게 놀라운 일이었다. 그는 길들이기된 서로 다른 포유류들이 분명히 관련이 없는 일련의 특성을 공유하는 이유를 이해하지 못했다. 이 수수께끼는 21세기까지 계속되었다. 문제는 길들이기 증후군의 다양한 특징이 생물학적으로 관련이 없어 보인다는 것이다. 공격성의 감소와 작아진 치아는 어떤 관계가 있는가? 아무런 관계가 없다. 동물은 씹는 치아[어금니 — 옮긴이]로 싸우지 않기 때문에 반응적 공격이 줄어들어 치아의 크기가 작아질 이유가 없다. 털의 흰색 반점, 퍼덕거리는 귀, 또는 작은 뇌와 공격성의 관계를 짓는 것도 어려움이 있다. 길들이기된 동물이 왜 그런 특성을 갖는 경향이 있는지 설명할 수 있는가?

가장 인기 있는 전통적인 가설은 "평행 적응 가설" 중의 하나다. 평행 적응 가설에 따르면, 공격성의 감소, 흰색 반점, 퍼덕거리는 귀 같은 길들이기 증후군의 특징은 새로운 맥락, 즉 인간과 함께 사는 것에 대응하여 독립적으로 진화한 적응이라는 것이다. 우리가 왜 평행 적응 가설을 자신 있게 기각할 수 있는지 곧 알게 되겠지만, 학자들이 길들이기 증후군에 대한 기이한 수수께끼를 푸는 해결책을 찾으면서 그 가설을 왜 합리적이라고 생각했는지 알 수 있을 것이다. 짧은 얼굴과 작은 치아는 더 씹기 좋은 음식에 적응할 수 있게 했는데, 음식이 아주 부드러우면 길들이기된 동물들의 조상이 먹었던 야생 음식보다 씹는 시간이 덜 걸릴 것이다. 아마 털에 있는 흰 반점의 경우는 인간이 이것으로 동물을 식별할 수 있게 되거나, 농부들이 동물의 발에 있는 흰 '양말'을 귀여워했을 것이다. 이론적으로, 우수한 청력은 야생 동물보다 가축한테 덜 중요하기 때문에 퍼덕거리는 귀가 허용되었을 것이다. 뇌가 작을수록 위협에 주의를 기울일 수 있는 능력이 낮아진다고 생각하면, 그 이유가 가축이 비교적 안전한 환경에서 살았기 때문이라고 설명될 수 있다. 이 같은 설명은 이론적으로 길들이기 증후군 전부가 인간이 만든 새로운 환경에 대한 일련의 평행 적응으로 나타났다는 생각으로 이어진다.[1]

이것은 앞에서 보았듯이, 인간의 진화에 적용한 것과 같은 종류의 추론으로서, 인간의 경우는 인간이 지난 50만 년 동안 점점 더 많이 문화적인 적응을 하고 있었다는 사실에 근거를 둔다. 동물에 대한 평행 적응 가설은 길들이기 증후군이 '인간과의 생활'에 대한 독립적인 일련의 적응으로서 진화되었다는 것을 시사한다. 인간에 대한 평행 적응 가설은 길들이기 증후군이 정교하게 발달하는 문화에 대한 독립적인 일련의 적응으로 진화했음을 시사한다. 요리 기술의 개선으로 인해 질 좋은 식사가 가능해져서 덜 강하게 씹고, 씹기 위한 해부학적 구조가 더 홀쭉해졌다. 더 나은 창, 더 멀리 날릴 수 있는 활과 화살, 올가미와 그물의 사용 증가로 남성이 사냥을 위해 육체를 개발해야 할 압력을 적게 받아서 체격이 더 여성적으로 되어 갔을 수 있다. 동물의 길들이기에 대한 설명과 마찬가지로 평행 적응 가설은 인간의 길들이기 증후군이 공격성의 감소와 아무런 관계가 없다는 것을 시사한다. 대신 이것은 인간이 다양한 종류의 문화 형태로 전수되는 기술과 도구를 습득한 것에 대한 일련의 독립적인 생물학적 반응으로 나타났다는 것이다.[2]

평행 적응 가설은 진화론에서 중요하게 여겨지는 일반적인 기대에 부응하기 때문에 매력적이다. 생물학자들은 일반적으로 동물의 형질들이 생존하고 번식할 수 있게 하는 능력을 증가시키는 적응으로 표현되기 때문에 진화한다고 가정한다. 이 적응론적 관점은 다윈 이후로 생명에 대한 우리의 이해에 성공적으로 혁명을 일으킨 진화론의 핵심 원칙이다.

그러나 때로 적응론자의 관점은 틀렸다. 생물학적 특징이 항상 적응되는 것은 아니다. 유두는 수컷에게 이점을 제공하지 않지만, 포유류는 약 2억 년 전에 젖을 먹기 시작한 이래로 유두를 유지해 왔다. 배아가 자라면서 실제로 적응을 한 여성의 유두를 만드는 발달 순서에 따라 적응적이지 않은 남성의 유두도 만들어진다. 따라서 남성의 유두는 기능을 가지고 있지 않지만, 유두를 제거하는 데드는 비용은 유지하기 위한 비용보다 많아 보인다. 따라서 유두는 수백만 세대 동안 온전하고 쓸모없는 채로 남은 것이다. 유두는 유기체의 적응 능력이 발달 프로그램에 의해 때때로 제한받을 수 있는 방식을 보여 준다.[3]

남성의 유두는 비적응적인 형질의 전형적인 예다. 종종 비적응적인 형질로 거론되는 두 번째 예는 조류의 음핵이다. 대부분의 조류는 음핵이나 음경이 없다. 그러나 물속에서 교미를 하는 종은 음핵이나 음경을 갖는 경향이 있다. 수컷 오리(드레이크라고도 함)는 정자가 암컷 오리의 몸 안 깊숙이 들어가지 않으면 정자가 물에 씻겨 나갈 위험이 있다. 대부분의 육상 조류와 달리 드레이크는 남근을 진화시켰으며, 남근을 만드는 발달 과정에 따라 암컷의 음핵도 생성된다. 따라서 수컷 포유류와 마찬가지로 오리의 음핵은 진화의 부산물로 보이며 자연 선택이 수컷의 음경을 선호해서 존재하는 양상이다. 수컷의 유두와 암컷의 음경은 흥미로운 예들이지만, 삶의 범위라는 측면에서 본다면 기여도가 작은 기관들이다. 이것들이 긍정적으로 선택되지 않았어도 지속하는 특성의 중요한 예들이라는 사실은 비적응적 형질이 드물다는 것을 시사한다.[4]

소련의 유전학자 드미트리 벨랴예프Dmitri Belyaev가 수행한 장기적인 대규모 실험에서 길들이기 증후군이 일련의 적응 현상이 아니라는 결과가 나온 것은 놀라운 일이었다. 대신 길들이기 증후군은 길들이기된 하나의 중요한 인자에 의해 유발된 비적응적인 반응을 나타낸다. 벨랴예프가 발견한 길들이기 증후군 전체는 수컷의 유두에 상응하는 것이었다. 길들이기 증후군은 선택에 의해 생긴 비적응적인 부산물이 잠재적으로 생물학적으로 큰 역할을 할 수 있다는 것을 시사하는 놀라운 예다. 벨랴예프의 경력을 살펴보면 대부분의 현대 과학자들이 안전하게 일하고 있다는 것이 얼마나 행운인지 깨닫게 된다.[5] 그는 22세였던 1939년에 모스크바에 있는 중앙연구실험실의 모피동물학과에서 첫 직장 생활을 시작했다. 모피 생산을 개선하기 위해 선택된 종을 육종하는 일의 잠재적 가치를 완전히 이해한 뛰어난 과학자였던 그는 과학의 발전을 열망했다. 그러나 당시 소련에서 유전학자가 되는 것은 위험한 일이었다. 스탈린은 1924년 이후 소련을 이끌었고, 서구 유전학을 소비에트를 반대하는 이데올로기를 촉진하기 위해 고안된 유사 과학적 도구로 간주했다.[6] 당의 노선을 따르지 않던 유전학자들은 노동 수용소나 더 나쁜 곳으로 끌려갔다. 벨랴예프의 가족은 스탈린의 편집증으로 고통을 받았다. 벨랴예프는 10대 때 유명한 유전학자였던 그의 형 니콜라이Nikolai의 연구에서 영감을 얻었다. 1937년 니콜라이는 서구 유전학에 대한 관심 때문에 체포되어 재판 없이 총살당했다. 지적으로 정직한 유전학 연구는 1953년 스탈린이 죽은 후 몇 년이 지나서야 허용될 수 있었다.[7] 1958년 벨랴예프는 노보시비르스크에 있는 시베리아 소비에트 과학학회 소속 세포학 및 유전학 연구소에 합류했다. 그곳에서 그는 수백 마리의 여우와 다른 동물들을 사육할 수 있었고 마침내 자신이 오랫동안 가지고 있던 생각을 실험할 수 있었다.[8]

일반적으로 벨랴예프는 길들이기 증후군, 특히 1920년대에 프린스 에드워드섬에서 데리고 온 붉은 여우의 아종인 은여우의 번식률에 관심이 있었다. 은여우는 시베리아 사람들뿐만 아니라 세계인들이 좋아하는 특이한 모피 색을 지니고 있다. 벨랴예프가 연구를 시작했을 때 시베리아 시골 전역에 있던 수천 개의 작은 농장 가족들은 그곳에서 80세대를 거친 은여우를 키우고 있었다. 이 은여우들은 분명히 잡힌 것들이지만, 그들을 길들일 의도는 없었다. 실제로 진짜로 길들이기된 대부분의 동물들과 달리 은여우의 번식률은 야생보다 높지 않았다. 그들은 1년에 한 번 번식했다. 이것은 농민들에게 실망스러운 일이었지만 은여우가 단순히 잡혀 온 야생 동물이라는 점을 감안할 때 놀라운 일은 아니었다.[9]

벨랴예프의 가설은 증가된 유순성(이는 유전될 수 있는 성질이다)을 순수하게 선택할 수 있다면, 생식 속도를 빠르게 하는 것을 포함하여 길들이기 증후군을 유발할 수 있다는 것이었다. 그의 대단한 통찰은 동물들이 사람들에게 순간적인 공격을 할 정도로 두려운 존재라면 인간과 공존할 수 없다는 것이었다. 따라서 그는 길들이기의 초기 단계에는 최소로 공격적이고 최대로 다루기 쉬운 동물을 선호하는 방향으로 선택이 일어났을 것이라고 추정했다. 농부가 이것을 의식적으로 또는 무의식적으로 했는지는 중요하지 않다. 대부분 공격적인 동물이 더 위험하고 다루기 어렵기 때문에 그 선택은 단순하게 이루어졌을 수 있다.

사육되는 심리가 어떻게 진화했는지의 세부 사항은 아무도 이해하지 못하고 있었지만, 벨랴예프는 그것이 여러 생물학적인 시스템을 포함한 복잡한 과정일 수밖에 없음을 알고 있었다. 뇌에서의 해부학적 변화가 필요할 수 있으며, 그 외에 호르몬, 신경전달 물질 및 기타 생리학적으로 활성이 있는 물질들의 생산과 조절의 차이가 있을 수 있다. 이러한 광범위한 생물학적 변화에 의한 영향은 동물의 공격적인 반응을 줄이는 것에만 국한될 수 없다. 더욱이 이러한 변화가 일어나기 시작한 동물의 생애 초기에는 더 많고 광범위한 결과가 나타났을 것이다. 공격의 생물학적 제어는 상이한 포유류에서 유사한 메커니즘으로 이루어지는 경향이 있기 때문에, 유전적으로 유순해진다는 것은 상이한 종에서 비슷하게 나타날 수 있을 것이다. 간단히 말해서, 유순함으로 선택된 동물은 아마도 번식 속도가 빨라지는 것을 포함하여 감정적 반응성이 감소하는 것의 비적응적인 부산물로서 다른 모든 종류의 특징을 개발할 것으로 합리적으로 예상할 수 있다.

벨랴예프는 결과를 얻는 데 수십 년이 걸릴 것이라고 알고 있었지만, 이 생각에 전념할 용기가 있었다. 1959년에 벨랴예프는 여러 모피 공장에서 수천 마리의 여우 중 초기 교배 집단을 선택하는 것으로 시작했다. 가장 순한 동물을 찾기 위해 실험자들은 우리마다 문을 열었다. 대부분의 여우는 으르렁거렸고 물려고 했다. 열 마리 중 한 마리는 다른 여우들보다 덜 무서웠고 더 정이 갔다. 최초의 육종 대상자로는 암컷 1백 마리와 수컷 30마리가 선정되었다.[10]

벨랴예프는 그의 팀원들에게 일단 여우가 번식하기 시작하면 성장한 여우보다는 새끼를 평가하도록 요구했다. 실험자들은 새끼들을 토닥거리고 쓰다듬으며 먹이를 주었다. 가장 순한 새끼들은 그렇게 대해도 으르렁대지 않고 참았다. 암컷의 약 20퍼센트와 수컷의 5퍼센트가 특히 순한 것으로 판단되어 새로운 짝짓기 풀pool로 선정되었다. 매년 벨랴예프 팀은 이 프로토콜을 따랐다. 그들은 처음 50년 동안 약 5만 마리의, 또는 연간 1천 마리의 은여우 새끼를 시험했다. 매년 약 2백 마리가 번식을 위해 선택되었다.[11] 비교를 위해 벨랴예프는 선택되지 않은 여우들도 필요했다. 그는 얼마나 공격적이거나 유순한지에 관계없이 정상적으로 자란 여우들의 분리된 계통을 관찰했다.

실험에서는 예상보다 빠르게 좋은 결과가 나왔다. 단지 3세대만 지나도 실험 집단의 일부 자손은 더 이상 공격적이지 않았고 공포 반응을 보이지 않았다. 4세대에서, 실험자들은 몇 마리의 새끼가 개처럼 꼬리를 치며 다가오는 데 놀랐다. 선택되지 않은 여우는 꼬리를 전혀 흔들지 않았다.[12] 6세대는 "길들이기된 엘리트"의 모습을 보였다. 엘리트 여우들은 꼬리를 쳤을 뿐 아니라 관심을 끌기 위해 끙끙거리며 실험자들에게 접근하여 냄새를 맡고 핥았다. 벨랴예프의 공동 작업자였던 류드밀라 트루트Lyudmila Trut에 의하면 10세대에 엘리트 여우가 새끼의 18퍼센트를 차지했고 20세대에는 35퍼센트, 30~35세대에는 70~80퍼센트를 차지했다. 몇 년 안에 미

국 축견 클럽은 길들이기된 여우를 수입하기 위한 신청을 했다.[13]

그리고 온순해지는 속도만큼 인상적인 것이 있었다. 벨랴예프는 실험자들이 목표로 하지 않은 다른 형질의 출현에 관심을 가지게 되었다. 선택적인 육종이 시작된 지 10년이 된 1969년에 "특수한 흑백 얼룩이 수컷 여우에서 처음으로 관찰되었다".[14] 선택되지 않은 여우들에서는 벨랴예프가 "별 돌연변이star mutation"라고 부르는 "흑백 얼룩"이 드물었지만, 선택된 여우들에서는 이 얼룩이 "귀사이"에서 발견되는 것을 포함하여 비교적 흔했다. 즉 이것은 종종 말에서 발견되는 앞머리의 흰 "반점"이었고, 소, 개, 고양이 및 여러 가축에서 흔히 볼 수 있는 흰 부분이다. 이전의 은여우에 대해서는 별 돌연변이가 기술된 적이 없었지만, 곧 실험 농장의 48개 개별적인 가족에서 나타났다. 이들은 소수의 가족을 대표하지만, 벨랴예프의 가설에 따라 그들 중 35개의 가족은 온순한 면이 높은 정도로 두드러진 여우들이 있었다. 벨랴예프는 유순함이 별 돌연변이를 일으켰다고 결론을 내렸다.[15]

별 돌연변이의 출현은 공격성에 대항하는 선택이 적응적 의미가 없는 길들이기 증후군의 특징을 생성할 수 있다는 생각이 처음으로 실험을 통해 뒷받침된 극적인 사례였다. 그때부터 생식계의 변화를 포함한 발견들이 뒤따랐다. 1962년에는 선택된 암컷의 6퍼센트가 여름뿐만이 아니라 봄과 가을에도 번식하고 있었다. 1969년에는 1년에 한 번만 번식하던 선택되지 않은 계통과 비교해서 암컷의 40퍼센트가 1년에 세 번 번식했다. 이 변화는 같은 가족 안에서 집중적으로 나타났기 때문에 유전적인 것이었다. 한 번에서 두 번으로 연중 짝짓기 주기가 전환한 것이 항상 유익하지는 않았다. 새끼들은 종종 죽었다. 그러나 모피의 생산 증가 면에서 즉각적

　　　　　　　　　　　　1부 두 개의 문

이고 실질적인 이점은 없었지만, 벨랴예프가 이론적인 승리를 거둔 것은 분명했다. 단지 유순성 하나를 선택함으로써 번식의 계절성이 사라졌다. 또한 선택된 여우는 선택되지 않은 여우보다 한 달 일찍 성적인 성숙에 도달했고 짝짓기 기간이 더 길어졌고 더 큰 새끼를 낳게 되었다.

다른 효과가 축적되기도 했다. 1985년 벨랴예프가 죽은 후 작업을 이어받은 류드밀라 트루트는 "다음에는 일부 개에게서 보이는 퍼덕거리는 귀와 말린 꼬리와 같은 특성이 나타났다"고 썼다. "15~20세대가 지난 후에 우리는 꼬리와 다리가 짧은 여우, 윗니가 아랫니를 덮거나 아랫니가 윗니를 덮는 여우에 주목했다." 이것들 모두 길들이기 증후군의 특징이었다.[16] 길들이기된 혈통의 뼈도 벨랴예프의 직감을 뒷받침했다. 두개골의 모양이 바뀐 것이다. 트루트는 1999년에 길들이기된 여우가 농장의 여우보다 두개골이 더 좁고 그 높이가 낮았다고 보고했다. 오랫동안 길들이기된 동물과 마찬가지로 "수컷의 두개골은 암컷의 두개골을 닮아 갔다".[17]

벨랴예프의 도박은 보상받았다. 교배를 위해 선택된 여우는 해부학, 색 또는 다른 외적인 특징 때문이 아니라 단지 어렸을 때 순했기 때문에 선택된 것이었다. 결과적으로 선택된 집단에서 급격하게 유순함이 증가했을 뿐 아니라 총체적인 부수적 영향들이 나타났다. 대조적으로 벨랴예프가 전통적인 방법으로 번식시켰던 선택되지 않은 여우들은 길들이기 증후군을 갖는 비율이 훨씬 낮았다. 벨랴예프는 미국 밍크와 쥐를 대상으로 실험을 반복했다. 비슷한 결과가 나왔다. 의심할 것이 없었다. 벨랴예프는 길들이기 증후군을 뒷받침하는 선택적인 힘을 발견했다. 반응적 공격성을 감소시키기 위한 선택인 것이다.

한 세기 전 다윈은 이상한 일들이 동시에 일어난 것을 발견했다. 흰 털과 파란 눈을 가진 고양이는 귀가 먹는 경향이 있었다. 이는 자연 선택이 항상 동물을 최적의 구상으로 만들 수 없다는 것을 의미한다. 다윈은 비적응적이거나 심지어 불리하게 적응적인 (예를 들어 고양이의 청각 장애) 일부 특징이 의미가 있는 생물학적 근거를 가진 다른 적응적 특징들에 의해 존재하게 될지 궁금해했다. 벨랴예프는 이런 일이 일어난다는 것을 보여 주었다. 온순성을 위한 선택은 다정하고 주의력이 있는 여우를 빠르게 진화시켰을 뿐만 아니라, 다양한 가축에서 놀랍고도 무관해 보이는 일련의 신체적 변화를 일으키지만, 길들이기되는 삶에 특별한 목적은 없었다.[18]

시베리아에서의 실험은 적응적 특성이 비적응적 특성을 끌어낼 수 있다는 것을 보여 주는 것 이상의 결과를 냈다. 또한 그 실험은 처음으로 길들이기 증후군이 무엇인지를 보여 주었다. 길들이기 증후군은 인간이 만든 환경에 반응하는 진화적인 힘에 의해 만들어진 일련의 적응적인 특징들이 아니다. 대신 길들이기 증후군은 진화적인 사건이 일어났다는 것을 알리기 위해 발생하는 거의 쓸모가 없는 일련의 특징이다. 길들이기 증후군은 최근에 해당 종의 반응적 공격성이 줄어들었다는 점을 보여 준다.

벨랴예프의 연구는 유순함을 선택했을 때 즉각적인 효과를 보았지만, 길들이기 증후군이 얼마나 지속될지는 보여 주지 않았다. 이것은 중요하다. 만약 길들이기 증후군의 특징이 충분히 비적응적이라면, 자연 선택은 그것을 뒤집을 것으로 예상된다. 따라서 이론적으로 길들이기 증후군이 유순함을 선택함으로써 빠르게 획득될 수 있음에도 불구하고 동시에 빨리 사라질 수도 있다.

길들이기의 역사는 그렇지 않다는 것을 보여 준다. 최근의 평가에 따르면, 개의 길들이기는 1만 5천 년 전에 시작되었고, 염소와 양은 약 1만 1천 년 전에 시작되었으며, 소, 돼지, 고양이는 1천 년 전 이후에 시작되었다. 라마, 말, 당나귀, 낙타, 닭, 칠면조와 같은 가축은 지난 5~6천 년 안에 길들이기된 것으로 생각된다. 이 동물들의 뼈의 해부학적 구조는 길들이기 증후군의 특징을 보였는데, 증후군은 유지되었거나 강화되었기 때문에 수천 년 전에 길들이기된 동물로 인식될 수 있었다. 일단 길들이기 증후군이 진화하면, 수천 세대 동안 지속될 수 있다.[19]

분명히 대부분의 경우, 새로 진화한 길들이기된 종은 인간의 통제를 받으며 계속 살았다. 또한 그들은 종종 새로운 특성과 증가된 유순성에 대한 선택의 대상이 되기도 했다. 따라서 길들이기된 동물이 야생으로 돌아가 생존해야 할 때 길들이기 증후군이 유지될 수 있는지를 물어보아야 한다. 야생에서도 원래 길들이기된 동물의 혈통은 조상의 유형으로 돌아가지 않고 여러 세대 동안 번성할 수 있다.

생물학자 디터 크루스카Dieter Kruska와 바딤 시도로비치Vadim Sidorovich는 캐나다 목장에서 80세대를 거쳐 번식한 미국 밍크 후손을 연구했다. 18세기와 19세기에 모피 사냥꾼들은 야생에서 밍크를 많이 잡았다. 그러나 1860년대에 이르러 독창적인 개척자들은 포획한 밍크에서 고품질의 가죽을 저렴하게 생산할 수 있다는 것을 발견했다. 그래서 모피 농업은 새로운 산업이 되었고 길들이기 증후군이 일어났다. 포획된 사육 밍크는 증후군의 전형적인 증상을 보였는데, 비슷한 체중을 가진 야생의 밍크보다 짧은 얼굴과 20퍼센트 정도 작은 뇌를 발달시켰다.[20]

미국의 밍크는 캐나다에서 아주 성공적으로 번식했기 때문에 영농 밍크 모피의 원천이 되었으며 오늘날에도 여전히 남아 있다. 그러나 모피의 상업적 전망에 너무나 깊은 인상을 받은 유럽인들은 번식을 위해 미국의 가축 밍크를 수입했다. 불행히도 많은 밍크가 야생으로 탈출하여 번식을 했다. 1920년이 되자 이들 야생적인 밍크는 빠르게 퍼지고 있었다. 수백 수천 종의 침입 종들이 노르웨이, 이탈리아, 스페인, 영국, 아일랜드, 아이슬란드, 러시아, 벨라루스 등 대륙 및 유럽의 군도에 정착했다. 벨라루스에서 길들이기된 미국 밍크의 번성으로 두 가지의 고유 육식 종인 유럽 밍크와 유럽산 족제비의 수가 크게 감소했다. 미국 밍크는 야생 밍크를 능가했다.[21]

새로운 야생 밍크는 지금 야생에서 살지만, 작은 뇌와 길들이기된 조상의 짧은 얼굴을 유지했다. 길들이기 증후군의 특성을 생성하는 데 약 80세대만이 필요했다. 벨라루스의 야생에서 50세대가 지난 후, 야생의 해부학적 구조로의 역전은 보이지 않았다. 작은 뇌와 짧은 얼굴은 캐나다의 우리에서와 마찬가지로 유럽의 숲과 수로에도 잘 적응하는 것처럼 보인다.

밍크 번식의 역사는 잘 알려져 있기 때문에 밍크의 사례는 유익하다. 작고 길들이기된 뇌를 가지고 있음에도 불구하고 야생에서 번식하는 다른 포유동물로는 염소, 돼지, 개, 고양이가 있다. 칠레의 외딴 후안페르난데스섬에 있는 염소는 약 4백 년 동안 야생에서 작은 두개골의 용량을 유지해 왔다. 야생에서 성공한 길들이기된 종의 가장 인상적인 예는 호주의 딩고다. 딩고는 길들이기된 개에서 수천 세대를 내려왔지만, 적어도 야생으로 돌아온 지 5천 년이 지나도 딩고의 뇌는 개의 뇌보다 크지 않다. 딩고의 뇌는 역행하여 늑대의 뇌처럼 커지지 않았다.[22]

개에 대한 연구가 주는 정보는 유익하다. 많은 개가 인간과 밀접하게 살고 먹이와 보살핌을 위해 주인에게 의존하지만, 다른 개들은 인간과 직접적인 관계없이 생존하고 번식하여 길들이기된 종과 다르다. 이 개들은 쓰레기장, 도축장, 어장 또는 시장과 같이 폐기물이 많은 지역에 모여 자유롭게 돌아다니며 사는 개들이다. 생물학자 캐스린 로드Kathryn Lord와 그녀의 동료들은 그런 개들의 수를 추정하려고 했다. 그들은 전 세계에 있는 개의 수를 7억에서 10억으로 산정했으며, 그중 76퍼센트가 독립적으로 번식한다고 추정했다. 다시 말하지만 이런 마을 개들은 늑대처럼 되지 않았다. 그 개들은 그 일부가 길들이기된 초반기부터 잘 살아왔고, 인간으로부터 독립하여 큰 야생 집단에 살면서도 길들이기 증후군을 유지해 왔다.[23]

야생의 밍크와 딩고같이 작은 뇌와 짧은 얼굴을 가진 종이 야생에서 성공한 것은 그 종이 야생으로 돌아왔을 때 길들이기가 빨리 역전된다는 개념을 분명히 위배했다. 이것은 새로운 수수께끼를 낳았다. 만약 길들이기 증후군의 특성이 야생에서 잘 작용한다면, 야생의 조상이 길들이기된 자손보다 야생에서 더 잘 적응하는 방법은 무엇인가? 만약 벨라루스에서 자유로웠던 미국 밍크가 작은 뇌와 짧은 얼굴로 충분하다면, 왜 조상 밍크는 처음에 더 큰 뇌와 더 긴 얼굴을 진화시켰을까?

이에 대한 답은 알지 못한다. 흥미로운 가능성은 이러한 특징이 먹이를 찾거나 포식자로부터 도망가기 위한 적응이 아니라 종 내에서의 경쟁에 대한 적응이라는 점이다. 다시 말해 그런 적응들은 두뇌가 크고 얼굴이 긴 동물이 두뇌가 작고 얼굴이 짧은 동물을 경쟁에서 이기는 진화적인 '군비 경쟁'이 끝났다는 것을 의미할 것이다. 이것은 유럽의 미국 밍크, 갈라파고스제도의 돼지, 미국 남서부의 말, 또는 호주의 딩고같이 야생에서 번식하는 길들이기된 동물들이 주로 야생 조상이 서식하지 않는 서식지에서 발견된다는 사실에 부합한다. 뇌가 큰 동물은 반응적 공격을 위해 준비하는 것과 같은, 큰 뇌가 제공하는 어떠한 작은 이점을 이용할 수 있기 때문에 우리는 야생 형질로의 느린 반전을 기대할 수 있다. 그러나 야생에 사는 길들이기된 동물들의 경우 그런 반전은 천천히 일어난다. 길들이기 증후군의 수명은 남성 유두의 수명과 비슷하다. 둘 다 적응할 만한 이유는 없지만 오랫동안 남을 수 있다.

벨랴예프에 의해 의도적으로 감소된 공격은 인간에 대한 공격이었는데, 이 공격성은 길들이기된 동물에서 항상 감소하는 유형의 공격성이다. 이러한 공격의 감소가 없으면, 인간은 동물을 효율적으로 관리할 수 없다. 길들이기로 인해 동물들이 인간만큼 자신의 종을 덜 공격할 수 있는지의 여부는 다양하다. 현재까지 벨랴예프와 트루트의 실험은 길들이기된 여우들이 서로를 공격하지 않는다는 증거를 제시하지 못했다. 그러나 다른 많은 종에서, 길들이기된 동물들은 야생 조상들과 비교할 때 상대적으로 서로를 좋게 대한다.[24]

야생 기니피그와 기니피그는 각각 야생의 그리고 길들이기된 종으로, 페루, 볼리비아, 칠레에 서식하는 같은 동물들이다. 그들은 같은 조건에서 쉽게 포획된 상태를 유지하기 때문에, 특별히 현저한 비교가 가능하다. 야생 기니피그와 몬테인 기니피그는 여전히 안데스 산맥에 많다. 기니피그는 확실히 4천5백 년 전부터, 더 거슬러 올라가면 7천 년 전부터 먹이를 위해 길들이기되었다. 기니피그는 1년에 최대 다섯 세대를 번식할 수 있기 때문에 2천 세대 이상 길들이기되었을 가능성이 있다. 그들의 길들이기는 비교적 작은 뇌, 짧은 얼굴과 하얀 털 부분을 포함한 전형적인 길들이기 증후군으로 이어졌다.[25]

생물학자 크리스티네 퀸츨Christine Künzl과 노르베르트 작서 Norbert Sachser는 자기 자신의 집단 구성원을 대하는 야생 기니피그와 기니피그의 행동이 현저히 다르다는 것을 보여 주었다. 야생 기니피그는 서로 공격을 하지만 기니피그는 공격이 적을 뿐 아니라 참을성이 더 많고 다정하며 (예를 들어 서로 비비거나 건드리며) 구애에 더 적극적이다. 포획된 생활의 영향을 조사하기 위해, 연구자들은 야생에 있는 다 성장한 야생 기니피그와 30세대 동안 철창에 갇힌 야생 기니피그를 비교했다. 두 집단의 수컷들은 행동이나 스트레스 반응에서 차이를 보이지 않았다. 따라서 수컷의 경우, 기니피그와 야생 기니피그 사이에서의 공격성 차이는 길들이기에 의한 유전적인 영향에 의한 것이지 여러 세대 동안 갇혀서 생긴 결과가 아니라는 것이 분명하다.[26]

개, 시궁쥐, 고양이, 밍크, 오리 등의 경우에도 길들이기된 동물이 야생 조상보다 인간만이 아니라 자기 종 내의 다른 개체들을 공격하지 않는다는 비슷한 증거가 발견되었다. 늑대와 개를 생각해 보라. 일반적으로 늑대는 개보다 더 인간을 공격한다. 늑대는 또한 다른 무리의 구성원들에게 훨씬 더 폭력적이다. 늑대는 선천적으로 낯선 늑대를 공격하기 때문에, 야생에서 죽는 주원인은 다른 늑대들에게 살해되는 것이며, 이는 성장한 늑대의 사망의 40퍼센트를 차지한다. 대조적으로 야생의 개 무리에서 다른 무리의 낯선 개를 죽이는 일은 한 번 보고되었다. 개의 무리 안에서도 개는 번식할 기회를 공유하는 것처럼 늑대보다는 서로에 대해 더 관대해 보인다.[27]

길들이기된 동물이 인간을 공격하는 것이 제한적이라고 해서 반드시 서로에 대한 공격이 제한적인 것은 아니다. 그러나 일반적으로 인간이 사육하는 동물로는 의심할 여지 없이 서로에게 관대한 동물이 선택되는데, 이는 농장 안에서 싸움이 일어나면 농부가 많은 비용을 들여야 하기 때문이다.

벨랴예프의 연구는 인간을 유순하게 대하는 것에 대한 선택이 길들이기 증후군을 유발할 수 있음을 보여 줌으로써, 많은 특징의 수수께끼 같은 분포를 뒷받침하는 새로운 설명을 제공했다. 벨랴예프의 추측은 옳았다. 유순함의 진화는 감정적 반응에 영향을 미치는 일련의 생물학적 시스템의 변화에 좌우되며, 이런 시스템은 일련의 다른 특성에 이차적인 영향을 준다. 하얀 털 부분이 그런 특성 중의 하나다. 짧은 얼굴, 작은 치아, 작은 뇌, 빠른 생식 주기, 퍼덕거리는 귀도 마찬가지다. 따라서 그의 멋진 발견은 새로운 의문을 제기했다. 말하자면 유순함은 어떻게 길들이기 증후군으로 이어졌는가?

지금까지 논의된 두 가지 생물학적 시스템은 길들이기 증후군의 모든 특징에 영향을 주고 그 존재를 설명하는 근거가 된다. 이 두 시스템은 모든 포유류의 삶의 기본이며 서로 밀접하게 관련되어 있다. 두 시스템은 신경능선세포neural crest cell의 이동 유형과 갑상선 호르몬에 의한 제어다.

신경능선세포는 길들이기의 모든 특징에 관여하는 주요 구조다.

옛날 옛적에 엄마가 당신을 임신한 후 2~3주가 되었을 때, 당신은 텅 빈 공간을 둘러싸고 있는 단일층으로 된 세포 구체球體*였다. 그런 다음 세포 구체는 낭배화gastrulation 과정을 거치는데, 세포의

• 이것을 포배blastula(다세포 동물의 발생 초기에 나타나는, 속이 빈 둥근 공 모양의 배胚)라고 한다.

일부가 이동하여 여러 세포층을 만들고 내부와 외부가 있는 작은 생명체로 변한다. 이 낭배화 과정에서 작은 배胚를 구성하는 네 가지 유형의 조직, 즉 외배엽, 중배엽, 내배엽, 신경관 조직이 형성된다. 외배엽, 중배엽, 내배엽 각각은 낭배의 외부, 중간, 내부층이며, 각각 피부, 근육, 연한 기관과 같이 각 배엽의 위치와 동일한 위치에서 조직으로 발생한다. 그러나 신경능선세포는 다르다.

신경능선세포는 고유한 종류의 조직이다. 신경능선세포는 척추동물 배의 표피(나중에 피부가 될 것이다) 바로 밑에서 발달하고, 머리와 몸통의 뒷면에서 줄무늬 형태로 나타난다. 대부분의 조직은 제각기 다양한 조직으로 발달하는 반면, 신경능선*은 그 구성 세포들이 배의 뒤쪽(등쪽 신경관)에서 떠나기 때문에 형성되자마자 분리하여 사라진다. 그런 다음 분리된 세포들은 배胚 주변에 그룹을 지어 퍼진다. 이 침투적이면서 독특한 이동 시스템은 신경관이 발달 초기에 매우 일찍 사라지더라도, 배가 성체가 될 때까지 신체의 많은 기관은 적어도 부분적으로 신경관세포에서 유래한다는 것을 의미한다.[28]

멜라닌 세포 시스템과 같은 배의 일부 구성 요소는 다른 시스템보다 신경능선의 영향을 더 받는다. 멜라닌 세포는 피부의 가장 낮은 층에서 발견되며, 모발이나 피부에 색을 부여하는 멜라닌 색소를 생성한다. 동물 털의 흰 반점은 보통 그 부분에 멜라닌 세포가 없는 것이다. 길들이기된 종에서는 많은 동물이 꼬리 끝이 희거나 다리 끝이 하얗다. 그 이유는 신경능선세포가 너무 느리게

• 신경능선neural crest: 신경관 혹은 신경 주름의 등 부분에 나타나는 신경세포의 띠. 신경의 발생 과정에서 나타나는 구조이며, 후에 뇌 및 척수의 신경절을 포함하여 많은 구조를 탄생시킨다.

이동했거나 적게 만들어져 신체의 말단 부분에 도달하지 못했기 때문이다. 따라서 꼬리 끝이나 발끝에는 멜라닌이 없고 흰 털이 난 것이다.

이 간단한 역학은 왜 길들이기된 동물의 이마에 종종 벨랴예프가 말한 "별 돌연변이"인 흰 "반점"이 있는지를 설명한다. 신경능선세포는 머리와 몸통 뒤에서 이마 쪽으로 이동할 때 먼저 입 쪽으로 이동한 다음 몸의 각 측면에서 시작해 눈 위에서 만날 때까지 위쪽으로 이동한다. 신경능선세포가 이동을 완료하지 못하면, 이마의 중심에는 멜라닌 세포가 없게 되기 때문에 색소를 생산하지 못한다. 따라서 흰 "반점"이 생기는 것이다.

길들이기된 동물에서 흰색의 반점은 신경능선세포의 이동이 지연되거나 감소했음을 보여 준다. 트루트의 팀은 잡색 반점이 있는 여우의 경우, 멜라닌 아세포melanoblast가 멜라닌 세포melanocyte가 되는 신경능선세포의 이동이 1~2일 지연된 것을 발견했다.[29]

다양한 별개의 파생물을 만들고 특정한 목적지로 세포들이 이동하는 방법을 제어하는 유전적 시스템은 많이 알려져 있다. 신경능선세포의 이동이 길들이기 증후군의 흰색 반점의 생성을 확실히 야기한다는 사실은 길들이기 증후군의 다른 측면이 유사하게 배 발생의 변화와 연관될 가능성을 높인다. 2014년에 생물학자 애덤 윌킨스Adam Wilkins, 테쿰세 피치Tecumseh Fitch와 나는 그 생각을 정확하게 제안했다. 피치는 2002년에 노보시비르스크를 방문하여 신경능선세포의 이동과 흰색 반점을 연결하는 증거에 깊은 인상을 받았다. 그것을 시작으로 우리는 길들이기 증후군을 전체적으로 고려하고 흥미 있는 지점을 발견했다.[30]

길들이기 증후군의 특성 대부분은 그것이 신경능선세포의 이동

변화에서 나온다는 생각과 궤를 같이한다. 신경능선세포는 부신*
을 만드는데, 부신 호르몬 생성률과 크기의 감소는 길들이기된 동
물의 감정적 반응의 감소의 핵심이 된다고 트루트와 그녀의 동료들
이 강조했다.[31] 다윈은 작은 턱과 짧은 주둥이(또는 편평한 얼굴)를
일반적인 길들이기의 특징으로 확인했으며, 이러한 특성은 벨라예
프 그룹이 유순함을 이유로 선택한 여우와 밍크에서도 발견되었다.
턱의 발달은 잘 알려져 있다. 턱은 신경능선세포가 이동하여 끝에
도착한 후 발생하는 두 쌍의 원시뼈primordial bone에서 파생한다. 원
기primordia*에 도달하는 신경능선세포의 수는 턱의 크기를 결정하
는데, 세포가 적을수록 턱이 작아진다.

치아의 크기는 턱의 크기를 결정하는 유전자와 다른 유전자에
의해 제어되지만, 이 역시 신경능선세포가 중요하다. 임신 후 약
17~18주에 신경능선세포가 태아의 치아齒芽, tooth bud에 이르고 조
치세포(상아질모세포odontoblast)라 부르는 세포로 변형된다. 조치세
포는 살아 있는 조치의 외부 표면을 형성하여 치아가 자라는 동안
상아질을 생성함으로써 치아가 내부에서 생성하게 한다. 치아에
도달하는 신경능선세포의 집단이 작을수록 더 작은 치아가 만들어
진다.

퍼덕거리는 귀는 신경능선세포가 길들이기된 특성에 어떻게 영
향을 미치는지에 대한 완전히 다른 예를 제공한다. 내부 연골이 너
무 짧으면 귀가 늘어지는데, 이는 귀의 끝부분이 지지받지 못하고

• 부신adrenal gland: 좌우의 콩팥 위에 있는 내분비샘. 겉질과 속질로 나뉘어 있어서 겉질에
서는 부신 겉질 호르몬을 분비하고, 속질에서는 부신 속질 호르몬을 분비한다.
▪ 원기: 개체 발생에서 어떤 기관이 형성될 때, 그것이 형태적·기능적으로 성숙하기 이전
의 예정 재료 혹은 그 단계

늘어지기 쉽기 때문이다. 귀를 지지하는 연골 부분과 귓바퀴의 조직적 근원은 다르다. 연골과 귓바퀴는 모두 신경능선세포에서 오지만, 신경능선에서의 근원 부위가 다르다. 따라서 퍼덕거리는 귀를 가진 동물은 비교적 적은 양의 신경능선세포를 받은 연골을 가진 동물이다. 인간을 길들이기된 동물로 생각할 때, 인간한테 퍼덕거리는 귀가 없다는 것은 실망스런 일이다. 아마도 인간의 귀는 신경능선제포의 이동이 지연되기에는 너무 작을 것이다.

가끔 인간의 유전적 조건은 이러한 종류의 형태적 변화가 신경능선세포 이동의 감소에 의해 야기된다는 생각을 다른 방식으로 뒷받침해 준다. 신경능선세포의 이동에 문제가 있어 발생하는 드문 병인 모왓-윌슨 증후군Mowat-Wilson Syndrome을 생각해 보라. 모왓-윌슨 증후군을 앓고 있는 사람은 심각한 지적인 결함, 좁은 턱, 작은 귀를 갖는 경향이 있다. 이 증후군은 *ZEB2**라는 유전자의 돌연변이와 관련이 있다. *ZEB2*의 돌연변이는 일부 신경능선세포가 자신이 생긴 위치에 머물도록 하며, 이는 모왓-윌슨 증후군을 보이는 작은 턱과 작은 귀를 야기하는 메커니즘으로 보인다. 이런 사람들은 또한 반응적 공격과 상반되는 "잦은 미소와 함께 행복한 모습"을 보이는 경향이 있다는 점은 시사하는 바가 많다.[32]

따라서 신경능선세포의 수와 이동 속도의 감소는 길들이기 증후군의 근본적인 원인이 되는 중요한 후보들이다. 신경능선세포의 이동 유형의 변화는 대부분 개인의 유전자에 의한 것이지만, 환경도 중요한 역할을 할 수 있다. 배가 초기에 발달하는 동안 신경

• *ZEB2*: Zinc-finger E-box-binding homeobox 2를 암호화하는 유전자다. 이 단백질은 전사인자로서 신경계 조직, 소화관, 얼굴의 모양, 심장의 발달에 관여한다.

1부 두 개의 문

능선의 이동에는 티록신thyroxine이라는 호르몬이 필요하다. 티록신은 전적으로 엄마의 갑상선에서 공급된다. 동물학자 수전 크록포드Susan Crockford는 길들이기 증후군이 엄마의 티록신 생산 감소로 인해 부분적으로 발생할 수 있다고 제안했다.[33]

신경능선세포의 이동이 핵심적인 역할을 한다는 가설은 길들이기 증후군 전반을 깔끔하게 설명하지만 최근까지 한 가지 중요한 특징이 예외로 남아 있다. 바로 지속적으로 작은 뇌다. 뇌의 크기는 조류(닭, 거위, 칠면조 등) 또는 포유류(쥐, 낙타 등)에 관계없이 길들이기된 20종 이상의 동물에서 거의 모두 작아진다. 실제로 장기간 동안 길들이기된 동물 중 이 규칙을 따르지 않는 유일한 동물은 실험실 쥐다. 실험실 쥐를 파생시킨 야생의 집쥐보다 실험실 쥐의 뇌가 작지 않다. 그러나 조상 집쥐가 인간과 함께 오래 산 것을 생각하면 조상 집쥐는 야생이 아닐 수 있다.[34] 벨랴예프의 은여우의 경우에는 뇌의 크기가 감소하는 것이 감지되지 않았지만, 40세대 동안의 선택은 두개골의 감소로 이어졌다. 길들이기를 통해 서로 다른 뇌의 부분이 똑같이 줄어들지는 않는다. 디터 크루스카는 감각 처리, 특히 청각과 시각에 관계된 부위와 감정, 반응성, 공격성에 연관된 변연계가 길들이기된 뇌에서 가장 큰 감소를 보임을 발견했다. 대조적으로 우뇌와 좌뇌를 연결하는 신경섬유다발인 뇌량corpus callosum은 야생 조상과 길들이기된 동물의 뇌에서 똑같이 상대적 크기를 유지한다.[35]

야생 동물과 길들이기된 동물의 뇌의 감소 메커니즘이 직접적으로 비교되지는 않았지만, 뇌의 성장을 조절하는 일반적인 원칙은 적용할 수 있다. 뇌 조직 자체는 신경능선에서 파생하지 않았지만, 신경능선세포는 뇌 발달에 필수적이다. 신경능선세포의 이동에

의해 생성되거나 조절되는 성장인자growth factor라고 불리는 단백질
은 뇌의 성장을 촉진한다. 예를 들어 얼굴의 성장을 일으키는 안면
신경능선세포는 FGF8°이라는 필수 단백질의 생성에 영향을 주는
노긴Noggin"과 그램린Gramlin▲ 단백질을 만든다. 두개신경능선세포
cranial neural crest cell에 의해 생성된 FGF8이 적을수록 뇌는 더 작아
진다. 따라서 신경능선세포의 이동 속도 또는 그 수의 감소가 뇌를
더 느리게 성장하게 하고 뇌를 더 작아지게 하는 경향이 있다.[36]

　　뇌는 반응적 공격의 발달과 관계된 여러 구조를 갖고 있다. 발달
하는 뇌(단뇌telencephalon◆)의 가장 중요한 부분은 편도체amygdala가
발생하는 곳이다. 편도체가 반응적 공격으로 이어질 수 있는 공포
반응을 촉진하는 데 아주 중요하게 참여한다는 것을 상기해 보자.
다른 모든 기본적인 감정을 경험하는데도 불구하고 두려움을 느끼
지 않는 여성의 경우와 같이, 심하게 손상되어 작아진 편도체가 두
려움이 적고 공격성이 적은 것과 연관이 있다는 다양한 예가 있다.
길들이기된 동물에서 편도체의 크기가 줄어들었는지의 여부는 많
이 연구되어 있지 않지만, 포유동물의 한 종(토끼)과 조류의 한 종
(십자매의 길들이기된 형인 벵골 핀치)에서 예상된 편도체의 축소가
발견되었다.[37]

　　단뇌의 뒤에는 시상하부가 발달하는 간뇌diacephalon라는 영역이
있다. 시상하부는 편도체와 마찬가지로 반응적 공격(및 주도적 공

• FGF8: Fibroblast growth factor(섬유아세포 성장인자) 8 단백질
▪ 노긴: NOG 유전자에서 암호화되는 단백질로, 신경 조직, 근육 및 뼈를 포함한 많은 신체
조직의 발달에 관여한다.
▲ 그램린: 뼈 형성 과정에 관여하는 단백질
◆ 단뇌: 척추동물의 앞뇌 앞부분으로, 대뇌 반구大腦半球의 가쪽 뇌실, 시상하부의 일부와
제삼 뇌실이 있는 부위

격)의 기초가 되는 신경망의 핵심 부분이다. 시상하부는 또한 부신의 활동에 큰 영향을 미치며, 암컷의 발정 주기 및 생식 활동을 조절하는 데 관여한다.

따라서 신체의 다른 부위와 마찬가지로 뇌에서의 길들이기 증후군의 특성은 신경능선세포의 활동 변화에 의해 영향을 받기 쉽다. 신경능선세포는 교감신경계 및 감정적 반응을 조절하는 일련의 뇌구조를 포함하여 스트레스, 공포 및 공격을 조절하는 시스템에 확실하게 영향을 준다. 우리가 보았듯이 신경능선의 발달은 처음에는 길들이기된 말, 개, 소 및 다른 동물의 흰 반점과 관련이 있었다. 우리는 신경능선세포가 길들이기의 많은 기능에 관여한다는 것을 발견한 이후로, 작은 턱, 작은 치아, 퍼덕거리는 귀, 심지어 반응적 공격성의 감소와 관련된 뇌의 변화와 같이 표면적으로 관련되지 않은 특성과 신경능선세포를 연관 지음으로써 우리의 가설을 추적하였다.

우리의 가설에 대한 더 중요한 실험은 길들이기된 종이 신경능선의 이동에 영향을 주는 유전자의 변화를 보여 주는 것이다. 2014년 이래로, 여섯 종(말, 쥐, 개, 고양이, 은여우, 밍크)에서 이러한 효과가 발견되었다. 길들이기된 모든 종에서 신경능선의 이동에 변화가 있는지는 확실하지 않지만, 초기 단계에서 예외가 발견되지 않았다.[38]

간단히 말해서 길들이기 증후군을 이해하는 핵심은 유형 성숙幼形成熟, juvenilization*이다. 9장에서 볼 수 있듯이 청소년은 성인보다 공격성이 적기 때문에 청소년의 특성을 선택하여 반응적 공격성의 감

• 유형 성숙: 유태 성숙neoteny이라고도 하며, 동물이 어렸을 때의 모습으로 성체가 되는 것을 말한다. 그러나 성적으로 성숙하여 교배가 가능하다.

소를 쉽게 달성할 수 있다. 따라서 길들이기된 동물의 스트레스 체계와 뇌는 야생의 조상 미성년의 스트레스 체계와 뇌와 비슷할 것으로 예상되며, 감소된 신경능선세포를 가진 길들이기된 동물은 유형 성숙을 하고 관련된 시스템의 발달이 느려진다.

신경능선세포가 길들이기 과정에 널리 영향을 미친다는 생각은 흥미롭다. 왜냐하면 이를 통해 호모 사피엔스 같은 종이 반응적 공격에 대항한 선택을 거쳤는지에 대한 새로운 종류의 시험으로 나아갈 수 있기 때문이다. 신경생물학자 세드릭 보엑스Cedric Boeckx 연구팀은 인간과 길들이기된 동물이 동시에 유전적인 진화를 공유하는 경향이 있는지를 탐구하면서 이 질문을 고려했다.[39] 그들은 멸종된 두 인간 종인 네안데르탈인과 데니소바인을 호모 사피엔스와 비교하여, 호모 사피엔스에서 양성으로 선택된 총 742개의 유전자를 열거했다. 그러고 나서 보엑스 팀은 길들이기된 네 종(개, 고양이, 말, 소)에서 양성으로 선택된 것으로 알려진 691개의 유전자를 모두 기록했다. 그들은 인간과 길들이기된 네 동물 사이의 유전적인 변화가 상당히 겹친다는 것을 발견했다. 대체로 인간에게서 양성으로 선택된 41개의 유전자도 길들이기된 종에서 양성으로 선택되었다. 이들 중복된 유전자의 대부분의 생물학적인 역할은 알려지지 않았지만, 두 유전자는 길들이기와 관련이 있는 것으로 보인다. 예를 들어 고양이, 말, 호모 사피엔스에서 양성으로 선택된 *BRAF** 유전자는 신경능선의 발달에 중요한 역할을 한다. 보엑스 팀은 그들이 내린 결론에 대한 확신이 있었다. 그들은 **호모속의 다른 종이 아**

• *BRAF*: B-Raf를 암호화하는 유전자. BRAF 단백질은 세포 외부에서 핵으로 화학 신호를 전달하는 단백질을 만드는 것을 도와주는 역할을 하며, 세포의 분열과 분화에 관여한다.

닌 호모 사피엔스에게 "자기 길들이기가 일어났다"는 가설을 강화하기 위해 자신들이 내린 결과를 고려했다.[40] 이는 후에 다시 논의하게 될 중요한 관찰이다. 만약 신경능선 가설이 계속 유지된다면, 그것은 길들이기와 자기 길들이기의 진화적인 과거를 관찰하는 아주 정확한 방법들을 제공할 것이다.

그러나 신경능선 가설이 얼마나 정확하거나 완전한지에 관계없이 벨랴예프의 실험은 우리가 길들이기 증후군을 더 선명하게 이해할 수 있게 해 주었다. 그가 우리에게 보여 준 것은 길들이기 증후군이 단순히 인간과 같이 살아서가 아니라 반응적 공격에 대항한 선택에 의해 생성되었다는 것이다. 이것이 의미하는 것은 주목할 만하다. 이는 반응적 공격에 대항해서 선택할 때마다 길들이기 증후군이 생성되었다는 것을 의미한다. 때때로 공격성이 야생에서 선택적으로 제거되어야 하기 때문에, 야생에서 길들이기 증후군이 많이 발생해야 한다.

그러나 최근까지도 그러한 사례를 찾으려는 사람은 없었다.

5장
야생에서 길들이기된 동물들

벨랴예프는 반응적 공격에 대항한 선택이 길들이기 증후군을 유발할 수 있을지를 물었다. 그의 대담한 직감은 옳았고, 이 발견은 노보시비르스크에서 그의 남은 생애 동안 지속된 연구 프로그램에 활기를 불어넣었다. 연구는 그의 동료 트루트에 의해 오늘날까지도 계속 진행되고 있는데, 덜 공격적인 동물, 더 공격적인 동물, 선택되지 않은 동물들을 비교하는 것이다. 벨랴예프가 발견한 것들에서 너무나 흥미로운 질문이 많이 나와 반세기가 지난 지금도 세세하게 연구된 길들이기된 종이 거의 없다. 은여우, 쥐, 밍크는 벨랴예프가 있던 이전 연구소에서 주요 연구 대상이었다. 다른 곳에서는 개, 기니피그, 생쥐와 닭에 대한 연구가 가장 잘 이루어졌다. 약 20종은 조사를 기다리고 있다. 친숙한 길들이기된 동물들 외에 다른 모든 종류의 동물이 흥미로운 대상이기 때문에 더 많은 기회가 기다리고 있다. 많은 야생종이 반응적 공격에 대항하는 선택을 경험했다.

길들이기 증후군은 인간이 동물을 어떻게 돌보는가에 대한 세부 사항과 관련이 없다는 것을 감안할 때, 야생 동물에 대한 연구는 흥미로운 결과를 가져올 수밖에 없다. 만약 반응적 공격에 대항한 선택이 인간과의 접촉 없이 야생에서 사는 동물에서 길들이기 증후군을 생성시킨다면, 길들이기를 시키는 인간 없이 진행된 길들이기의 실례가 될 것이다. 그것은 블루멘바흐의 "사람을 일종의 가축처럼 행동하게 만든, 지상에서 더 높은 존재"가 없는 경우에도 인간이 길들이기될 가능성을 강화시킬 것이다.[1] 그러므로 길들이기 증후군이 야생에서 발견될 수 있는지의 여부는 잠재적이고 광범위한 진화과정을 이해하고 인간의 온순성에 대한 수수께끼 같은 문제를 푸는데 도움을 줄 수 있는 중요한 질문이다.

길들이기는 종종 인간이 길들이는 존재라는 것에 좌우되는 과정으로 이해된다. 『길들이기된 포유류의 자연사 *A Natural History of Domesticated Mammals*』의 저자인 동물고고학자 줄리엣 클루턴-브록Juliet Clutton-Brock은 전형적인 정의를 제시한다. 그녀는 "길들이기된 동물은 육종, 영토의 조직, 식량의 공급을 통제하는 인간 공동체 안에서 생존과 이익을 위해 사육된다"고 썼다. 우리는 "길들이기"라는 단어의 기원을 통해 더 직접적인 의미를 알 수 있다. 길들이기domestication는 '집'을 뜻하는 그리스어 **도모스***domos*에서 온 것이다. 이 전형적인 정의와 어원을 염두에 둔다면 야생 동물이 길들이기 증후군을 보인다는 생각은 말이 안 된다.[2]

그러나 길들이기를 인간이 관여하기 이전 과정으로 간주하는 길들이기의 다른 정의는 농장과 관계가 없다. 곤충학자들은 길들이기라는 용어를 약 5천만 년 전으로 거슬러 올라가 개미 농업에 적용한다. 미국 열대 지방의 가위개미leaf-cutter ants는 곰팡이와 공생한다. 개미는 곰팡이를 새집으로 가져가서 먹여 주고 자라게 하며, 그 생산물을 먹는다. 곰팡이는 독립적인 존재가 아니다. 곰팡이는 숙주 개미들하고만 살며 공길리디아gongylidia라고 부르는 영양이 풍부하고 특수한 부푼 균사를 만든다. 개미는 그것을 쉽게 수확해 군체 전체에 나누어 주도록 진화했다. 가위개미는 다른 개미의 변종과 마찬가지로 식량 작물을 길들인 것이다. 흰개미와 나무껍질 딱정벌레는 또한 원시적인 농업적 길들이기 시스템을 발전시켰다.[3]

매우 다른 맥락에서, 테오파라투스, 블루멘바흐, 프랜츠 보애스, 마거릿 미드, 헬렌 리치 등이 인간이 길들이기되었다고 말하는 이유는 그들은 인간이 "자연적으로" 또는 "유전적으로" 온순해졌다고 간주하므로 그 생각을 표현할 단어가 필요했기 때문이다. 이들 작가 대부분은 인간이 어떤 종류의 통제된 번식을 겪었는지에 대해 아무런 관심을 보이지 않았다. 블루멘바흐는 이 생각을 가볍게 언급했지만, 그에게도 길들이는 사람의 문제는 각주를 달 정도로 부수적인 문제였다. 분명히 이 작가들이 "길들이기"라고 부른 이유는 "포획된 생활 속의 번식"이나 "생존이나 이익의 목적"과는 아무런 관련이 없었다. 대신 그들은 인간의 행동과 길들이기된 동물의 행동에 공통적인 부분이 있다는 것을 강조하고 싶었다. 이 특성은 사회적인 관용이며, 도발에 대한 낮은 감정적 반응이다. 어떻게 이런 특성이 나타났는지는 이 작가들한테 별로 중요하지 않은 문제였기 때문에 대부분은 이 문제를 언급할 가치가 있다는 것을 인정하지 않았다.[4]

물론 '길들이기'라는 단어가 다양한 방식으로 사용된다는 사실은 혼란스러울 수 있지만, '유전적으로 유순한'을 의미하는 다른 단어는 없다. 그래서 나는 이 책에서 '길들이기'라는 단어를 '유전적 적응의 결과로 유순해짐'('일생 중에 유순해짐'과 반대로)의 의미로

시용함으로써 블루멘바흐나 다른 사람들의 생각과 궤를 같이한다. '자기 길들이기'는 단일 종에서 일어나는 과정, 즉 다른 종들이 그 과정을 촉진하지 않는 과정으로서 반응적 공격을 하려는 종의 성향이 감소함을 의미한다. 이것이 바로 자기 길들이기다.

그렇다면 야생에서 자기 길들이기가 일어날 수 있는가? 물론 가능하다.

공격적 행동은 오래되었다. 공격적 행동은 5억 4천만 년 전, 캄브리아기 '대폭발'로 오늘날 지구에서 발견된 대부분의 문˝, phylum˙을 포함한 많은 종류의 새로운 동물 종이 출현했을 때 진화했는데, 곤충들과 편형동물들은 같은 종의 구성원들끼리 꽤 폭력적이었다. 공격적 행동의 경향은 캄브리아기 대폭발 이후에 의심할 여지 없이 증가했다가 줄어들었다. 현재 우리는 동물 전체를 두고 종들이 평균적으로 다소 공격적이라고 생각할 이유는 없다. 따라서 반응적 공격성은 직계 조상과 다른 생물 종의 약 절반은 증가했고, 다른 절반은 감소한 것으로 예상된다. 따라서 반응적 공격성의 감소를 경험한 이 종들은 '자기 길들이기'의 사례가 될 것이다.

벨랴예프의 통찰력을 야생에 적용한다면, 많은 동물이 반응적 공격성의 감소뿐 아니라 길들이기 증후군을 동반했을 것이다. 또는 인간에 의해 영향을 받지 않은 경우는 자기 길들이기라고 한다.

불행히도 지금까지 과학자들은 이 가설을 검증하기 위해 노력한 적이 거의 없었다. 왜냐하면 부분적으로 새로운 가설이었기 때

• 캄브리아기 대폭발: 고생대 초, 약 5억 4천만 년 전에 다양한 동물 화석이 갑작스럽게 출현한 지질학적 사건이다. 동물뿐만 아니라 다른 생물에서도 유사한 다양화가 나타났다.
▪ 문: 생물 분류의 한 단계로, 배엽 형성이나 식물의 엽록소 내용, 핵의 독립성 등의 요소를 기준으로 구별한다. 척추동물, 연체동물, 절지동물 등의 구분이 있다.

문이지만, 본질적으로 조사하기 어려웠기 때문이다. 설사 자기 길들이기가 흔하더라도, 그 증거를 찾지 못할 수도 있다. 대부분의 종에서, (정상적으로 멸종한) 조상의 행동이 증명하는 데 중요한 부분이지만, 확인하기가 어렵기 때문에 필요한 증거는 찾기 힘들 것이다. 아시아코끼리가 자기 길들이기되었다는 생각을 시험해 보고 싶다면(그들은 그랬을 수 있다), 오늘날 코끼리의 조상이 오늘날 코끼리 집단보다 더 공격적이라는 것을 충분히 알 필요가 있다. 그러나 만약 조상이 멸종했을 경우, 우리는 종종 화석을 갖고 있지 않으며, 어쨌든 그 행동은 흔적을 남기지 않았을 것이다. 종종 우리는 반응적 공격이 감소했는지 알 수 없다.[5]

그러나 때때로 우리는 운이 좋으며, 그런 행운 덕에 우리 자신의 계통수進化樹, evolutionary tree에 가까이 갈 수 있다. 그 행운은 보노보와 침팬지의 흥미로운 사례다. 이러한 유인원의 두 자매 종은 우리와 가까운 친척이다. 그리고 보노보의 조상은 침팬지와 매우 닮았다.

보노보와 침팬지는 매우 닮았다. 둘 다 검은 머리를 한 원숭이이며, 손가락 관절로 걷고, 무게는 30~60킬로그램이며, 암컷보다 수컷이 더 크고, 적도 아프리카의 습한 우림에 산다. 침팬지와 보노보를 구별하는 가장 쉬운 방법은 머리 중앙에 가르마가 있는 보노보의 작은 머리를 확인하면 된다. 보노보는 얼굴 전체 색이 어두워도 분홍색 입술을 가진 것이 특징이다. 두 종은 콩고민주공화국에서 적도를 따라 흐르는 콩고강을 두고 분리되어 사는데, 침팬지는 북쪽 오른쪽 강가에 살고, 보노보는 왼쪽 강가에 산다.[6]

보노보와 침팬지의 사회적 행동은 매우 비슷하다. 두 종은 암컷이 수컷보다 더 많은 수십 마리의 집단으로 산다. 집단의 구성원은 공동 구역에 거주하며 이웃 지역에서 오는 침입자를 방어한다. 같은 영역 안에서, 그들은 20~30마리 이상으로 구성되는 변동이 있는 하위 집단(파티party라고 부른다)을 형성한다. 때때로 그들은 홀로 다닌다. 수컷은 원래의 집단에서 떠나지 않지만, 암컷은 대부분 떠난다. 암컷은 사춘기에 이르렀을 때 어미를 떠나 다른 지역의 집단으로 옮기는 경향이 있으며, 여생을 거기서 보낸다. 암컷은 일반적으로 새끼 하나를 낳기 위해 수백 번 짝짓기를 한다. 어미들은 본래 다른 개체의 도움 없이 새끼를 돌본다.

따라서 이 종들은 여러 면에서 비슷한데, 그래서 행동상의 차이점이 더 두드러진다. 보노보가 자기 길들이기되었다는 것을 가장 직접적으로 나타내는 특징은 비교적 공격에 대한 완화된 경향이다. 보노보는 침팬지보다 서로에 대해 훨씬 덜 공격적이며 서로를 훨씬 덜 두려워한다. 동물원 직원들은 보노보 집단이 심각한 긴장 없이 새로운 개체를 쉽게 받아들이기 때문에 보노보와 지내기가 수월하다고 생각한다. 반대로 침팬지들을 서로에게 소개하는 과정은 괴로울 정도로 느린데, 폭력을 최소화하기 위해 그물망을 두고 두 침팬지가 서로 익숙해지게 하는 데 몇 주 또는 몇 개월이 걸리는 것이다. 그렇게 신중하게 준비한 후에도, 함께 지내지 않은 침팬지들은 결국 만나면 쉽게 싸운다. 야생에서의 장기간의 연구에서도 침팬지와 보노보 간의 경쟁적 또는 공격적 행동의 차이가 매우 크다는 점이 나타났다.[7]

침팬지 수컷은 종종 집단 내의 다른 구성원들과 싸운다. 어떤 때는 고기와 같이 귀한 먹이를 놓고 싸운다. 그러나 침팬지들은 지위를 초월하여 싸우지 않는다. 침팬지는 복종의 확실한 표현을 요구하는 의도로 서로 정규적으로 도전한다. 상대가 복종의 신호를 보내지 않으면, 싸움이 시작되는 경향이 있다. 일반적으로 공격한 쪽이 이기고, 마지못해 복종한 침팬지는 비명을 지르며, 파티 안에 있는 다른 침팬지들은 은신처를 찾기 위해 도망간다.[8]

수컷은 일반적으로 암컷을 때리며 종종 명백한 이유 없이도 갑자기 공격을 한다. 이런 괴롭히는 전술은 몇 분간 지속될 수 있다. 연구원 캐럴 후븐Carol Hooven이 우간다 서부 카냐와라에서 관찰한 결과, 이런 괴롭힘은 8분 동안 지속되었는데, 수컷은 암컷을 손으로 패거나 주먹으로 때리거나 발로 차지 않을 때는 막대기를 쥐고 간헐적으로 때렸다. 이런 공격에서 수컷이 목표로 하는 것은 자기가 선택한 암컷이 미래에 자신의 성욕에 쉽게 응할 수 있도록 협박하는 것이다.[9] 각 암컷의 경우, 한 수컷은 한 암컷을 가장 자주 공격하여 다른 수컷들과 자신을 구별한다. 이 전략은 종종 성공한다. 그 후 몇 주 동안, 한 암컷을 가장 빈번하게 공격한 수컷은 가장 빈번한 섹스 파트너가 되는 경향이 있으며, 결국 그 암컷이 그 집단에서 모든 수컷과 여러 번 짝짓기를 하더라도, 공격을 자주 한 수컷이 다음에 낳을 새끼의 아빠가 될 가능성이 높다.[10] 이렇게 속을 뒤집게 만드는 행위는 수컷이 성장하여 모든 암컷을 때리는 의식을 행하는 부분적인 이유인 것이다. 암컷을 위협하는 수컷의 능력은 가능한 한 많은 자손을 갖게 하는 전략의 핵심 요소다.

집단 내에서의 침팬지 공격은 더 극단적일 수 있다. 몇 개월 안 된 새끼는 때때로 살해를 당한다. 어미는 절대로 자식을 살해하지 않지만, 암컷과 수컷 모두 새끼를 죽일 수 있다. 성년들이 연합으로 공격할 때, 싸움은 수컷의 죽음으로 이어질 수 있다. 연합한 침팬지들은 피해자가 압도당하고 움직이지 못할 때까지, 때로는 현장에서 죽을 때까지, 또 어떤 때는 공격을 당하는 동안 부상을 입은 채 도망을 나와 몇 시간 또는 며칠 내에 죽게 되기까지 붙들고, 때리고, 무는 광기에 협력한다.

침팬지 집단 간의 상호 작용은 결코 평온하거나 친근하지 않다. 만나면 대부분 피하며, 각 집단이 서로 용감하게 부를 수 있을 정도로 충분히 거리가 생기면 서로 소리친다. 두 집단이 가까워졌을 때 (우연히 또는 고의적일 수 있다), 한 집단의 수컷이 다른 집단보다 더 많으면 위험해진다. 더 많은 집단의 수컷들은 자신들의 우위를 내세워 다른 집단을 압박하려고 한다. 때로는 새끼든 성년이든 무력한 희생자를 잡아 죽인다. 이와 같은 집단 간의 공격으로부터 도망쳐 살아남으면 운이 좋은 것이다.[11]

가장 극단적인 형태의 침팬지 폭력은 빈번하게 일어나지 않으며, 가벼운 폭력조차 매일 발생하는 것은 아니다. 그럼에도 불구하고 감정의 폭발이 없는 상태가 오래 지속되는 일은 드물다. 특히 과일이 풍부하고, 하위 집단이 많을 때, 공격, 두려워서 내는 비명, 구타는 침팬지의 생활에서 일상적인 것이다. 먹이 상태가 좋으면 암컷은 성적으로 수용적이 되고 수컷은 풍부한 에너지를 갖게 되는데, 이런 상태는 순전히 수컷의 공격을 일으킬 수 있는 강력한 조건이다.

보노보는 경쟁과 공격의 측면에서 침팬지와 아주 다르다. 비록 보노보 수컷들은 지배력에 따라 순위를 매길 수 있지만, 그들은 경쟁할 때 돌격하는 과시를 하지 않으며 서열과 관련된 명시적인 신호를 보내지 않는다. 자신이 싸울 수 있는 능력보다 더 중요한 것은 어미가 다 자란 아들에게 주는 지원이기 때문에, 상위에 올라가는 데 성공하는 것은 수컷들 사이의 상호 작용에 의해 좌우되지 않는다. 최상위에 있는 수컷은 대부분 그의 어미가 상위에 있다. 그의

1부 두 개의 문

어미가 죽을 때 그는 순위에서 떨어지기 쉽다. 고기를 놓고 싸우는 일은 드물고, 싸움이 일어나더라도 가벼운 수준이며, 수컷보다는 암컷 사이에서 더 흔하다. 침팬지보다 보노보는 암컷에 대한 수컷의 위협이 훨씬 적다. 한 연구에서 보노보 암컷이 수컷에게 공격적인 경우가 수컷이 암컷에게 공격적인 경우보다 더 빈번하다는 것이 밝혀졌다. 수컷 보노보는 암컷 보노보를 때리지 않으며, 먹이를 놓고 경쟁할 때 암컷이 수컷을 이길 가능성이 더 높다. 보노보 집단 안에서의 또는 집단 사이에서의 폭력적인 새끼 살해나 성년 살해를 기록한 사람은 없다. 보노보는 분명히 싸움에서 자유롭지 못하며, 다른 집단을 만나면 때로는 물어서 상처가 날 때까지 싸운다. 그러나 보노보의 공격적인 행동의 강도는 침팬지보다 전반적으로 약하다.[12]

영장류학자 이사벨 벤케Isabel Behnke는 보노보의 행동이 침팬지와 얼마나 다른지를 보여 주는 예를 기록했다. 서로 적대적일 것으로 예상되는 인접한 침팬지 집단과는 달리 인접해 있는 보노보 집단에서는 종종 구성원들끼리 몸을 비비고, 섹스하고, 함께 놀면서 서로의 우정을 즐긴다. 보노보의 성년과 미성년이 하는 놀이 중에는 위험과 신뢰가 섞인 공포스러운 시험도 있는데, 인간은 그것을 "매달리는 게임"이라고 부른다. 성년 보노보는 나무에서 30미터 높이에 있는 나뭇가지에 앉아 미성년의 팔이나 다리를 잡고 재미있다는 듯 앞뒤로 흔든다. 미성년은 성년을 붙잡지 않는다. 즉 성년은 미성년의 운명을 손에 쥐게 된다. 떨어뜨리면 미성년은 심하게 다치거나 죽을 수도 있다. 그러나 벤케의 말에 의하면, 미성년은 눈에 띄게 "신나고", 너무나 즐거워서 미소를 짓고, 자기가 떨어질 위험이 있다는 것을 잊는 듯하다. 놀랍게도 "매달리는 게임"을 다른 집단의 보노보와도 한다. 보노보 사이에서 보여 주는 신뢰는 집단 생활을 하는 모든 종에서 나타나듯이 공격과 두려움이 눈에 띄게 감소함으로써 명백하게 촉진되며, 심지어 폭발을 잘하는 침팬지의 이 가까운 친척 사이에서 더욱 그렇다.[13]

놀랍게도 이웃 집단의 다 성장한 수컷 보노보들은 "공놀이"를 할 수 있는데, 그들은 묘목 주위에서 천천히 서로를 따라다니다가 정면에서 서로의 고환을 움켜쥔다. 성장한 수컷 침팬지는 때때로 자신의 집단 안에서 다른 수컷과 공놀이를 하는데, 흥분한 얼굴을 하고서 목구멍으로 느리게 낄낄거리며 웃는 모습을 보인다. 그러나 다른 집단의 구성원과 공놀이를 한다는 것은 침팬지를 연구하는 사람한테는 우스운 일일 것이다. 왜냐하면 이웃 지역의 침팬지 수컷들의 관계에서 유일하게 나타나는 반응은 즉각적인 적대감, 도주, 외침, 싸움이기 때문이다.[14]

비슷하게 생긴 두 종의 공격 강도가 왜 그렇게 다를 수밖에 없는가? 여기에 해부학, 생태학, 심리학이 모두 연관된다. 수컷 침팬지는 보노보와 해부학적인 구조에서 차이가 있는데, 이는 공격성과 높은 연관이 있다. 침팬지는 보노보보다 훨씬 더 크고 단검 같은 송곳니를 갖고 있다. 보노보에 비해 수컷 침팬지의 송곳니가 더 길다. 침팬지의 위 송곳니는 35퍼센트 더 길고, 아래 송곳니는 50퍼센트 더 길다. 암컷도 비슷하지만, 약간 차이를 보인다(침팬지의 위 송곳니는 25퍼센트 더 길고, 아래 송곳니는 30퍼센트 더 길다). 긴 송곳니는 침팬지와 보노보와 같이 과일을 주로 먹는 종에게는 불편하고 성가실 것이다. 그러나 송곳니는 강력한 무기가 될 수 있으므로 침팬지가 더 긴 송곳니를 가진 것은 침팬지의 진화 역사에서 중요한 측면을 보여 준다. 훌륭한 투사가 되기 위해 보노보보다 침팬지가 더 많

은 비용을 들인 셈이다.[15]

우리는 수컷 침팬지가 송곳니의 힘을 알게 된다는 것을 쉽게 상상할 수 있다. 침팬지의 수컷은 열 살쯤 되면 송곳니가 나면서 상대방보다 훨씬 더 위험해진다. 따라서 긴 송곳니가 일찍 나면 싸울 의향이 더 커질 수 있다. 비슷한 점이 인간에게 나타난다. 나이에 비해 큰 소년은 세 살 때부터 작은 친구와의 싸움에서 이길 수 있다는 것을 알게 된다. 성공적인 공격에 대한 보상으로, 큰 아이는 어린 시절 내내 더 공격적이 된다. 큰 신체는 반사회적 성격 장애의 위험 요소이기도 하다. 큰 신체가 어린 소년의 심리학에 영향을 미치는 것처럼, 침팬지의 더 길고 위험한 송곳니는 이론적으로 공격적인 행동을 더 촉진할 수 있다.[16]

우리는 성별 크기의 차이가 공격적인 경향에 영향을 준다고 생각할 수 있다. 고릴라나 비비와 같이 수컷이 암컷보다 큰 종에서는 수컷이 더 공격적인 경향이 있다. 그러나 놀랍게도 야생에서 얻은 자료를 보면 성별 간의 체중 차이는 침팬지(26~30퍼센트)가 보노보(35퍼센트)보다 약간 적을 수 있다. 체중 차이는 수컷 침팬지가 수컷 보노보보다 더 공격적인 이유를 설명하지 못한다.[17]

보노보와 침팬지의 공격성 차이에 대한 두 번째 그럴듯한 설명은 환경에서 찾을 수 있다. 보노보는 싸울 거리가 적거나 공격적인 행동을 덜 일으키는 조건에서 살 수 있다. 우리는 곧 식량 공급의 차이가 실제로 공격성의 차이를 만든다고 생각할 수 있다. 그러나 경쟁의 대상인 자원에 접근해서 얻는 이점보다는 침팬지와 보노보의 집단화 양상에 미치는 음식 유형이 영향을 끼칠 수 있다.

해부학과 생태학 외에 기질도 보노보가 침팬지에 비해 왜 그렇게 더 평화로운지 이해하는 열쇠다. 포획 상태에서 두 종은 비슷한 조건에서 연구되었으며, 야생에서 식품을 구해야 하는 긴급함은 전혀 없었다. 이 작업의 대부분은 사람들이 야생 동물을 교역하는 곳에서 구출된 고아 원숭이들을 돌보기 위해 그들의 인생을 바치는 보호 구역에서 수행되었다. 보노보의 천국이라는 의미의 '롤라 야 보노보Lola ya Bonobo'라는 적절한 이름을 가진 하나밖에 없는 보호 구역은 콩고민주공화국 안의 킨샤사 근처에 위치한다. 롤라 야 보노보는 1994년 클로딘 앙드레Claudine André가 창립한 이래로 보노보의 안식처가 되고 있다. 콩고공화국의 콩고강 북쪽 인근에서 고아 침팬지들은 미국의 제인 구달 연구소가 관리하는 비슷한 집인 침풍가Tchimpounga 보호 구역에 산다. 두 종을 더 깊이 이해하기 위해 두 곳에서 모든 연령대에 있는 수십 마리의 보노보와 침팬지에 대한 연구에 많은 노력을 기울였다.

생물인류학자 빅토리아 우버와 브라이언 헤어가 이 연구를 이끌었다. 그들 둘은 내가 대학원에서 가르친 학생들이었다. 2005년에 나는 헤어와 그의 아내 바네사 우즈Vanessa Woods와 함께 롤라 야 보노보를 처음 방문했을 때 기뻤다. 우리는 전혀 잔인하지 않은 종의 행동을 연구하기 위한 실험을 설계하는 동안, 전직 대통령이었던 모부투 세세 세코Mobutu Sese Seko가 지은 영빈관을 사용했다.

우간다와 콩고공화국에서 비슷한 조건에 사는 침팬지만이 아니라 롤라 야 보노보에 있는 수십 마리의 보노보에 대한 체계적인 조사를 통해, 헤어와 우버는 두 종의 심리적인 차이에 대한 우리의 지식을 확장했다. 실험자들은 각각의 유인원이 스트레스를 받거나 상처를 입는 것을 원하지 않았기 때문에 명백한 반응적 공격을 연구하기가 쉽지 않았다. 그러나 반응적 공격은 감정적 반응과 밀접한 관련이 있으며 사회적 관용을 측정함으로써 평가할 수 있다. 보호 구역에 있던 보노보가 보호 구역에 있던 침팬지보다 더 관대한지 알아내기 위해 고안된 첫 번째 실험에서, 헤어는 빈방에 하나 또는 두 개의 작은 바나나 더미를 넣은 다음 두 종이 같은 문으로 들어갈 수 있게 만들었다. 종의 차이는 아름다울 정도로 명확했다. 두 마리의 침팬지가 들어왔을 때는 한 마리만 바나나를 먹었고 다른 침팬지는 바나나에 분명히 관심이 있었는데도 혼자서 다른 데로 갔다. 그러나 동일한 상황에서, 보노보는 음식을 잡거나 독점하려는 모습을 보이지 않았으며, 슬픈 후퇴도 보이지 않았다. 두 보노보는 긴장 없이 같이 먹었을 것이다. 실험 대상이 미성년인지 성년인지 수컷인지 암컷인지에 관계없이 종 간의 차이는 같았다.[18]

이러한 일련의 연구에서 모두 똑같은 종류의 결과가 나왔다. 보노보는 자발적으로 먹이를 공유하고 다른 보노보들이 음식에 끼어드는 것에 대해 더 관대했으며, 손이 닿지 않는 음식을 위해 협력하는 등 상호 협동이 필요한 작업에 더 능숙했다. 특히 보노보가 혼자 식사하는 것을 선호하는지 아니면 다른 보노보가 있는 상태에서 식사하는 것을 선호하는지에 대한 연구에서 놀라운 결과가 나왔다. 잠재적인 동반자가 다른 집단에 속해 있더라도, 보노보는 너무 공격적이지 않기 때문에 서로 음식을 공유할 수 있도록 스스로 문을 열어 준다. 문을 연 보노보에게 적은 음식이 가게 되겠지만, 걱정할 일은 아니었다. 친구가 음식보다 더 중요했다.[19]

다른 차이도 대조적인 관용을 뒷받침했다. 보노보는 더 장난기가 있고 우호적이었다. 음식이 있는 방에 두 마리 보노보가 들어갔을 때, 전형적인 반응은 음식에 다가가기 전에 성적으로 상호 작용을 하기 위해 서로에게 달려드는 것이었다. 상호 작용은 서로의 생식기를 가볍게 문지르는 것에서부터 완전히 교미하는 것에 이르기까지 다양할 수 있지만, 어느 쪽이든 그 효과는 야생에서 흔히 볼수 있는 것과 같았다. 보노보는 성적인 즐거움을 주고받는 것을 좋아하며, 종종 사회적인 긴장을 완화하거나 피하기 위해 성행위를이용한다. 포획 상태든 야생이든 함께 성관계를 가졌을 때 보노보는 상대방에게 쉽게 음식을 주었다. 침팬지는 그러한 시험에서 절대로 놀거나 섹스를 하지 않았다.

요컨대 포획된 보노보와 침팬지에 대한 실험은 반응적 공격 빈도 면에서 종 간의 현저한 차이에 대한 설명에 중요한 기여를 했다. 차이점은 대조적인 심리적 경향에 뿌리를 두고 있다. 보노보가 보여 주는 더 큰 참을성은 감소된 반응을 반영한다. 보노보의 온화한 특성은, 활기가 넘치고 화끈하며 매력적이지만 위험한 침팬지보다 반응적 공격을 하는 경향이 낮음을 나타낸다. 신경생물학자들은 이러한 차이에 뇌의 메커니즘이 어떻게 기여하는지 조사하기 시작했다. 행동의 결과와 더불어 편도체와 뇌의 피질의 차이가 발견되었다. 뇌의 세로토닌 수치가 높을수록 반응적 공격이 감소함을 상기해 보자. 놀랍게도 보노보의 편도체는 침팬지보다 (세로토닌에 반응하는) 축삭돌기*를 두 배 더 갖고 있어서 보노보는 공격적이고 두려운 충동을 조절하는 능력을 더 크게 발전시켰다. 예상대로 뇌생물학은 각 종의 특징적 반응과 사회적 상호 작용의 종류를 효율적으로 생성하도록 적응한 것으로 보인다.[20] 유전자들이 이런 차이점들을 뒷받침할 것이다.

그렇다면 심리학에서의 이런 차이는 어떻게 진화하였는가?

• 축삭돌기axon: 신경세포에서 뻗어 나온 긴 돌기. 세포체에서 나온 신경 신호를 다음 신경세포에 전달한다.

보노보와 침팬지는 우리가 현재 이해하고 있는 종 간의 유전적 차이를 본다면, 적어도 87만 5천 년에서 210만 년 전에 분리되었다. 즉 침팬지의 조상과 보노보의 조상은 대략 90만에서 210만 년 전에 갈라졌다. 그 분리로부터 지금까지, 침팬지와 보노보는 오늘날 우리가 보고 있는 두 종으로 진화했다. 침팬지의 한 세대를 약 25년으로 잡으면, 보노보와 침팬지 간의 심리적 그리고 해부학적 차이는 적어도 3만 5천 세대를 지나며 개별적으로 진화해 왔다. 만약 보노보들이 자기 길들이기되었다면, 그들의 조상은 보노보보다 더 공격적이었을 것이다. 따라서 자기 길들이기 가설에 대한 중요한 질문은 3만 5천 세대 전에 침팬지와 보노보의 공통 조상이 오늘날의 보노보보다 더 공격적인지에 관한 것이다.[21]

행동은 화석화되지 않으며, 어쨌든 그 당시와 관련된 화석은 발견되지 않았다. 그러나 보노보는 침팬지와는 다른 자신의 고유한 계통과 기원에 대해 알려주는 일련의 해부학적 특징을 가지고 있다. 보노보와 침팬지가 다른 종이라는 발견을 하게 한 가장 주목할 만한 특징은 보노보의 유형화幼形化, juvenilized한 두개골이다.

보노보의 두개골이 특별하다는 것을 발견하는 데는 예리한 눈이 필요했다. 1881년 초에 보노보의 두개골이 영국 자연사 박물관에 도착했지만 침팬지와 다르다는 것을 아무도 눈치채지 못했다. 1910년부터 더 많은 보노보의 뼈가 벨기에로 갔다. 나중에 서양 과학자들도 살아 있는 보노보를 볼 기회를 가졌다. 1923년에 미국의 영장류학자 로버트 여키스Robert Yerkes가 어린 프린스침Prince Chim을 돌보아 폐렴으로 죽기 직전에 미국으로 데리고 갔다. 여키스는 프린스침이 매우 유쾌한 성격을 가진 침팬지라고 생각했다. 서아프리카에서 영장류를 찾는 탐험에 참여한 20세의 학생이었던 해럴드

쿨리지Harold Coolidge를 포함해 프린스침을 만난 사람들은 같은 생각을 했다. 프린스침이 기록되지 않은 (새로운) 종에 속했다는 것을 아무도 알지 못했다. 죽거나 살아 있는 보노보는 1881년에 과학자들에게 소개된 이후 거의 50년 동안 침팬지와 다른 종으로 인식되지 않았다.[22]

결국 획기적인 성과는 예상치 않게 터졌다. 아프리카에서 돌아온 쿨리지는 1928년 고릴라의 두개골을 측정하기 위해 벨기에의 터뷰런으로 갔다. 다음에 쓴 것은 쿨리지가 중앙아프리카 왕립 박물관을 방문했을 때 일어난 일이다.

> 터뷰런에 있던 어느 날 오후, 나는 보관함에서 우연히 어린 침팬지의 두개골처럼 보이는 것을 집어 들고 놀랍게도 뼈끝이 완전히 융합된 것을 발견한 일을 잊지 못한다. 분명히 이 두개골은 성년의 두개골이었다. 옆에 있던 보관함에서 비슷한 두개골 네 개를 집어 들고 같은 점을 찾았다.[23]

두개골이 융합되어 있었다! 따라서 그것은 미성년의 두개골처럼 보였지만, 성장을 멈춘 것이었다. 그것은 분명 성년의 두개골이었다. 모든 미성년의 포유류에서 봉합suture이라고 불리는 유연한 조직은 성장하는 뼈 판을 연결한다. 봉합은 두개골 뼈가 독립적으로 움직여 성장하는 뇌를 수용할 수 있도록 충분한 유연성을 제공한다. 뇌가 최대 크기에 도달할 때에만 봉합이 융합되어 안정적인 구조를 만든다. 쿨리지는 봉합을 "뼈끝"으로 잘못 표기했지만, 그가 보고 있던 것의 중요성을 완벽하게 이해했다.

쿨리지의 관찰은 그가 침팬지와 해부학적으로 유사하지만 성년의 두개골이 비교적 작고 둥글며 미성년 침팬지의 두개골과 유사하게 발달하지 않은 것처럼 보이는 다른 새로운 유인원을 보고 있었다는 것을 의미했다. 며칠 안에 독일의 한 해부학자가 쿨리지의 발견을 듣고 보노보를 새로운 분류군으로 설명하며 신속하게 출판하는 선수를 쳤지만, 단지 아종이라고만 부르는 실수를 했다. 쿨리지는 보노보를 하나의 완전한 종이라 부르며 마지막 쾌재를 불렀다. 1933년에 새로 규정된 종은 **판 파니스커스 슈바르츠 1929**<i>Pan paniscus</i> Schwarz 1929로 명명되었다.[24]

보노보를 파악하는 과학적인 조사가 진행된 결과 성년의 신체에서 미성년과 같은 두개골이 나온 기이한 현상은 침팬지와의 차이점을 넘어서는 것이었다. 그것은 또한 새로 명명된 종의 진화사를 재구성하는 방법을 제시했다. 침팬지와 보노보의 두개골은 지금 다르지만, 그들 공통 조상의 두개골이 어떤가? 즉 두 종이 분리되었는데, 어떤 종에서 두개골이 더 다른 형태로 바뀌었나? 보노보의 미성년과 같은 두개골이 유형 진화幼形進化, paedomorphism•가 되었다든지, 미성년 조상에서 발견된 특징이 성년에서 유지되었을 가능성은 명확하다. 만약 두개골이 유형 진화된 것이라면, 우리는 보노보가 침팬지와 유사한 조상에서 진화했다고 결론 내릴 수 있다.

그러나 다른 생각도 고려할 가치가 있다. 종의 차이가 보노보의 유형 진화보다는 침팬지의 과형 진화過形進化, peramorphosis■에 의한 것일 수 있다. 과형 진화는 조상 종의 형태를 넘어 확장된 성년의 특성을 나타내며, 유형 진화와 반대다. 만약 침팬지의 과형 진화로

• 유형 진화: 배胚나 유생 시기(배와 성체의 중간 시기)의 형질이 성체가 되어도 남아 있는 진화의 형식
■ 과형 진화: 초기 발달 단계에서 예상보다 이른 일부 성년의 특성을 나타내는 진화의 형식

보노보와 침팬지 두개골의 차이를 설명할 수 있다면, 보노보의 두개골 형태는 보노보의 조상에서 볼 수 있는 유형이어야 한다고 결론 내릴 수 있다.

침팬지의 두개골이 과형 진화되었는지 또는 보노보의 두개골이 유형 진화되었는지 알 수 있는 방법은 있다. 다른 유인원을 확인하는 것이다. 만약 보노보와 침팬지의 가까운 친척이 보노보와 비슷한 두개골 구조를 가지고 있다면, 침팬지가 이상한 것이다. 즉 침팬지의 두개골이 과형 진화한 반면, 보노보는 조상의 두개골에서 비교적 변하지 않은 것이다. 그러나 만약 다른 유인원의 두개골이 침팬지의 두개골과 더 비슷하다면, 보노보의 두개골은 침팬지와 비슷한 두개골을 가진 조상에서 유래한 새로운 해부학적 구조를 가져야 한다.

답은 쉽다. 고릴라, 오랑우탄과 같은 유인원과 멸종된 **오스트랄로피테쿠스**의 두개골은 보노보의 두개골보다는 침팬지의 두개골과 훨씬 더 유사하다. 보노보와 침팬지의 가까운 친척인 고릴라는 가장 관련성이 높고 두드러진 비교 대상이다. 고릴라는 침팬지의 성장 유형을 아주 유사하게 따르며, "과도하게 성장한 침팬지"로 불린다.[25] 요컨대 보노보의 두개골은 유형 진화한 것이고 침팬지의 두개골은 변형되지 않았다. 보노보와 침팬지의 공통 조상은 아마도 현대 침팬지의 두개골처럼 보이는 두개골을 가졌을 것이다. 보노보의 두개골이 바뀐 것이고 이상한 것이다.

보노보는 다른 면에서도 이상하다. 침팬지, 고릴라, 오랑우탄은 모두 발정 기간이 제한적이며, 수컷이 암컷보다 우세하다. 보노보는 발정 기간이 많이 길고, 암컷이 수컷을 지배한다는 점에서 다르다. 그들은 진화상 다른 길을 간 것이다.

보노보의 두개골이 많이 변했다는 점을 아는 것이 왜 그렇게 중요한가? 두개골은 뇌를 수용하고 뇌는 행동을 지시한다. 침팬지의 두개골은 고릴라나 다른 유인원과 같이 조상 스타일의 두개골 성장을 유지한다. 이는 침팬지의 행동이 침팬지와 보노보가 최종 공통 조상에서 진화한 이후 비교적 안정되었다는 것을 의미한다. 대조적으로 보노보의 두개골은 많이 변하여 보노보의 두뇌와 행동에 변화가 있었음을 의미한다. 보노보를 침팬지와 분리된 종으로 식별한 다음 보노보가 더 급격하게 변한 종으로 보는 것은 보노보의 평화성이 조상의 주형에서 벗어난 새로운 특징이라는 것을 의미한다.[26]

보노보와 침팬지는 밀접한 관련이 있지만, 두 종이 공격하는 성향과 두개골의 형태가 다르고 많은 유익한 친척을 갖는 축복을 받았기에, 우리는 침팬지보다 보노보가 두개골, 두뇌, 행동 면에서 그들의 공통 조상과 다르게 더 많이 변했을 것이라는 강한 확신을 가질 수 있다. 다시 말해 보노보의 반응적 공격이 적은 것은 새로운 진화 현상이라는 것이다. 따라서 우리는 강력한 예측을 할 수 있다. 보노보는 길들이기 증후군을 보였어야 한다는 것이다.

브라이언 헤어, 빅토리아 우버와 나는 2012년에 그 예측을 시험했으며 야생종에서 길들이기 증후군에 대한 첫 번째 증거를 발견했다. 보노보 두개골의 해부학적 구조에서 길들이기 증후군이 아주 많이 나타난 것으로 밝혀졌다. 우선 보노보의 뇌(또는 두개골 용량)는 침팬지보다 작다. 뇌 크기의 감소는 특히 수컷에서 두드러지며 20퍼센트까지 도달할 수 있다. 이것은 야생 조상과 비교하여 길들이기된 거의 모든 종의 척추동물의 뇌 크기의 감소와 유사하다. 길들이기 증후군의 다른 주요한 두개골의 특징들도 모두 존재한다. 보노보의 얼굴은 비교적 짧으며 침팬지의 얼굴보다 적게 돌출해 있다. 보노보는 작은 턱과 작은 어금니를 갖고 있다. 두개골은 또한 수컷 특유의 강조된 특징이 감소하였으며, 수컷은 침팬지보다 더 암컷처럼 변했고 암수 간의 차이가 더 적어졌다.[27]

보노보의 이런 특이점은 오랫동안 알려져 왔지만 이전의 길들이기 이론과 관련해서 논의되지 않았다. 자연인류학자 브라이언 시어 Brian Shea는 보노보 두개골의 독특한 특징을 기록하기 위해 어느 누구보다도 많은 기여를 했다. 그는 보노보를 이해하는 열쇠는 보노보 수컷과 암컷의 두개골이 침팬지에 비해 훨씬 비슷하다는 사실이라고 생각했다. 시어는 "보노보의 얼굴 영역에서 보이는 암수 간의 이형성dimorphism*의 감소는 수컷과 수컷 간의 그리고 수컷과 암컷 간의 공격 감소, 암컷 간의 유대감 증가, 음식의 공유의 증가, 성적 행동의 증가와 같은 사회적인 요인들과 관련이 있는 것 같다"고 썼다. 그러나 두개골의 형태적 특징과 행동의 경향이 어떻게 관련이 있는지는 여전히 불분명했다. 그리고 보노보는 왜 작은 뇌나 작은 어금니를 가질 수밖에 없는가? 보노보들은 콩고강을 가로질러 몇 마일 떨어져 있는 침팬지가 사는 숲과 매우 비슷한 숲에 산다. 강의 양쪽에서 직면하게 되는 적응 문제들은 너무 비슷해서 이러한 중요한 종의 차이점을 간단한 방법으로 설명할 수 없다.[28]

자기 길들이기 이론에 비추어 볼 때, 차이점은 의미가 있다. 포획된 상태에서와 같이, 우리는 보노보의 공격성에 대항한 선택이 있을 때 길들이기 증후군이 나타나는 것을 재구성할 수 있다. 작은 뇌, 짧은 얼굴, 작은 치아, 감소된 암수 간의 차이, 유형 진화한 두개골 모두가 보노보에서 발견되는 길들이기된 동물의 특징들이다. 물론 보

• 이형성: 성적 이형성이라고도 하며 같은 종의 두 성이 생식기 이외의 부분에서도 다른 특징을 보이는 상태

노보는 퍼덕거리는 귀나 몸의 흰 반점은 없다. 아마도 3만 5천 세대 동안 그러한 길들이기 증후군의 공통적인 구성 요소가 근절되었거나, 보노보가 그것을 획득한 적이 없었을 것이다. 이런 특성이 나타나는 빈도는 길들이기된 동물마다 다르다. 퍼덕거리는 귀를 가진 고양이는 거의 없으며, 물소는 흰 반점이 거의 없다. 보노보의 경우 탈색이 여전히 발생한다. 대부분의 보노보 입술 주위는 눈에 띄게 분홍색을 띠고 있으며, 색소의 상실은 길들이기된 종에서 발생한다고 알려진 신경능선세포의 이동의 지연과 상당히 연관될 수 있다. 그리고 보노보의 뒤쪽 끝에는 유아기 침팬지처럼 흰 털의 뭉치가 있다. 보노보는 침팬지와 다르게 다 클 때까지 유형 진화적으로 꼬리에 흰 술을 유지한다.

해부학적 구조 외에도, 보노보의 사회적 행동은 벨랴예프가 길들이기된 은여우에서 확인한 행동과도 현저하게 잘 들어맞는다. 공격성의 감소 외에도, 특히 길들이기된 동물의 특징인 섹스와 놀이라는 두 가지 사회적 행동 특징이 나타난다.[29]

개와 기니피그와 같은 길들이기된 동물은 야생 동물보다 더 다양한 성적인 행동을 한다. 침팬지와 비교해서 보노보도 마찬가지다. 동성애적 행동은 놀라운 예다. 어린 영장류의 경우, 수컷은 다른 수컷과 암컷 모두와 실제로 성교를 하지 않지만 불완전한 성적 교미 행위를 한다. 그들이 성장함에 따라 수컷은 순전히 암컷으로 교미 대상을 바꾸고, 다 성장한 이후에는 동성 연애를 하는 것은 드물다. 침팬지는 이런 유형을 따르지만, 보노보는 다 크고 나서도 광범위하게 동성애적 행동을 한다. 다 큰 보노보들 사이에서 발견된 동성애적 교미 행동이 미성년적 특징을 보존하는 것이라면, 종 전체에서 관찰된 것이 시사하는 바와 같이, 이는 유형 진화인 것이다.[30]

성년 보노보끼리의 동성애적 행동은 특히 암컷 사이에서 두드러진다. 행동생물학자들은 그것을 생식기 마찰이라 부르고, 콩고에서는 호카-호카Hoka-Hoka라고 알려져 있다. 호카-호카는 일반적으로 얼굴을 마주 보고 있는 두 암컷이 생식기를 좌우로 흔들면서 흥분시키는 것이다. 이런 상호 작용은 종종 얼굴의 긴장과 사지의 수축을 동반하며 오르가슴과 같은 일시적 정지로 끝이 난다. 호카-호카는 암컷 소집단이 특별히 흥미가 가는 음식을 찾았다거나 두 암컷이 갈등을 겪는 등의 사회적 긴장 후에 자주 나타난다. 만약 호카-호카가 침팬지에서 유형 진화한 것이라면, 어린 암컷 침팬지들이 비슷한 행동을 하는 것을 보게 될 것이다. 그들은 그런 행동을 거의 하지 않지만, 가끔 보고가 되기도 한다.

1994년 우간다의 키발레 국립공원에서 침팬지를 연구하기 시작한 지 몇 년이 지났을 때 멋진 예가 나타났다. 우리 연구팀은 한 어린 침팬지가 지역 마을에서 애완동물로 불법적으로 사육되고 있는 것을 발견했는데, 아마도 어미가 고기 사냥으로 죽어 고아가 된 것 같았다. 우리는 당국의 허가를 받고 그 침팬지를 구출했다. 우리는 그 침팬지를 바하티Bahati라고 불렀고 야생 연구 공동체로 데려오려고 했다. 바하티는 약 대여섯 살이었다. 암컷은 열두 살이 되면 정상적으로 새로운 공동체에 들어가게 되는데, 바하티는 새로운 집단에 들어가기에는 확실히 어렸다. 바하티는 또한 마을에 있는 동안 나무를 탈 수 없었기 때문에 신체가 빈약한 상태였다. 연구원 리사 너턴Lisa Naughton과 에이드리언 트리브스Adrian Treves는 3주 동안 바하티와 함께 숲속에서 야영을 하면서 바하티가 힘을 키우고 숲의 음식에 적응하도록 도와주었다.[31]

어느 날, 침팬지 연구 공동체의 하위 집단이 근처에 있었고, 리사와 에이드리언은 바하티를 이끌고 있을 때였다. 수컷들은 새로 온 어린 암컷을 좋아했다. (바하티가 리사와 에이드리언 근처에 머물게 만든) 약간의 압박이 있은 후, 수컷 중 일부가 바하티에게 부드럽게 다가가서 안아 주었다. 야생 침팬지가 바하티를 환영한 사실은 인간에게 큰 위안을 주었다. 바하티도 같은 감정인 듯 싶었다. 어쨌든 리사와 에이드리언은 긴장하며 관찰했지만, 바하티는 몇 달 전에 잡힌 후 처음으로 야생 침팬지와 함께 인간이 없는 밤을 보냈다. 바하티는 매일 새로운 친구들과 함께 있었다.

몇 주 후, 나는 바하티가 우리 침팬지들과 여행을 할 때 바하티를 촬영하고 있었다. 그때까지 수컷들은 바하티에게 더 이상 관심을 보이지 않았지만, 바하티는 동년배의 다른 침팬지들과 우호적인 관계를 발전시키고 있었다. 어느 시점에, 같은 나이의 암컷 로사가 바하티를 기다렸다. 비하티가 다가오자 로사는 등 뒤로 땅 위를 구르고 팔을 벌리며 여전히 수줍어했고 고아였던 낯선 침팬지를 격려했다. 바하티는 로사를 포용했고, 그들은 골반 부위를 맞대고 흔들었다. 나는 침팬지가 이런 행동을 하는 것을 한 번도 본 적이 없지만, 즉시 익숙해졌다. 그것은 보노보들끼리의 **호카-호카**처럼 보였다. 의미는 명확해 보였다. 바하티와 로사의 행동은 미성년들끼리의 드문 행동이었다. 보노보들은 그 행위를 성년 사회생활의 특징으로 유형 진화적으로 확장했고 정교하게 만들었다.

동성애적 행동과 마찬가지로 사회적인 놀이는 늑대와 같은 야생 조상보다 개와 같이 길들이기된 종에서 더 많이 볼 수 있다. 또한 이는 성년보다 어린 영장류에서 더 많이 발견된다. 그리고 다시 말하지만 이사벨 벤케가 보여 주었듯이, 길들이기된 종들처럼 성년 보노보들은 성년 침팬지보다 더 많이 논다. 영장류학자 엘리사베타

팔라기Elisabetta Palagi는 비슷한 조건에 살았던 포획된 보노보와 침팬지를 신중하게 비교했다. 성년 보노보는 성년 침팬지보다 더 자주 놀았고 유희적 얼굴play face*을 보였을 뿐 아니라 흥미롭게도 더 거칠게 놀았다. 보노보보다 더 공격적인 침팬지가 거친 놀이를 선택할 것이라고 예상했지만, 거칠게 군다는 것은 상대방에게 더 많은 관용을 요구하는 것이기 때문에, 거친 놀이는 공격적이지 않은 보노보를 설명할 수 있는 지점이다.[32]

보노보의 경우 섹스와 놀이가 종종 연관된다. 벤케의 말에 따르면, "발기한 성기, 장난스런 삽입, 성숙한 암컷이 발정한 모습을 찾는 것은, 침팬지에게서 볼 수 있는 것과 달리, 보노보의 놀이를 구성하는 많은 요소 중의 일부다".[33]

보노보의 자기 길들이기 사례만큼 더 강력한 사례를 찾기는 힘들 것이다. 보노보는 침팬지보다 덜 공격적이다. 보노보와 침팬지의 공통 조상은 침팬지와 닮은 두개골, 뇌, 행동으로 잘 재구성된다. 보노보가 갖고 있는 침팬지와 다른 점들은 해부학적 (두개골) 부분 또는 심리적 (섹스와 놀이) 부분 어느 것이든 간에 길들이기 증후군의 특징들이다. 보노보의 이런 특징들은 종래의 적응 논리에 의해 설명되지 않았다. 따라서 보노보의 공격성의 감소, 유형 진화한 두개골, 짧은 얼굴, 작은 치아 모두가 일련의 독립적인 별도의 선택 압력에 의해 평행하게 진화했다고 말하는 평행 적응 가설로는 설득력 있는 이유를 제시하지 못한다. 그러나 벨랴예프는 길들이기 된 동물에서 보노보에게 적용할 수 있는 유형을 발견했다. 우리가

• 유희적 얼굴: 유인원이나 원숭이가 놀 때 나타나는 얼굴. 입이 열리지만 치아가 안 보인다.

벨랴예프의 법칙이라고 부를 수 있는 것은 반응적 공격에 대항한 선택이 길들이기 증후군으로 이어진다는 것이다. 그 생각은 보노보에게 적합하다. 왜냐하면 선택은 반응적 공격에 대항하여 길들이기 증후군의 특징을 생성하는 방향으로 일어났기 때문이다. 이러한 관점에서 보노보와 침팬지를 구별할 수 있는 많은 특성은 적응으로서 진화하지 않았다. 대신에 그 특성들은 반응적 공격에 대항한 선택의 우연한 부수적인 영향으로 진화한 것이다. 이 가설에 대해 유전자 검사를 하는 것은 보람 있는 일일 것이며, 특히 침팬지와 보노보의 신경능선 유전자를 검사하는 것이 좋을 것이다.

보노보가 제공한 증거는 척추동물의 진화와 관련해 흥미로운 의미를 지닌다. 그 증거는 공격의 하향 조정을 경험한 다른 종에서도 자기 길들이기 증후군이 발견된다는 것을 뜻한다. 그렇다면 포유류의 수컷 유두는 생각보다 덜 이례적인 것으로 판명될 수 있다. 수컷의 유두가 진화적인 적응이 아니라 발생학적인 제약으로 인해 생긴 것처럼, 짧은 얼굴, 작은 치아, 흰 반점과 같은 길들이기 증후군의 특성들은 야생 동물의 경우에도 발생학적인 제약에 의해 생긴 것으로 입증되었다. 보노보가 보여 주는 증거는 공격성의 감소가 일상적으로 우연하고 부수적인 효과로 이어졌음을 암시한다.

그 증거는 인간의 진화와도 직접적으로 관련될 수 있다. 만약 보노보가 자기 길들이기될 수 있다면 보노보의 사례는 인간도 자기 길들이기될 수 있다는 생각을 뒷받침한다.

그러나 자기 길들이기의 증거는 보노보가 왜 공격성을 감소시켰는지는 설명하지 않는다.

당신은 더 공격적인 사람들이 진화적인 성공을 위한 경쟁에서 더 유리할 것이라고 생각할 것이다. 물론 사실 무엇이든지 너무 지나치면 나쁜 것이다. 너무 자주 또는 격렬하게 싸우는 동물은 에너지를 낭비하게 되고 불필요한 위험을 감수한다. 비결은 적절한 상황에서 적절한 강도로 그리고 보복의 가치가 있는 경우에만 싸우면서 균형을 맞추는 것이다.

그렇다면 침팬지보다 공격의 이득이 적은 보노보는 어떤가? 침팬지들 사이에서 수컷은 가장 빈번하고 위험한 형태의 폭력을 행사하지만, 수컷 보노보는 상대적으로 당당하지 못하기 때문에 의문은 수컷에게 있다. 결국 보노보의 심리는 수컷이 암컷이든 수컷이든 다른 보노보를 지배하는 데 침팬지보다 관심이 적은 쪽으로 진화했다. 더 큰 의문점은 수컷이 진화하는 동안 온화하고 덜 공격적인 성향을 갖는 것이 왜 더 높은 생식적 성공으로 이어지는가 하는 것이다.

암컷의 힘이 분명히 중요한 해답이 된다.[34] 다 자란 암컷이 혼자 수컷 보노보와 가까이 있는 경우라면 수컷이 이길 것이다. 그러나 암컷 보노보는 다른 암컷과 멀리 떨어져 있지 않다. 도전하는 수컷은 암컷이 비명을 지르면 몇 초 안에 자신을 공격할 준비가 되어 있는 암컷들의 연합을 만날 수 있으며, 암컷들의 연합은 효율적이라서 수컷이 할 수 있는 최선은 도망가는 것이다. 암컷끼리의 협동은 수컷이 음식을 놓고 암컷과 경쟁할 때 쉽게 포기하게 되거나 수컷이 암컷을 괴롭히지 않는다거나 수컷이 평균적으로 암컷을 능가하지 못하는 이유를 설명할 수 있다. 암컷이 연합으로 공격하는 것이 일반적이진 않다. 영장류학자 마틴 서백과 고트프리트 호만Gottfried Hohmann은 야생의 암컷은 연합을 잘 이용할 수 있지만, 드문 일이고, 수컷이 암컷들의 새끼를 위협할 때 대부분 이런 연합이 일어난다는 것을 발견했다.[35] 암컷은 몸의 크기 면에서 불리한데도 불구하고 수컷의 괴롭힘을 매우 효과적으로 억제한다. 수컷은 궁극적인 힘이 어디서 나오는지 깨달은 것 같다. 즉 머릿수는 체력을 능가한다는 것이다.

암컷 보노보가 연합 전선을 만들 수 있는 이유는 예상할 수 있게 평범해 보인다. 그들은 서로 가까이에 있기 때문이다. 보노보 집단에는 일관되게 암컷들이 제휴하는 중심이 있으며, 암컷이 수컷보다 많은 경향이 있다. 대부분의 암컷은 미성년의 말기나 청년기의 초기 때 이방인으로서 공동체에 합류한 이민자들이기 때문에, 어떤 친족 관계도 아니다. 친족 관계가 아닌 경우, 이민한 보노보들은 집단이 그들을 받아들일 때까지 몇 주 또는 그 이상을 참을성 있게 따른다. 결국 그들은 호카-호카, 놀이, 털 고르기에 참여하며 항상 존재해왔던 암컷 네트워크에 잘 통합한다. 그때부터 그들은 지원을 기대할 수 있다.[36]

반대로 침팬지 집단은 수컷이 머릿수로 지배한다. 암컷은 혼자 다니든지 작은 집단을 따라다닌다. 비교적 분산된 생활 방식으로 인해 암컷 침팬지는 수컷에 대항하는 암컷끼리의 지원에서 자신감을 얻을 수 없다. 암컷 침팬지가 공격적인 수컷을 성공적으로 이기는 유리한 상황은 동물원에서 몇 개월 동안 암컷 집단만이 있었던 상황에서 수컷 침팬지가 들어왔을 때뿐이다. 수컷이 없으면, 암컷 침팬지들은 상호 간의 신뢰를 쌓는다. 야생의 경우 대부분 다 성장한 암컷은 암컷끼리 서로 의존하는 법을 배우기에 너무 짧은 시간을 보내는 것으로 보인다.[37]

우리가 보노보의 진화를 파헤칠 때 알 수 있는 점은 암컷들이 안정된 교제를 하기 때문에 방어를 위한 연합을 형성할 수 있고, 수컷이 덜 공격적인 것은 암컷이 수컷들의 공격을 효과적이지 못하게 만들기 때문이라는 것이다. 그러나 왜 암컷 보노보가 암컷 침팬지보다 안정적인 연합을 형성할 수 있는가? 동물들은 궁극적으로 자신의 환경에 적응하기 때문에, 답을 찾을 수 있는 확실한 지점은 보노보가 서식하는 곳의 특수한 상황이다. 대부분의 경우 침팬지와 보노보의 서식지는 매우 유사하다. 두 종 모두가 중요하게 생각하는 곳은 풍부한 과일을 생산하는 나무가 많은 열대 우림이나 강가에 있는 도랑에 접근할 수 있는 곳이다. 침팬지들은 먼 북쪽에 서식하고 보노보는 먼 남쪽에 서식하기 때문에 그들의 성향은 위도에서 차이가 난다. 그러나 두 종을 분리하는 콩고강은 너무 심하게 굽이쳐 흘러서 침팬지는 보노보가 있는 곳의 동, 서, 남, 북쪽에 산다. 따라서 적도 지역에서는 두 유인원이 서식하는 곳의 기후, 토양, 산림 유형이 엄격하게 구별되지 않는다. 강 양쪽에 있는 숲은 다양해서 두 유인원에 따라 식물 생태 구조나 과일 생산이 체계적으로 차이 난다는 증거가 없다.

그럼에도 불구하고 서식지 간의 주요 동물학적 차이는 보노보가 음식을 이용할 가능성에 영향을 준다. 고릴라는 침팬지가 있는 적도 지역에서 발견되지만, 보노보의 서식지에서는 발견되지 않는다. 고릴라 존재의 유무는 보노보가 먹이를 선택하는 것, 집단을 이루는 유형, 사회적 동맹, 궁극적으로 감소된 공격의 연관에 영향을 주는 것으로 보인다. 이 일련의 과정은 먹이에 대한 침팬지와 고릴라의 경쟁에서 시작된다. 대조적으로 보노보가 사는 지역에는 고릴라가 없기 때문에 보노보는 고릴라와의 경쟁에서 해방된다. 따라서 보노보는 침팬지보다 선택할 먹이가 더 많다.

고릴라는 아프리카에서 유일하게 다른 유인원이다. 고릴라는 보노보, 침팬지와 비슷하게 열대 우림에 살며, 식성이 비슷하여 과일이 많을 때는 과일을 먹고 과일이 부족할 때는 잎과 줄기를 먹는다.

그러나 고릴라는 다른 영장류보다 훨씬 크다. 고릴라 암컷의 무게는 보노보 암컷과 침팬지 암컷의 두세 배는 된다. 수컷은 서너 배가 더 무거운데 평균 170킬로그램이다. 고릴라의 몸집이 크다는 것은 과일을 많이 생산하는 나무가 적을 때, 한 마리가 충분하게 과일을 먹을 수 없다는 것을 의미한다. 결과적으로 고릴라는 잎과 줄기가 많은 식단에 의존하게 된다. 고산 지대에 사는 고릴라 집단은 잎과 줄기를 하루 종일 먹는다. 왜냐하면 고도가 1,800~2,400미터를 넘으면 기후가 너무 차가워져서 과일이 가끔 필요할 때만 먹는 양 이상으로 생산되지 않기 때문이다.[38]

음식으로 선호하는 식물은 세 아프리카 영장류 모두가 거의 동일하다. 생강과(생강), 마란타과*(애로루트arrow root*), 쥐꼬리망촛과*(아칸서스acanthuses*)와 같이 빠르게 성장하는 식물의 어린잎, 줄기의 밑 부분, 줄기의 정단이다. 이 식물들은 '목초지'에서 자라는 경향이 있으며, 종종 나무가 쓰러져 생긴 숲의 틈새를 차지한다.

고릴라가 이러한 풀을 먹을 수 있도록 특수화된 능력을 갖고 있고 과일을 다 먹으면 풀을 기꺼이 먹으려고 하기 때문에 침팬지에게 문제가 생기는 것으로 보인다. 매일 아침에 침팬지는 잠자리에서 일어나 몇 분 안에 새로 익은 과일을 주요 식사로 우선 먹는다. 침팬지는 잘 익은 과일이 떨어져 쉽게 찾을 수 없을 때까지 먹는데

- 마란타과: 생강목에 속하는 외떡잎식물의 과. 호주를 제외한 전 세계 열대 지역에서 발견된다.
- 애로루트: 마란타과에 속하는 열대 식물 근경에 있는 녹말
- 쥐꼬리망촛과: 통화식물목에 속하는 쌍떡잎식물의 과. 주로 열대 지방에 분포하며 특히 인도네시아, 아프리카, 브라질, 중앙아메리카에 많다.
- 아칸서스: 쥐꼬리망촛과에 속하는 여러해살이풀 또는 여러해살이 관목. 톱니 모양의 잎, 강하게 곡선을 이룬 줄기를 가지고 있다.

그때가 정오쯤이다. 그런 다음 침팬지는 먹을 수 있는 잎이나 줄기를 찾는다. 그러나 고릴라가 먼저 있으면, 침팬지가 먹을 풀이 모자라게 될 것이다. 따라서 침팬지는 다른 먹이를 찾아야 한다. 어미 침팬지는 어린 새끼들 때문에 느리게 움직여야 하며 빨리 걷는 수컷을 따라갈 수 없다. 그들은 매일 몇 시간을 먹어야 하기 때문에 필요한 칼로리를 충당할 먹이를 찾기 위해 종종 혼자 다닌다.

반면에 보노보는 고릴라와 경쟁하지 않고 서식지에서 번성하고 있는 유인원을 위한 온갖 먹이를 자유롭게 먹을 수 있다. 보노보의 서식지에 있는 다른 어떤 동물들도 보노보가 먹는 식물을 두고 경쟁을 하지 않기 때문에 보노보는 최선의 먹이를 취할 수 있다. 그래서 이 점이 모든 차이를 만드는 것이다. 목초지에 의존할 수 있는 유인원은 비교적 안정된 하위 집단 단위로 이동하며 이 식물에서 저 식물로 천천히 옮기며 먹는다. 이것이 고릴라가 하는 행동이다. 보노보가 매일 "고릴라 음식"에 접근하는 것은 그들의 하위 집단이 상대적인 안정성을 가지는 원인이 되며(이런 점은 고릴라도 마찬가지다), 이는 침팬지의 이동하는 소규모 집단과 비교되는 것이다.[39]

논리의 연쇄는 우리를 마지막 질문으로 이끈다. 보노보가 사는 곳에는 왜 고릴라가 없는가? 고대의 고릴라 분포는 알려져 있지 않지만, 우리는 보노보가 사는 콩고강 남쪽에 산이 없다는 것을 안다. 침팬지가 사는 강 북쪽에는 서쪽과 동쪽에 산이 있다. 나이지리아, 카메룬, 가봉의 서부에 있는 산맥은 서부 고릴라의 다양성의 중심지다. 콩고민주공화국, 르완다, 우간다의 동부 산맥은 동부에 있는 고릴라의 핵심 지역이다. 산은 덥고 건조한 기후 때문에 편평한 저지대에 무성한 풀이 없어질 때 고릴라가 생존할 수 있는 곳이다.

남쪽에 산이 부족한 것이 내가 생각하는 것만큼 중요한 점이라면 다음과 같이 보노보의 역사를 재구성할 수 있을 것이다. 최근의 지질 데이터 덕분에 보노보 역사의 시작에 관해서는 논란의 여지가 없다. 유인원이 출현하기 오래전에 있던 콩고강은 남쪽으로 이동하는 동물들에게 장벽이 되었다. 해상 퇴적물은 콩고강이 3천4백만 년 동안 대서양으로 흘렀다는 것을 보여 준다. 따라서 침팬지, 보노보, 고릴라의 조상은 항상 콩고강 북쪽에 살았을 것이다.[40]

유인원들이 콩고강 남쪽으로 건너는 기회는 260만 년 전에 시작된 춥고 건조한 빙하기를 포함한 홍적세 때 왔다. 비가 적게 내렸다는 흔적은 아프리카의 흙이 쌓인 해양 퇴적물에서 볼 수 있으며, 이 퇴적물은 콩고강의 하구 지역에서 찾을 수 있다. 흙으로 된 퇴적물은 기후가 건조했을 때 산림 지역이 감소한 것과 궤를 같이 하는 것으로 생각된다. 이러한 건조기 중 한 번은 약 1백만 년 전에 나타났다. 강우량이 줄어듦에 따라 콩고강의 상류의 수면이 충분히 낮아져, 일부 지역에서는 큰 유인원같이 수영을 못하는 동물들도 강을 건널 수 있게 되었다. 침팬지와 보노보의 조상들은 지체 없이 강을 건넜다. 그들은 오늘날 침팬지가 서식하는 건조 지역과 비슷한 곳을 발견했다. 과일나무와 생존에 필요한 강가의 도랑이 있는 한, 조상 종은 번성할 수 있었을 것이다.[41]

고릴라의 조상도 강을 건넜을 것이다. 그러나 건넜더라도 콩고강의 남쪽은 그들이 살기에는 부적합했다. 산이 없다는 것은 고릴라가 먹는 축축한 풀과 줄기가 자랄 수 있는 습한 지역이 없다는 것을 의미한다. 따라서 고릴라는 1백만 년 전에 콩고강을 건넌 이후에 그 지역에서 얼마 안 가 다 죽었을 것이다.

그러고 나서 수천 세대 후에 비가 다시 와 강은 또다시 이동의 장벽이 되었으며, 저지대 서식지는 다시 울창해졌다. 강의 남쪽에는 침팬지와 보노보를 위한 먹이가 많이 있었지만, 숲의 풍부한 풀을 뜯어먹을 고릴라는 없었다. 유일한 유인원은 침팬지의 조상이었는데, 현재의 보노보의 조상으로 진화했다. 보노보의 조상은 번성하여, 나무의 열매와 새롭게 난 풍부하고 질 좋은 풀을 먹었다. 어미들은 자주 홀로 먹이를 찾아다니던 생활에서 고릴라처럼 암수 모두 커다란 하위 집단을 형성해서 안전하게 초원을 공유하며 다니는 생활로 전환했다. 암컷을 괴롭히려던 수컷은 이제 배척당할 수 있었다.

힘을 가진 암컷은 덜 공격적인 수컷을 친구로 선택할 수 있는 능력을 향상시켰다. 암컷은 성적으로 수용할 수 있는 기간을 늘려 발정기를 은폐하도록 진화했다. 고릴라의 먹이가 많이 있던 상황에서, 즉 풀이 무성해 경쟁할 일이 없던 상황에서 관심을 주는 수컷이 있는 것은 문제가 되지 않았기 때문에 암컷들은 오랫동안 성적인 매력을 가질 여유가 있었다. 수컷은 서로 언제 경쟁을 해야 할지 훨씬 덜 확신하게 되어, 암컷 침팬지를 협박하는 것은 수컷 침팬지를 협박하는 것만큼 더 이상 보상을 받지 못했다. 자연 선택이 배우자로서 덜 공격적인 수컷을 선호함에 따라 자기 길들이기 증후군이 나타났다. 동성 연애 행위는 자발적으로 일어났으며, 그 후 유대를 강화하고 긴장을 줄이기 위한 수단으로서 보노보 사회 시스템에 수용되었다.

유전학적 증거는 이 시나리오의 시점이 지금까지 내가 제시한 것보다 더 복잡하다는 것을 보여 준다. 침팬지의 조상들이 처음으로 콩고강을 건넌 후에 침팬지의 조상과 보노보의 조상이 다시 공존하고 짧은 기간 동안 번식했을 두 번의 건조기가 있었던 것으로 보인다. 그러나 이런 종 간 교배의 유전적인 영향이 크지 않다. 중

앙아프리카 침팬지에서 유전자의 1퍼센트 미만이 보노보의 흔적을 갖고 있다.[42]

따라서 홍적세 때의 일련의 가뭄으로 인해 침팬지 조상들이 강의 장벽을 넘어 보노보로 진화할 수 있었다. 보노보는 다른 유인원에 비해 비교적 작은 지역을 차지하고 있으며, 서식지의 감소와 사냥으로 인해 그 수가 감소하여 현재 야생에 1~5만 마리가 있다. 보노보가 존재해서 우리는 아주 운이 좋은 것이다. 보노보는 침팬지보다 벨랴예프의 법칙이 가진 힘을 더 많이 증명한다. 보노보는 평화로워지는 과정이 포획된 상태와 유사하게 야생에서도 존재한다는 좋은 예를 제공한다.[43]

보노보는 우리가 이전에 볼 수 없었던 세상을 보여 준다. 그 세상을 눈여겨보면, 많은 곳에서 길들이기 증후군을 볼 수 있다. 반응적 공격성의 감소는 일반적인 진화 현상으로 입증되어야 한다.

보노보가 갖는 두 가지 특징의 조합으로 인해 보노보는 특히 흥미로운 종이 된다. 보노보의 사회적 행동에는 우리의 가까운 두 친척 중의 하나인 침팬지에게서 발견되는 것보다 현저하게 덜 공격적인 것을 포함하여 일련의 특이한 유형이 있다. 이 조합은 보노보와 인간의 긴밀한 관련성, 예를 들어 높은 인지 능력과 관련된 무엇이 보노보를 자기 길들이기되게 만들 수 있다는 점을 시사하는 것으로 해석할 수 있다. 그러나 그 주장은 보장할 수 없다. 자기 길들이기는 종이 인간과 밀접한 연관성을 갖든 그렇지 않든 간에 상관없이 자연 선택이 반응적 공격성의 감소 경향을 선호하는 것에 따라 좌우되었을 것이다. 때로는 반응적 공격을 할 준비가 되어 있으면 이득이다. 만약 싸울 준비가 된 경쟁자가 지위, 먹이, 짝을 갖기 위한 경쟁에서 이기는 경향이 있고, 더 많은 자식을 낳으며, 더 잘 살아남는다면, 반응적 공격은 선호될 것이며 자기 길들이기는 일어나지 않을 것이다. 그러나 변화된 삶의 조건은 주어진 행동에 드는 비용과 혜택을 변화시킬 수 있다. 너무 빨리 화를 내면 더 이상 이익을 얻지 않는 것이다. 공통 조상으로부터 현대 침팬지와 보노보가 진화한 것은 서로 다른 수준의 반응적 공격을 선호하는 상이한 환경에 대한 예를 매력적으로 보여 준다.

섬에 사는 동물들이 또 다른 예가 될 수 있다. 섬은 진화 과정에 대한 통찰력을 제공하는 자연사 실험을 할 수 있는 곳이다. 섬은 거의 항상 인접해 있는 본토보다 오래되지 않았다. 따라서 섬에 사는 종은 일반적으로 섬에서 진화했다기보다는 대륙에서 진화했다.

섬에 있는 다양한 종은 가까운 대륙에 있는 친척과 비교된다. 이런 비교를 통해 섬의 규칙이라고 부를 만한 강한 유형이 생겨난다. 이 규칙은 생쥐, 도마뱀, 참새, 여우 및 기타 종에 적용된다. 섬의 규칙은 크기에서 시작한다. 섬에 고립된 동물들은 점점 작아지는 경향이 있다. 상이한 종의 코끼리 뼈가 캘리포니아 해안, 지중해 및 동남아시아의 섬에서 발견된다. 섬에 갇히면 한결같이 똑같은 결과가 나온다. 어깨까지의 높이가 1미터에 불과한 매력적으로 작은 코끼리과 동물이 있다. 유사한 일반화로서, 약 1킬로그램 미만의 작은 동물은 섬에서 더 커지는 경향이 있다. 예를 들어 인도양에 있는 섬에서는 고대의 과일비둘기*가 도도Dodo*가 되었는데 이를 좋아

• 과일비둘기: 과일을 좋아해서 붙여진 이름이다. 몸빛이 화려하며 남동아시아, 오세아니아의 숲에서 볼 수 있다. 현생 과일비둘기는 몸무게가 0.45~0.57킬로그램이다.
▪ 도도: 인도양의 모리셔스에 서식했던 새로, 머리가 크고 깃털은 청회색이다. 몸무게는 13~23킬로그램이었으며, 현재 멸종된 종이다.

한 선원들, 야생 돼지들, 원숭이들이 17세기에 도도가 멸종이 되도록 먹었다.

섬의 규칙은 몸의 크기뿐 아니라 종의 성장과 발생의 여러 면에 적용된다. 섬 동물은 성적인 성숙이 늦고, 새끼를 적게 낳으며, 더 오래 살고, 암수 간의 이형성이 감소된다. 즉 섬에 사는 수컷은 대륙에 사는 수컷보다 암컷과 물리적으로 비슷해지는 경향을 갖고 있다.[44]

섬에 사는 동물들의 자기 길들이기가 흥미로운 이유는 행동에 끼치는 영향이 똑같이 퍼져 있기 때문이다. 섬에 사는 동물들은 조상 종보다는 덜 반응적으로 공격한다. 도마뱀, 새, 포유류는 모두 이런 경향을 보인다. 어떤 동물들은 대륙에 사는 친척들이 전적으로 텃세를 부리는데도 영토를 지키려는 노력을 포기한다. 섬 안에서 영토가 유지되는 경우, 그 영토는 비교적 작고 이웃 영토와 많이 겹쳐 하위 동물들과 공유할 수 있다. 실험 결과, 섬에서 온 두 마리의 동물이 한 우리 안에 있을 때, 대륙에서 온 두 마리의 동물보다 싸울 가능성이 적었다. 이러한 모든 행동의 변화는 특히 섬 동물의 반응적 공격성을 감소시키는 진화된 심리적 차이에 의해 영향을 받을 수 있다.[45]

반응적 공격성의 감소는 섬이 너무 작아서 모든 포식자가 있을 수 없다는 것으로 설명이 되는데, 이는 섬에 있는 동물이 육지에 있는 동물보다 죽을 확률이 더 적다는 것을 의미한다. 결과적으로 섬에 사는 동물은 더 오래 살고 더 높은 밀도로 산다. 따라서 섬에서의 군집은 비교적 혼잡하므로 너무 공격적이면 심하게 지칠 수 있다. 예를 들어 영토를 보유하고 있는 동물이 하나의 침략자를 쫓아내자마자 세 배 이상의 침략자가 나타난다면, 영토를 방어하는 것이 효과적인 전략이 아닐 수 있다. 공격에 대한 대가가 없다면, 시간과 에너지를 낭비하면서까지 큰 위험을 초래하지 않는 것이 낫다. 이런 조건에서 자연 선택은 덜 공격적인 것을 선호한다.[46]

섬에 사는 동물이 동종의 구성원을 비교적 덜 공격한다는 것을 일반화하면, 간단한 예측을 할 수 있다. 이는 섬에 사는 동물들은 자기 길들이기 증후군을 보일 것이라는 점이다. 이 가설을 체계적으로 연구하지는 않았지만, 어떤 사례는 이 가설을 강하게 뒷받침한다. 잔지바르*에서만 사는 종인 잔지바르 붉은 콜로부스 원숭이 Zanzibar red colobus monkey의 예를 들어 보자.

잔지바르는 인도양에 있는 정치 단위로서, 웅구자Unguja와 펨바 Pemba라는 두 주요 섬으로 구성된 군도다. 이 섬들은 탄자니아 해안에서 20~30킬로미터 떨어진 곳에 있으며, 세계에서 유일하게 잔지바르 붉은 콜로부스 원숭이가 사는 곳이다. 펨바는 1백만 년 이상 아프리카 대륙과 분리되어 있었다. 분자생물학적 데이터에 따르면, 잔지바르 붉은 콜로부스 원숭이는 약 60만 년 전에 종이 되었으며, 펨바섬이 형성된 지 얼마 되지 않아 진화했다. 이 종은 16종으로 알려진 대륙에 있는 모든 붉은 콜로부스 원숭이와 현저하게 다르다.[47]

잔지바르 붉은 콜로부스 원숭이와 다른 모든 붉은 콜로부스 원숭이를 구별하게 만드는 거의 모든 특징은 길들이기 증후군에 들어맞는다. 잔지바르 붉은 콜로부스 원숭이는 대륙에 있는 원숭이 하나를 제외하고 나머지에 비해 작고 가벼우며 얼굴이 비교적 짧다. 일부 전문가들은 잔지바르 붉은 콜로부스 원숭이의 암컷이 수컷보다 더 클 수 있다고 생각할 정도로 신체 크기의 감소는 암컷보다 수

• 잔지바르Zanzibar: 동아프리카 탄자니아의 자치령

컷에서 더 많이 나타난다. 잔지바르 붉은 콜로부스 원숭이도 유형 진화를 하여 성체가 유년기의 특징을 유지한다. 나에게 친숙한 우간다의 콜로부스 원숭이들의 경우 입 주위의 분홍색 외곽선은 몇 개월 미만의 새끼들에서만 볼 수 있다. 그러나 잔지바르 붉은 콜로부스 원숭이는 일생 동안 입 주위의 분홍색 외곽선을 유지한다. 두개골 전체의 모양과 크기는 큰 눈, 작은 얼굴, 비교적 작은 뇌실을 포함하여 유형 진화한 것이다. 이 모든 특징을 볼 때, 잔지바르 붉은 콜로부스 원숭이와 대륙의 붉은 콜로부스 원숭이의 관계는 개와 늑대의 관계에 빗댈 수 있을 것이다.[48]

자기 길들이기에 대한 연구가 진행됨에 따라, 섬은 벨랴예프에게서 비롯된 추론을 시험할 수 있는 기회를 줄 가능성이 있기 때문에 특별히 가치가 있다. 그러나 내 관점에서는 보노보가 이미 중대한 돌파구를 제공했다. 보노보는 은여우에 대한 연구에서 나온 예측을 뒷받침한다. 그것은 반응적 공격에 대항한 선택은 야생에서도 길들이기 증후군을 일으킨다는 것이다.

2부

남겨진 발자국

6장
인류 진화와 벨랴예프의 법칙

앞의 장에서 언급한 벨랴예프의 법칙은 포획된 상태에서 반응적 공격에 대항한 선택이 길들이기 증후군을 유발했다는 것이었다. 벨랴예프의 법칙은 이제 야생에서도 적용된다. 보노보에게, 아마도 잔지바르 붉은 콜로부스 원숭이에게 그리고 우리가 그 증거를 찾기 시작하는 다른 종에게도 거의 확실하게 적용된다. 벨랴예프의 법칙이 작동하려면, 어떻게 선택이 일어나는가는 중요하지 않다. 종은 밍크처럼 인간에 의해 의도적으로 길들이기되었을 것이다. 늑대가 인간 거주지의 쓰레기로 점점 더 다가갈 때 개가 그랬던 것처럼 인간이 있던 곳에서 길들이기될 수 있다. 또는 보노보처럼 인간 없이 전적으로 길들이기될 수 있다. 벨랴예프의 법칙은 이러한 모든 상황에 적용되는 듯하다. 반응적 공격에 대항해 선택하면 길들이기 증후군이 나타난다.

벨랴예프의 법칙은 우리가 역으로 길들이기 증후군이 있다면 종이 반응적 공격에 대항한 선택을 했다고 유추할 수 있을 정도로 강력해 보인다. 역전된 벨랴예프의 법칙은 우리에게 보노보의 많은 이상한 행동과 생물학에 대한 설명을 제공한다. 우리는 이제 이 생각을 인간에게 적용할 수 있다. 헬렌 리치는 이미 인간의 두개골과 골격을 바탕으로 인간이 길들이기 증후군을 가지고 있다는 것을 확인했다. 벨랴예프의 법칙을 따른다면, 그 의미는 분명하다. 진화 과정에서 인간은 반응적 공격에 대항한 선택을 경험했다는 것이다.

우리는 길들이기 증후군이 시작된 시기를 발견하여 선택이 언제 이루어졌는지 알 수 있어야 한다. 우리에게 필요한 것은 좋은 화석을 찾는 것이다. 그러나 그것은 운이 필요하다. 어떤 종의 경우는 운이 없다. 알려진 보노보 화석은 하나도 없기 때문에, 우리는 언제 보노보의 길들이기 증후군이 시작되었는지 모른다. 합리적으로 추측하면, 보노보의 길들이기 증후군은 보노보 계통이 87만 5천 년 전에 침팬지 조상으로부터 분리된 직후에 생긴 것이다. 어쩌면 화석을 통해 그 추측을 시험하게 될 것이다.

반대로 인간은 풍부한 화석 기록을 남겼는데, 이로 인해 우리는 2백만 년도 더 전의 호모속의 조상을 추적할 수 있다. 벨랴예프의 법칙에 따르면, 화석 기록은 오로지 한 시기에 그리고 한 호모속에서 길들이기 증후군이 있었던 것을 보여 주기 때문에 매우 유익하다. 그 시기는 30만 년 전이며, 길들이기된 종은 호모 사피엔스다.

요점을 살펴보기 위해, 풍부하고 복잡한 이야기를 단순하게 만들어 보자. 지난 25만 년간 두 종류의 호모속이 우리의 진화를 지배했다. 하나는 일련의 강하고 원시적인 유형의 호모였고, 다른 하나는 더 가볍고 늘씬한 우리 호모 사피엔스다.

이 두 종만 있던 것은 아니었다. 작은 뇌를 가졌던 **호모 날레디** *Homo naledi*는 남부 아프리카의 일부를 차지했으며, 깊고 어두운 동

2부 남겨진 발자국

굴에서 약 30만 년 전의 뼈가 발견되었다. 인도네시아의 플로레스 섬에는 작은 뇌를 가진 작은 체구의 종이 있었는데, 호빗Hobbit 또는 호모 플로레시엔시스Homo floresiensis라고 불렸다. 호빗은 늦어도 6만 5천 년 전에, 이르면 70만 년 전에 살았다. 호모 날레디와 호모 플로레시엔시스는 흥미롭고 신비하지만, 우리 조상에게 흔적을 남기지 않은 계통수의 곁가지에 있다.[1]

호모 사피엔스의 기원과 관련해 중요한 시간과 장소는 홍적세 중기와 후기의 아프리카다. 260만 년의 홍적세는 우리의 계보가 침팬지만 한 크기의 전 인간 단계prehuman에서 문화적으로 정교하고 심리적으로 현대화한 호모 사피엔스로 바뀐 시기다. 홍적세가 시작되었을 때 우리 조상들은 오스트랄로피테쿠스 하빌리스Australopithecus habilis 또는 호모 하빌리스Homo habilis라고 불린 하빌린habiline이었다. 하빌린이라는 불확실한 이름은 그들이 부분적으로 유인원 같은 면(작은 몸과 턱)과 인간 같은 면(유인원보다 큰 뇌)을 가졌다는 것을 말해 준다. 2백만 년 전 직후에 하빌린에서 확실하게 우리 속에 속했던 호모 에렉투스가 탄생하였다. 홍적세의 마지막 빙하기를 지나 1만 1천7백 년 전에 따뜻한 충적세가 되었을 때 호모 에렉투스의 유일한 후손은 호모 사피엔스였다.[2]

다양한 호모속이 모두 아프리카에서 유래한 것으로 보이지만, 일부는 세계의 다른 지역에서 서식했다. 홍적세 동안 호모속은 적어도 네 번은 아프리카에서 유럽과 아시아로 이동했다. 호모 에렉투스는 인도네시아와 중국에 180만 년 전 또는 그 이전에 이동했다. 잇따른 팽창으로 인해 80만 년 전 스페인에 거주했던 호모 안테세소르Homo antecessor라고 불린 집단이 생겼는데, 이는 다른 유럽의 집단이었던 호모 하이델베르겐시스Homo heidelbergensis와 매우 유사했다. 호모 네안데르탈렌시스*Homo neanderthalensis* 또는 네안데르탈인은 아마도 약 50만 년 전쯤에 중동을 거쳐 유럽에 들어왔다. 새로운 종 각각은 한때 번성했으며, 아프리카로부터 건너온 나중의 물결에 의해 대체되었다. 호모 에렉투스, 호모 안테세소르, 호모 하이델베르 겐시스, 네안데르탈인과 그들의 조상은 모두 고풍적인 유형의 호모의 구성원이었던 반면, 아프리카에서 출현한 마지막 종은 무게가 덜 나가고 더 우아하고 늘씬한 호모 사피엔스였다.

호모 사피엔스가 처음 유럽과 아시아에 도착한 때는 확실하지 않지만, 10만 년 전에서 6만 년 전에 이동하여 팽창함으로써 아프리카 대륙 내뿐 아니라 세계에 대부분의 다양하고 친숙한 인간 집단을 만드는 데 중요한 작용을 했다. 거의 1만 2천 년 전 홍적세가 끝날 무렵, 호모 사피엔스는 정교한 도구를 써서 사냥하고 채집했다. 일부 인간 집단은 이미 정착촌을 형성하고 개와 함께 살았으며 여러 색의 염료로 동굴 벽을 장식했고, 도자기를 사용했으며, 곡식을 갈았다. 그 후 1만 년 전에 농업 혁명이 일어났다.[3]

우리는 고풍의 인간이 호모 사피엔스로 진화한 때와 장소를 알려주는 화석을 너무 조금 가지고 있다. 확실한 호모 사피엔스의 모습은, 두개골은 옆에서 보아 분명하게 구부러진 바닥이 있고 눈에 띄게 둥글어야 하며, 얼굴은 작아서 두개골 아래에 거의 밀어 넣은 듯해야 한다. 이런 특징을 보이는 최초의 사례는 19만 5천 년 전 에티오피아 남부 오모강*에서 나왔다.[4] 바로 직후 호모 사피엔스는 아프리카와 중동에서 더 광범위하게 발견되었다.

• 오모강Omo river: 에티오피아 남서부를 흐르는 강으로, 이 유역에서 인류의 화석(오스트랄로피테쿠스 아프리카누스, 오스트랄로피테쿠스 보이세이, 호모 에렉투스, 호모 사피엔스의 두개골 등)이 발견된 것으로 유명하다.

그렇다면 언제 어디서 오모강에서 발견한 사례와 같은 명확한 호모 사피엔스가 생겼는가? 완전하게 호모 사피엔스로 전환한 것으로 보이는, 가장 오래된 사례는 제벨 이루드 Jebel Irhoud라고 불리는 모로코 서해안의 사막 지역에서 나왔다. 1960년대 초 채굴 작업을 하던 과정에서 뼈와 이가 발견되었고, 최근에는 더 많이 발굴되어 두개골 세 개를 포함해 다섯 구 이상이 발굴되었다. 홍적세 중기의 다른 호모속과 비교할 때, 나중에 진화했다는 것을 암시하는 특징은 덜 돌출한 얼굴, 약간 작은 어금니, 덜 두드러진 눈썹의 융기 부분 등이다. 2017년 고생물학자 장-자크 위블린 Jean-Jacques Hublin과 그의 동료들은 이 뼈를 31만 5천(±3만 4천) 년 전 것으로 추정했다. 위블린 팀은 고대 모로코인들은 현대인들과 확실히 달랐지만 (그들의 얼굴은 여전히 컸고 뇌실은 둥근 경향이 없다), 그럼에도 불구하고 얼굴과 치아의 해부학적 변화는 그들이 새로운 진화 방향으로 간 선구자임을 보여 준다고 주장했다. 위블린 팀은 제벨 이루드 사람들이 처음의 전 현대적인 형태의 호모 사피엔스를 암시한다고 결론을 내렸다.[5]

제벨 이루드에는 둥근 두개골과 짧은 얼굴을 가진 인간 집단이 없었고, 그런 집단은 약 20만 년 전 이후에 나타났기 때문에, 제벨 이루드에 있는 화석을 호모 사피엔스의 화석이라고 부르는 것은 논란의 여지가 있다.[6] 향후에 나올 발견으로 호모 사피엔스의 시작점이 달라질 수 있다. 그러나 이 책에서는 위블린의 제안에 따라 제벨 이루드에 있던 집단을 가장 초기의 호모 사피엔스로 상정한다.

우리가 30만 년 전으로 추정할 수 있는 제벨 이루드형Jebel Irhoud type의 시기는 호모 사피엔스의 기원을 시사하는 유전학 그리고 고고학에서의 최근 발견과 무리 없이 일치한다. 살아 있는 인간들 사이의 유선석인 차이에 근거하여, 오늘날 살아 있는 모든 사람의 기원이 된 조상은 35만 년 전에서 26만 년 전에 살았던 것으로 추정된다. 그 시간은 고고학에서 발견한 문화적인 발전이 가속화된 시기와도 맞물려 있다. 석기를 만드는 르발루아 Levallois 방법은 그 이전 기술에 비해 향상된 인지 능력을 바탕으로 하기 때문에 이러한 문화적 발전의 중요한 예다. 르발루아 기술을 사용할 때는 바위에서 박편을 만들기 전에 바위에 형태를 만들어야 한다. 이 기술을 통해 이전보다 작고, 우아하고, 효율적인 돌칼이 만들어졌으며, 32만 년 전 유적지인 케냐의 올로르게사일리에Olorgesailie 분지에서 최근 발견된 결과에 따르면, 32만 년 전에는 석기를 만들 때 선택적으로 재료를 골랐음을 알 수 있다. 예를 들어 질이 좋지 않은 주변의 재료를 사용하지 않고 90킬로미터 떨어진 곳에 있는 흑요석과 같이 고품질의 재료를 썼다. 올로르게사일리에 집단은 또한 적색 황토를 수집한 것으로 알려진 최초의 집단으로, 안료를 사용했다. 따라서 화석, 유전학적, 고고학적 증거를 볼 때 변화한 시점은 30만 년 전으로 수렴된다. 호모 사피엔스를 유일하게 이끈 계통이 50만 년 전에서 25만 년 전에 출현한 것 같다.[7]

모로코에 있던 호모 사피엔스의 직계 조상은 잘 알려져 있지 않았으며, 합의된 이름조차 없다. 과거에 그들은 종종 "고풍의 호모 사피엔스"라고 불렸다. 그러나 제벨 이루드형의 조상을 호모 사피엔스 유형이라고 언급하는 것은 혼란을 줄 수 있다. 왜냐하면 그 조상은 호모 사피엔스 외에 다른 종의 기원도 되었기 때문이다. 네안데르탈인은 다른 자손의 가장 잘 알려진 예다. 홍적세 중기의 호모 사피엔스 선구자들에게 주어진 다른 이름은 유럽의 호모 하이델베르겐시스 또는 아프리카의 **호모 로데시엔시스**Homo rhodesiensis라는 화석을 말한다. 그러나 이러한 이름들 중 하나라도 잘 맞는 것이 있는지는 알 수 없다. 관계를 명확하게 할 수 있는 화석은 지금 빠져 있다. 고생물학자 크리스 스트링어Chris Stringer는 우리 호모 사피엔스의 이전 조상을 애매한 용어인 "홍적세 중기 호모"라고 부르는 것을 선호한다. 홍적세 중기는 78만 년 전에서 14만 년 전이므로 우리가 관심을 갖는 기간을 포함한다. 따라서 나는 스트링어를 따라 호모 사피엔스의 고대 호모 조상을 홍적세 중기 호모라고 할 것이다.[8]

고대 사람들을 만나기 위해 시간을 거슬러 여행할 수 있다고 상상해 보자. 홍적세 중기 호모의 행동은 어떤 면에서 친숙해 보일 것이다. 만약 당신이 아지랑이 속에서 멀리 떨어져 있는 작은 집단의 모습을 어렴풋하게 보면, 우리와 비슷한 크기, 모습, 보폭을 보고 즉시 인간임을 인식할 수 있을 것이다. 그러나 당신이 더 가까이 가면, 친숙하지 않은 특징이 보이기 시작한다. 그들은 육상 선수보다는 레슬링 선수같이 남자와 여자 모두 근육을 많이 가졌을 것이다. 그들의 얼굴, 특히 남자의 얼굴은 놀라울 정도로 넓고 강하다. 머리는 머리끝에서 큰 눈썹의 융기한 부분으로 약간 기울어져 있고, 튀어나온 이마가 없다. 눈썹 융기 부분은 넓고 두껍기 때문에 눈은 대담해 보인다. 큰 입은 무겁고 끝이 쑥 들어간 턱 위에 있다.[9]

그들의 캠프 생활의 모습을 그려 볼 수 있는 단서는 고대의 호수 옆에 있는 이스라엘에서 잘 알려진 야외 장소에서 나왔다. 현재 게셰르 베노트 야코브Gesher Benot Ya'akov*라고 하는 이 지역은 약 78만

• 게셰르 베노트 야코브: 영어로는 'daughter of Jacob bridge'로, 요르단강 상류에 있는 다리다.

년 전에 약 10만 년 동안 사용되었다. 어느 호모속이 살았는지는 알려져 있지 않지만, 시간상으로 판단하면 홍적세 중기의 선조인 호모 에렉투스였을 것이다. 우리가 어떤 이름으로 부르든지, 그들은 사냥과 채집의 정교한 시스템을 보여 준다. 고고학자 나마 고렌-인바르Naama Goren-Inbar가 이끄는 팀은 동물 뼈, 목기, 석기, 작은 그릇 조각 같은 풍부한 유물을 연구했다. 고렌-인바르 팀은 이러한 호모속이 씨앗, 과일, 견과류, 야채, 수생 식물을 포함해 계절에 따라 수십 가지의 다양한 식물을 먹었다는 것을 발견했다. 그들은 거주하는 동안 불을 계속 사용했고 분명 자유자재로 불을 피운 듯이 보인다. 도살의 증거도 있고 불도 사용한 것을 볼 때 그들은 종종 맛있게 구운 사슴 고기나 코끼리처럼 큰 동물의 고기 냄새를 맡을 수 있었을 것이다. 사람들은 다양한 용도로 바위를 깎았다. 다양한 도구 중에는 날카로운 모서리가 있는 칼, 긁는 도구, 작은 부싯돌 조각이 있었는데, 이는 창에 반듯하게 맸을 가능성이 있다. 그들은 견과를 깨거나 고기를 두드리기 위해 얇은 현무암 판을 캠프에 가져왔다. 가시가 많은 수련과 같은 음식은 준비가 많이 필요했을 것이다. 사람들이 오늘날 동일한 종을 수확하고 준비하는 방식을 생각해 보면 홍적세 중기의 호모는 물속으로 뛰어 들어가 견과류를 모으고, 말리고, 굽거나, 튀길 수 있어야 했다. 이들은 조직이 잘된 약탈자들이었다.[10]

고생물학자들이 홍적세 중기의 호모와 다른 집단을 규명할 수 있도록 충분한 화석을 발견하면, 그 시대의 아프리카에는 (제벨 이루드 집단과 동시대에 산 아프리카의 신비하고 몸집이 작은 호모 날레디 외에도) 하나 이상의 종이 있었을 가능성이 밝혀질 수 있다. 환경은 오늘날처럼 다양했다. 다양한 시간과 장소에 울창한 숲, 열린 계곡,

광대한 수풀이 있었다. 아프리카에는 수천 년 동안 가뭄이 있었고, 다른 때는 비가 많았다. 종종 사막이나 물은 진화적인 차이를 만들 수 있을 정도로 사람들을 장기간 분리하는 장벽을 만들었다. 타임머신이 언제, 어디에 착륙하느냐에 따라, 특정 지역, 특정 기간의 여러 집단 중 하나와 만날 수 있을 것이다. 그러나 잠재적인 차이점은 우리가 걱정할 필요가 없다. 자기 길들이기의 문제를 염두에 둔다면, 요점은 호모 사피엔스 이전의 모든 몸집이 큰 호모 집단은 비교적 넓고 무거운 두개골과 두꺼운 사지 골격을 가졌다는 것이다. 최초의 호모 사피엔스가 진화한 이후에도 전형적인 홍적세 중기 집단이 남아 있었다. 그들의 고풍적인 모습은 침팬지와 보노보가 다르고 개와 늑대가 다르듯이 호모 사피엔스와 달랐다.[11]

시간이 지남에 따라, 제벨 이루드 사람들에게서 처음 발견할 수 있었던 호모 사피엔스로의 형태학적 변화는 정교해지고 강화되었다. 아프리카의 다른 지역에서 나온 화석은 20만 년 전의 언젠가 얼굴과 눈썹의 크기가 줄어든 것을 보여 준다. 남성의 얼굴이 더 여성화하면서 남녀 간의 차이도 줄어들었다. 훨씬 나중에, 4만 년 전 구석기 시대에 대퇴골의 직경이 감소한 것을 보면 몸 전체도 가벼워졌을 것이다. 더 나아가 사지는 덜 견고해지고 뼈는 작아졌다. 이런 효과는 팔 또는 다리뼈의 단면에서 볼 수 있다. 골수를 에워싸는 뼈 피질의 벽이 얇아졌다. 지난 3만 5천 년 동안 남녀 간의 키와 치아 크기의 차이도 줄어들었다. 이 모든 면에서 호모 사피엔스 남성은 30만 년 전의 남성보다 덜 강하다. 우리의 조상이 여성화된 것이다.[12]

헬렌 리치가 확인한 길들이기 증후군의 해부학적 구성 요소는 너 삭아진 신체, 더 짧아진 얼굴, 성적 이형성의 감소, 더 짧아진 뇌였다. 보았다시피 이들 중 첫 세 가지는 호모 사피엔스의 진화 역사에서 대부분 발견된다. 몸이 작아졌다는 것은 적어도 20만 년 전의 가는 대퇴골이 보여 준다. 작은 얼굴은 제벨 이루드의 화석을 호모 사피엔스에 속하는 것으로 규정하는 특징이다. 해부학적인 남녀 차이를 평가할 수 있을 때마다 남성은 더욱 여성화했다.

대부분의 호모 사피엔스의 경우 뇌의 크기는 감소하지 않았다. 대신 뇌는 아주 커졌다. 홍적세 중기의 두개골이 보존된 것이 많지 않아 초기 호모 사피엔스의 뇌가 얼마나 큰지 확신할 수는 없지만, 아마 현생 인류의 평균 약 1,330시시보다 약간 작은 1,200~1,300시시였을 것이다. 다음 1백만 년 동안 호모 사피엔스의 뇌 크기는 계속 증가하여 평균 1,500시시보다 좀 더 컸다.[13] 그리고 호모 사피엔스의 뇌는 커지는 한편, 모양도 바뀌었다. 20만 년 전 그들의 두개골은 점점 구형球形이 되어 갔다.[14]

홍적세 중기와 후기 때 일어난 뇌 크기의 지속적인 증가는 인간이 길들이기 증후군을 완전히 따르지 않았음을 보여 주지만, 어떤 면에서는 호모 사피엔스의 뇌 성장은 개에서 발견된 유형을 반영한다. 크리스토퍼 졸리코퍼Christopher Zollikofer는 호모 사피엔스의 두개골이 네안데르탈인의 두개골과 비교해 유형 진화했다는 것을 보여 주었는데, 그 이유는 호모 사피엔스의 두개골이 성장을 멈추었을 때, 그 모양은 마지막에서 두 번째 단계의 네안데르탈인의 두개골 모양과 비슷했기 때문이다.[15] 본질적으로 네안데르탈인의 두개골(그리고 추론에 의해 그들의 뇌)은 호모 사피엔스가 도달한 최종 지점을 넘어 계속 성장했다. 호모 사피엔스는 네안데르탈인에서 진화하지 않았지만, 두개골 성장의 측면에서 본다면, 네안데르탈인은 호모 사피엔스로 진화한 집단의 합리적인 모델로 보인다.[16] 호모 사피엔스 두개골의 느린 성장은 아마도 두뇌의 느린 성장이 반영된 것으로 추정되는데, 이는 두개골뿐 아니라 호모 사피엔스의 두뇌도 직계 조상으로부터 유형 진화했음을 암시한다.

결국 지난 3만 5천 년 동안 호모 사피엔스는 오늘날의 수준에 도달하기까지 뇌의 크기가 약 10~15퍼센트 감소했다. 앞에서 언급했듯이, 집단의 구성원이 같은 시기에 가벼워지고 있었기 때문에, 뇌의 크기 감소가 무엇을 의미하는지에 대한 논쟁이 있다. 그러나 일부 과학자들은 뇌 크기의 감소를 길들이기 증후군의 추가적인 사례로 간주한다. 지난 2백만 년 동안 호모 사피엔스로 이어지는 계통에서 뇌의 크기는 (약 6백 시시에서 8백 시시 정도) 꾸준히 증가했고, 호모 사피엔스가 진화하는 동안 뇌의 크기가 계속 증가한 것을 감안할 때, 뇌 크기의 감소는 주목할 만하다.[17]

우리는 인간의 고생물학에 뛰어들어 예측을 끌어냈다. 우리는 길들이기 증후군이 언제 진화했는지 알 필요가 있다. 왜냐하면 그때 반응적 공격에 대항한 선택이 이루어졌을 가능성이 높기 때문이다. 길들이기 증후군은 호모 사피엔스의 진화를 나타내는 작은 얼굴과 줄어든 눈썹 융기가 처음으로 출현한 31만 5천 년 전에 시작된 것으로 볼 수 있다. 시간이 지남에 따라, 길들이기 증후군은 점점 강화되어, 가장 최근에는 남성이 여성화하고, 얼굴이 더 짧아졌으며, 아마도 길들이기 증후군의 일부로서, 뇌는 더 작아졌다.

따라서 호모 사피엔스가 되는 모든 과정은 자기 길들이기와 관련이 있을 수 있다. 만약 자기 길들이기가 실제로 호모 사피엔스의 기원과 관련된 원인이라면, 자기 길들이기의 원인이 된 선택 압력은 31만 5천 년 전에 이미 시작되었어야 한다. 이 과정은 시간이 지나년서 가속화한 것으로 보이는데, 이는 반응적 공격에 대항한 선택적 압력이 그 이후로 현재까지 점점 더 강해졌음을 시사한다.

31만 5천 년 전으로부터 얼마 전에 길들이기 증후군이 나타났는지는 추측을 해야 할 문제다. 의심할 여지 없이, 가장 초기의 호모 사피엔스는 제벨 이루드 사람들보다 먼저 출현했다. 과학자들은 선사 시대 초기의 증거를 파악할 만큼 운이 좋지 않다. 약 40만 년 전에 자기 길들이기 과정이 매우 느리게 시작되었을 수 있다. 그러나 분명 그것은 추측이다. 또 10만 년 또는 20만 년을 더해 50만에서 60만 년 전으로 추정하는 것이 똑같이 합리적일 수 있다.

그러나 DNA 분석에 따르면 그 이상을 넘어설 가능성은 제한된다. 호모 사피엔스의 기원이 된 홍적세 중기 호모는 이전에 아프리카를 떠난 한 계통을 낳았다. 서유럽, 중유럽, 중동에서 그들은 네안데르탈인이 되었다. 네안데르탈인과 데니소바인은 모두 따로 멸종했지만, 호모 사피엔스와의 교배로 인해 현대의 비아프리카인들에게서 그들의 유전자가 발견된다. 데니소바인이 언제 멸종했는지는 알지 못한다. 네안데르탈인은 유럽, 그리스, 크로아티아에서 마지막으로 존재했다. 4만 3천 년 전, 호모 사피엔스는 유럽에 들어와 비옥한 강, 계곡, 해안을 따라 살고 있었다. 네안데르탈인이 살던 곳은 빠르게 사라졌다. 네안데르탈인의 일부는 산악 지대에 있었지만, 약 4만 년 전 그들은 사라졌다.[18]

데니소바인은 세 개의 치아 조각과 손가락뼈로만 알려진 반면, 네안데르탈인의 화석은 많아서 고생물학자들은 네안데르탈인들의 성장률까지 재구성할 수 있다. 네안데르탈인의 해부학적 구조 연구는 호모 사피엔스의 진화를 이해하는 데 도움이 된다. 왜냐하면 우리 혈통과 달리 네안데르탈인은 공격적인 것과 관련된 해부학적 구조의 감소나 길들이기 증후군의 증거를 보여 주지 않기 때문이다.[19] 그들의 두개골과 얼굴은 유럽과 아시아에서 강건하게 유지되었다. 따라서 네안데르탈인은 적은 수의 표본이 발견되는 홍적세 중기 호모의 모델을 제공한다.[20]

네안데르탈인은 호모 사피엔스가 경험한 변화의 징후를 보이지 않기 때문에, 호모 사피엔스가 출현하는 과정은 두 조상 계통이 갈라진 이후에 시작되었을 가능성이 높다. 따라서 문제는 네안데르탈인과 호모 사피엔스가 언제 분리했는가 하는 것이다. 시베리아의 알타이에 있는 데니소바인이 살았던 동일한 동굴에서 나온 네안데르탈인 여성의 양질의 게놈 서열을 기반으로 삼으면, 답은 76만 5천 년 전에서 27만 5천 년 전이다.[21] 이 추정 값은 넓은 오차 범위를 갖긴 하지만, 도움이 된다. 유전자 데이터에 의하면, 이 분리는 76만 5천 년 전에는 시작되지 않았다고 한다. 화석 데이터가 호모 사피엔스의 초기 진화 시기를 30만 년 전이라고 알려준 것을 기억해 보자. 따라서 이 극단 사이의 기간 안에 호모 사피엔스의 독특한 진화가 시작된 시기가 있다는 것이다.[22]

간단하게 하기 위해, 나는 이 시기를 약 '50만 년 전'으로 할 것이다. 다시 말해 50만 년은 호모 사피엔스의 진화론적인 시작 이전으로 거슬러 올라가는 관대한 추정치다. 만약 자기 길들이기가 우리를 만들었다면, 그 과정은 50만 년 전에서 최초의 호모 사피엔스 화석 나이인 20만 년 전 사이에 시작되었을 것이다.

우리가 어디서 왔는지 이해하는 것이 순전히 우주론적으로 흥미롭다는 것을 고려할 때, 호모 사피엔스의 존재 이유는 놀랍게도 거의 논의되지 않았다. 인류의 기원에 대한 연구는 방법과 이유보다는 시기와 장소에 주로 중점을 두었다. 2008년에 고생물학자 댄 리버먼Dan Lieberman은 우리의 무지한 상태를 포착했다. "해결되지 않은 질문은 약 20만 년 전 아프리카에서 현대인의 진화에 유리하게 작용한 선택적 압력이 무엇이었는가다."²³ 현재까지도 우리 존재의 핵심인 이 문제를 탐구한 연구자는 거의 없다.

고고학자 커티스 머리언Curtis Marean의 야심 찬 주장은 호모 사피엔스의 기원을 이해하기 위한 생태학적 맥락을 보여 주는 드문 예다. 머리언은 호모 사피엔스의 "우수한 적응"을 문화적인 적응을 축적하는 능력으로 규정했다. 우리는 새로운 세대 각각이 사회적 삶의 방식을 재현하는 것을 가능하게 하는 문화적인 지식 없이는 살수 없다. 경험이 없는 동물을 새로운 환경에 놓으면 먹이를 찾고 생존하는 방법을 스스로 해결할 수 있다. 대조적으로 인간은 대부분다른 사람들로부터 음식을 찾는 방법, 요리, 도구 만들기, 집짓기, 배 만들기, 농지 관계, 말 길들이기, 옷 만들기 등을 배워서 생계를 유지해야 한다. 이전 세대로부터 전수된 기술을 배우지 않으면 우리는 곤경에 처한다. 그 기술들을 통해 우리는 지구를 지배한다.²⁴

머리언에 따르면, 호모 사피엔스는 세 가지 기능을 통해 이러한 종류의 문화 기술을 축적할 수 있었다. 그것은 소위 말하는 "사회적 학습"으로서, 우리는 고도로 지능적이고, 고도로 협동적이며, 다른 동물보다 빨리 배운다는 것이다. 화석 두개골의 내부 크기로 알 수 있는 뇌의 크기로 판단하면, 홍적세 중기 호모의 지능은 호모 사피엔스의 지능에 근접했지만, 호모 사피엔스가 더 우위였다. 예를 들어 20만 년 전에서 7만 6천 년 전까지의 열네 개의 화석을 분석한 결과, 네안데르탈인의 뇌 부피는 비교적 작았다. 네안데르탈인의 여덟 개 표본의 평균 부피는 1,272시시이며, 호모 사피엔스의 여섯 개 표본의 평균 1,535시시와 비교된다. 대조적으로 7만 5천 년 전에서 2만 7천 년 전까지의 화석 두개골의 내부 부피는 구분할 수 없었으며, 부피는 평균 1,473시시였다.[25] 그러나 호모속 전체의 지적 수준은 다소 유사했더라도, 탁월한 협동력과 사회 학습력은 호모 사피엔스의 유일한 특징으로 보인다. 머리언은 이러한 능력의 조합이 식량 생산에 중대한 발전을 가져왔다고 추측한다.

머리언은 호모 사피엔스 이전의 인간은 침팬지처럼 작은 사회 안에서 저밀도로 살았다고 주장했다. 그 이후 남부 아프리카 해안에서 살았을 것으로 생각되는 한 집단은 식량 자원의 생산량을 훨씬 더 높일 수 있도록 사냥하고 채집하는 능력을 개발했다. 자연적으로 식량 공급에 대한 경쟁이 치열해지면서 집단들은 곧 최고의 영토를 놓고 싸웠다. 전쟁에서 이기는 것은 필수였다. 이에 따라 집단들은 서로 연합하여 오늘날 수렵 채집인들이 형성하는 큰 사회를 만들었다. 집단 내 전사들 간의 협동은 갈등을 극복하는 데 매우 중요해서 협동은 상부상조라는 인간의 예외적인 성향의 기초로 진화했다. 사회성은 더욱 복잡해졌고, 학습은 더 중요해졌으며, 문화는 더욱 풍요로워졌다.

머리언의 생각은 호모 사피엔스의 성공을 문화와 연결하는 주된 흐름에 있다. 이 관계는 고고학적 증거를 통해 잘 뒷받침된다. 안료, 혁신적 도구, 다양한 종류의 상징적 인공물(예를 들어 장식용 조개껍질)이 10만 년 전에 사용되었다. 그 후 문화적 다양성이 급격하게 증가했다. 머리언의 시나리오는 또한 단순히 지능이 아닌 사회적인 특징이 호모 사피엔스의 기원에 특히 중요하다고 지적한다. 그것은 호모 사피엔스가 전쟁에서 승리한 것이 호모 사피엔스가 다른 호모속을 능가한 것에 대한 그럴듯한 설명이 됨을 보여 준다. 또

이 설명은 호모 사피엔스가 생긴 과정은 하나의 중요한 사건이 아니라 지속적인 발전이었다고 강조하는데, 이것은 우리 종이 문화적으로나 생물학적으로 진화하는 것을 멈추지 않았다는 사실과 부합한다. 뇌의 크기와 문화적으로 번영한 시점에 대한 고생물학적 증거가 널리 받아들여지고 있으며, 집단 간의 경쟁과 전쟁이 사회성을 촉진했다는 가설은 머리언의 시나리오와 건설적으로 연결된다.

그러나 호모 사피엔스의 진화와 관련한 두 가지 중요한 문제는 머리언의 이론 또는 우리의 기원에 대한 다른 이론에서 다루어지지 않았다. 첫째, 대안 이론 중 어느 것도 길들이기 증후군이 호모 사피엔스에게서 명백하게 나타났다는 것을 설명하지 않는다. 머리언의 시나리오는 협력을 중요한 능력이라고 간주하지만, 협력이 반응적 공격이 낮은 경향성에 따라 좌우된다는 것을 무시한다. 블루멘바흐, 다윈 그리고 그 이후의 많은 사상가는 이것을 중대한 누락이라고 보았을 것이다. 침팬지, 보노보 또는 대부분의 집단생활을 하는 영장류보다 인간의 감정적인 반응이 얼마나 낮은가를 감안할 때, 반응적 공격이 낮은 경향이 우리의 홍적세 중기 조상의 당연한 특징이었을 리 없다. 반응적 공격성의 감소는 지능, 협력, 사회 학습과 함께 우리 종의 출현과 성공에 중요한 기여를 했다고 보아야 한다.

유순성은 독특하다는 이유에서가 아니라 협력의 진보와 사회 학습을 위한 필수 전제 조건이 될 수 있기 때문에, 인류의 근본으로 생각되어야 한다. 비교심리학자 얼리샤 멜리스Alicia Melis가 이끄는 연구는 침팬지들 사이의 관용의 중요성을 지적했다. 야생에 사는 침팬지는 영토 순찰과 다른 침팬지들과의 동맹에 협력하지만, 잡힌 상태에서는 종종 협력에 관심이 없다. 멜리스 팀은 이렇게 협력에 실패한 이유가 그들이 잡힌 상태가 되면서 사회적 관계의 긴장이 높아져서인지 궁금했다. 이를 확인하기 위해 팀은 개체들이 얼마나 먹이를 공유하려는지 기록함으로써 침팬지 쌍의 관용을 평가했다. 그런 다음, 두 침팬지가 얼마나 잘 협력하는지 시험했다. 물론 서로 가장 많이 먹이를 공유하려는 쌍은 함께 밧줄을 잡아당겨 보상을 받기 위해 최선을 다했다.[26] 잡힌 침팬지 중에서 반응성이 적을수록 함께 협력하는 능력이 증가했다. 하이에나를 관찰한 연구에서는 특히 공격에 중점을 두었는데, 덜 공격적이고 더 관대한 쌍이 협력을 더 잘하는 것으로 나타났다. 원숭이, 마모셋*, 까마귀, 키아(지상 앵무새)*를 포함한 많은 포유류와 조류에서 관용과 협력 간의 비슷한 연관성이 나타났다.[27]

이러한 연구는 대부분 같은 종을 대상으로 수행되었지만, 동일한 생각은 다른 종 사이에서도 작동하는 것으로 보인다. 나는 잡힌 보노보들 사이의 협력에 관한 연구를 위해 브라이언 헤어, 얼리샤 멜리스 및 다른 사람들과 합류했다. 우리는 보노보가 침팬지보다 더 관대하고 공격적이지 않기 때문에 침팬지보다 서로 더 쉽게 협력할 수 있을 것이라고 생각했다. 우리가 옳았다. 밧줄을 당기는 작업에서 보노보 쌍은 침팬지 쌍보다 더 잘 협력했다.[28] 이 개념을 흥미롭게 확장해 보면 더 관대하고 평등한 원숭이는 덜 관대한 원숭이보다 사회적으로 자신을 더 억제하고 의사소통 신호를 사용하는

• 마모셋marmoset: 주머니원숭이·비단원숭이라고도 한다. 일반적으로 몸이 다람쥐나 쥐 정도로 작으며, 열대 우림에 서식한다.
• 키아kea: 뉴질랜드의 고산 지대에 사는 앵무새로, 독수리급 비행 능력을 가지고 있다. 양을 먹어서 사람에 의해 멸종 위기에 있다.

데 능숙하다.[29] 전반적으로 상당히 많은 증거는 협력의 진화가 관용의 영향을 받는다는 생각을 뒷받침한다. 머리언의 시나리오와 같이 대부분의 인간 진화의 시나리오는 우리 종이 어떻게 덜 공격적이 되었는지를 고려하지 않았다는 사실이 중요한 결점으로 보인다.

동시에 머리언은 화석 기록에서 나타난 호모 사피엔스의 모든 특징적인 해부학적 변화를 호모 사피엔스가 왜 경험했는지 묻지 않았다. 고생물학자 크리스 스트링어에 따르면(그리고 헬렌 리치가 묘사한 대로), 그 변화는 다음과 같다. 작고 덜 튀어나온 얼굴, 코 위의 양안 눈썹에 있는 작은 융기, 연장된 미성년기, 유아에게도 있는 턱, 좁은 몸통과 골반이다.[30]

이러한 특징들을 설명하기 위해 두 가지의 중요한 설명이 제시되었다. 그중 어느 것도 자기 길들이기를 포함하지 않는다. 한 가지는 생존과 번식에 가장 성공한 사람들은 우연히 특이한 특징을 가졌기 때문에 이러한 특이한 해부학적인 특징이 생겼다는 것이다. 예를 들어 특히 생산적으로 식량을 얻는 방법을 개발한 집단은 특히 둥근 머리를 가질 수 있다. 만약 그런 집단이 대륙 전체로 퍼진다면, 그들의 우연한 특성이 함께 퍼질 것이며, 이 가상적인 예에서, 머리를 둥글게 만드는 유전자가 더 일반적이 될 것이다. 유전적 부동genetic drift*이라고 불리는 이 생각을 제안하는 이론적 모델은 종이 이를 통해 새로운 특성을 가질 수 있는, 수학적으로 설명할 수 있는 경로를 말한다. 그러나 유전적 부동은 생물학적인 중요성이 적은 형질에 가장 효과적이기 때문에 최후에 쓸 수 있는 설명이다.

• 유전적 부동: 한 집단에서 둘 또는 그 이상의 대립 유전자들 또는 유전자형들의 빈도가 무작위로 변하는 현상

기대와 달리, 치아가 작거나 전사戰士로서 남성적이지 않은 것이 생존과 생식 능력에 매우 중요한 영향을 줄 수 있다.[31]

다른 종류의 설명은 호모 사피엔스의 다양한 해부학적 구조의 변화에 대한 일련의 적응 이유를 찾는 것인데, 길들이기 증후군에 대한 전통적인 설명인 평행 적응 가설과 매우 유사하다. 3장에서 언급했듯이, 호모 사피엔스의 상이한 특징은 따뜻한 기후, 더 많은 요리, 사냥 무기의 개선, 체중의 감소와 같은 요인들과 개별적으로 관련이 있다고 주장된다. 이러한 주장과 기타 여러 주장은 다양한 효과에 대한 다양한 원인을 암시한다. 일부 또는 전부 또는 어느 정도는 관련될 수 있다. 예를 들어 더 따뜻한 기후는 보다 더 우아한 골격을 만들었을 것이며, 요리는 턱과 치아의 크기를 감소시켰을 것이다. 그러나 이러한 일대일 개념은 리치가 식별한 문제를 해결하지 못한다. 호모 사피엔스의 특징이 동물에서 발견된 길들이기 증후군과 일치하는 이유는 무엇인가? 리치의 설득력 있는 해결책은 인간의 특징을 길들이기 증후군으로 설명하는 이유가 간단하다는 것이다. 즉 인간은 길들이기된 종이라는 것이다.[32]

그러나 리치의 입장에서, 인간이 길들이기된 종이라는 생각은 문제가 있다. 왜냐하면 그녀는 그 과정이 많은 사람이 유목 생활을 중단하고 정착한 후인 지난 1만 년 동안 매우 늦게 일어났다고 주장했기 때문이다. 이 개념은 길들이기 증후군이 호모 사피엔스의 기원과 같이한다는 증거를 무시했을 뿐 아니라 아리스토텔레스적인 오류를 범한 것이다. 그것은 인간의 일부 집단(항상 유목민으로 남은 사람들)에게는 길들이기 증후군이 일어나지 않았음을 시사한다.

리치의 설명이 갖는 또 다른 문제는 그녀가 제안한 자기 길들이기 메커니즘에 있다. 리치는 일단 인간이 집을 짓기 시작하면서 "집과 같은 인공적인 보호 환경은 번식을 의식적으로나 무의식적으로 방해한다"고 주장했다. 리치는 이것이 식물, 동물, 인간의 길들이기로 이어질 것이라고 추측했지만, 이것이 어떻게 일어났는지는 설명하지 않았으며, 반응적 공격에 대항한 선택이 길들이기의 중요한 원인이라는 벨랴예프의 통찰력에 자신의 생각을 연결하지 못했다.[33]

인간이 길들이기 증후군을 보이는 이유를 이해하기 위해서 우리는 호모 사피엔스의 시대 내내 작동했던 특정한 선택압의 메커니즘을 확인해야 한다. 길들이기를 일으킨 요인 또는 요인들은 우리 종 전체에 적용되어야 한다. 그 말은 우리가 적어도 약 6만 년 전, 아니, 우리 종의 유전적인 뿌리가 시작된 약 30만 년 전으로 거슬러 올라가야 한다는 것을 의미한다.[34] 선택압은 또한 네안데르탈인이나 다른 호모속에서는 발생하지 않은 호모 사피엔스의 고유한 것이어야 한다. 가장 중요한 것은 이 메커니즘이 어떻게 반응적 공격성을 감소시켰는지 설명해야 한다는 것이다. 정확하게 그 메커니즘은 찰스 다윈이 암시했고, 크리스토퍼 보엠Christopher Boehm이 구체화했다. 그들의 주장은 반응적 공격에 대해 인간이 스스로에게 부과하는 처벌을 통해 반응적 공격이 줄어듦으로써 호모 사피엔스의 길들이기 증후군이 나타났다고 설명한다.

2부 남겨진 발자국

7장
폭군의 문제

길들이기 증후군은 홍적세 중기 때인 30만 년 전 아프리카에서 덜 공격적인 심리가 나타나기 시작하여 호모 사피엔스의 특징이 되었다는 점을 시사한다. 시간이 지나면서 두개골이 점점 여성화되어 가고 길들이기 증후군이 더욱 두드러졌으며, 인간의 신경능선세포 유전자는 최근에 길들이기 증후군과 관련이 있는 것으로 나타났다. 우리 조상들이 더 유순해졌다는 경향은 보이지만, 반응적 공격성이 어떻게 또는 왜 선택에 의해 감소했는지는 제시되지 않았다. 다행히 우리는 사형 가설死刑假說이라고 부르는 명확한 설명을 갖고 있다. 사형 가설은 윤리적 함의가 없는 순전히 과학적인 설명이다. 이 가설은 오늘날의 사형 제도가 사회적인 이익을 준다고 제안하는 것이 아니다. 그럼에도 불구하고 그것의 핵심적인 주장은 우리를 불안하게 만든다. 사형 가설은 공격성에 대항한 선택과 유순함을 더 선호하는 것이 가장 반사회적인 사람을 처형하는 것에서 온다고 주장한다.

다윈이 길들이기 과정이 인간에게서 발생하지 않았다고 생각한 것을 감안하면, 사형 가설이 다윈으로 거슬러 올라갈 수 있다는 것이 흥미롭다. 다윈은 인간이 길들이기의 진화 단계를 밟았는지 자문했고, 아니라는 대답을 내렸다는 것을 기억해 보자. 프로이센의 프리드리히 빌헬름 1세는 인간을 인위적으로 선택하려는 시도에 실패했다. 만약 오만한 주권자가 인간을 인위적으로 번식시킬 수 없다면, 아무도 그렇게 할 수 없다. 이런 이유와 또 다른 이유로 다윈은 인간이 길들이기되지 않았다고 결론 내렸다.

그러나, 그럼에도 불구하고, 다윈은 1871년에 인간의 진화에 대해서 논한 『인간의 유래와 성선택』에서 우리가 길들이기의 핵심으로 생각하는 중요한 두 가지의 특징적 진화(공격성의 감소와 사회적 관용의 증가)를 설명하기 위한 방법으로서 사형 가설의 간단한 모델을 구상했다. 다윈이 자기 길들이기에 대한 생각을 기각했는데도 불구하고 공격적인 경향이 어떻게 줄어들었는지 설명을 하고자 했던 이유는 공격성의 진화적인 감소가 길들이기 때문이라기보다는 도덕성의 문제라고 생각했기 때문이다. 다윈은 긍정적인 도덕적 행동을 진화론적으로 설명하기를 열망했다.

다윈이 가장 관심을 기울인 도덕적 행동은 이타적으로 도와주는 것이었다. 다윈 시대의 전통적인 지혜는 자기희생적인 협력의 바탕이 되는 도덕적 감수성을 자비로운 하나님의 축복으로 간주했다. 그러나 다윈은 모든 생명의 특징이 진화하는 데 신이 개입하지 않았다고 제안했기 때문에 신이 도덕을 주셨다는 생각은 다윈의 진화론에 도전하는 것이었다. 만약 다윈이 원했던 대로 진화론이 완벽해지려면, 종교적 존재의 영향을 끌어들이지 않고 도덕성을 설명해야 했다.[1]

다윈은 도덕적인 미덕의 반대인 공격에 집중했다. 다윈은 인간

2부 남겨진 발자국

이 여러 면에서 왜 공격적이지 않은지 알고 싶었다. 다윈은 아주 공격적인 사람한테 무슨 일이 일어났는가를 자문했다. 다윈은 남성이 여성보다 폭력적인 경향이 있다는 생각을 당연하게 여겼고, 남녀 간의 차이가 충분히 확인되었다고 보았다.[2]

다윈은 매우 공격적인 남성의 운명에 대해 자문했고 그에 대한 답을 갖고 있었다. "도덕적 특성과 관련하여 최악의 성향을 제거하는 일은 가장 문명화된 국가에서도 진행하고 있다. 악인은 오랜 기간 동안 처형되거나 투옥되어 왔고 자신의 나쁜 특성을 뜻대로 전달할 수 없었다. (…) 폭력적이고 다투기 잘하는 남성들은 종종 피의 종말을 맞는다."[3]

다윈의 관찰 대상은 당시의 사회였다. 다윈에 따르면, 당시에 범죄자들과 공격적인 악행을 저지르는 사람들이 법에 의해 처벌되었다. 만약 그들이 "자신의 나쁜 특성을 뜻대로 전달할 수 없다"면 그들의 특성을 다음 세대에 물려주지 못할 것이다. 인간의 진화 과정에서 비슷한 종류의 형벌이 내려졌다면, 공격적인 행동을 촉진하는 유전자가 꾸준히 선택에 의해 제외되었을 것이다. 세대를 지날 때마다, 덜 공격적이고 보다 긍정적인 도덕적 행동이 퍼지는 경향이 생길 것이다. 언뜻 봐서 이 생각은 홍적세와 관련이 없어 보인다. 다윈이 살던 19세기 영국의 빅토리아 여왕 시대에 범죄자들에 대한 처벌이 이루어질 수 있었던 것은 유목하는 수렵 채집인들에게서 볼 수 없었던 동시대의 특징 때문이다. 경찰, 성문법, 재판, 교도소 등 모든 것이 폭력을 막는 데 기여했다. 최근까지 우리 조상들에게는 이런 기관들 중 어느 것도 존재하지 않았다. 그러나 다윈은 선사 시대 때 인간 사회가 오늘날의 사회와 다르더라도 여전히 "폭력적이고 다투기 잘하는 남성들"을 가혹하게 다룰 수 있는 방법을 발견했을 수도 있다는 것을 인식했다. 만약 매우 공격적인 사람들이 그들의 생식적 성공을 감소시키는 방향으로 처벌을 받는다면, 폭력적인 사람들을 제거하는 것이 진화적 변화로 이어질 수 있었던 선사시대가 존재했을 것이다. 다윈의 결론은 명백했다. 도덕적인 문제는 이기적이고 부도덕한 개인을 제거하는 것으로 이어진 고대의 사형 체제를 통해 해결될 수 있었으며, 이는 이기적인 경향에 대항한 선택과 사회적인 관용을 선호하는 방향으로 이끌었다. 다윈은 이런 종류의 자연 선택을 통해 "기본적인 사회적 본능이 원천적으로 얻어졌다."라고 썼다.[4]

이 주제에 대한 다윈의 글은 주목할 만한 모순을 보여 준다. 그는 『인간의 유래와 성선택』 4장에서, 인간은 "체계적이든 무의식적이든 선택에 의해 번식이 통제되지 않았기 때문에" 인간의 길들이기가 일어날 수 있다는 것을 부인했다.[5] 그러나 같은 책 5장에서는, 자신이 사회적 본능의 진화라고 부르는, 길들이기와 분명히 유사한 것이 공격적인 사람의 번식이 (감금이나 처벌에 의해) 사회에 의해 통제될 때 일어날 수 있다고 제안했다. 다윈은 인간의 길들이기에 대해서 그것의 핵심적인 특징인 공격성의 감소(5장)와 그것이 전혀 일어나지 않았다는 배제(4장)를 모두 설명했다. 분명 이 위대한 진화론자는 자신의 모순을 결코 눈치채지 못했다. 다윈은 공격성이 감소함으로써 도덕성이 진화했다고 묘사했지만, 같은 방식으로 길들이기를 생각하지 않았다.[6] 다윈의 혼돈은 이해할 만하다. 벨랴예프의 실험에서 공격에 대항한 선택이 길들이기된 동물이 나오는 열쇠라는 것을 보여 주기까지는 거의 한 세기가 걸렸다.

그래도 다윈은 처형에 관한 자신의 생각이 중요하다는 것을 인식하지는 못했지만, 도덕성을 생각할 때 자기 길들이기의 문제에

2부 남겨진 발자국

쉽게 접근할 수 있는 뚜렷하고 단순한 개념을 만들었다. 선택은 "폭력적이고 다투기 잘하는 남성들"에게 가해지는 "피의 종말" 때문에 도덕적 행동을 선호했다. 따라서 극단적인 폭력은 선택에 의해 제외되었다. 다윈은 이 경향이 오랫동안 지속되어 "사회적 본능"이 선호될 것이라고 추측했다.

다윈 덕분에 인간의 유순성 — 감소된 반응적 공격성 — 은 사형 가설의 첫 번째 형태로서 진화적인 설명의 시작점이 되었다.

"사회적 본능"의 진화에 대한 다윈의 설명은 도발적이고 합리적이어서 많은 관심을 끌었을 것이라고 예상할 수 있다. 그러나 그렇지 않았다. 사회적 본능은 이제 집단주의적 이타주의* 가설parochial altruism hypothesis이라고 불리는, 도덕적으로 긍정적인 진화에 대한 두 번째 설명에 의해 가려졌다.

다윈은 집단주의적 이타주의를 제창한 최초의 사람이었지만, 그것을 명명하지는 않았고, 나중에 그것이 틀렸다고 제안했다. 그럼에도 불구하고 집단주의적 이타주의 가설은 여전히 인기가 있다. 처형 가설과 집단주의적 이타주의 가설은 도덕적 행동의 약간 다른 구성 요소를 설명하고자 하기 때문에 집단주의적 이타주의 가설은 처형 가설에 대한 대안 가설이 아니라 보완 가설이다. 집단주의적 이타주의 가설은 협력이 선호되는 이유를 주장한 반면, 처형 가설은 공격성이 감소한 이유를 제안했다. 나 또한 집단주의적 이타주의가 잘못되었다고 생각하지만, 집단주의적 이타주의는 아주 인기가 있고 매력적인 생각이며, 처형 가설을 믿은 학자들의 주의를 다

• 집단주의적 이타주의: 우리 자신의 집단에 혜택을 주고 외부 집단을 해치거나 방해하기 위한 자기희생을 말한다.

른 곳으로 놀리는 데 매우 중요했기 때문에 집단주의적 이타수의의 가치와 문제를 고려할 만하다. 처형 가설과 마찬가지로 협력의 진화에 대한 집단주의적 이타주의의 초기 형태는 『인간의 유래와 성선택』에 담겨 있다. 집단주의적 이타주의 가설은 공격의 비용보다는 협력의 이점에 근거한 것이었다. 다윈은 경쟁하는 사회의 성공은 종종 양측 전사들이 얼마나 이기적이기 않게 서로를 지원하는지에 따라 좌우된다는 것을 관찰했다. 다윈은 인간의 사회적 본능의 두 가지 특성인 협력과 전쟁을 설명하는 데 있어서 탁월한 협력이 전쟁의 예외적인 결과일 가능성을 거론했다. 그는 유명한 구절에서 "잊어버려서는 안 된다"고 썼다.

> 비록 높은 수준의 도덕성은 같은 부족의 다른 남자들에 비해 그 자신과 그 자식들에게 약간의 이득을 주든지 아예 주지 않지만, 도덕적 표준이 향상되고 잘난 남자의 수가 증가한 부족은 다른 부족보다 더 큰 이득을 얻을 것이다. 애국심, 정절, 순종, 용기, 동정심을 많이 가짐으로써 항상 서로를 돕고 공동선을 위해 스스로를 희생할 준비가 된 사람들이 있는 부족은 의심할 것 없이 다른 부족을 이길 것이다. (…) 전 세계에서 부족들은 항상 다른 부족을 대체해왔다. 그리고 도덕성은 성공의 한 요소이기 때문에 도덕의 표준과 잘난 사람들의 수는 어느 곳에서나 증가하는 경향이 있다.[7]

다윈의 주장은 이웃 집단과 충돌하는 집단은 내부적 연대가 필요하다는 것이다. 그의 생각은 열렬히 받아들여졌다. 1883년에 정치철학자이자 수필가였던 월터 배젓은 이를 현대 생활에 적용했다. "똘똘 뭉친 부족은 이긴다. 그리고 그들은 가장 순하다. 문명의 시작은 군사적 이득을 주기 때문에 문명화가 시작된다."[8]

집단 내의 연대가 집단 간 경쟁에서 성공을 촉진한다는 이런 유형의 설명은 오늘날까지 학자들을 계속 끌어들이고 있다. 그 설명은 사람의 마음을 움직인다. 역사학자 빅터 데이비스 핸슨Victor Davis Hanson이 주장했던 것처럼, 병사들끼리 잘 협력하는 군대는 기원전 490년 마라톤 전투에서 1만 명의 아테네인들이 3만 명의 페르시아인들을 물리칠 수 있었을 때와 같이 전쟁에서 승리했다.[9] 적에 직면해 화합하는 것의 이점으로 9.11 공격 후의 뉴욕 정신, 이집트에서 가나안으로 진군하는 이스라엘 사람들의 이야기 또는 삼총사의 좌우명인 "모두는 하나, 하나는 모두"를 설명할 수 있다. 국제적 연대는 종종 우주 외계인의 도착에 대한 지구의 반응으로 상상된다. 소설과 현실에서 전쟁은 집단 내의 협력을 촉진할 수 있다.

2007년 경제학자 최정규와 새뮤얼 보울스Samuel Bowles는 집단주의적 이타주의를 전쟁에서의 자기희생적 행동으로 정의하고 그것이 긍정적으로 선택될 조건을 정량했다. 동료 병사를 보호하기 위해 폭발하는 수류탄을 덮으려고 몸을 던지는 것은 극단적인 예다. 최정규와 보울스는 이에 대해 언급한 다윈의 구절과 같이, 집단의 적을 패배시키는 가치가 집단 안에서 이기적으로 행동하는 가치보다 더 클 때 집단주의적 이타주의가 진화적으로 더 선호되었을 것이라고 주장했다. 보울스는 그 후 전쟁 중 수렵 채집인의 사망률에 관한 데이터와 수렵 채집인 집단 간의 유전적인 차이에 대한 데이터를 통해 자기의 주장을 뒷받침했다. 이 주장은 집단 선택을 환기시킨다. 말하자면 이 논쟁적인 사상은 집단들 사이의 선택이 일부 개인에게 고통을 겪게 하는 결과를 낳더라도 집단에 유익한 특성의 진화로 이어질 수 있다는 것이다.[10]

집단주의적 이타주의 가설은 우아한 생각이지만, 이를 반박하는 몇 가지 증거가 있다. 최정규와 보울스의 설명은 구체적으로 인간의 특징, 긍정적인 도덕적인 경향의 진화를 설명하기 위해 고안되었기 때문에, 구체적으로 인간의 선택압을 환기할 수밖에 없다. 그러나 집단 간 갈등에서 침팬지는 수렵 채집인의 전쟁에서와 비슷한 사망률을 보인다. 보울스와 그의 동료에 의하면, 침팬지들은 전투에서 자기를 희생하는 증거를 보여 주어야 한다. 그러나 집단주의적 이타주의는 침팬지의 경우 알려진 예가 없다. 집단주의적 이타주의 이론의 난제는 해결되지 않았다.[11]

집단주의적 이타주의의 근본적인 문제는 이론적인 것을 차치하고 수렵 채집인들 사이에서 그것이 나타나지 않았다는 것이다. 최정규와 보울스는 수렵 채집인들 사이에서의 전쟁 대부분은 침팬지처럼 안전한 스타일이고 그들은 승리가 보장되지 않으면 충돌을 피한다고 인정했지만, 인간의 투쟁에서 (공격과는 대조적으로) 자기희생의 증거가 나타난다는 것도 주장했다. 최정규와 보울스가 그들의 주장을 뒷받침하기 위해 인용한 증거는 최소한 7백 명의 전사가 참여한 호주의 한 "전투"다. 최정규와 보울스는 아마도 호주 원주민 전사들이 현대 전쟁에서 메달을 받은 영웅들처럼 개인의 위험이 높은 상황에서 서로를 지원할 것이라 생각했다. 그러나 호주의 사례에서는 사망이나 이타적인 위험 감수가 보고되지 않았다. 전쟁의 분위기는 한 남자가 세 개의 창에 찔려서 화를 내고 끝낸 방식으로 판단할 수 있다. 증인에 의하면, "그는 격앙되어 고함을 지르고 원주민과 맹세를 하며 총을 만드는 피난처로 가 총에 탄약을 장전하고, 전쟁터로 돌아가 흩어져서 오는 적과 맞섰다".[12] 죽기는 고사하고 아무도 다치고 싶어 하지 않았다. 상호 협력은 기록되지 않았다.

2부 남겨진 발자국

그 에피소드는 수렵 채집인 싸움의 전형적인 모습이었다. 정치학자 아자 가트Azar Gat는 호주 원주민들의 싸움을 검토했다. 그는 (공격자들은 다치지 않고) 습격으로 인한 피해자들 중에는 많은 사망자가 있다는 증거를 찾았다. 그러나 전쟁은 "주로 멀리서 창을 던지는 것"이라 "적은 피가 흘렀다".[13] 칼 하이더가 연구한 뉴기니의 대니 농부들과 마찬가지로 전면전에 참가한 수렵 채집인들은 첫 번째 부상 후 전투를 중단하는 경향이 있었다.

수렵 채집인들이 전쟁에서 위험한 자기희생을 보였다는 증거가 나올 때까지는 집단주의적 이타주의는 선택에 의한 진화적 산물이라기보다는 문화적으로 유도된 행동이라고 보아야 한다. 제2차 세계대전 중 적의 함선을 향해 비행기로 돌진한 일본 가미카제 조종사들이나 이슬람의 자살 폭탄 테러범들은 선천적으로 반응했다기보다는 강력한 문화적 압박에 의해 반응한 것이었다. 집단주의적 이타주의가 한 종으로서 인간들에게서 보편적으로 발견되는 일반적인 경향이라는 증거는 현재 불충분하다.[14]

다윈은 또한 집단 안에서 연대감을 촉진하는 전쟁의 효과는 문화적이라는 결론을 내렸다. 다윈은 사회적 본능이 집단 간 싸움의 결과로서 진화할 수 없을 것이라고 말했다. 왜냐하면 가장 협조적이고 도덕적인 부족 안에서조차 어떤 사람들은 다른 사람들보다 더 이기적일 수 있고, 더 이기적인 사람들은 도덕적인 사람들보다 더 많은 자식을 가질 것이기 때문이다. "자신의 목숨을 바칠 준비가 된 사람은 (…) 자신의 고귀한 본성을 물려받을 자손을 남기지 않는 경우가 많았다. (…) 그러므로 그런 미덕을 갖춘 사람의 수 또는 그 우수성의 기준이 자연 선택, 즉 적자생존에 의해 증가될 수 있다는 것은 거의 불가능해 보인다." 집단주의적 이타주의, 즉 전쟁에서의 자기희생은 군사 문화나 위험을 감수하려는 이상을 고취하는 특수한 사회에서 설명될 수 있을지 모르지만, 진화에 의해 설명되지는 않는다.[15]

요컨대 전쟁이 자기희생적 행동의 출현으로 이어진다는 집단주의적 이타주의 가설은 진화적인 선택압으로서가 아니라 그 문화적 영향의 측면에서만 적용되는 것이다. 그럼에도 불구하고 이 가설은 중요했는데, 왜냐하면 집단주의적 이타주의는 인간 사회성의 예외적으로 긍정적인 측면을 설명하려는 노력에 큰 영향을 주었기 때문이다. 자기희생에 초점을 두는 것은 왜 인간이 그렇게 유순한가에 대한 질문을 흐리게 했으며 "폭력적이고 싸움을 좋아하는 사람"이 "피의 종말"을 맞이한다는 다윈의 추측을 무색하게 만들었다. 한 세기 동안 감소된 공격성에 대한 문제는 잊혔고, 처형 가설은 무시되었다.

인간의 극도로 높은 협력적 경향을 설명하는 것은 우리의 놀랄 만큼 낮은 반응적 공격성을 설명하는 것보다 더 많은 관심을 끌었지만, 결국 공격성의 문제가 다시 제기되었다. 보울스와 그의 동료들이 전쟁에서의 자기희생이 인간의 선함의 근원이라고 제안하기 30년 전에 진화생물학자 리처드 알렉산더Richard Alexander는 평판이 핵심이라고 제안했다. 알렉산더는 인간의 반응적 공격성이 감소한 것에 대해 아무런 의문을 제기하지 않았지만, 그의 시나리오는 폭력적이고 다툼이 많은 남성에 대한 다윈의 초점으로 다시 이어질 수 있다. 알렉산더의 질문은 자연 선택이 어떻게 친절한 도덕성의 진화를 선호할 수 있었는가 하는 것이었다. 핵심적인 문제는 왜 경쟁이 치열한 세상에서 인간의 미덕이 다른 동물에서 볼 수 있는 수준을 넘어 발전했는가 하는 것이었다. 다윈의 구상을 되살려 알렉산더는 좋은 평판이 가지는 생물학적 가치에 초점을 맞췄는데, 이는 판정을 내리는 두 명 이상의 사람이 공유하는 특정한 개인에 대한 평가를 의미한다. 그는 1979년에 쓴 『다윈주의와 인간 문제*Darwinism and Human Affairs*』에서 우리의 진화에서 알려지지 않은 시점에 언어 기술은 험담(소문)이 가능해질 정도로 발전했다고 주장한다. 일단 그렇게 되면 평판이 중요해질 것이다. 도움이 되는 인간으로 알려지는 것은 누군가가 인생에서 성공하는 데 큰 영향을 미칠 것이라고 예상할 수 있다. 선한 행동은 보상을 받는다. 미덕은 적응적이 될 것이다.[16]

이 설명은 협력을 인간에게서만 발견되는 특징인 언어의 결과로 간주함으로써 왜 인간에게서만 협력이 독특하게 정교해졌는지에 대한 문제를 해결하는 데 도움을 줄 수 있다. 만약 평판이 평판을 만드는 사람들끼리 평가를 공유하는 것에 달려 있다면, 침팬지들은 그것에 신경을 쓰지 않을 것으로 예상된다. 침팬지는 다른 침팬지에게 부정적인 감정을 표현할 수 있지만, 왜 그렇게 느끼는지는 설명할 수 없다. 침팬지들은 누가 경쟁자를 물었거나, 암컷을 때렸거나, 음식을 훔쳤는지에 대해 말을 할 수 없고, 어떤 특정한 침팬지가 믿을 만하고, 관대하며, 친절한지에 대해서도 말할 수 없다. 침팬지들의 의사소통 능력은 그야말로 충분하지 않다. 분명히 이것은 침팬지들이 그들의 평판에 신경을 쓰지 않을 것이라는 것을 암시한다.

인지과학자 얀 엥겔만Jan Engelmann은 침팬지가 자신의 평판에 신경을 쓰는지 평가하기 위해 침팬지가 다른 침팬지들에게 관찰될 때 자신의 행동을 바꾸는지 여부를 조사했다. 엥겔만과 그의 동료들은 한 침팬지가 다른 침팬지의 먹이를 훔칠 수 있는 장소를 마련했다. 때때로 잠재적인 도둑은 제3자의 감시를 받았다. 침팬지에게 관찰된다는 것이 중요하다면, 침팬지는 제3자가 쳐다보고 있을 때 훔칠 가능성이 더 적어야 한다. 예상한 대로 제3자가 보는 것은 아무런 영향이 없었다. 그 실험의 결과는 도둑질을 하는 것이 아니라

도움을 주려고 할 때에도 마찬가지였다. 침팬지들은 그들 자신의 성향에 따라 이기적이 되거나 도움이 되는 행동을 했으며, 그들이 관찰을 당하고 있느냐에 따라 행동을 바꾸지 않았다. 침팬지에게는 평판이 상관없어 보인다.[17]

침팬지 각각은 개성이 있다. 어떤 침팬지는 더 소심하고, 다른 침팬지는 더 공격적이며, 또 다른 침팬지는 더 관대하다. 어떤 침팬지는 쉽게 털 고르기를 해 주는 경향이 있고, 다른 침팬지는 더 이기적일 수 있다. 그런 차이는 눈에 띈다. 각각은 과거에 어떤 대우를 받았느냐에 따라 누구와 교류할지를 선택한다. 좋은 협력자는 호의를 받는 경향이 있고 나쁜 협력자는 외면을 당하는 경향이 있다. 다른 많은 종에서도 마찬가지다.[18] 따라서 침팬지들이 평판에 관심이 없는 것은 개개의 차이가 없고 다른 침팬지를 평가할 수 없기 때문이 아니다. 침팬지들은 상대방의 특성이 다양하다는 것을 알지만, 그들은 자기 혼자서 정보를 이용해야 한다. 그들은 그것에 대해 말을 할 수 없다.

인간에게는 그런 문제가 없다. 우리 주위에 소문이 있기 때문에 우리는 평판에 신경을 쓴다. 우리가 신경을 쓰는 것은 무의식적일 수 있다. 사람들은 그들이 혼자 있을 때보다 감시를 당하고 있을 때 자선 단체에 기부를 하거나 난장판을 치우는 경향이 있다. 감시자는 진짜 사람일 필요는 없다. 한 쌍의 사람 눈을 닮은 두 개의 커다란 방울을 그린 머그잔을 기부함이 있는 방 안에 넣으면, 우리가 기부하는 돈을 늘리기에 충분하다.[19] 다른 사람들이 (우리에 대해) 생각하는 것에 대한 감수성은 우리가 어릴 때부터 시작된다. 엥겔만은 다섯 살짜리 유치원 아이들을 상대로 침팬지에게 사용했던 방식대로 실험했다. 침팬지들과는 달리 유치원생들은 관찰자의 존재가

2부 남겨진 발자국

중요했다. 그들이 감시당했을 때 그들은 덜 훔쳤고 더 많이 도왔다.

알렉산더의 생각은 좋은 평판과 나쁜 평판의 영향으로 야기된 사회적인 압력이 도덕의 진화를 뒷받침한다는 것이었다. 단기적으로, 평판이 나쁜 사람들은 그들의 방식을 고치고 사회에 순응하는 구성원이 될 수 있다. 그러나 장기적으로 볼 때, 나쁜 평판은 유전적 진화에 영향을 줄 수 있다. 너무 혈기가 왕성하고 성질이 급하거나 이기적이어서 동료들의 비판에 성공적으로 적응하지 못하는 사람들은 잘 살아남기 힘들고 번식할 가능성이 낮을 것이다. 이 불순 종자들은 그들의 집단에서 왕따를 당함으로써 평판이 좋은 사람들보다 적은 유전자를 물려줄 것이다. 따라서 선택은 친절하고 협동적이며 관대한 유형, 즉 도덕적으로 긍정적이며, 그들의 조상들보다 덜 공격적인 유형을 선호했을 것이다. 우리의 조상들은 더 좋은 종으로 진화했을 것이다. 언어는 평판을 만들었고, 평판은 도덕성을 만들었다.

알렉산더의 시나리오는 소규모 사회에 잘 들어맞는다. 생물인류학자 마이클 거번Michael Gurven은 최근까지 수렵 채집인이었던 파라과이의 정착민 집단인 아체의 연구를 이끌었다. 어떤 사람은 그들이 보통 얼마를 줄 수 있든 상관없이 관대하다는 평판을 얻었다. 관대하기로 소문난 사람들이 곤경에 처했을 때, 그들은 인색하기로 소문난 사람들보다 더 많은 도움을 받았다. 예를 들어 그들은 더 많은 음식을 받았다. 예상대로 평판은 중요했다.[20]

인간과 침팬지의 비교와 인간에 대한 데이터를 통해 뒷받침된 평판 가설은 유망해 보였다. 정신과 의사 랜돌프 네스Randolph Nesse는 협력이 온순함으로 확장될 수 있다고 생각했다. 네스는 2007년에 "타인의 선호와 선택에 의해 인간이 길들이기된 것은 그럴듯해 보인다. 다른 사람들을 기쁘게 하는 사람들은 건강을 증진하는 데 필요한 자원과 도움을 얻는다. 공격적이거나 이기적인 사람들은 그러한 혜택을 받지 못하여 건강에 심각한 타격을 입으면서 집단으로부터 소외될 위험에 처한다. 그 결과는 철저하게 길들이기된 인간이 형성된다는 것인데, 그들 중 몇몇은 엄청나게 유쾌할 것이다."라고 썼다.[21] 이 대목에서 네스는 무심코 우리로 하여금 다윈으로 돌아가게 만드는 문제를 제기한다. "왜 공격적이거나 이기적인 사람들이 집단으로부터 소외될 위험에 처하는가?"

알렉산더의 가설은 개인들이 그들에 대한 평판에 관심을 갖는다고 가정한다. 그러나 모두가 신경을 쓰는 것은 아니다. 인간들 중에도 일부 개인은 다른 사람들의 불평을 무시한다. 만약 평판이 나쁜 사람이 단순히 음식을 뺏으려 든다면? 우리 모두는 아마도 학창 시절의 불량배들을 기억할 수 있을 것이다. 그들은 너무 강해서 연대를 잘 형성하지 않는 아이들이 그들을 어떻게 생각하든 상관하지 않는다. 불량배들은 크고 거만한데, 만약 다른 사람들이 그들을 원망한다면, 그래서? 불량배들은 원망하는 사람들의 허락 없이 원하는 것을 얻는다. 그들은 단순히 소문으로 그치지 않는다. 그들은 저항하는 사람 또는 그들을 구속하는 어른들에 의해 제재를 당해야 한다.

그러한 유형들을 과거에 적용해 보면 우리는 평판 가설에 의해 해결되지 않는 중요한 문제에 직면하게 된다. 자신의 폭력으로 일을 추진할 만큼 강한 남자에게 나쁜 평판이 왜 중요한가? 만약 알파 침팬지*처럼 다른 침팬지들이 어떻게 생각하든 상관하지 않는

• 알파 침팬지: 알파는 집단 내에서 제일 힘이 세고 싸움에서 이기는 일인자, 집단을 지배하는 자를 가리킨다. 이 개념은 사람에게도 적용된다.

2부 남겨진 발자국

다면 그에 대한 나쁜 평판으로 그를 어떻게 억제할까? 유인원들은 사회적인 불만에 민감하게 반응하는 쪽으로 진화하지 않았다. 반응적 공격은 인간들 사이에서보다 침팬지들 사이에서 훨씬 더 쉽게 일어난다. 우리가 좀 더 차분한 성격을 진화시켰을 때까지 우리는 그 유인원들처럼 행동했을 것이다. 많은 싸움이 있었을 것이고, 가장 강하고 가장 거칠고 가장 끈질긴 싸움꾼들이 승리했을 것이다.

여성은 더 친절하고 상냥한 남성을 짝으로 선호했을지도 모른다. 하지만 여성은 어떻게 지배적인 남성이 자기를 억압하는 것을 막을 수 있었을까? 좀 더 관대한 사람들은 더 많은 고기를 줄지도 모른다. 그러나 강력한 개인이 자신이 거부당하는 것을 막기 위해 무엇보다 그의 몫보다 더 많은 것을 탈취하면서 권력을 마음대로 휘두르려는 것을 무엇이 막을 수 있을까? 평판에 신경을 쓰지 않던 폭군들은 더 많은 음식, 더 많은 배우자, 최고의 잠자리, 더 많은 사회적 지지 등 다른 사람들보다 더 많은 것을 얻기 위해 고통을 가했을 수 있다. 그것이 침팬지들 사이에서 일어나는 일이다. 홍적세 중기 호모 중에서 폭군을 저지할 수 있었던 사람은 누구인가?

피하는 것은 싸움에서 다른 모든 사람을 위협하거나 물리칠 수 있는 사람에게 영향을 주기에는 불충분할 것이다. 지배를 받는 자들의 원망은 그들이 단결할 때만 효과적인 저항으로 전환될 수 있다. 약자들의 협동이 필요하다.

사회적 권력의 한 가지 용도는 공격자에게 패배를 받아들이도록 가르치는 것이다. 보노보들 사이에서 수컷들이 강압적일 때, 암컷들은 그 수컷들을 쫓아다닌다. 아마도 수컷들은 암컷들을 괴롭혀서는 안 된다는 것을 배울 것이다. 수컷 보노보의 공격적인 성향은 진화적으로 감소될 수 있었는데, 이는 부분적으로 폭력적인 수컷의 유리한 점을 감소시키는 암컷의 힘에 의한 것이다. 초기 호모 여성들은 알파 남성이 너무 이기적으로 굴었을 때 그를 멈추게 하기 위해 그에게 덤빌 수 있었을까?

그 가설은 논리적인 호소력에도 불구하고 개연성이 없다. 수렵 채집인들 사이에서는 폭력적인 남성과의 몸싸움에서 여성들이 서로 돕는다고 알려지지 않았다. 홍적세 때 남성이 지금의 남성보다 더 강하고 튼튼했기 때문에 여성이 싸움에서 맞서는 일은 위험했을 것이다. 보노보처럼 여성이 서로 의지할 수 있었을지도 의심스럽다. 수렵 채집인들 가운데 남성들은 식량의 공급자이자 보호자로서 중요하며, 여성들은 남편의 최고의 아내가 되기 위해 서로 경쟁한다. 암컷 보노보들 사이에는 그런 분열이 없다.

앞으로 알게 되겠지만, 수렵 채집인들 사이에서 공격자들은 단체의 반복적인 추적에 의해 저지되지 않고, 단독으로 행동하는 여성에 의해서도 저지되지 않는다. 야유, 간청, 배척, 이사 등은 모두 소용이 없으며, 남성의 난폭한 행동을 바꾸지 못할 때 단체가 할 수 있는 마지막 수단은 다윈이 예견한 대로 사형이다.

만약 우리가 호모 사피엔스의 기원으로 돌아간다고 생각한다면, 아마도 남성과 여성은 오늘날보다 더 공격적이었을 것이다. 그러나 얼굴 해부학으로 판단하면, 호모 사피엔스 남성들의 행동 차이가 특히 심했을 것이다. 우리 홍적세 중기 조상들의 사나이다운 힘을 생각해 보자. 남성들의 얼굴은 크고 늠름했으며, 넓으면서 길었고, 눈 위로 두껍게 튀어나온 눈썹 융기가 있었다.[22] 홍적세 호모와 초기 호모 사피엔스의 얼굴에서 보이는 과장되게 남성적인 특성은 전형적으로 공격성의 증가와 관련이 있다. 수컷의 두개골은 보노보의 경우 자성화雌性化했고 침팬지의 경우에는 비교적 웅성화

　　　　　　　　　　　　2부 남겨진 발자국

雄性化했으며, 수컷 침팬지들은 수컷 보노보보다 더 공격적이다. 벨랴예프가 선택한 은여우의 경우 수컷의 두개골은 자성화했고, 선택되지 않은 수컷은 더 웅성적인 두개골을 가지고 있었으며 더 공격적이었다. 일반적으로 길들이기된 동물은 야생 조상에 비해 두개골의 자웅 간의 차이가 줄었고, 길들이기된 수컷은 덜 공격적이다. 그 효과는 부분적으로 사춘기 때 테스토스테론의 생산 수준 차이 때문일 것이다. 예를 들어 얼굴이 넓은 남자들은 더 많은 테스토스테론을 생산하는 경향이 있다.[23]

2008년 이후 오늘날의 남성들 사이에서도 (여성은 아니다) 얼굴의 폭은 반응적 공격과 상관관계가 있는 것으로 밝혀졌다. 남성의 얼굴이 여성의 얼굴에 비해 상대적으로 더 넓어지는 시기는 사춘기 때인데, 분명 테스토스테론의 영향인 것으로 보인다. 프로 하키 경기에서, 얼굴이 좁은 남성보다 얼굴이 넓은 남성이 페널티 박스 안에서 보내는 시간(분)이 더 긴 경향이 있다. 일반적으로 유럽 백인들 사이에서 얼굴이 넓은 남성들이 공격성, 보복성, 자기중심적이고 기만적인 행동을 하려는 경향, 비협조성, '겁이 없는 지배'라는 사이코패스적 특징, 자기중심적 충동성에서 높은 점수를 보이는 것으로 나타났다. 얼굴이 넓은 남성들은 더 나은 전사戰士들이기도 한데, 이는 천 개가 넘는 미국인의 뼈를 대상으로 한 연구에서 왜 얼굴이 넓은 남성들이 얼굴이 좁은 남성들보다 전쟁에서 죽을 확률이 더 낮았는지를 설명할지도 모른다. 이런 통계적인 효과는 백 명이 안 되는 남성 표본에서도 반복적으로 발견되었지만, 얼굴의 비율로 남성의 공격성을 예측하기에는 너무 약하다. 그러나 실험에서 이런 발견을 모르는 피험자들은 비교적 넓은 얼굴이 공격의 신호라는 것을 인식하는 것처럼 얼굴이 넓은 남성을 경계하는 경향이 있다. 사람의 얼굴 폭에 대한 무의식적인 감수성은 인간이 진화하는 동안 더 넓은 얼굴을 가진 남성들이 사회적으로 바람직하지 않은 행동을 보였을 것이며, 넓은 얼굴을 가졌던 우리의 홍적세 남성 조상들은 이기적인 필요를 충족시키기 위해 재빨리 공격적으로 행동하는 비교적 충동적이고, 두려움이 없으며, 비협조적인 사람이었을 것이라는 점을 시사한다.[24]

평판 가설이 갖는 난점은 왜 공격적인 경향이 감소했는지 설명하지 못한다는 것이다. 신체적으로 공격하는 사람들은 최고의 위치에 이를 때까지 남을 괴롭히는 데 성공할 수 있었을 것이다. 공격에 대한 제지를 다루지 않으면서 인간선사揶善의 진화를 설명하는 생각들은 같은 문제에 직면해 있다. 진화인류학자 세라 허디는 우리 조상들이 서로 자식을 돌보기 시작하면서 협동적 경향이 고조되었고 전보다 더 많은 자식을 낳을 수 있게 되었다고 주장했다. 영장류학자 카럴 판 스하익Carel van Schaik은 사냥을 하기 위해서는 협력이 필요했기 때문에 사냥은 남성들 사이의 관용적인 유대감을 발달시키는 데 유리했을 것이라고 주장했다. 심리학자 마이클 토마셀로Michael Tomasello는 수컷이 자기 자식을 인식하는 법을 배우면서 공격성을 줄이고 육아에 더 많이 관여함으로써 이익을 얻었을 것이라고 주장했다. 그는 또한 포식자들 앞에서 단결을 형성할 필요성은 협동적인 성향의 선호로 이어질 수 있다고 생각했다. 이런 추정에 대해 할 말은 많다. 이 모두는 협력적인 경향을 이해하는 데 기여할 것이다. 그러나 이 중 어느 것도 지배적인 공격자들의 문제를 풀지 못했다. 아무도 그와 함께 사냥을 하려고 하지 않기 때문에 그가 사냥에 성공할 확률이 미미하더라도, 그가 충분히 공격적이면 다른 사람이 죽인 사냥감을 강제로 뺏을 수 있다.[25]

2부 남겨진 발자국

우리 조상들의 협동적인 행동을 구체화하기 위해 밟아야 할 첫 단계는 단호한 불량배들의 문제를 어떻게 극복했는지 충분히 설명하는 것인데, 이에 대한 유일한 제안은 "폭력적이고 다투기 잘하는 남성들"이 "피의 종말"을 맞는다는 다윈의 생각을 정교하게 다듬는 것이다. 사형 가설은 홍적세 동안 새로운 종류의 능력이 구체화되었다고 주장한다. 처음으로 남성들의 연대는, 자신만을 위해 폭력을 행사할 준비가 되어 있고, 다른 사람들이 그에 대해 어떻게 생각을 하든 상관하지 않는 그들 사회 집단의 일원을 의도적으로 죽이는 데 효과적이었다. 결국 사형 집행만이 그런 남성이 폭군이 되는 것을 막을 수 있는 유일한 방법이었다.

8장
사형

1820년 어느 여름밤, 매사추세츠주 세일럼에 사는 16세의 스티븐 메릴 클라크Steven Merrill Clark가 마구간에 불을 지른 혐의로 체포되었다. 클라크는 존경받는 가문의 일원이었고, 그의 행위로 다친 사람이 없었기 때문에 어느 정도의 관용을 기대했는지도 모른다. 그러나 그는 이미 사소한 범죄로 평판이 나빴고, 이 사건에서 불이 번져 집 세 채와 다섯 개의 빌딩을 태웠다. 주택을 방화하면 매사추세츠주에서는 사형을 받았으며, 세일럼은 구식의 제도를 유지하고 있었다. 클라크는 재판을 받았고, 유죄가 입증되어 사형 선고가 내려졌다. 열띤 호소에도 불구하고 주지사는 완고했다. 클라크가 처형되던 날, 소년은 교수대에 올라가 수백 명의 군중을 응시했다. 그는 공포심에 너무 약해져 어느 한쪽이라도 붙잡아야 했으며, 목사가 읽고 있던 자신의 말을 들었다.

지금의 청년들은 나의 슬픈 운명의 경고를 듣기 바라오. 부모의 건전한 규율을 저버리지 않기 위해서 (…) 모두가 시기적절하게 회개하고, 눈을 뜨고, 이해를 위해 깨우치고, 악덕의 길을 피하고, 남은 나날 내내 하나님의 계명을 따르도록 하나님께 기도하기를, 그리고 하나님이 그대들 모두에게 자비를 베푸시기를. 나는 세상에 작별을 고한다.[1]

불안해하는 군중의 탄식과 신음 속에서 그는 교수형을 당했다.

불쌍한 클라크. 사형 제도에 대한 현대의 논쟁은 18세기부터 시작되었다. 불과 1~2년 후였더라면, 클라크는 교수대 대신 교도소에 갔을 것이다. 그의 처형은 인명 피해가 없던 사건에 내려진 처벌로는 미국에서 가장 마지막이었다. 청소년이었다는 것은 고사하고 누구나 뜻하지 않게 저지를 수 있는, 불을 지른 죄로 사형에 처한다는 것은 지금은 야만적으로 보인다. 그러나 만약 우리의 과거가 일반적으로 더 계몽된 현재와 비교할 때 더 가혹하게 보인다면, 이상한 것은 2백 년 전의 뉴잉글랜드 사람들이 아니라 현대에 사는 우리다. 왜냐하면 클라크의 죽음은 역사를 통틀어, 그리고 아마도 호모 사피엔스의 기원까지 거슬러 올라가는 그 이전 시기부터 널리 퍼져 있던 삶의 방식으로 우리를 데려가기 때문이다.[2]

17세기 미국에서 수백 건의 중범죄는 사형으로 다스려졌다. 뉴잉글랜드에서는 마술, 우상 숭배, 신성 모독, 강간, 간통, 수간, 남색으로 처형될 수 있었고 뉴헤이븐에서는 자위행위로 처형될 수 있었다. "'열여섯 살 이상의 아이'라면 '고집스러운 아들' 또는 '반항적인 아들'이거나 부모를 '때리거나' '저주한' 아이는 사형에 처해질 수 있었다." 이런 벌들은 이론과 거리가 멀었다. 1622년부터 1692년까지 매사추세츠의 에식스와 서퍽에서는 열한 명의 살인자,

　　　　　　　　　　　2부 남겨진 발자국

스물세 명의 마녀, 여섯 명의 해적, 네 명의 강간범, 네 명의 돌팔이 의사, 두 명의 간음자, 두 명의 방화범, 수간죄와 반역죄로 기소된 두 명이 처형된 것으로 기록되어 있다.[3]

사형 집행의 원칙은 대중적이었다. 범인들이 시민들에게 쫓기고, 재판을 받고, 유죄 선고를 받고, 사형이 선고된 뒤 4일보다 더 짧은 시간 안에 처형을 당하는 것은 보통 있는 일이었다. 지역 사회는 때때로 원하는 평결을 하기 위해 규칙을 늘렸다. 역사가 데이비드 해킷 피셔David Hackett Fischer는 뉴헤이븐에 살고 있던 조지 스펜서George Spencer라는 한쪽 눈이 먼 하인에 대해 이야기했다. "그는 종종 법을 어겼으며, 그의 이웃들로부터 많이 타락했다고 의심을 받았다. 어느 암퇘지가 한쪽 눈만 가진 기형 돼지를 낳았을 때, 그 불행한 남자는 수간을 했다는 비난을 받았다. 그는 엄청난 압박감에 자백을 하고 다시 번복하는 일을 반복했다. 뉴잉글랜드 법은 유죄 판결을 내리기 어렵게 되어 있었다. 왜냐하면 수간죄로 사형 선고를 받는 데는 두 명의 증인이 필요했기 때문이었다. 그러나 치안 판사들은 가혹하여, 기형 돼지가 증인으로 채택되었고, 자백의 번복이 또 다른 증인으로 채택되었다." 그래서 스펜서는 처형되었다.[4]

군중에 의한 순간적인 살인은 야만적인 정의正義를 향한 공동체의 열의를 반영했다. 피셔는 남편이 인디언들에게 납치된 마블헤드의 여성들이 어떻게 "두 명의 인디언을 잡아다가 말 그대로 사지를 찢었는지" 묘사했다. 전국적으로 그런 사건으로 인해 발생한 희생자 수는 상당했다. 1622년 도난 죄로 미국에서 처음으로 기록된 사형 선고부터 1900년까지 아마도 1만 1천~1만 3천 명이 합법적으로 사형을 당했다. 폭도나 린치로 인해 같은 기간 동안 추가로 1만 명이 죽었다고 생각된다. 간헐적인 린치와 비공식적 처형은 힘없는

사람들을 괴롭혔다.[5]

　요컨대 엄격한 법, 단호한 시민들, 부랑자들을 제거하려는 열의로 인해 전통적으로 미국은 사회 규범을 해치는 사람들에게 치명적으로 위험한 장소가 되었다. 18세기 후반이 되어서야 사형은 인기가 떨어졌다. 그 이전에는 규칙에 도전하면 죽음을 무릅써야 했다. 그 영향은 인상적이었다. 문제는 드물게 발생했다. 집주인들은 문을 연 채 잠을 잘 수 있었다. 그들은 귀중품에 자물쇠를 채울 필요가 없었다. 당신이 규칙을 준수하는 한, 뉴잉글랜드는 평화로운 장소였다.

　사형 가설에 따르면, 비슷한 역학이 일반적으로 우리 종에게 적용되었다. 사형은 법과 질서의 궁극적인 원천이었다.

　사형의 집행과 집행 사유는 모든 사회에서 서면으로 기록되어 왔다. 이집트, 바빌로니아, 아시리아, 페르시아, 그리스, 로마부터 인도, 중국, 잉카, 아즈텍까지, 모든 초기 문명에는 사형이 존재했다. 폭력죄만이 아니라 불순응(소크라테스의 경우), 경범죄, 맥주를 판매하다가 생긴 과실(함무라비 법령에 따라), 남편의 포도주 창고 열쇠를 훔치는 일(로마 공화국의 초기 법령에 따라) 등 극히 사소한 죄에 대해서도 가슴 아프게 사형을 내렸다. 사형 집행은 삶의 일부로 받아들여졌으며, 종종 많은 대중이 사형이 집행되는 잔인한 모습을 확실하게 지켜보았다. 사형은 이탈리아의 법학자 체사레 베카리아 Cesare Beccaria가 1764년에 쓴 『범죄와 형벌On Crimes and Punishment』이 출판될 때까지 역사적으로 알려진 모든 사회에서 계속되었다. 사형 제도를 반대한 베카리아의 주장은 오늘날 사형 제도에 대한 사회의 태도가 계속 변화하기 시작하는 데 도움이 되었다. 그 후 점점 많은 교도소가 사회적 통제를 책임지게 되었다.[6]

그러나 농경 사회들이 사형 제도에 대한 보편적인 기록을 남겼지만, 그것들은 우리에게 우리의 깊은 과거에 대해 말해 주지 않는다. 1980년대까지 수렵 채집인들의 사형은 체계적으로 연구되지 않았다. 연구의 누락은 쉽게 이해될 수 있는 것이다. 왜냐하면 사형의 대부분은 비밀이었기 때문이다. 집단들은 너무 작아서 사형 집행을 많이 할 수 없었다. 선교사나 정부는 온갖 살해를 막으려 하고, 서양의 지식인들은 사형 제도에 눈살을 찌푸리는 경향이 있다. 문화적인 변화는 특히 폭력에 대한 통제와 관련하여 빠르게 진행되었다. 국가에서 사형 집행이 불법이 되는 순간, 그것은 소규모 사회에서부터 사라질 가능성이 높다.

1961년 11월 뉴기니에서 일어난 마이클 록펠러Michael Rockefeller의 죽음은 살인을 문서화하는 것의 어려움을 보여 준다. 스물세 살의 미국인 모험가였던 록펠러는 이국적인 예술품을 찾기 위해 먼 곳을 탐험했다. 그는 아스마트Asmat 수렵 채집인들이 점령한 오츠야네프Otsjanep라는 마을 근처에서 사라졌다. 1961년 12월, 네 명의 오츠야네프 출신 남성이 지역 선교사에게 그들의 이야기를 들려주었다. 그들은 록펠러가 살아 있는 것을 발견하고, 그를 카누에 태운 다음 그를 죽이고 먹었다. 그 사건은 4년 전에 네덜란드 장교가 오츠야네프에서 네 명을 살해한 것에 대한 보복이었다. 그 남성들은 믿을 만한 세부 사항들을 선교사에게 제공했다. 선교사는 그 남성들을 개인적으로 알았고, 마을의 문화를 이해하고 있었기 때문에 그들의 이야기를 믿었다. 그러나 수년 간의 조사에서 록펠러의 옷이나 안경 같은 확실한 물증을 발견하지 못했다. 선교사의 교회, 정부, 록펠러 가문은 살인과 식인 풍습에 대한 이야기를 믿고 싶어 하지 않았다.

2012년에 작가 칼 호프먼Carl Hoffman이 이 사건을 다시 보았을 때, 그는 침묵의 벽에 부딪쳤다. 그가 2012년에 찍은 비디오는 그 이유를 보여 준다. 비디오에서 한 오츠야네프 남성이 그의 동료들에게 아스마트어로 말했다. 거기서 호프먼은 유일한 이방인이었다. 화자는 자신의 말이 나중에 번역될 수 있다는 것을 몰랐다. 그는 아주 명확하게 말했다.

> 이 이야기는 우리만을 위한 것이니 다른 사람들이나 다른 마을에 이 이야기를 하지 마시오. 말하지 마시오. 말하지도 말고 이야기하지도 마시오. (…) 영원히 아무에게도, 다른 사람에게도, 다른 마을에도 말하지 마시오. 이 이야기는 여러분을 위한 것이니 그들에게 말하지 마시오. 그들에게 말하면 당신은 죽을 것이오. 이 이야기는, 내가 바라건대, 여러분의 집에, 여러분 속에 간직하시오. 영원히 바라고 또 바라오. 만약 어떤 남자가 와서 당신에게 물어보면, 대답하지 마시오. 대답하지 마시오. 오늘, 내일, 그리고 매일 이 이야기를 간직해야 하오. 이야기를 돌도끼나 개 이빨 목걸이로 바꾸어 준다 해도 이 이야기를 절대로 남과 공유하지 마시오.[7]

1986년 소규모 사회에서의 사형 제도는 마침내 과학적인 연구의 주제가 되었다. 인류학자 키스 오터바인Keith Otterbein은 스코틀랜드의 여왕 메리*의 머리가 땅바닥에 굴러다니는 장면이 마지막으로 나오는 텔레비전 시리즈인 <엘리자베스 R>에서 영감을 얻어 사형 집

---

* 스코틀랜드의 여왕 메리Mary, Queen of Scots(1543~1567): 스튜어트 왕가 출신의 스코틀랜드의 여왕이자 프랑스의 왕비였다. 로마 가톨릭 신자였던 메리와 개신교 신자였던 엘리자베스 1세는 권력 경쟁을 했는데, 메리는 결국 반역죄라는 누명을 쓰고 참수당했다. 메리의 아들 제임스 1세가 엘리자베스 1세에 이어 잉글랜드와 스코틀랜드의 왕이 된다.

행이 국가에서만 발견될 것이라는 가설을 조사했다. 그의 전제는 강력한 정치 지도자들만이 위험한 사람들을 처분할 수 있는 위치에 있을 수 있다는 것이었다. 오터바인은 사형을 "범죄를 저지른 사람에 대한 정치 공동체 내에서의 적법한 살인"이라고 규정했다. 놀랍게도 오터바인은 사형이 인간에게 보편적인 것이라고 결론 내렸다.[8]

수렵 채집인들은 선사 시대에도 사형이 있었는지의 여부를 이해할 수 있게 하는 기회를 제공한다. 민족학적인 기록은 완벽하지 않다. 오터바인은 인도 동부의 안다만Andaman섬 주민과 같이 사형 집행의 발생 여부가 불분명한 수렵 채집인들의 문화를 발견했다. 그러나 그는 정보가 적절히 있는 모든 사회는 더 전반적인 추세를 따른다고 판단했다. 크리스토퍼 보엠은 후에 수렵 채집인들의 가장 잘 연구된 문화를 이해하기 위해 수백 개의 민족학을 조사함으로써 오터바인의 업적을 더 확대시켰다. 그는 사형이 사람이 사는 모든 대륙에 특히, 이누이트, 북아메리카 인디언, 호주 원주민, 아프리카의 약탈자들에게 존재했다고 보고했다.[9]

미국에서 법적 처형과 군중 린치가 조화를 이룬 것과 마찬가지로, 수렵 채집인들 사이에서 살육에 대한 군중의 지지는 다양한 방법으로 이루어졌다. 때때로 사형 집행은 사전에 승인되었다. 그러면 모든 사람이 여기에 관여하고 싶었을 것이다. 인류학자 리처드 리Richard Lee는 보츠와나의 칼라하리사막에서 평화적이기로 유명한 수렵 채집인 주/'호안시(또는 !쿵 산)를 연구했다. 리는 한 공동체가 세 명의 남성을 죽인 공동체 구성원의 문제를 해결하기 위해 어떻게 모였는지를 보고했다. 살인자의 이름은 /트위(/Twi)였다. 리는 "공동체는 흔치 않게 만장일치에 따라 대낮에 매복 공격을 감행해 /트위에게 치명상을 입혔다. /트위가 죽으면서 누워 있을 때, 한 정보원이 '그는 고슴도치 같다'는 말을 할 때까지 모든 남성은 그에게 독화살을 쏘았다. 그리고 그가 죽은 후, 남성들은 물론이고 모든 여성은 /트위에게 가서 창으로 찔렀고, 그의 죽음에 대한 책임을 상징적으로 공유했다. 이 순간 이런 평등주의 사회가 하나의 국가를 구성하고 죽이고 살리는 힘을 스스로 차지한 것 같았다."라고 썼다.[10] /트위의 죽음은 율리우스 카이사르의 죽음과 비슷했는데, 카이사르의 시체는 카이사르에 대항하여 음모를 꾸몄던 20명의 원로원 의원들에 의해 35번 칼에 찔렸다고 한다.[11] 그들은 자신이 연합의 일부라는 것을 보여 주고 싶었다.

이와 달리, 사전 승인된 결정은 한 실행자에게 맡겨질 수 있다. 1888년의 책 『중앙 에스키모The Central Eskimo』에서 프랜츠 보애스는 파들루Padlu라는 남자가 다른 남자의 아내와 함께 도망친 사건을 묘사했다. 남편이 그녀를 찾으러 왔을 때, 파들루는 그를 죽였다. 뒤이어 남편의 형과 친구가 그녀를 구출하기 위해 갔지만 그들 역시 살해를 당했다. 이 일이 있은 후, 한 우두머리가 파들루의 영역으로 가서 모든 사람이 파들루를 죽여야 한다고 했다. 모두가 동의했다. 그래서 그는 파들루와 사슴 사냥을 함께 갔다. 그리고 피오르의 꼭대기 근처에서 파들루를 뒤에서 총으로 쐈다. 일대일 살인으로 보였지만 사실 공동체의 계획이 완성된 것이었다.[12]

/트위와 파들루는 살인자라는 이유로 처형되었다. 폭력을 포함한 많은 위반은 사형 집행의 정당한 이유가 되었고, 사형은 누구에게나 심각한 위협이 되었다. 죄를 짓게 되는 중요한 원인들 중의 하나는 문화의 규칙을 무시하는 것이었다. 규칙들은 남성들에게 유리한 경향이 있었다. 인류학자 로이드 워너Lloyd Warner는 1920년대에 호주의 먼진Murngin족(현재는 율릉우Yolngu족이라 부른다)과 3년을

함께 보냈다. 많은 사회와 같이, 여성들은 죽음의 고통에 대한 남성들의 비밀에 참견하지 못하게 요구받았다.

> 며칠 전 리아고미르 일가는 융단비단뱀 토템물(도색된 나무 나팔)을 사용하여 토템 의식을 거행하고 있었다. 두 여자가 의식장으로 몰래 올라가 남자들이 나팔을 부는 것을 보고 나서 여자의 진영으로 돌아가 본 것을 말했다. 남자들이 진영으로 돌아와 그들이 한 행동을 듣자 우두머리였던 야닌자Yanindja는 "언제 죽일까?"라고 물었다. 모두가 "즉시"라고 대답했다. 두 여자는 [다른 집단에 있는 남자들의] 도움으로 그들의 씨족에 의해 처형되었다.[13]

규칙은 너무 중요해서 개인은 그 사람의 선호와 상관없이 그들을 죽일 수 있었다. 아마추어 민족학자 데이지 베이츠Daisy Bates는 20세기 초에 서부 호주인에 대해 썼다. 남성들은 간통을 범할 때 스스로 처신을 잘하도록 요구받았다. 남성들은 약혼녀와 성관계를 가졌거나, 월경 기간 동안 은둔하고 있을 것으로 추정되는 여자를 데려가거나, 성년식을 올리기 전에 성관계를 가졌다는 이유로 살해되었다. 베이츠가 그곳에 있는 동안 한 젊은 여성이 성년식을 하는 동안 격리되어 있던 한 남성과 사랑에 빠졌다. 사랑에 빠진 여성은 자신의 감정을 표현하기 위해 그를 따라갔다. 그 남성은 어떤 벌이 기다리고 있는지 알았다. 젊은 남성은 자살하지 않고 그녀를 죽였다. "그는 그녀의 가족에게 자신의 행동이 정당했다는 것을 증명할 수 있었고 처벌을 면했다."[14]

소규모 사회에 산다는 것이 낭만적이라는 견해가 있다. 많은 면에서 사실이다. 중앙 집권적인 폭정이 있는 곳과 달리, 유목하는 수렵 채집인들로 구성된 지휘자가 없는 집단이나 화전민들의 마을은 정말로 다원주의적인 사회다. 분쟁은 공동으로 해결한다. 모든 사람의 의견을 들을 수 있다. 아무도 슬퍼할 수 없다. 사회로부터 지지를 받는다는 의식은 어마어마하여, 우리가 보아 온 것처럼 매일의 삶은 평화롭다. 이런 기쁨에 더해, 무리나 캠프는 어떤 정치의 대상이 아니다. 무리와 캠프는 모든 사람이 같은 방언이나 언어를 사용하고 같은 문화를 공유하는 더 큰 집단들이다. 이웃 집단들 간에 때때로 분쟁이 일어나기도 하고 서로 폭력을 사용하기도 하지만, 그들은 모두 같은 정치적 수준에서 집단 간의 위계 없이 서로 예속되지 않고 운영을 한다.

그래서 많은 면에서, "소규모 사회에 있는 개인들은 '왕들의 폭정'에 복종하는 더 큰 규모의 농업 집단에 있는 개인들보다 더 자유롭다"고 사회인류학자 어니스트 겔너Ernest Gellner는 말했다. 그러나 자유에는 한계가 있다. 지배적인 지도자가 없을 때, 전통이라는 사회적인 철창은 밀폐 공포증을 일으킬 정도로 집단 규범을 준수할 것을 요구한다. 겔너는 그것을 "친척들의 폭정"이라 불렀다. 문화적인 규칙이 가장 중요하다. 개인들에게는 개인적인 자유가 제한되어 있다. 그들은 순응하고자 하는 의지에 따라 살거나 죽는다. 겔너가 말한 "친척"은 글자 그대로 친척일 필요는 없다. "친척"은 작은 규모의 사회에서 영향력 있는 결정을 내리는 성인들의 집단을 은유한 것이다. 그들의 힘은 절대적이었다. 만약 당신이 그들의 명령을 따르지 않는다면 당신은 위험에 처하게 된다.[15]

루카스 브리지스Lucas Bridges는 그런 위협을 직접 경험했다. 그는 1874년에 티에라델푸에고섬에서 태어난 최초의 유럽인이었으며, 그곳에 정착한 최초의 선교사의 아들이었다. 티에라델푸에고

섬은 남아메리카 남단에 있다. 그 섬에는 해안 쪽에 야마나와 내륙 쪽에 셀크남Selk'nam(오나Ona라고도 한다)이란 두 수렵 채집인 사회가 있었다. 브리지스는 다른 유럽인들이 경험했던 것처럼 수렵 채집인들의 삶에 친숙했다. 브리지스는 야마나 언어를 구사하며 자랐으며 셀크남 생활에도 광범위하게 참여했다. 그런데 그는 더 깊은 경험을 할수록 취약해졌다. 브리지스가 남성 사회에 가입했을 때, 여성이나 성인식을 하지 않은 남성들에게 사회의 비밀을 말하면 살해당할 것이라고 교육을 받았다. 남성들의 연대는 친족보다 더 중요했다. 브리지스는 수렵 채집인들과 함께 살았던 그의 놀라운 이야기를 출판하기 위해 반세기 이상은 기다렸는데, 그때 그가 소년이었을 때 알고 있던 사회들은 사라졌다.[16]

문화인류학자인 브루스 너프트Bruce Knauft는 작은 평등주의 사회에서 남성들 사이의 소문이 어떻게 그리고 어떤 사람을 집단에서 내쫓는지를 배울 기회를 얻었다. 1980년대 초, 그는 뉴기니의 외딴 저지대 우림에서 게부시Gebusi 사람들과 거의 2년을 함께 지냈다. 게부시 사람들은 1940년에 최초로 접촉이 이루어져 1960년대에 정부의 통제를 받게 된 수렵인(또는 화전 농부)들이었다. 그들의 사회는 약 450명 정도로 작았다. 그들은 이동하는 수렵 채집인들과 마찬가지로 작은 마을 단위로 살았으며, 한 마을에 30명 미만의 사람들만 살고 있었고, 마을 안에는 권위 있는 지도자가 없었다. 사회 안의 관계는 고전적인 의미에서 온화했다. 대화는 조용했고, 유머가 풍부했으며, 자랑과 허풍이 없었다. 그들의 정치 체계는 평등주의적이었지만, 언제나 그렇듯이 모든 사람이 평등하지는 않았다. 게부시 사람들 중에서도 마녀 같은 마법사들은 남에게 불행을 가져다준다는 비난을 받을 수 있었다. 그러나 마녀는 그렇게 태어나는 데 반해, 마법사들은 그들 자신의 의지에 의해 악해졌다고 추측했다. 아마도 그것이 그들을 용서하기 힘들게 만들었을 것이다. 확실히 마법사들은 우리가 종종 하찮다고 이야기하는 근거로 자주 살해되었다. 그 살인은 갈등을 해소해 주었고 사회적 화합을 유지하는 데 기여했다.[17]

너프트는 합의가 어떻게 사형 제도를 발전시킬 수 있었는지 설명했다. 그는 실제 대화를 바탕으로 지역 사회에서 심각하게 병든 사람을 치료하기 위해 사람들이 소집된 때를 그렸다. 애니미즘 사회에서 흔히 그렇듯이 환자의 병은 악에 의해 생긴 것이라고 추정되었다. 그런 강령회는 보통 밤에, 길게 붙어 있는 공동 주택에서, 도취되는 분위기로 진행되었다. 남성들의 얼굴은 불 속에 있는 몇 개의 빛나는 석탄으로만 비춰졌다. 부드러운 목소리는 노래의 배경으로 제공되었다. 한 사람은 정신세계의 매개자였다. 대부분 그는 황홀한 상태에서 조용했고 움직이지 않았다.

이따금 매개자가 잠에서 깼다. 그는 울부짖었다. 그는 사람들을 비웃고 불타는 통나무를 때렸다. 그는 찾을 수 있는 것은 뭐든지 던졌다. 사람들은 혼란을 피하려고 "우-우-" 하고 외치고 뒹굴었다. 그러더니 모두 다시 잠잠해졌다.

환자가 더 쇠약해 보일 때, 문제가 시작되었다. 비난하는 자는 죄를 지은 사람이 분명히 마법사일 것이라고 말을 퍼트렸다. 그는 부드럽게 주장했다.

글쎄, 누가 이런 병을 가져왔는지 모르겠군. 난 정말 모르겠어. (…) 하지만 우리는 강령회를 열었고, 매개자가 말하기를 이 정착지에서 온 남자라고 했고, 음, (…)그는 [마법사의 마법의 잎이라

생각되는] 잎사귀를 끌어당겼어. 그리고 [누군가의 이름] 외에
아무도 없네.

그가 지명한 마법사가 있었다. 그는 위험에 처했다. 만약 그가 화
를 내고 그 병에 대해 어떤 책임도 지지 않는다면, 그는 뉘우치지
않는다고 생각될 것이다. 그가 할 수 있는 가장 좋은 방법은 사소한
범죄를 저질렀다는 것을 시인하고, 다시 말해 마법사인 것을 자백
하고 환자가 아픈 것을 멈추게 하는 데 동의하는 것이다. 그것이 그
가 하는 일이었다. 침착함을 유지하려고 애쓰면서 그는 자신을 살
려 달라고 애원했다.

저도 몰라요. 그것에 관해서는 아무것도 몰라요. 그는 내 친척이기
도 해요. 저는 그를 아프게 할 수 없어요. 글쎄, 그가 아프다는 말을
듣고 측은하게 생각했어요. 저는 겨우 며칠 전에 그가 아프다는 이
야기를 들었어요. 저는 숲에 가 있어서 몰랐어요. 마침내 그 말을
들었을 때, 저는 바로 아내에게 "우리가 가서 그가 괜찮은지 확인
해야 해. 그가 무슨 병에 걸렸을까?"라고 이야기했어요. (…) 잘 모
르겠지만, 지금 잎사귀를 당겼을 거예요. 당신이 그것을 버리면 나
을 거예요. 제가 최근에 생선을 충분히 먹지 못해서 조금 화가 났
는지 모르지만, 확실히 저는 친척을 그렇게 아프게 하지 않아요.[18]

비난받은 사람은 미래에 무슨 일이 일어날지 걱정하면서 공동
주택을 떠날 것이다.
너프트는 비난받은 사람의 운명은 병자가 죽고 난 뒤에 생긴 조
짐에 달렸다고 보고했다. 결과가 좋지 않은 한, 그는 거의 틀림없이

몇 달 안에 처형될 것이다. 비난을 하는 자는 몰래 지역 사회의 지지를 보장받으려 할 것이다. 비난을 하는 자와 그가 믿는 친구들은 마법사의 집에 남자 친척이 없는 것을 확인한 후 모였을 것이다. 사람들이 모인 긴 공동 주택에서 놀리고 환성을 지르느라고 잠을 자지 않는 밤에, 그들은 마법사가 병자의 죽음에 책임이 있다는 생각에 점점 더 열광했을 것이다. 그래서 합의점에 도달했다. 모든 사람이 마법사가 유죄라고 결정했다.

그들은 새벽에 매복을 하고 공격을 했다. 그들은 곤봉이나 화살로 죽였다. 어떤 때는 고문을 먼저 했다. 그러고 나서 그들은 도살하고 요리를 했다. 유럽인들이 아메리카에 오기 전에는 식인 풍습이 만연했지만, 마법사만 잡아먹었다.

너프트의 설명은 작은 무정부 집단의 사회적인 역동성이 얼마나 위험할 수 있는지를 아주 친숙하게 이해시킨다. 그의 경험은 최근에 접촉한 원예 농부들의 특정 집단의 이야기였다. 그러나 비난과 합의 구축을 통해 형성된 필연적으로 치명적인 집념은 소규모 사회에서 사형 집행을 하게 만드는 정치적 네트워킹의 전형으로 보인다.

서로를 잘 아는 사람들이 그들에게 속한 사람을 죽이는 것에 동의할 수 있다는 생각은 평온한 국가에서 자란 대부분의 사람에게는 불안감을 줄 정도로 이상하다. 하지만 부유한 나라들도 위기를 맞으면 같은 일이 벌어졌다. 포로들이 식량을 절실하게 필요로 했던 제2차 세계대전 때의 포로수용소에서 벌어졌던 일이다. 먹을 것을 공유하는 것은 고통스럽지만 흔한 일이었는데, 이는 어두운 시대에도 인간성을 엿볼 수 있는 일이었다. 하지만 도둑질도 흔했고 그 행위는 비난을 받았다. 포로들은 도둑질을 막는 방법을 알아냈다. 루돌프 브르바Rudolf Vrba는 아우슈비츠에서의 "빵 법bread law"에 대해 썼다. "만약 어떤 사람이 당신의 음식을 훔쳤다면, 당신은 그를 죽였다. 당신이 스스로 집행할 만큼 힘이 세지 않으면, 다른 집행자들이 있었다. 그것은 가혹한 정의의 실현이었지만, 다른 사람의 음식을 빼앗는 것은 일종의 살인이었기 때문에 그것은 정당했다."[19] 테렌스 데 프레스Terrence Des Pres에 따르면 빵 법은 소련과 나치 진영에서도 시행되었다. 그것은 사소한 문제가 아니었다. 데 프레스는 빵 법은 모든 포로가 알고 받아들였던 하나의 규칙이었고, 이 "법"은 확실하고 명확한 의미에서 강제 수용소에서 도덕적 질서의 근간이자 중심이었다고 썼다.[20] 빵 법은 고통받는 공동체를 유지했다. 유진 와인스톡Eugene Weinstock은 부헨발트 출신의 생존자로 빵 법의 장점을 설명했다. "만일 허기로 그 사람의 도덕성이 바닥나 남의 빵을 훔쳤다면, 아무도 그를 친위대원이나 간수에게 보고하지 않았다. 방에 있던 포로들이 그를 죽였다. (…) 만일 그가 구타로 죽지 않았다면, 그를 불구로 만들어 화장터로 보내게 했다. (…) 실제로 빵 법은 일정한 규칙과 상호 신뢰의 기준을 유지하는 데 도움이 되었기 때문에 우리는 빵 법을 받아들였다."[21]

사형의 목적은 국가와 소규모 사회에서 어떤 면에서는 서로 다르다. 국가에서의 사형은 지도자에게 도전하는 개인을 제거하는 데 사용되었다. 이 목표를 지키기 위해 국가들은 종종 공공장소에서, 특히 한 국가가 건국된 초기에 권력 구조가 불안한 상황에서 공개적으로 사형을 집행했다. 북한의 김정은은 2011년 아버지로부터 최고 지도자 자리를 물려받았다. 김정은은 최고 지도자에 오른 이후 4년간 부관, 국방장관, 고모부 등 최소 70명을 처형한 것으로 알려졌다. 그의 행동은 과격했고, 그의 고모부를 고위 관리들이 보는 앞에서 대공포로 쏴 죽였다. 오늘날 서구인들은 그런 행동에 소름이 끼치지만, 가까운 동료들의 안녕을 교만하게 무시하는 것은 폭군들의 전형적인 모습이었는데, 대부분 최근까지 그럴 수 있었다. 현대 유럽 왕실이 절제된 행동을 하는 것은 그들의 조상들이 무분별하게 잔인했던 것과 거리가 멀다.[22]

사형은 국가 사회에서 '왕들의 폭정'을 보호함으로써, 소규모 사회에 없는 목표를 달성한다. 소규모 사회는 보통 단지 지도자나 '왕'이 없었기 때문에 한 지도자의 권력 기반을 보호하지 않았다. 수렵 채집인들과 다른 평등주의적인 집단들에서 사형이 집행된 것은 사회적 규범에 대항하는 도전으로부터 그리고 이기적인 공격자들로부터 '친족의 폭정'을 보호하기 위해서였다.

공격적인 남성들을 죽이는 것으로 대표되는 사회 통제의 결정적인 형태는 분명히 인간의 진화에서 광범위한 의미를 지닐 수 있었다. 호모 사피엔스가 자기 길들이기되었다는 관점에서 중요한 문제는 반응적 공격을 하는 성향이 특히 높은 사람들을 죽이려는 경향이 있었는지의 여부다. 평등주의적인 관계의 특징은 폭군이 될 가능성이 있는 사람들의 처형이 정말로 체계적이었다는 것이다. 지금도 결혼한 수렵 채집인들은 보통 서로 자치권을 존중하지만, 때때로 개인들이 다른 사람들을 통제하려고 했다는 것이 보고되었다. 알파 침팬지처럼, 폭군이 될 가능성이 있는 사람들은 도전자들에게 맹렬하게 반응함으로써 그들의 최고 지위를 방어한다. 교도소나 경찰이 없던 세상에서, 특히 악랄하게 반응적 공격을 했던 불량배들은 사형에 의해서는 제재당할 수 있었다. 따라서 이동하는 수렵 채집인들 모두에서 발견된 평등주의는 가장 공격적인 사람이 제거된다는 것을 시사한다. 아이러니하고 불안한 결론은, 지배적인 행동이 없기 때문에 호소력이 있던 평등주의 체제가 인간의 폭력에 의한 가장 지배적인 행동에 의해 가능해진다는 것이다.

평등주의라는 것이 무엇을 의미하는지 이해하기 위해서 수렵 채집인의 사회 구조를 생각해 보자. 전형적인 사회는 평균 1천 명에 가까운 사람들로 구성되며, 그들은 장례식에서 행하는 의식과 같은 문화적인 관행과 독특한 언어를 (또는 방언을) 공유한다. 사회는 모든 사람이 함께 살기에는 너무 크다. 왜냐하면 환경에는 좁은 지역에 사는 수백 명의 사람이 충분히 쓸 수 있는 자원이 없기 때문이다. 사람들은 보통 평균 50명 미만의 집단에서 산다. 각 집단은 사회 영역 안에서 소구역을 차지하고 있으며, 한 번에 몇 주씩 한곳에 머무르는 경향이 있다. 근처의 자원이 고갈되어 먹을 것을 구하기 힘들어지면, 집단은 이전에 있던 야영지를 점령하면서 계속 이동한다. 그런 규칙적인 이동은 수렵 채집인들을 '이동하는' 또는 '유목하는' 사람들로 표현하게 되는 이유다. 집단에는 일반적으로 10~20명의 결혼한 성인 남성들이 있다. 대략 인구의 절반이 어린이들이며, 일부 성인은 결혼을 하지 않았거나 나이가 적거나 배우자를 잃은 사람들이다. 집단의 구성원은 유동적이다. 가족들은 친척들과 합류하거나 귀찮은 관계를 피하기 위하여 다른 집단으로 이동한다. 집단의 크기는 다양하지만 항상 작다.[23]

수렵 채집인 남성들의 특징인 평등주의는 집단 안의 5~10명의 유부남들에게 집중되어 있다. 그 몇 안 되는 남편들은 '장년들', 즉 겔너가 말한 '친척들'이다. 티에라델푸에고에서 발견된 시스템은 다른 수렵 채집인들의 전형이었다. 루카스 브리지스는 칸코아트Kankoat라고 불리는 오나(셀크남) 남성에 대한 유명한 일화에서 그것을 포착했다.

어떤 과학자가 우리 지역을 방문했는데, 이 문제에 대한 그 과학자의 물음에 대하여 나는 우리가 말을 이해한 대로 오나족은 추장이 없다고 그 과학자에게 말했다. 그가 나를 믿지 않는 것을 보고, 나는 칸코아트를 불렀는데 칸코아트는 스페인어를 조금 할 줄 알았다. 과학자가 그 질문을 반복하자, 칸코아트는 너무 공손한 사람이라 부정적으로 대답할 수 없다는 듯이 이렇게 말했다. "그래요. 우리 오나족은 추장이 많아요. 남자들은 모두 선장이고 여자들은 모두 선원이에요."[24]

이 이야기는 일반적으로 이동하는 수렵 채집인들에게 적용된다. 집단에는 우두머리가 있을 수 있고, 어떤 남자들은 다른 사람들보다 더 존경을 받을 수 있지만, 남자들은 모두 자기의 음식을 마련하기 위해 일을 해야 한다는 면에서 평등하며, 어떤 유부남도 남에 대해 권위를 세울 수 없다.[25] 집단이 결정을 해야 할 필요가 있을 때, 누가 가장 영향력을 많이 행사할 수 있는가는 상황에 따라 결정된다. 나이 많은 사람들은 회장이 없는 회의장에 있는 것처럼 행동한다. 누구나 말을 할 수 있지만, 그들은 모두 삼간다. 남성들은 자랑하는 것을 싫어해서 자기 비하를 하는 것은 공공장소에서 높이 평가된다. 인류학자 케네스 리버먼Keneth Lieberman은 호주 원주민들 사이에서 나타나는 그 효과를 기록했다. 그들은 수치심과 당혹감을 드러내는 것을 중요시했는데, 왜냐하면 "그들은 자만하지 않는다는 것을 보이려고 하기 때문이다".[26]

칸코아트가 지적했듯이, 평등주의는 여성들과 아이들에 관해서는 덜 엄격할 수 있다. 가부장제의 정도는 다양하다. 주/'호안시의 평등은 모든 성인에게 적용된다고 주장해 왔지만, 남성이 여성을

2부 남겨진 발자국

구타하면 그에 대한 처벌은 미미하다.[27] 탄자니아의 하드자Hadza 수렵 채집인들은 평등주의적이라고들 하지만, 만약 더운 지역에 나무 그늘이 없으면, 남성들은 여성들이 땡볕 아래 있는 동안 그늘에 있다.[28] 그래도 일부 개인들의 목소리가 어느 정도 지배를 하더라도, 복종을 요구할 수 있는 집단의 장長 같은 것은 없다.

평등주의적인 이동 수렵 채집인 제도는 추장, 군주, 독재자 또는 대통령 같은 사람들이 타인에 대해 권한을 행사할 수 있는, 지위가 있는 더 크고 전형적인 농업 계층 집단과 대조를 이룬다. 물론 개인이 이끄는 정착된 사회조차 강력하게 평등주의적인 요소를 포함할 수 있다. 독립선언문이 "모든 인간은 평등하게 태어났다"고 명시했을 때 혁명적으로 보였을지도 모르지만, 작은 집단 안의 사람들은 항상 평등의 규범을 채택하는 경향이 있었다. 자기 자신을 높이거나 소집단을 지휘하려는 사람들은 쉽게 원망의 대상이 될 수 있다.

집단으로 서식하는 대부분의 영장류는 인간과 대조적으로 잔인하게 싸울 수 있는 능력에 의해 결정되는 확실하게 지배적인 위계질서를 가지고 있다. 일반적으로 알파는 수컷이지만, 성이 어떻든 간에, 알파는 신체적으로 모든 도전자를 물리친 것이다.[29] 수렵 채집인들 사이에서 남성의 지위는 폭력에 의해 좌우되지 않기 때문에 침팬지나 고릴라 같은 영장류와는 다르다. 유인원과 다른 영장류들은 신체적인 싸움에서 이전의 알파를 확실하게 물리침으로써 새 알파가 된다. 사회 규범을 따르는 이동 수렵 채집인들 사이에서는 대조적으로 싸움이 없고 알파 남성 같은 사람도 없다.

단체의 결정에 대한 주도권을 쥐는 것과 같이 수렵 채집인 집단 안에 리더십이 있는 한, 위신이 중요한 기준이 된다. 사람들은 대부분 좋은 주장을 펴거나, 좋은 계획을 세우거나, 최고의 중재자가 되거나, 최고의 이야기를 들려주거나, 미래를 가장 설득력 있게 설명하는 것을 통해 영향력을 행사하려고 경쟁한다. 이런 식으로 숙련된 사람들은 지도자나 우두머리로 인정받을 수 있지만, 그런 역할은 고집이 세고, 강압적이거나, 신체적으로 압도적이기보다는 현명하고 설득력 있을 때 가능하다. 지도자는 존경을 받을 수 있지만, 자신의 생각을 강요할 수 없고, 타인으로부터 어떤 것을 빼앗기 위해 자신의 지위를 이용할 수도 없다. 지도자가 다른 사람들에게 명령할 수 없다는 것은 이동 수렵 채집인들 사이에서 알파의 위치가 없다는 것을 의미한다.[30]

수렵 채집인들 사이에 알파가 없다는 것을 어떻게 설명할 수 있을까? 수렵 채집인들은 서로 해를 끼치지 않고 평화적인 사람들이라고 볼 때, 그들이 그렇게 태어났다고 하는 것은 이론적으로 가능하다. 영장류 중 몇 종은 그들의 심리가 정말로 놀랄 만큼 비경쟁적으로 발전할 수 있다는 것을 보여 준다. 수컷 타마린*은 암컷 한 마리를 놓고 싸우지 않고 공동으로 짝짓기를 한다. 그러나 이런 공유는 인간에게서 찾아보기 힘들다. 오히려 유목하는 수렵 채집인들은 심리적으로 우리와 비슷한 존재로 보인다. 칼라하리에서 태어났든 뉴욕에서 태어났든 유아들은 자기중심적인 뻔뻔함과 도와주려는 마음을 동시에 보여 준다. 유아들은 어디서나 경쟁 심리를 보일 잠재력을 가지고 있으며, 우리가 본 것처럼 수렵 채집인들은 때로는 힘을 휘두름으로써 사회 규범에 도전하도록 성장한다.[31]

1982년 당시 탄자니아의 하드자 수렵 채집인들을 연구하던 주요

• 타마린tamarin: 영장목 마모셋원숭이과 타마린속에 속하는 동물의 총칭. 네 다리에 갈고리발톱이 있으며, 몸길이는 15~30센티미터다.

2부 남겨진 발자국

민족학자 제임스 우드번James Woodburn은 하드자 남성들이 남에게 명령을 하거나 남의 아내나 소유물을 빼앗음으로써 다른 사람을 지배하려는 사례를 보고했다. 그는 또한 치명적인 무기로 무장한 사람들 사이의 갈등에 내재된 위험성에 주목했다. 우드번은 "하드자 남성들은 밤에 캠프에서 잠들었을 때 총을 맞거나, 덤불에서 혼자 사냥을 할 때 매복 공격을 당할 위험이 있다"고 썼다. 그는 유목하는 수렵 채집인들에게 알파가 부재한 이유는 살인 때문이라고 제시했다. "위협으로 인식된 사람은 누구든 몰래 죽일 수 있는 수단이, 강력한 평등화 메커니즘으로 직접적으로 작용한다. 부, 권력, 위신의 불균형은 스스로를 효과적으로 보호할 수단이 없는 사람에게 위험할 수 있다."[32]

1993년 크리스토퍼 보엠은 수십 개의 잘 알려진 수렵 채집인 사회들을 대상으로 알파를 살해함으로써 평등이 가능했다는 우드번의 생각이 하드자에 그치지 않고 보다 광범위하게 적용되는지 알아냈다. 한편으로 그는 남성들이 다른 사람들을 지배해서는 안 된다는 사회적 규범이 있음을 발견했다. 그러나 놀랍게도 보엠은 서로를 위협하거나 속이고 자화자찬하는 많은 남성의 예를 발견했다. 그의 결론은 우드번의 주장을 뒷받침했는데, 사회적 규범에도 불구하고 잠재적인 불량배는 항상 존재하는 것 같다는 것이다. 그들의 유명한 평등주의에도 불구하고 수렵 채집인들은 불쾌하게 경쟁적일 수 있다.[33]

보엠은 적어도 한동안 남성이 알파 위치를 차지했다는 기록을 발견하기도 했다. 새로 모인 이누이트족 집단은 원래의 집단에서 추방된 후 함께하게 된 몇 명의 남성으로 구성되어 있었다. 한 남성은 아주 전투적인 사람으로, 다른 남성의 아내를 데려다가 자기 사람으로 만들고 아내를 뺏긴 남편을 조롱했다. 나중에 그는 다른 남자 한테서 아내를 빼앗고, 잃어버린 아내하고는 다시는 말하지 말라고 명령했다.[34]

의문점은 왜 이누이트족 아내를 강탈하는 것과 같은 폭력적인 행동이 더 흔하지 않는가 하는 것이다. 그것에 대한 답은, 폭군이 될 가능성이 있는 사람들은 필요한 모든 종류의 압력에 의해 제약을 받는다는 것이다.

사회 통제의 과정은 보통 아주 낮은 수준의 갈등에서 시작되는데, 아마도 작은 자존심의 표출에 의해 유발될 것이다. 인류학자 리처드 리는 자신이 겸손해졌던 경험을 묘사했다. 당시 청년이었던 그는 자신이 연구하고 있던 주/'호안시 수렵 채집인에게 성대한 크리스마스 선물을 주고 싶어, 큰 소 한 마리를 사 주어서 그들을 놀라게 했다. 그러나 화려한 고기 선물에 대한 그들의 반응은 리에게 충격을 주었다. 그들은 리를 모욕했고, 소에 고기가 하나도 없다고 불평했으며, 소가 너무 말라 뿔을 먹어야 할 지경이라고 했다.

결국 토마조Tomazo라는 한 노인이 무슨 일이 벌어졌는지 설명해 주었는데, 그 선물은 리를 오만하게 보이게 만들었다는 것이다. "젊은이가 큰 소를 죽일 때, 그는 자신을 우두머리나 덩치가 큰 사람으로 생각하고, 나머지 우리를 종이나 추종자로 생각하게 된다. 우리는 그것을 받아들일 수 없다. 우리는 자랑하는 사람을 거부한다. 그래서 우리는 항상 그 고기를 쓸모가 없다고 말한다. 이렇게 해서 우리는 그의 마음을 가라앉히고 부드럽게 만든다."[35]

리를 향한 모욕은 전형적인 평준화 장치였다. 주/'호안시 수렵 채집인들은 리의 고기를 원했지만, 리가 우월감을 느끼는 것은 원치 않았다. 이런 태도는, 우드번의 말을 빌리자면 "큰 동물을 잡아

온 하드자가 자제력을 발휘하리라고 예상"되는 이유를 설명한다. "그는 다른 사람들과 함께 조용히 앉아 화살에 묻은 피가 그를 대변하도록 한다."[36] 가끔 몇 마디만 하면 되는 것이다. 모든 사람은 그 또는 그녀가 어떻게 행동해야 하는지를 안다. 인류학자 엘리자베스 캐시던Elizabeth Cashdan은 다음과 같은 예의를 포착했다. "큰 사냥을 한 !쿵(주/'호안시) 사냥꾼이 해야 할 적당한 행동은 자기의 공적을 지나가는 말로, 그리고 비하하는 방식으로 말하는 것이다. 그가 자신의 업적을 최소화하거나 가볍게 말하지 않는다면, 그의 친구와 친척들은 그를 위해 대신 그렇게 해 주는 데 주저하지 않아야 한다."[37]

어니스트 버치Ernest Burch는 이누이트족에 대해 "최소한의 몸짓과 표정은 복잡한 생각이나 감정을 전달하는 역할을 할 수 있다"고 썼다. 만약 위법자가 미묘한 반감에 반응하지 않으면, 그(녀)의 저항은 분명히 고의적인 것이다. 그러면 반응은 더욱 분명해진다. 그가 공동체 앞에 서 있는 동안 면전에서 조롱의 노래가 울려 퍼질지 모른다.[38]

좀 더 과감한 조치가 필요하다면, 사람을 피하고 배제하는 것이 작은 집단에 사는 대부분의 사람에게 고통을 주는 일이기 때문에 그렇게 하는 것이 효과적일 때가 많다. 인류학자 진 브릭스는 북극의 외딴 집단인 우트쿠Utku와 살고 있을 때, 화를 내는 실수를 저질렀다. 이글루 지붕에서 녹은 눈이 그녀의 타자기 위로 떨어졌다. 그녀는 생선 더미에 칼을 던졌고, 끝없는 생선 식단에 격분했다. 그러자 이글루는 금방 비워졌고 그 후 몇 주 동안 브릭스는 아무도 자기를 부르지 않아 텐트에 혼자 남겨진 것을 알았다. 그녀는 마침내 자신을 해명할 방법을 찾을 때까지 몹시 고통스러운 경험을 했다.[39]

인간 공동체 안에서 사람들이 수치심, 조롱, 배척으로 서로를 지배한다는 개념은 1902년 사회학자 에밀 뒤르켐Émile Durkheim이 제안했고, 이후로 인류학의 핵심 원칙이 되었다. 그런 통제가 수렵 채집인들 사이에서 처형으로까지 확대되었다는 우드번의 가설은 이제 설득력이 있어 보인다. 사형 이외의 다른 어떤 형벌도 효과가 없을 때, 언어적, 사회적 압력에 무감각한 사람들을 통제하기 위해서는 궁극적인 제재가 필요하다. 심지어 사형 제도는 가장 지배적인 남성들까지도 끌어내림으로써 평등주의적 계층 구조라는 독특한 인간 현상의 바탕이 된다. 그 속에서 남성들은 보통은 지배 욕구를 억누르는 데 성공한다.⁴⁰

그러나 만약 위법자가 최고 수준의 사회의 불만을 무시한다면, "사람들은 그러한 위협에 대처할 수 있도록 그들의 도덕으로 준비한다".⁴¹ 그린란드 출신의 이누이트족 남성이 동료들의 아내를 빼앗고, 남편들을 조롱하고, 그들로부터 승낙을 강요하는 일이 있었다. 그는 그로 인해 화가 난 두 명의 남편에 의해 살해되었다.⁴²

사형의 집행으로 사회적인 공격성을 감소시키는 한 가지 방법은 순응하게 만드는 것이다. 처벌은 어디서나 중요하다. 1960년대에 주로 불교를 믿고 쌀을 재배하는 사람들이었던 태국 중부의 시골 방찬Bang Chan인들은 싸움, 가정 폭력, 아동 학대가 거의 없는, 세계에서 가장 평화로운 사회 중의 하나로 유명해졌다. 방찬 사람들의 온순함을 밝힌 심리인류학자 허버트 필립스Herbert Phillips는 방찬의 평온함이 어디서 비롯되었는지 다음과 같이 분명히 말했다. "방찬 사람들의 공격성과 관련해 더 인상적인 것은 공격성이 없다는 점이 아니라 공격에 행사하는 통제력의 양과 종류다."⁴³ 다른 이동 수렵 채집인 사회에서도 방찬 사람들의 사회처럼 온순하고 자제하며 놀랄 만큼 존중하는 관계 같은 특징이 비슷하게 나타

2부 남겨진 발자국

나지만, 방찬 사람들의 쾌활한 본성은 육아법과 사회 통제에 힘입은 바 크다. 주/'호안시 아이들과 어른들은 너무 강압적이지 않도록 규칙적으로 주의를 준다. 인류학자 폴리 위스너Polly Wiessner는 주/'호안시 수렵 채집인들의 대화에서 그들이 칭찬보다 비판을 여덟 배 더 많이 하는 것을 발견했다.[44] 모든 문화는 보다 더 많은 사회 통제를 이용한 사회화를 통해 다음 세대를 복종하게 만드는 요령을 터득한 것 같다. 사형에 대한 두려움은 틀림없이 순응과 자제의 정신을 장려하는 데 기여할 수 있다.

그러나 사형의 위협이 낳는 사회 문화적인 영향들이 아무리 중요하더라도 그런 영향들은 장기적이고 유전적인 결과에 관심을 기울이는 사형 가설의 초점이 아니다. 사형 가설에서는 선사 시대 때 수천 년 동안 사형에 의해 희생된 사람들은 반응적 공격 성향이 높은 사람들이었다고 말한다. 그러한 사람을 살해하거나 억압하는 일이 너무 자주 일어나 우리 종은 좀 더 고분고분하고 덜 공격적인 기질을 진화시킨 것으로 생각된다. 유감스럽게도 과거의 사형 빈도를 정량하거나 홍적세 때의 선택압을 계산하는 것은 불가능하다. 그러나 인간 사회에서 볼 수 없는 영장류 스타일의 알파 수컷은 특징적이고 반응적인 공격자들이기 때문에, 자기 길들이기 증후군은 사형에서 비롯되었다는 개념은 남성 평등주의의 인간 체계를 통해 뒷받침된다.

집단들이 불량배들을 통제하는 방법을 찾기 전 수천 년 동안, 반응적 공격은 침팬지, 고릴라, 개코원숭이와 같은 대부분의 사회적인 영장류들이 했던 방식으로 사회생활을 지배했을 것이다. 이들 종에서 알파 수컷은 종종 피비린내 나는 몸싸움에서 경쟁자 각각을 물리침으로써 집단의 지배 계층에서 최고의 위치에 올라간다. 이 과정은 여러 해가 걸린다. 모든 도전자에게 겁을 순 알파 수컷은 관대한 지배자가 될 수 있지만, 그의 침착한 겉치레 속에는 잠재적으로 폭력적인 반응이 숨어 있다. 다른 수컷이 복종하겠다는 적절한 신호를 보내 주지 않으면 알파 수컷은 필요한 경우 부하를 마구 때리는 공격적이고 폭발적인 반응을 보인다. 알파 수컷의 행동은 높은 수준의 테스토스테론과 밀접한 관련이 있는데, 이는 다른 수컷을 지배하려는 동기를 뒷받침하는 것으로 보인다. 사회적인 영장류들 사이에서 그런 행동이 흔하다는 점으로 미루어 보건대, 우리 조상들은 한때 짐승같이 행동했다. 호모 사피엔스 조상들의 거대한 얼굴을 볼 때, 그들은 적어도 홍적세 중기까지 몸싸움을 했을 가능성이 높다. 인간의 경쟁성은 여전히 개별적인 전투를 통해 지위를 획득하려는 영장류 시스템의 요소를 가지고 있다. 테스토스테론이 많은 남성은 도전을 받지 않는 한 특별히 공격을 하지 않지만, 도전을 받으면 테스토스테론이 적은 남성보다 공격적 반응을 할 가능성이 높다. 종합하면, 영장류 스타일의 알파 남성은 반응적 공격 성향이 높은 사람이다. 알파 남성에 대한 처형은 반응적 공격에 대항하는 선택인 것이다.[45]

비록 사형이 널리 퍼져 있었더라도 공격에 진화적 영향을 미칠 만큼 빈번했을 것이라는 생각은 처음에 놀랍게 보일지도 모른다. 그러나 기간의 길이와 그 기간 안의 세대수를 생각하면, 자기 길들이기를 위한 진화 속도는 상대적으로 느리게 나타났다. 우리가 보았듯이, 자기 길들이기의 과정은 적어도 30만 년 전에 시작되었을 수 있다. 30만 년은 약 1만 2천 세대와 맞먹는다. 길들이기 증후군은 뒤에 더 심해진 것으로 보인다. 대략 1만 5천 년 동안 개들이 늑대로부터 진화한 것과 같이, 인간이 길들이기된 세대수는 포유류들이 길들이기된 세대수보다 훨씬 많다. 늑대의 평균 번식 기간은 4~5년으로, 이는 개들이 늑대로부터 4천 세대 동안 분리되어 나왔음을 시사한다. 더욱 빠른 것은 야생 밍크로부터 길들이기된 밍크가 80년 동안 진화했다는 것이다. 이 경우 인간은 의도적으로 각 세대에서 선택을 하는 등 길들이기의 속도를 가속화했다. 따라서 인간은 아마도 비교적 온화한 사회적 압력에 맞추어 천천히 자기 길들이기를 했는데, 특히 높은 정도로 반응적 공격을 하는 사람을 때때로 제거하는 것은 인간의 진화적인 변화에 영향을 주는 많은 요인 중의 하나에 불과할 것이다. 문제는, 반응적 공격 성향이 높은 집단 구성원을 살해하는 비율이 진화에 중요하게 작용할 정도로 충분하게 높았는가 하는 것이다.[46]

집단 내에서 살인에 의한 사망률은 높을 수 있다. 평등주의적인 소규모 사회에서 기록된 가장 높은 살인율은 수렵 채집인들에게서 나타난 것이 아니라 브루스 너프트가 연구한 게부시 원예 농부들에게서 나타났다. 게부시 집단 내 살인은 갈등을 해소하고 사회적인 통합을 유지하는 데 기여했다. 희생자들은 "치명적인 분노"로 가득한 사람들이라고 불렸다.[47]

너프트는 1940년부터 1982년까지 42년 동안 394명의 사망자에 대한 데이터를 수집했다. 그는 남성 4명 중 1명(24.4퍼센트)과 여성 6명 중 1명(15.4퍼센트)이 주술을 행한 죄로 처형당했다고 밝혔다. 젊은 미혼 남성과 기혼 남성의 사형률에는 차이가 없었다.[48]

이렇게 높은 사망률은 분명히 빠른 선택적 효과를 가져다줄 수 있겠지만, 나는 게부시에서의 사망률이 인간의 진화를 대표한다고 말하는 것은 아니다. 또 우리는 그것이 게부시의 전형이라고 추측할 수 없다. 1982년부터 그들은 디스코에 맞춰 춤을 추고 기독교를 채택하는 등 변화한 민족이 되었다. 너프트가 분석한 수년 동안 그들의 높은 사형 집행률은 부분적으로 다른 게부시 사람들로 인한 인구통계학적 압박 때문에 결혼을 제대로 조직하지 못했기 때문일 수 있다. 그들의 살해율이 유난히 높은 것은 아마도 특징적 문화, 시간, 장소에서의 특수한 현상일 것이다.[49]

그럼에도 불구하고 우리는 집단 내 살인이 매우 중요한 선택적인 힘이 될 정도로 빈번했을 가능성에 눈을 뜨게 된다. 거의 동시에 레이 켈리Ray Kelly는 뉴기니 고지대의 에토로Etoro족에서 일어난 마법사 살해에 대해 기록했다. 희생자들은 일반적으로 "비극을 낳는 이기심과 다른 사람들에 대한 무반응"을 보이는 사람들로 알려졌다. 켈리는 죽은 성인 중 9퍼센트가 사형에 의해 죽은 것을 발견했다. 소문, 두려움, 경쟁, 무지는 놀라울 정도로 치명적인 조합이 될 수 있었다.[50]

그럼에도 불구하고 얼마나 많은 반응적 공격자들이 사형에 의한 희생자가 되었는지 추측할 여지가 있으며, 사형이 얼마나 오랫동안 행해졌는지도 마찬가지로 알려지지 않았다. 가장 오래되고 직접적인 실마리조차 잠정적이고, 진화적인 시간상 매우 최근의 것이다. 약 8천5백 년 전 수렵 채집인들이 그린 스페인 동부의 암벽 그림에는 사형 장면으로 해석되는 표현들이 포함되어 있다. 한 그림에서는 열 명의 형상이 늘어서서 활을 쏘면서 다섯 개의 화살을 맞아 땅에 쓰러져 있는 형상을 바라보고 있는 것 같다. 다른 그림은 화살에 맞아 죽은 시체들을 보여 준다. 그러나 그러한 묘사가 실제로 사형이 일어났다는 것을 의미하는지는 알 수 없다.[51] 인간에게서 길들이기 증후군을 형성시키는 데 사형이 중요하다는 것이 불확실한데도 불구하고, 사형이 그런 작용을 했다는 증거는 사형 제도가 언제 시

2부 남겨진 발자국

작되었는지에 대한 생각을 정당화할 만큼 충분히 설득력이 있는 것으로 보인다. 언어나 사냥 같은 모든 인간에게서 발견되는 특징은 최소 6만 년에서 10만 년 전의 것으로 인정된다. 왜냐하면 그때가 호모 사피엔스가 아프리카에서 "발상지의 특징cradle trait"을 전 세계에 지니고 다닐 때였기 때문이다.[52] 오터바인의 말에 의하면, "사형은 모든 인간의 사고에서 근본이 되는 인간성 본래의 특징인 발상지의 특징들 중 하나로 간주된다".[53]

얼마나 오래전부터 사형 제도가 행해졌는지는 언어의 진화를 고려해 짐작할 수 있다. 침팬지는 때때로 그들 공동체에서 장년을 죽이지만, 내가 11장에서 논의하는 것처럼, 그렇게 하려고 했다는 증거가 없다. 언어는 특정 개인을 계획적으로 죽이는 데 필요한 것으로 보인다. 공격자에 대한 반응으로 행해지는 비난과 조롱은 음모의 힘을 가진 소문에 좌우된다. 온화한 사회 통제의 방법이 통하지 않을 때, 사람들은 위법자를 죽여야 한다는 생각을 퍼뜨리기 시작한다. 그러기 위해서는 언어 능력이 필수적이며, 상당한 기술이 필요하다. 보엠의 말에 의하면, "전술적인 문제는 명백하다. 말을 꺼낸 사람은 누구든 자신의 생명을 위험에 빠뜨리고 있는지도 모른다. 그 위험은 신체적인 공격일 수도 있고 주술사가 있는 집단에서는 주술일 수도 있다". 너프트가 보여 주었듯이 게부시 사람들 사이에서 일어난 의혹의 성쇠가 왜 그렇게 조심스럽게 다루어지는지 알 수 있다.[54]

소문을 통해 개인은 자신의 감정을 신중하게 시험하고 서로 계획을 공유함으로써 조정의 문제를 해결할 수 있다. 율리우스 카이사르를 암살한 20여 명은 서로에 대한 신뢰를 얻기 위해 몇 주 동안 소규모 비밀 단체에서 이야기를 나누었다. 개인이 서로를 충분히 설득한 이후, 문제가 되는 사람이 적절하게 대응하지 않으면, 공동 결정에 따라 목숨을 빼앗는 것이다. 그때도 개시자가 위험할 수 있다. 카이사르를 첫 번째로 공격한 카스카는 그의 공모자들이 합세하기 전에 동생에게 도와 달라고 외쳤다.[55]

6만 년 전에 얼마나 빨리 혹은 얼마나 오랫동안 언어가 출현했는지는 확신할 수 없지만, 우리는 그것에 어느 정도 경계를 둘 수 있다. 한 가지 관점은 언어가 10만 년 전에서 6만 년 전 사이에 현대의 정교한 수준으로 발전했다는 것이다. 즉 그보다 더 전에는 오늘날 인간의 보편적인 능력이 발전하지 못했다. 보다 급진적인 사상가들은 현대 언어가 상당히 일찍 생겼다고 주장한다. 도움이 되는 시금석은 네안데르탈인과 비교하는 것이다. 네안데르탈인이 유럽과 서아시아를 점령한 것은 약 20만 년 전에서 4만 년 전으로 기록되어 있음을 상기해 보자. 유전학적인 데이터에는 네안데르탈인이 76만 5천 년 전에서 27만 5천 년 전 사이에 우리의 혈통과 분리되었다고 나타나 있으며, 네안데르탈인의 두개골과 골격에는 호모 사피엔스가 갖고 있는 자기 길들이기의 징후가 없다. 네안데르탈인은 호모 사피엔스와 같은 정도의 문화적인 복잡성을 이루지 못했고, 특히 그들의 상징적인 문화는 훨씬 제한적이었기 때문에, 대부분의 전문가는 네안데르탈인들의 언어 능력이 우리보다 못하다고 생각한다. 또한 이 주장을 뒷받침하는 일부 잠정적인 생물학적인 징후들이 있다. 예를 들어 언어 기능(기억과 사회 행동을 포함하여)에 관여하는 뇌의 측두엽은 호모 사피엔스가 네안데르탈인보다 비교적 더 크다. 두개골과 골격, 문화적인 복잡성, 두뇌에 대한 증거 모두는 네안데르탈인들이 언어를 가지고 있지 않았음을 시사한다. 이를 근거로 우리가 76만 5천 년 전에서 27만 5천 년 전

2부 남겨진 발자국

사이에 네안데르탈인의 혈통과 갈라지기 전에는 우리 홍적세 중기 조상들의 언어가 오늘날의 언어보다 훨씬 덜 정교했다고 결론을 내릴 수 있다.[56] 발달 속도를 직접 잴 수는 없지만, 이 모든 것은 76만 5천 년 전 이후에 언어가 우리 조상들에게 효과적으로 작용했다는 것을 암시한다.

따라서 다른 모든 호모속에 비해 호모 사피엔스의 혈통에서 언어 능력이 상당히 상승되었을 가능성이 높다. 언어의 개선과 함께, 지배적인 공격자가 된 집단의 일원을 배제하거나 배척하는 집단 구성원들이 연합을 형성할 수 있는 능력이 생겼다. 그러한 연합은 지나치게 공격적인 남성들을 제거하는 방향으로의 인간 선택을 가능하게 했다. 그 결과로 인간은 두개골이 더 우미優美해졌고, 유형 진화를 했으며, 더 참을성이 있는 종으로, 즉 자기 길들이기되는 방향으로 계속 변해 왔다.

요컨대 우리가 다른 개인을 얼마나 원망하고 있는지 표현하는 능력, 그리고 그것과 관련해 과감한 행동을 하겠다고 떠벌리는 능력이 적어도 수천 세대 동안 인간 유산의 일부였다는 것은 분명하다. 만약 50만 년 전에 언어가 충분히 발달하기 시작했다면, 언어의 사회적 중요성의 증가는 어떻게 우리 조상들이 알파 남성들을 통제하기 시작했는지 그리고 어떻게 새로운 종류의 호모속을 출현시켰는지 설명하는 데 도움이 될 것이다. 이런 자기 길들이기 모델에서 언어는 소문에서 살인에 이르기까지의 많은 사회적인 통제 도구들을 가능하게 했던 호모 사피엔스의 중요한 특징이었다.

그러나 언어만이 길들이기 증후군을 푸는 열쇠라고 주장하는 것은 아니다. 많은 학자는 알파 남성이 있는 영장류 체계에서 평등주의와 협력의 인간 체제로의 전환을 설명하는 방법으로 무기의 사용에 초점을 맞추었나. 돌이나 창을 던시면 주노적인 공격을 압노석이고 안전하게 수행할 수 있기 때문에, 무기는 알파 남성에 대항해서 움직임을 조직하고 시작하는 데 유용했을 것이다. 그러나 내가 보기에 언어의 발달에 비해 무기의 중요성이 덜하다는 점을 뒷받침하는 몇 가지 지점이 있는 것 같다.

사형에는 무기가 필요하지 않다. 늑대, 사자, 침팬지 같은 동물들은 무기가 아닌 협동을 이용하여 살해를 한다. 인간 또한 무기가 없어도 죽일 수 있다. 소규모 인간 사회를 대상으로 한 전 세계적인 조사에서 오터바인은 돌팔매질, 창던지기, 총 쏘기 등이 자주 쓰이는 처형 방법임을 인정하면서도 교수형, 화형, 구타, 절벽에서 밀기, 죄인 일행을 높은 나무에서 뛰어내리게 하기, (강간범에게) 가시나무의 가지를 음경 안에 쑤셔 넣기에 주목했다. 또 다른 방법은 호주에서 있었던 일인데, 적대적인 이웃에 있는 복수를 하려는 사람들에게 희생될 사람을 넘겨서 문제를 해결하는 것이었다.[57]

야노마뫼 수렵 채집인들 사이에서 보고된 사형에서 알 수 있듯이, 무기는 살인자들도 위험에 빠뜨릴 수 있다. 어떤 남성들은 같은 동족이 오만하고 괴롭힘을 일삼는 것에 화가 났지만, 그들은 그를 막을 용기가 없었다. 어느 날, 한 무리의 사람들이 그 오만한 불량배에게 나무 위에 있는 꿀을 갖다 달라고 부탁했다. 불량배는 의심하지 않고 나무에 올라가기 전에 무기를 다 내려놓고 올라갔고, 암살하려던 남자들은 안전해졌다. 그들은 불량배의 무기를 수거하고, 그를 쉽게 죽이기 위해 그가 내려올 때까지 기다리기만 하면 되었다. 이 이야기는 조직적인 범죄로 추정되는 방식을 떠올리게 한다. 예를 들어 희생될 사람을 운전석 옆에 앉히고 살해하려는 자는 그의 뒷자석에서 공격하는 것을 몇 주 동안 계획하는 것이다. 공격을 할 때 희생될 사람이 무력한 상태여야 한다는 것은 공격자들끼리 의도를 공유하는 것이 중요하다는 것을 극적으로 보여 준다. 즉 그들은 언어를 사용하여 계획을 세운다.[58] 몸짓으로 하든 말로 하든, 언어는 겁을 먹고, 좌절하고, 원망하고 있는 사람들로 하여금 폭군에 대항하여 안전하게 음모를 꾸밀 수 있도록 의도를 충분히 구체화해 공유할 수 있게 해 준다.

살인하기에 충분하고 효율적인 무기를 만든 시기는 자기 길들이기의 출현을 설명하기에 부적절하다. 호모 사피엔스가 실제로 30만 년 전에 출현했다고 가정하고, 이 시기를 우리를 하나의 독특한 종으로 만든 평등주의적 경향이 평등화 메커니즘을 통해 시작된 때라고 가정해 보자. 심지어 그 초기에는 호모속이 사냥을 하거나 사자를 죽이기 위해 무기를 충분히 잘 사용하게 된 지 오래된 이후인데, 이렇게 된 것은 2백만 년 전으로 거슬러 올라갈 수 있다. 언어의 중요한 역할에 대한 또 다른 주장은 종들의 비교를 통해 나온다. 우리는 침팬지나 다른 동물들이 사회 공동체의 일원을 언제, 어떻게, 어디서 죽일지를 미리 결정했다는 증거를 가지고 있지 않다. 언어 없이는 그런 계획은 불가능하다. 그러므로 나는 새로운 종류의 정치 체계의 생성을 촉발한 인간의 참신함은 음모를 꾸미는 데 있다고 추론한다. 무기를 만들 수 있는 능력이 아닌 함께 음모를 꾸미는 능력은 고전적인 알파 남성의 유형과 새로운 피지배자들의 연합 간의 힘의 균형이 언제 바뀌는지 확실하게 결정했다.

함께 음모를 꾸미는 능력은 심리학자 마이클 토마셀로가 말하는 "의도의 공유"의 한 예로, 공모자들이 서로의 심리 상태를 공유하는 협동적 상호 작용이라고 정의된다.[59] 인간은 한 살쯤 되면 어린아이들에게서 흔히 나타나듯이 의도를 공유하는 데 뛰어난 반면, 침팬지들은 그렇게 할 수 있다는 어떠한 증거도 없다. 토마셀로는 인간에게서만 나타나는 의도의 공유가 왜 인간이 수학을 사용하고, 고층 빌딩을 짓고, 교향곡을 연주하고, 정부를 구성하는 등 인간 특유의 많은 것을 행할 수 있는지를 설명한다고 생각했다. 그러나 만약 반응적 공격에 대항한 선택이 길들이기 증후군의 형성을 초래했다는 가설이 옳다면, 인간의 능력들 중 어느 것도 음모자들이 서로를 충분히 신뢰하여 불량배를 죽일 수 있게 하는 능력만큼 특별한 것은 없었다. 그런 능력은 우리를 길들이기되게 만들었을 뿐 아니라, 10장과 11장에서 보여 주듯이, 인간 간의 다양한 협력을 가능하게 했다.[60]

의도한 공유와 언어는 모두 이 이야기의 중요한 부분이다. 인지 능력에 있어서 이런 중요한 진보가 어떻게 시작되었는가 하는 것을 추측해야 한다. 우리는 의도의 공유와 언어가 우연히 생겼는지 알지 못한다. 이론적으로 언어와 의도의 공유는 다른 인지적 특징에 대한 주장처럼 임의로 진화될 수 있다. 예를 들어 인간, 유인원, 돌고래, 아시아코끼리, 까치는 거울을 통해 자신의 모습을 인식하는 능력을 가지고 있다. 자연에서의 유일한 거울은 잔잔한 물 표면밖에 없기 때문에, 거울의 반사를 통해 자기를 인식하는 것이 적응되었다는 설명은 이치에 맞지 않는다. 대신 자기를 인식하는 능력은 다른 이유에 의해 선호되는 정신력의 상승에서 비롯되었다. 언어의 초기 출현도 마찬가지였을 것이다.[61]

언어가 생긴 이유가 여전히 불가사의하더라도, 그 영향의 크기로 보건대 언어 능력이 크게 진보한 시대는 호모 사피엔스의 기원이라고 할 만하다. 고생물학자 이안 태터샐Ian Tattersall이 지적한 바와 같이, 언어 알고리듬의 기초는 다소 단순해 보이는데, 이는 언어의 발명이 "일시적"이었음을 시사한다. 언어는 상징적 사고와 연관되어 있으며, 인간의 정치와 사회적 행동에 매우 중요한 역할을 하고 있다. 따라서 언어는 뚜렷한 효과를 내면서 정교한 수준에 도달했다고 할 수 있다. 우리 홍적세 조상이 살았던 지난 2백 만 년을 통틀어, 30만 년 전에 시작된 우리의 신경과 골격계의 변화는 극적인 것이었다.[62]

따라서 점점 숙달된 언어의 발달은 인간의 길들이기를 궁극적으로 설명하는 데 최상의 근거를 제공한다. 다음 장에서 보게 되겠지만, 그 결과는 단순히 반응적 공격성이 감소한 것을 훨씬 뛰어넘는 것이다.

9장
길들이기의 결과

우리는 인류의 평화적 미덕의 기원을 찾기 위해 블루멘바흐로부터 시작했다. 1811년, 그 온화한 인류학자는 인간의 예외적인 온순성에 근거하여 우리가 길들이기된 종이라고 주장했다. 이제 블루멘바흐의 주장을 뒷받침하는 메커니즘이 등장했다. 우리가 현재 평화로운 것은 반응적 공격에 대항하여 30만 년 동안 선택해 온 결과라고 생각하는 것이 효과적일 것 같지만, 그것은 새로운 방식이다. 이 장에서 나는 낮은 공격성에 대한 대체 가설과 자기 길들이기 가설은 어떻게 구별될 수 있는지 보기 위해 자기 길들이기에 대한 논쟁을 더 깊이 들여다보고자 한다. 자세히 고려할 가치가 있는 두 가지 가설이 제안되었다. 하나는 낮은 반응적 공격성이 30만 년 전보다 훨씬 전의 조상들의 특징이었다는 것이다. 다른 하나는 낮은 공격성이 직접적으로 선택된 것이 아니라 자기 통제력의 증가와 같은 또 다른 특징을 선택한 것에 대한 부산물이라는 것이다.

　호모 사피엔스의 진화에서 나타난 해부학적인 구조의 변화를 설명하기 위해 종래의 학식은 자기 길들이기와 다른 생각을 보여 준다. 내가 앞에서 언급했듯이, 고인류학자들은 전통적으로 호모 사피엔스의 해부학적 특징을 우연의 부산물이라기보다 일련의 평행 적응으로 해석해 왔다. 우리 혈통의 가벼운 체중, 짧은 얼굴, 여성화를 설명하기 위해 그들은 변화한 기후, 더 좋아진 식습관, 더 정교해진 도구의 사용과 같은 요인들을 상기시켰다. 만약 어떤 사람들이 종종 과학자들이 하는 것처럼 생물학적인 특성이 자연 선택의 직접적인 작용에 의해 항상 진화한다고 가정하면, 그러한 제안들은 합리적인 것이다.

전통주의자들이 옳고, 호모 사피엔스의 독특한 해부학적 구조가 우리가 길들이기되었다는 증거가 아니라고 가정해 보자. 그렇다면 어떤 대체 이론이 우리가 비교적 평화적이라는 것을 설명할 수 있는가?

극단적인 대답은 우리 조상들이 애초부터 영원히 유순했고, 우리 조상들 중 어느 누구도, 예를 들어 침팬지나 원숭이처럼 공격적이지 않았다는 것이다. 우리의 모든 동물 조상들이 특별히 유순했다는 것은 놀랄 만한 일이다. 캄브리아기 폭발 이후, 약 5억 4천2백만 년이란 세월이 흘렀는데, 그때 따뜻한 해양에 살던 우리 조상들은 처음으로 좌우 대칭인 동물이 되었다. 지난 3억 6천만 년 동안, 우리의 혈통은 처음에 도롱뇽 같은 양서류로서, 나중에는 결국 포유류로서 육상에 존재하게 되었다. 캄브리아기에서 오늘날까지 우리를 향해 진화하는 과정에서 수백 종의 생물 중에서 높은 반응적 공격적 성향이 결코 선호되지 않았을 확률은 분명히 낮다. 그럼에도 불구하고 아마도 모든 조상은 놀랄 만큼 공격적이지 않았을 수 있다.[1]

더 가능성이 있는 것은, 반응적 공격성이 감소하는 경향은 적어도 한 번 이상 진화했는데, 너무 오래전에 일어나서 감지할 수 없을 정도라는 것이다. 공격성이 비교적 낮은 우리의 경향이 약 8천만 년에서 9천만 년 전에 영장류가 으르렁대는 포유류에서 진화했을 때 나타났다고 가정해 보자. 아니면, 우리의 유순함이 아마도 2천5백만 년 전 유인원이 탄생한 시기로 거슬러 올라간다고 생각해 보자. 우리보다 더 공격적인 직계 조상의 생물학을 재구성하는 것은 어려운 일일 것이다. 그러나 그것은 우리가 자기 길들이기를 추론하기 위해서는 필요한 것이다.[2]

실제로 반응적 공격성의 감소는 먼 과거에 일어났을 수도 있다. 예를 들어 호모속 이전의 오스트랄로피테신이 진화하면서 유순함이 증가했을 수 있는데, 얼굴이 축소되고, 날카로운 송곳니가 짧아진 것이 그 신호였다. 고생물학자 오언 러브조이Owen Lovejoy는 오랫동안 이 생각을 주장해 왔지만, 증거를 말하기는 어려웠다. 내가 앞서 언급했듯이, 현존하는 포유류의 경우와 같이, 송곳니 크기의 감소는 더 강한 저작 활동이 필요한 식단에 대한 적응이었을 것이다. 그리고 공격성이 큰 역할을 했다는 것은 오스트랄로피테쿠스 남성이 여성보다 훨씬 더 크고, 여성보다 더 큰 얼굴을 가졌다는 것에서 알 수 있는데, 이는 선택이 남성의 공격성을 선호했다는 것을 암시한다. 양쪽 모두 논쟁이 있다. 과거는 알 수 없다. 따라서 홍적세 중기의 자기 길들이기에 대한 한 가지 대안은 우리 조상이 우리가 그 과정을 자신 있게 재구성할 수 없을 정도로 호모 사피엔스보다 훨씬 오래전에 적응했다는 것이다.[3]

우리의 루소주의적인 경향에 대한 전혀 다른 원천이 제시되기도 했다. 만약 우리의 유순함이 적응된 것이 아니라 우연에 의한 부산물이라면, 유순함은 결코 긍정적으로 선택되지 않고 진화했을지도 모른다. 진화인류학자 브라이언 헤어는 두뇌가 큰 종들이 그들의 반응을 억제하는 데 특히 뛰어나다는 사실을 근거로 이 가능성을 주장했다. 따라서 반응적 공격이 낮은 것은 감정적 반응이 낮아지는 일반적인 경향의 부산물이 될 수 있다.[4]

그 증거는 수십 종에 대해 똑같은 시험을 한 새로운 종류의 실험에서 나왔다. 헤어와 비교심리학자 에번 매클레인Evan McLean이 이끄는 팀은 크기가 작은 참새에서 크기가 큰 코끼리까지 36종의 조류와 포유류에게 똑같은 과제 두 가지를 주었다. 두 가지 과제를 해결하기 위해서는 초기 반응의 억제와 대신 답을 표현하는 두 번째 반응이 요구된다. 실험의 목적은 억제하는 인지 능력의 종 간 차이가 이미 알려져 있는 종 간 차이와 관련이 있는지를 알아내는 것이다.

행동의 억제를 시험하는 데 사용된 과제의 한 가지는 짧고 투명한 플라스틱 관 안에 놓인 먹이 조각에 어떻게 접근할 것인가였다. 매클레인과 헤어의 실험에서는 각각의 동물이 쉽게 접근하여 보상을 받을 수 있도록 양 끝이 열려 있고 구멍이 큰 관을 제공했다.

한 가지 약간 어려운 부분은 관 안의 먹이를 눈에 쉽게 띄도록 만든 것이었다. 따라서 비록 동물은 먹이를 볼 수 있었지만, 먹이를 취하기 위해서는 관심을 먹이 자체에서 관의 끝으로 옮겨야 했다. 어떤 동물들은 보이는 보상에 너무 집착해서 그들이 시작한 위치에서 결코 벗어나지 못했다. 그들은 투명한 플라스틱의 굽은 면을 툭 툭 치고 쪼아대면서 먹이에만 고정되어 있었다. 그들은 그들이 본 먹이에 직접 도달하고자 하는 첫 반응을 억제할 수 없었고, 결코 보상을 받지 못했다. 그러나 다른 동물들은 먹이를 직접 먹으려는 그들의 첫 반응을 억제하는 능력 덕분에 성공했다. 그 덕분에 그들은 두 번째 반응, 즉 목표를 달성할 수 있게 하는 반응을 표현할 수 있었다. 이 동물들은 먹이에서 관의 열린 두 끝 중 한쪽으로 관심을 옮겼다. 그래서 그들은 힘들이지 않고 보상을 받을 수 있었다.

서른여섯 종의 경우를 보았을 때, 초기 반응을 억제하는 데 성공한 것과 관련된 특징은 무엇일까? 매클레인과 헤어 팀은 성공할 확률이 뇌의 크기에 따라 체계적으로 다르다는 것을 발견했다. 더 큰 뇌를 가진 종들이 더 잘했다.[5]

뇌가 클수록 더 높은 억제력을, 즉 자기 통제력을 갖게 되는 이유는 더 큰 뇌가 피질 뉴런*을 더 많이 가질 가능성이 크기 때문이다. 피질은 의지력과 자발적인 감정 조절의 원천이다. 뇌가 큰 종의 경우 뇌에서 피질이 차지하는 비율이 높으며, 피질이 많을수록 뉴런이 많아진다. 인간은 다른 어떤 종보다 많은, 약 160억 개의 뉴런을 가지고 있다. 거대한 유인원과 코끼리가 다음으로 많은데, 60억 개 정도 된다. 피질, 특히 뇌의 앞쪽에 있는 전두엽 피질에 뉴런이 많을수록 동물은 감정적 반응을 더 잘 억제할 수 있다.[6]

억제 실험은 우리의 낮은 반응적 공격 성향이 우리가 행동을 하기 전에 생각을 할 수 있게 만드는 큰 신경망에서 비롯될 가능성을 제기한다. 그러나 실제로 이런 해석은 우리의 낮은 공격성을 설명하는 데 크게 기여할 것 같지 않은데, 왜냐하면 우리의 감정 반응이 너무 빨라서 피질에 의해 완전히 통제될 수 없는 경향이 있기 때문이다. 그럼에도 불구하고 이 생각에서 홍적세 때의 자기 길들이기에 대한 두 번째 대안 이론이 나왔는데, 우리 종이 반응적 공격성을

• 뉴런neuron: 신경세포. 하나의 세포체와 그 돌기인 수지상돌기와 축삭돌기로 구성된다.

점점 더 강하게 통제하는 것은 공격적 성향에 대항한 선택이라기보다는 큰 뇌에서 비롯되었다는 것이다.

따라서 우리의 감정적 반응성의 감소에 대해 적어도 두 가지 다른 설명이 있다. 바로 우리가 그것을 연구하기에는 그 현상이 너무 일찍 나타났다거나 그것은 다른 인지 능력을 선택한 부수적인 결과라는 것이다. 어느 쪽이든 자기 길들이기 가설을 더욱 완벽하게 탐구할 수 있는 쪽이 더 좋다. 우리는 분석을 통해 최근의 길들이기 가설을 다른 가설과 구별해 볼 수 있기를 원한다.

이런 관점에서 존재하고 있는 인간의 생물학이 도움이 된다. 나는 이전에 우리가 검토한 해부학적 특징뿐 아니라 생리와 행동에서도 동물들이 길들이기 증후군을 가질 수 있다는 것에 주목한다. 따라서 자기 길들이기 가설에 따르면 인간은 해부학적 구조뿐 아니라 생리나 행동에 있어서도 길들이기 증후군을 보여야 한다. 인간의 유순함에 대한 다른 설명은 이런 예측을 하지 않는다.

이 생각을 시험하기 위한 이상적인 연구 전략은 호모 사피엔스를 홍적세 중기 조상과 비교하는 것일 수도 있고, 그렇지 못하면, 네안데르탈인과 비교하는 것일 수도 있다. 하지만 물론, 둘 다 멸종했다. 그들이 오래전에 멸종했고, 정보를 제공하지 않는다는 사실은 실망스럽다. 다행히 현대 가축들이 대신 제공해 줄 것이다.

물론 길들이기된 모든 포유류는 야생 조상에 비해 반응적 공격성을 덜 보인다. 그것이 우리가 그들을 길들이기되었다고 말하는 이유다.

그러나 공격성은 단지 길들이기에 의해 변형된 많은 행동 유형들 중의 하나에 불과하다. 길들이기는 공포 반응이 강해지는 나이,

장난기, 성적 행동, 학습의 속도와 효과, 인간의 신호를 이해하는 능력에 변화를 가져다주며, 이 변화들은 호르몬과 신경전달 물질의 생산, 뇌 크기의 변화에 의해 좌우된다. 이러한 특징들은 생리와 행동상의 길들이기 증후군을 이루고 있다.

얼핏 보면 이런 여러 변화가 공통점을 갖고 있지는 않다. 그러나 단 하나의 원리가 그 변화들을 하나로 묶는다. 어떤 식으로든 모든 변화는 유형 진화적 또는 소아小兒의 형태를 띠고 있으며, 이는 미성년적 형질을 일컫는 것이다. 유형 진화로 인식하기 위해서는 관찰하고 있는 종들을 그들의 조상과 비교해야 한다. 특성이 조상의 유년기에 나타나고 후세에서 나중 단계(미성년기나 성년기)에 유지되는 경우 유형 진화한 것이다.

개와 늑대의 해부학적 구조를 살펴보자. 비교적 큰 많은 개는 레브라도나 바이마라너처럼 유쾌하게 퍼덕거리는 귀를 가지고 있다. 늑대들은 퍼덕거리는 귀를 갖고 있지 않지만, 늑대 새끼들은 갖고 있다. 레브라도, 바이마라너, 또는 귀가 퍼덕거리는 다른 개들은 늑대 새끼의 퍼덕거리는 귀를 다 클 때까지 유지한 것이다. 개는 늑대에서 진화했고, 어린 늑대의 퍼덕거리는 귀를 유지하기 때문에, 퍼덕거리는 귀는 유형 진화한 것이다.[7]

개의 품종은 페니키즈같이 얼굴이 짧은 종에서 아프간하운드나 독일 셰퍼드같이 얼굴이 긴 종까지 다양하다. 다 자란 개의 머리 모양이 다양한 것을 볼 때 개의 머리가 유형 진화한 것인지 의문이 들긴 하지만, 그 질문에 답하는 것은 불가능하다. 그러나 만약 두개골의 모양을 아주 정교한 방법으로 분석하면, 해결책이 아주 훌륭하게 도출된다.

2017년에 고생물학자 마델라인 가이거Madeleine Geiger가 이끄는 팀은 개와 늑대의 두개골 모양이 자라는 동안에 어떻게 변하는지 조사했다. 개가 다 컸을 때, 심지어 어릴 때도, 두개골의 모양은 어떤 면에서 품종에 따라 다르다. 이런 변화를 만든 진화적인 메커니즘은 품종에 따라 다르다. 어떤 경우, 호주 딩고의 짧은 얼굴처럼 품종-특이적인 부분은 늑대에서 유형 진화한 것이다. 그러나 다른 경우에는, 유형 진화한 것이 아니다. 예를 들어 아프간하운드는 긴 얼굴을 갖고 있는데, 이는 유형 진화한 것이 아니다. 이런 아프간하운드의 특징은 새로운 것인데, 이는 이 얼굴 모양이 늑대에서 볼 수 없는 새로운 성장 유형에서 나온 모양이라는 것을 의미한다. 요약하면, 품종-특이적 특징들은 다양한 메커니즘에 의해 진화했다. 그 특징들은 일괄적으로 유형 진화한 것이 아니다. 선택적인 교배는 개의 두개골을 여러 방향으로 변화시켰다.[8]

그러나 품종-특이적인 특징과 더불어 품종에 관계없이 모든 개의 두개골에서 똑같은 특징을 찾을 수 있다. 이런 개 두개골 모양의 특징은 개를 개이게 만든다. 이런 '품종-일반'적인 구성 요소를 본다면, 개와 늑대의 두개골은 항상 유사하며, 유사성은 유형 진화적인 것이다. 모든 연령에서, 개의 두개골과 비슷한 늑대의 두개골은 항상 개보다 어린 늑대에서 나온다. 개와 늑대의 임신 기간(약 9주)이 같음에도 불구하고, 이것은 태어날 때부터 사실이다. '품종-일반'적인 두개골 모양의 유형 진화적인 성격은 적어도 긴 얼굴이 늑대 새끼의 얼굴과 전혀 닮지 않은 아프간하운드 같은 종에서도 발견된다.

유형 진화는 두개골의 웅성다움의 감소, 짧은 얼굴, 작아진 귀를 포함한 길들이기된 동물의 많은 골격적 특징들이 진화하는 데 영향을 주는 것으로 보인다. 여우의 경우, 유형 진화의 증거는 개에서만큼 명백한데, 그 이유는 그 과정이 관찰되었기 때문이다. 50년 이상의 은여우에 대한 연구를 되돌아보면, 류드밀라 트루트는 길들이기된 계통에서 나타나는 유형 진화적인 해부학적 형질의 수에 놀랐다. 그녀는 넓어진 두개골, 짧아진 코, 퍼덕거리는 귀, 둥글게 말린 꼬리를 나열했는데, 이 모든 것은 개에게서 발견되지만, 늑대에게서는 발견되지 않는다. 그러나 돼지와 같은 몇몇 종의 경우 길들이기된 동물의 두개골이 새로운 형태로 나타나는데, 유형 진화를 거치지 않은 짧은 얼굴 같은 것이다. 연구가 계속되면서, 유형 진화의 발견이 길들이기된 여우의 두개골과 골격의 다른 측면에 얼마나 적용되는지 알면 대단히 흥미로울 것이다. 그러나 우리는 해부학적 유형 진화가 길들이기 증후군의 전형적인 특징이라는 것을 이미 알고 있다.[9]

유형 진화는 유형 성숙neoteny, 지연 발생postdisplacement, 조기 발생progenesis 등 색다른 이름을 가진 다양한 메커니즘을 통해 이루어질 수 있지만, 우리는 그것들의 차이점에 대해서는 신경 쓰지 않을 것이다. 우리의 목적을 위해, 후예 종들이 정확히 어떻게 유년화했는지를 고려하기보다 특정한 측면에서 유년화되었는지의 여부에 주목하는 것으로 충분하다.[10]

행동의 특성은 길들이기 증후군의 해부학적 구성 요소에서 발견되는 유형 진화를 만족스럽게 보완해 준다. 류드밀라 트루트는 은여우에 대한 연구에서 일부 길들이기된 개체가 성체가 되어서도 간직하는 유년적인 특성으로서 "인간에 대한 긍정적인 감정 표현"에 주목했다. 그녀가 관찰한 것은 길들이기된 동물에서 높은 빈도로 유형 진화적 형질이 나타난다는 것에 대한 설명을 제공한다. 그녀의 주장은 온순함이 기본적으로 미성년의 특성이라는 것이다. 순응성을 선택한다는 것은 미성년의 특성을 선택한다는 의미다.[11]

쥐를 대상으로 한 실험에서 이 생각을 직접 시험했다. 발달심리학자 장 루이 가리에피Jean-Louis Gariépy, 대니얼 바우어Daniel Bauer, 로버트 케언스Robert Cairns는 벨랴예프로부터 영감을 얻어 공격성에 대항한 선택이 행동의 유년화로 이어지는지 물었다. 그들은 실험 쥐를 대상으로 반응적 공격성이 높은 계통과 낮은 계통을 구분했다. 연구원들은 접촉에 대한 쥐의 반응에 주목하여 공격성을 평가했다. 그들은 다소 공격적인 쥐를 열세 세대 교배시켜, 공격과 마비freeze라는 두 가지의 수컷 행동을 반복해서 측정했다. 공격은 몸의 모든 부분을 향해 힘차게 돌진해 물어뜯거나 이로 베어 버리는 것이다. 마비는 그것이 의미하는 것처럼 꼼짝 않고 가만히 있는 것이다. 마비되는 것은 반응적 공격을 피하는 것이다.[12]

예상대로 높거나 낮은 공격성을 기준으로 선정된 쥐들은 빠르게 구별되었다. 열세 세대가 지나자, 공격성이 낮은 수컷은 공격성이 높은 수컷의 10분의 1 빈도로 다른 쥐를 공격했고, 공격할 때도 다섯 배나 더 많이 참았다. 공격성이 낮은 쥐들은 또한 빨리 그리고 자주 마비되었다.

그런 변화들은 모두 유형 진화다. 선택되지 않은 미성년들은 거의 공격하지 않았고, 공격하기까지 성년들보다 시간이 더 많이 걸렸다. 미성년들은 자주 마비되었고, 성년들보다 마비되는 속도가 더 빨랐다. 계통이 나누어지면서, 낮은 공격성으로 선택된 계통의 수컷 생쥐 성체는 낮은 공격 빈도, 느린 공격 속도, 높은 마비 속도 등 성체에 이를 때까지 선택되지 않은 미성년들의 행동을 유지했다.

놀랍게도 이 쥐 연구는 벨랴예프가 시작한 은여우, 쥐, 밍크의 연구에 더해 몇 안 되는 길들이기 실험 프로그램 중의 하나였다. 우리는 아직 길들이기에 대해 알아 가는 초기 단계에 있다.[13]

그러나 길들이기가 왜 일반적으로 행동적 유형 진화를 일어나게 하는지 쉽게 이해할 수 있다. 모든 어린 포유류는 친근한 경향이 있다. 성년들과 비교했을 때, 그들은 놀라울 정도로 두려움이 없고 호기심이 강하다. 그렇기 때문에 어린이들이 가까이서 동물을 만날 수 있는 체험 동물원은 단순히 길들이기된 동물뿐 아니라 어린 동물들도 취급하는 것이다.

유년기 동물들에게서 볼 수 있는 친근성의 진화적 원인은 그들이 나이가 들고 독립했을 때 누구를 믿어야 할지를 배워야 하기 때문이다. 유년기는 그들이 배우기에 완벽한 시기인데, 그들의 어미가 잘못된 사회적인 작용으로부터 그들을 보호해 주기 때문이다. 그들이 어미 밑에 있는 무력한 존재인 한 어미의 판단을 믿을 수 있고 두려워할 이유가 없다. 그들은 경계를 늦추고 신뢰 관계를 발전시키는 데 개방적일 수 있다.

그러나 모든 포유류의 삶에서, 나이가 들수록 이동성이 증가하여 어미에 의해 보호될 가능성이 적어지기 때문에 예측 가능한 변화가 있다. 그 변화란 더 쉽게 겁을 먹게 되고, 대응하는 방법이 더 공격적으로 되는 것이다. 종마다 다른 시기에 공포 반응이 시작된다.

선택되지 않은 은여우는 생후 45일(6주 반)쯤 되면 겁을 먹는다. 그때부터 여우 새끼는 다른 여우 또는 인간이나 낯선 것에 대해 겁을 먹고 공격성을 보인다. 소위 말해 그들이 사회화할 수 있는 창이 닫힌 것이다. 그들이 그때까지 맺어 온 유대감은 평생 지속될 수 있지만, 어렸을 때의 순진함은 사라진다. 따라서 그들은 낯선 사람들을 신뢰하는 것이 어렵다는 것을 알게 된다. 사회화의 창이 닫히면

개라도 훈련하기가 어려울 수 있다.[14]

길들이기는 사회화의 창을 넓힌다. 트루트와 그녀의 동료들은 은여우의 공포 반응이 선택되지 않은 계통의 경우 생후 45일에 나타났지만 낮은 감정적 반응으로 선택된 계통의 경우 생후 120일로 지연된 것을 발견했다. 사회화의 창이 두 배 이상 늘어난 결과는 선택된 여우 계통이 두려움 없이 인간과 교감할 수 있는 기회가 더 커졌다는 것을 의미한다. 트루트 팀이 지적한 바와 같이, 그 효과는 유형 진화인 것이다. 선택된 여우는 선택되지 않은 여우보다 유년기의 특성이 늦게 끝난다.[15]

사회화의 창이 확장되는 것은 길들이기된 동물들의 많은 특징 중 하나에 불과하다. 일반적인 원칙은 길들이기된 성년들이 야생 미성년의 생리적 그리고 행동적 반응을 채택한다는 것이다.

사회화의 창이 닫히는 것은 생리적인 스트레스 체계가 성숙하기 때문이다. 이런 시스템 중의 하나는 코르티솔을 생성하여 스트레스에 대한 인체의 반응을 동원하는 시상하부-뇌하수체-부신 축 hypothalamic-pituitary-adrenal axis, HPA axis이다. HPA 축은 시상하부(뇌 속의)와 뇌하수체(뇌와 피를 연결)와 부신피질(신장 위에 있는 부신의 일부)을 연결한다. 공포 반응의 증가는 부분적으로 부신에서 스테로이드 호르몬인 코르티솔의 생산이 증가하기 때문이며, 이는 시상하부의 활동에 의해 야기된다.

혈액에서 쉽게 측정되는 코르티솔은 선택되지 않은 여우보다 선택된 길들이기된 여우에서 유의하게 낮은 수준으로 생산된다. 열두 세대를 거쳐 온순함으로 여우들을 선별적으로 사육한 결과, 성체의 평균 코르티솔 농도는 절반 이상 감소했다. 스물여덟에서 서른 세대를 거치면 다시 반감했다. 스트레스를 받지 않는 성체에서 생성된 최고 코르티솔 농도의 현저한 감소는 유형 진화적인 것이다. 엄선된 성체 여우에서의 코르티솔 생산량은 선택되지 않은 새끼 여우와 같은 수준이다.[16]

혈중 코르티솔의 양은 선택된 여우든 선택되지 않은 여우든 간에 무서운 대상이 접근하는 것과 같은 감정적 스트레스에 반응하여 급격히 상승한다. 그러나 스트레스로 인한 코르티솔의 생산량 증가는 유순한 것으로 선택된 여우들에게서 두드러지게 감소한다. 선택된 여우의 스트레스 체계는 선택되지 않은 어린 여우의 스트레스 체계에 더 가깝다. 다시 말하지만, 그것은 유형 진화한 것이다.[17]

개들은 사회화의 창과 HPA 축이 관련되는 이 모든 길들이기의 효과 면에서 여우와 비슷하다. 사회화의 창은 강아지(6~12주)가 늑대 새끼(6주)보다 늦게 닫힌다. 공포 반응의 발달은 개가 늑대보다 덜하다. 사회화의 창이 닫힐 때, 늑대의 공포는 예리해지는 반면, 강아지들의 새로운 것에 대한 공포는 천천히 상승하고 생후 3개월쯤 완전히 나타난다. 마찬가지로 개는 늑대에 비해 부신의 크기가 작아 스트레스 반응이 적다.[18]

두 번째 주요 스트레스 체계인 교감신경-부신-수질 축sympathetic-adrenal-medullary axis, SAM axis은 길들이기된 동물의 경우 잘 연구되지 않았다. 그러나 기니피그의 연구에서 나타난 것처럼 SAM 축의 기본 활동 수준이 야생 성체의 경우는 높고 야생 미성년과 길들이기된 기니피그의 경우는 낮기 때문에 이것 역시 유형 진화한 것이다. 세로토닌 체계는 같은 역할을 한다. 세로토닌은 앞에서 간단히 논했듯이 반응적 공격의 억제와 관련된 뇌의 신경전달 물질이다. 은여우의 경우 세로토닌은 성년보다 유년기에 더 높은 수준을 보이는 경향이 있다. 따라서 예상대로 선택되지 않은 여우 계통보다 선택된 은여우에서 더 높은 수준을 보이는 경향이 있다.[19] 공포 반응의 완화나 반응적 공격성의 감소 등 유년기의 특성을 유지하거나 강화하는 것은 포유류의 전형적인 길들이기 효과인 것으로 보인다.

스트레스 반응 체계 외에도, 두 번째 유형 진화적인 특징은 길들이기된 동물들 사이에 널리 퍼져 있다. 즉 더 작고 덜 위협적인 몸을 선택하여 유년기의 체형을 유지하는 것이다.

선택의 초기 단계에서, 길들이기된 종들은 야생종들보다 몸집이 더 작은 경향이 있다. 앞에서 말한 바와 같이, 연령에 비해 몸집이 크고 힘이 센 소년들은 어렸을 때나 성장했을 때나 더 공격적인 성향을 가진다. 일반적으로 설명하면, 몸집이 큰 사람들이 작은 사람들보다 싸움에서 더 자주 이긴다. 따라서 공격성에 대항하는 선택은 그들의 성장 속도 면에서 더 작고, 더 느리고, 더 유형 진화적인 소년들을 선호하는 것이다.[20]

여우, 개, 쥐, 기니피그 그리고 몇몇 다른 동물은 길들이기를 연구할 수 있는 절호의 기회를 제공했는데, 그 이유는 각 동물은 조상이 알려져 있고, 길들이기된 후손들과 비교가 가능하기 때문이다. 반응적 공격성이 적은 야생 동물의 경우 조상과 후손의 관계가 잘 정립되어 있지는 않지만, 길들이기의 증거와 일관되게 유형 진화적인 특징이 널리 퍼져 있다.

보노보가 어떻게 처음 발견되었는지를 기억해 보자. 성년 보노보는 어린 침팬지의 두개골을 닮은 두개골을 가지고 있다. 보노보의 두개골은 유형 진화적인 특징이 강하다.[21]

보노보 생물학의 다른 측면도 같은 경향을 반영한다. 보노보의 발달은 골격의 성장, 체중의 증가, 미성년의 포용력 감소, 사회적인 억제력의 증가, 갑상선 호르몬의 생산 등의 면에서 침팬지에 비해

더 늦게 일어난다.[22]

섬에 사는 포유류는 반응적 공격성이 감소하는 경향이 있으며, 5장에서 언급한 것과 같이, 두드러지게 유형 진화적인 특성을 자주 보인다. 나는 잔지바르 붉은 콜로부스 원숭이를 연구할 가능성을 타진하기 위해 잔지바르를 방문했다. 잔지바르 붉은 콜로부스 원숭이는 우간다의 붉은 콜로부스 원숭이 새끼에게서만 볼 수 있는 분홍색 입술을 유지하여 눈에 띄게 유형 진화적인 얼굴을 지니고 있다는 것을 기억해 보자. 잔지바르 붉은 콜로부스 원숭이의 두개골도 유형 진화했다. 나는 그들이 유형 진화적인 행동을 보여 줄지가 궁금했다.

국립공원 입구에는 잔지바르 붉은 콜로부스 원숭이에 대한 정보를 제공하는 안내문이 붙어 있다. 이 원숭이들은 다른 영장류들과는 다른데, 이 안내문에서는 그 이유를 젖을 빼는 기간이 아주 많이 길어질 수 있기 때문이라고 알리고 있다. 다 큰 수컷조차 때로는 다 큰 암컷의 젖을 빨고 있다고 한다. 얼마나 더 유형 진화적인 사례가 있을 수 있는가! 영장류학자 토머스 스트러세이커Thomas Struhsaker는 나중에 사춘기의 수컷들이 놀라운 행동을 보이는 비디오를 보여 주었다.

잔지바르 붉은 콜로부스 원숭이들은 그들의 대륙 종보다 성적 이형성이 감소되어 있고 작은 송곳니를 갖고 있다. 그러나 그들이 반응적 공격성을 덜 보이는지 또는 그렇지 않은지는 연구되지 않았다. 그들은 연구원들에게 풍부한 연구 기회를 제공한다.

발견해야 할 것이 많이 남아 있다. 그러나 유년기화는 이미 은여우, 개, 그리고 거의 모든 길들이기된 동물에서 감정적 반응을 감소시키는 중요한 과정으로 나타났다. 자기 길들이기 가설이 함의하는 것은 간단하다. 만약 호모 사피엔스가 지난 30만 년 동안 반응적 공격을 감소시키는 방향으로 선택되었다면, 우리 종은 행동생물학에서 유형 진화의 증거를 보여 줄 것으로 기대되는 것이다.

대중문화에서 종종 인간의 유형 진화에 대한 오해의 소지가 있는 생각을 엿볼 수 있다. 올더스 헉슬리Aldus Huxley는 1939년의 소설 『많은 여름이 지난 후에 백조 After Many a Summer Dies the Swan』에서 만약 사람들이 수명을 연장할 수 있다면 어떤 일이 일어날지를 상상했다. 헉슬리의 이야기 속에는 고니스터Gonister의 제5대 백작이 죽음을 미루고 싶어 잉어의 생내장을 먹는 장면이 나온다. 그 노인의 도박은 효과가 있었지만, 그것은 파우스트의 협약*임이 드러났다. 그는 2백 살이 되었을 때 유인원으로 변했는데, 언어를 이해할 능력을 잃고 횡설수설하고 털이 많으며 걷잡을 수 없는 동물이 되었다. 그는 아주 사소한 도발에도 뺨을 때리고, 소리를 지르고, 쫓아가곤 했던 대상인 동갑의 가정부와 함께 지하 격납고에 감금되었다.[23]

헉슬리의 판타지는 인간을 유년기 유인원으로 보는 데서 비롯되었다. 그는 만약 사람들이 충분히 오래 살 수 있다면, 그들은 더 이상 유년화하지 않을 것이고 그 결과로 더 이상 인간이 될 수 없을 것이라고 추측했다. 이런 추측은 과학에서 나왔다. 1926년 독일의

• 죽음을 앞둔 할리우드 백만장자의 이야기. 헉슬리는 이 작품에서 미국 문화가 갖고 있는 나르시시즘, 천박함, 젊음에 대한 강박관념을 묘사했다. 제목은 테니슨의 시 「티토노스 Tithonus」에서 가져온 것으로, 그리스 신화에 나오는 티토노스는 에오스로부터 영성을 얻지만 영원한 젊음을 받지 못한다.

• 파우스트는 악마와 계약을 맺은 독일 전설 속의 인물이다. 파우스트는 속세적인 지식에 만족하지 못하고 자신의 영혼과 악마가 가진 인간의 한계를 넘어선 금지된 지식을 교환하는 계약을 맺는다. 악마는 계약 기간 동안 파우스트의 욕심을 채워 주지만 계약이 만료된 이후 파우스트의 영혼은 악마의 소유가 되어 영원히 저주를 받는 지옥에 떨어지게 된다.

인류학자 알베르트 네프Albert Naef는 인간 성인은 성년의 침팬지보다 유아에 더 가깝다고 지적했다. 이는 호소력이 있었다. 진화는 유형 진화를 통해 우리를 만들었다.[24]

1976년 고생물학자 스티븐 제이 굴드는 인간 진화에서 유형 진화가 한 중요한 역할을 제안하기 위해 네프의 관찰에서 더 나아갔다. 굴드는 우리의 큰 머리, 작은 치아, 드문드문 있는 털, 직립한 자세 모두 유인원으로부터 유형 진화한 것이라고 제안했다. 2003년에 동물학자 클라이브 브롬홀Clive Bromhale은 이 생각을 극단으로 몰고 갔다. 그는 『영원한 어린아이, 인간: 인간은 어떻게 유아화되었는가The Eternal Child: An Explosive New Theory of Human Origins and Behaviour』라는 책에서 개가 늑대의 미성년화한 버전인 것처럼, 인간도 침팬지의 미성년화한 버전이라고 주장했다. 이런 광범위한 진화 개념은 최근에 인간과 유인원의 발달을 비교하는 혁신적인 연구들이 잇따르면서 보완되고 있다. 그 결과는 인간의 뇌 발달이 침팬지보다 더 느리다는 생각을 뒷받침한다.[25]

예를 들어 전두엽 피질에서 기능하는 몇몇 유전자는 침팬지와 인간이 공통으로 갖고 있지만, 이러한 유전자들이 발현하는 시점은 인간이 침팬지보다 더 늦다. 유전학자 스반테 페보Svante Pääbo와 필리프 하이토비치Philipp Khaitovich는 두 종 사이의 유전자 발현에서 가장 두드러진 차이점을 규명하는 팀을 이끌었다. 가장 큰 차이는 시냅스라고 불리는 신경세포들 사이의 접합부*를 형성하는 것을 돕는 유전자에서 발견되었다. 침팬지의 경우 이런 시냅스 형성 유전자가 최고로 발현하는 때가 한 살 미만일 때다. 이와 대조적으로 인

• 시냅스는 엄격히 말하면 신경세포 사이의 간극이다.

간은 최대로 발현되는 때가 다섯 살까지 길어진다. 따라서 인간의 뇌 발달은 크게 지연된 것이다.[26]

신경세포의 미엘린화myelination는 인간의 경우 지연된다. 미엘린화는 지질脂質인 미엘린*이 뉴런을 코팅하여 신경 자극이 더 빨리 지나가도록 만드는 과정이다(그 결과 뉴런은 백질을 만든다). 미엘린화의 단점은 미엘린으로 덮인 세포는 더 이상 자라지 못하고 새로운 시냅스를 연결하는 능력을 상실한다는 것이다. 침팬지의 경우, 미엘린화는 열 살 때 끝나는 반면, 인간은 서른 살까지 지속된다.[27]

그러나 이런 발견들만큼 흥미로운 사실은 인간이 유년 진화한 침팬지라는 개념은 틀렸다는 것이다. 유형 진화는 유기체 전체에 관한 것이 아니라 구체적인 특징을 가리킨다. 유인원과 관련하여, 어떤 인간의 특징은 유형 진화한 것이지만, 다른 것들(예를 들어 뇌의 성장)은 과형 진화적이다. 그리고 이 책의 맥락에서 가장 중요한 것은, 유인원과의 비교는 홍적세의 자기 길들이기 가설과 무관하다는 것이다.[28]

우리에게 필요한 비교는 홍적세 중기의 호모속과 호모 사피엔스 간의 비교다. 나는 6장에서 호모 사피엔스를 네안데르탈인과 비교했을 때 호모 사피엔스가 다소 유형 진화한 두개골을 가지고 있다는 크리스토퍼 졸리코퍼의 발견에 주목했다. 그의 결론은 네안데르탈인의 두개골과 호모 사피엔스의 두개골은 자라면서 같이 변했지만, 네안데르탈인의 두개골은 호모 사피엔스의 두개골이 성장의 마지막 단계에 도달했을 때 계속 성장했다고 말한다. 그 마지막 시기

• 미엘린myelin: 뇌 속의 신경섬유를 감싸고 있는 전선의 피복 같은 것으로 70퍼센트의 아교 성분과 30퍼센트의 단백질로 구성되어 있다.

에, 네안데르탈인은 뇌실에 비해 얼굴이 더 커지는 것이다.[29]

네안데르탈인의 두개골은, 우리의 혈통을 탄생시켰고 우리에게 덜 알려진 홍적세 중기 호모의 두개골과 같지 않지만 우리 조상에 대한 유용한 모델로 쓸 만큼 충분히 유사하다.[30] 네안데르탈인과 호모 사피엔스를 비교하면, 호모 사피엔스가 부분적으로 뇌실과 얼굴이 유형 진화되었음을 알 수 있다. 네안데르탈인 치아의 빠른 성장률[31], 비교적 가속화한 미성년 성장기[32] 또한 호모 사피엔스가 유형 진화한 것을 말한다. 따라서 네안데르탈인과 우리의 조상 호모와 비교하면 호모 사피엔스의 행동 역시 유형 진화적이어야 한다. 좀 더 일반적으로 말해서, 인간의 행동은 길들이기된 동물에서 일어나는 방향으로 바뀌었을 것이다.

여러 가지 면에서 볼 때, 이 예측은 유력해 보인다. 일부 유전학적 증거는 그 예측에 필요한 비교, 즉 호모 사피엔스와 네안데르탈인 간의 비교를 통해 이를 뒷받침한다. 페보와 하이토비치 연구팀은 인간에게서 발견된 뇌의 발달의 지연이 침팬지와 비교했을 때 네안데르탈인에게서 분리된 이후에 일어났다는 증거를 발견했다. 이들의 결과가 확인되면, 호모 사피엔스의 행동 발달이 네안데르탈인보다 더 지연되었음을 시사하게 될 것이다.[33]

발달상의 지연은 야생 조상과 비교했을 때, 사회적인 관계, 놀이, 학습, 성행위, 발성 등을 포함한 길들이기된 동물들의 행동에서 발견되었다. 기니피그를 야생의 남미 조상 기니피그cavies와 비교하면 그런 변화를 볼 수 있다.

미성년의 기니피그는 부모와 더 긴 시간을 접촉하고, 야생 기니피그보다 더 늦은 연령까지 보살핌을 받는다. 어릴 때는 기니피그와 야생 기니피그 사이에 노는 양이 다르지 않지만, 다 큰 기니피그가 더 많이 논다. 실험에 의하면, 기니피그는 야생 기니피그보다 더 빨리 배운다. 그리고 기니피그는 보다 확실한 구애 활동을 통해 격한 성행위를 하는 경향이 있는 길들이기된 동물들의 일반적인 특징을 따른다. 마지막으로, 기니피그는 야생 기니피그보다 더 많이 섹스를 요구한다.[34]

야생 기니피그에서 기니피그로의 변화 모두는 인간이 대부분의 종과 비교하여 특이한 방식을 반영하는데, 이는 인간이 길들이기와 유사한 과정을 거쳤음을 시사한다. 인간의 청소년기는 특히 길다. 젖을 떼는 시기는 수렵 채집인이 원숭이보다 2~3년 정도 빠르지만, 젖을 떼고 난 후에 아이들은 다른 동물에게서 볼 수 있는 것보다 더 오랫동안 부모가 주는 음식에 계속 의존한다. 인간은 젊었을 때 놀기를 좋아하며, 심지어는 나이가 들어서도 그렇다. 물론 인간은 아이일 때나 어른일 때나 영원한 학습자다. 인간의 성행위는 빈번하고 장기적이며, 순전한 생식 기능에서 두드러지게 해방된다. 언어는 의사소통을 정교하게 만들기 때문에 호모 사피엔스를 완전히 유일하게 만든다.

이러한 행동들은 모두 인간의 자기 길들이기에 대한 최근의 추정과 잘 들어맞는다. 그러나 우리는 네안데르탈인에 대해 아는 것이 적어서 인간의 유형 진화적 행동들이 언제 진화했는지 판단할 수 없다. 그 시험은 단지 암시하는 것에 불과하다.

그러나 고전학적 자료를 통해 한 가지 행동 면에서, 네안데르탈인과 호모 사피엔스 간의 보다 흥미로운 차이를 유추할 수 있다. 흥미를 끄는 행동은 바로 협력이다.

유럽은 네안데르탈인의 특정한 측면에 관한 단서를 제공하는,

잘 연구된 장소들이 풍부하다. 이 장소들은 네안데르탈인과 호모 사피엔스 간의 차이점이 우리의 학습 능력과 협력 능력이 될 수 있다는 것을 암시한다.

네안데르탈인들은 약 50만 년 동안 유럽을 점령했다. 그 후 약 4만 3천 년 전, 호모 사피엔스는 수천 년 동안 중동의 변두리를 맴돌다가 남쪽과 동쪽에서 주로 강, 계곡, 해안을 따라 유럽으로 들어왔다. 그 결과는 극적이었다. 약 4만 년 전에 네안데르탈인들은 거의 모두 사라졌다. 몇몇 산악 지역에서, 그들은 3만 5천 년 전까지는 겨우 생존했다. 네안데르탈인들은 침입자들과 교배를 했고, 오늘날 전 세계 비아프리카인들의 DNA에는 네안데르탈인 유전자의 1~4퍼센트만이 발견된다.[35]

호모 사피엔스가 네안데르탈인을 대체한 이유를 둘러싸고 뜨거운 논쟁이 벌어지고 있다. 그 논쟁은 주로 지능에 초점을 둔다. 네안데르탈인의 최초 화석은 1856년에 발견되었는데, 그 이후로 네안데르탈인은 대부분 야만적이고 정신적으로 단순하거나 심지어 호모 사피엔스를 퇴보시켰을 가능성이 있다고 추측되었다. 요즈음은 생각이 바뀌었다. 일부 고고학자들은 네안데르탈인과 호모 사피엔스 사이에 행동 능력의 차이가 없다고 주장한다. 그렇다면 네안데르탈인이 멸종한 이유는 불운 때문일 수도 있다. 유럽인이 가져온 천연두와 홍역이 북아메리카에 상륙하고 첫 추수감사절이 오기 전에 북아메리카를 황폐하게 만든 것과 마찬가지로, 호모 사피엔스들이 단순히 새로운 질병을 가져왔을지도 모른다.

네안데르탈인이 단지 운이 나빴다는 개념을 지지하는 것은 약 6만 년 동안 네안데르탈인이 외부인의 첫 맹습에 대항하여 그들 자신을 지켰다는 사실이다. 아프리카에서 온 호모 사피엔스 집단은

10만 년 전에 중동에서 네안데르탈인과 충돌하기 시작했다.[36] 게다가 네안데르탈인의 물질 문화는 이제 호모 사피엔스의 물질 문화와 아주 닮았다고 알려져 있다. 네안데르탈인들은 최근의 수렵 채집인들처럼 살았다. 그들은 불을 사용했고, 사냥해서 고기를 요리했으며, 식물성 음식이나 조개류를 먹었다. 그들의 먹이는 비둘기부터 털코뿔소까지 다양했다. 그들은 아늑한 집을 지었는데, 모피 위에서 잠을 잤고, 아마도 약초로 자신을 치료했을 것이다.[37] 그들은 새의 날개 복장으로 신분을 나타냈고, 때때로 죽은 사람을 묻었으며, 의식으로 추정되는 활동을 위해 깊숙한 동굴을 사용했다. 그들은 30만 년 전에 정교한 르발루아 방법을 써서 석기를 만들어 사용했다. 그들은 훌륭한 칼날, 색소, 장식용 구슬을 만들 수 있었고, 예술 작품을 새길 수 있었다. 20만 년 전까지만 해도 자작나무 껍질을 가지고 피치pitch*를 만들었는데, 이를 위해서는 "온도를 엄밀히 조절하고 산소를 제거한 상태에서 건조 증류를 해야 하는 다단계 과정"을 거쳐야 했다.[38]

하지만 이러한 행동 능력의 명백한 유사성에도 불구하고, 호모 사피엔스가 더 정교한 문화를 만들었다고 한결같이 믿게 만드는 차이점이 있다. 네안데르탈인은 호모 사피엔스보다 창조성을 덜 표현했다. 20만 년의 고고학적 자료에서 네안데르탈인들이 작업한 장식용 구슬은 열 개도 채 되지 않지만, 호모 사피엔스가 유럽을 접수한 전후에 만든 구슬은 수천 개가 된다. 이런 비교는 돌날, 양식화된 조각상, 의식화된 무덤, 그리고 조각된 상징물에도 적용된다. 각

• 피치: 타르나 역청과 같은 점성이 높은 물질의 총칭으로, 실온에서 고체처럼 보인다. 네안데르탈인 때부터 사용했다.

2부 남겨진 발자국

각의 경우, 네안데르탈인들은 그런 기술을 가지고 있었지만, 호모 사피엔스보다 덜 자주 그리고 더 나중에 사용했다.[39]

네안데르탈인들이 전혀 갖고 있지 않았던 능력도 있다. 그들은 음식을 장기간 보관할 수 있는 시설이 없었다. 혹독한 겨울을 지내면서 썰매를 만들었다는 증거도 없다. 또한 그들은 배를 만들거나 사용한 흔적이 없다. 호모 사피엔스는 약 6만 년 전에 호주를 점령했는데, 호주까지 오는 데 여러 해양 구간이 있기 때문에 그들은 분명 어떻게든 물을 건너야 했을 것이다. 남아프리카의 호모 사피엔스는 7만 1천 년 전 활과 화살(화살촉에 의해 증명됨), 창살 잡이, 미세한 뼛조각을 만들었지만, 네안데르탈인들이 이런 중요한 도구들을 사용했다는 증거는 없다. 네안데르탈인들은 불을 사용했지만, 남아프리카의 호모 사피엔스처럼 더 좋은 석기를 만들거나 뜨거운 바위를 이용해 물을 데우는 데 쓰지는 않았다.[40]

이 모든 것에 대한 공통적인 설명은 네안데르탈인들이 호모 사피엔스보다 지능이 낮다는 것이다.[41] 그러나 그 생각을 지지하는 직접적인 증거가 없고, 네안데르탈인들의 뇌의 크기는 호모 사피엔스의 뇌와 거의 같았으며, 때로는 그들이 대단한 능력을 보여 주기도 했기 때문에 설득력이 없다. 네안데르탈인들은 비교적 큰 시각 피질 때문에 큰 눈을 갖고 있었고, 그들이 사고를 처리할 수 있는 능력의 양이 호모 사피엔스보다 다소 적다고 추측되었다.[42] 그럼에도 불구하고 네안데르탈인들의 인지 능력은 약 20만 년 전에 이르러 대략 현대인과 맞먹었다고 널리 평가되고 있다. 높은 정신 능력을 나타내는 물건을 거의 생산하지 않았더라도, 그들은 가끔 그렇게 했다. 그들의 순수한 문제 해결 능력은 호모 사피엔스 못지않았다. 현존하는 차이점이 무엇이든 모호하다. 고생물학자 이안 테터셸에 따르면, "네안데르탈인의 기록이 가장 뚜렷하게 보여 주는 것은 현대 인류가 가지고 있는 특정한 종류의 지능이나 그로 인한 기묘한 행동을 보이지 않았어도 실로 매우 영리했을 수 있다는 것이다".[43]

네안데르탈인과 호모 사피엔스의 지능적인 차이는 진화적 성공에서의 차이를 설명하기에 충분해 보이지 않는다. 호모 사피엔스의 문화적인 성공에 대한 다른 종류의 설명은 더 유력해 보인다. 호모 사피엔스가 자기 길들이기되었고, 네안데르탈인들은 그렇지 않다는 생각에 근거를 두면 호모 사피엔스는 협력에 더 능했을는지도 모른다.

비록 집단의 규모가 자신 있게 재구성되지는 않았지만, 네안데르탈인들이 호모 사피엔스보다 더 작은 집단으로 살았다는 증거는 많다. 고고학자 브라이언 헤이든Brian Hayden은 네안데르탈인은 성적으로 분업화한 핵가족의 형태로 평균 12~24명씩 집단을 이루어 살고 있었으며, 다른 10~12개의 집단과 동맹을 맺었고, 심지어 때로는 3백 명 단위로 모였다고 추론했다.[44] 그러나 네안데르탈인들의 교배에 대한 증거는 그들의 사회적 네트워크가 작다는 것을 보여 준다. 시베리아에서 나온 네안데르탈인 여성의 게놈은 그녀의 부모들이 이복형제나 삼촌, 조카 같은 가까운 친척이었으며, 이와 같은 근친 교배가 그녀의 가까운 조상들 간에 이루어졌다는 것을 보여 준다.[45] 소규모 인간 사회 집단에서는 사회적인 긴장이 폭발할 때 작은 단위로 분열된다. 근친 교배를 할 만큼 집단이 작았던 것은 네안데르탈인들이 너무 빨리 공격적으로 반응하는 경향이 있었고, 그 결과 점점 더 작은 집단으로 분열되었기 때문일 수 있다.

네안데르탈인과 호모 사피엔스를 구별할 수 있는 또 다른 특징은 의사소통할 수 있는 능력이며, 따라서 서로에게서 배울 수 있다는 것이다. 커티스 머리언은 작은 돌화살촉과 발사체 무기 체계의 상이한 구성 요소들을 만드는 호모 사피엔스만의 기술들은 네안데르탈인들이 해낼 수 없는 고도의 전문성을 전달하는 것에 달려 있다고 주장했다.[46] 머리언이 인용한 비슷한 기술로는 독毒의 사용, 더나은 채석용 돌을 변형시키기 위한 불의 사용, 접착제의 생산이 있다. 음식 가게의 건설, 썰매의 제조, 배의 건조 또한 서로에게서 배우는 것에 서툰 종들에게는 힘든 일들일 것이다. 그 생각에서 한 걸음 더 나아가서 브라이언 헤이든은 네안데르탈인이 협력을 필요로 하는 품목을 구성하는 면에서 호모 사피엔스와 다르다고 주장했다.[47] 문화적인 기술이 정교할수록 더 많은 협력이 필요하다. 따라서 머리언과 헤이든의 생각은 네안데르탈인들의 문화가 더 빈약하게 표현된 것은 지능 때문이라기보다는 사회적으로 덜 능숙했기 때문이라는 것을 암시한다.

호모 사피엔스가 네안데르탈인보다 더 둥근 뇌를 가졌다는 것은 호모 사피엔스의 인식이 네안데르탈인의 인식과 어느 정도 다르다는 것을 나타낸다. 하지만 그 차이가 반드시 지성의 문제인 것은 아니다. 우리가 가지고 있는 명백히 제한적인 증거를 감안하면, 길들이기된 동물들은 야생 동물들보다 문제를 해결하는 데 한결같이 더낮거나 더 못한 것이 아니라 그들이 사회적으로 모였을 때 공격적인 상호 작용을 덜 했던 것으로 보인다. 우리는 호모 사피엔스와 네안데르탈인들 사이의 비슷한 균형을 예상해야 한다. 네안데르탈인들이 협력하는 데 덜 유능했다는 생각을 뒷받침하는 이유가 또 있다. 길들이기된 동물들은 야생의 조상보다 특정한 종류의 협력을 더 잘한다는 것이다.

길들이기된 농물들이 야생 조상보다 더 잘 협력한다는 것은 유용한 정보의 계획적인 공유를 이해한다는 것을 의미하는 "협력적 의사소통"에 관한 연구에서 나타난다. 협력적 의사소통과 관련해 흥미로운 지점은 종 내의 의사소통을 넘어 동물이 인간이 보내는 유용한 신호를 이해하는지 알아냄으로써 연구되어 온 종 간의 의사소통을 볼 수 있다는 것이다. 이 유용한 인지 능력은 순전히 지능의 문제일까, 아니면 길들이기와 연관된 것일까? 브라이언 헤어는 2002년부터 여러 종을 시험하기 시작했다. 개가 가장 쉬운 대상이었다.[48]

전형적인 시험은 소위 사물-선택 시험object-choice test이라는 것인데, 바닥에 엎어져 있는 두 개의 그릇에서 같은 거리에 한 실험자가 서 있는 방 안에 개를 들여보내는 것에서 시작된다. 그릇은 같은 모양이지만, 한 그릇 안에는 먹이가 들어 있다. 실험자는 엎어져 있는 그릇 하나를 가리킨다. 성공하는 개는 실험자가 도우려 한다는 것을 이해하고 가리킨 그릇으로 간다. 헤어와 그 연구진들은 대부분의 개가 시험을 통과하는 것을 발견했다. 개 애호가들한테는 이 사실이 놀라운 것이 아니다. 흥미로운 것은 늑대들은 이 시험에서 떨어진다는 것이다.

침팬지들도 보통 사물-선택 시험을 통과하지 못한다. 침팬지는 일반적으로 개보다 문제를 잘 풀지만, 이 시험은 해결하지 못한다. 의사소통-협력 능력은 개들한테는 특별하다.

개들은 침팬지들과 대조적으로 다 큰 개들뿐 아니라 심지어 몇 주 된 강아지들까지도 이 시험을 통과했다. 이는 개가 갖고 있는 의사소통-협력적인 이해가 학습된 능력이 아니라 유전자에 근거하고 있다는 증거다.

개들이 늑대와 침팬지보다 더 잘하는 이유를 두 가지로 설명할 수 있는데, 이는 어떤 길들이기가 이루어졌는지에 달렸다.

한 가지 가능성은, 길들이기되는 동안 개들이 인간이 주는 사회적인 신호를 읽을 수 있는 능력으로 특별히 선택되었다는 것이다. 그것은 유혹적인 추론이다. 왜냐하면 개 사육자들이 가장 협조적인 개를 선호할 것이라는 것은 쉽게 이해할 수 있기 때문이다.

다른 가능성은 의사소통 능력이 선택된 것이 아니라, 단지 길들이기 과정의 선택받지 않은 부산물로 나타났다는 것이다. 이 경우, 의사소통-협력 능력이 길들이기의 일부가 될 것이다.

벨랴예프가 은여우를 대상으로 한 연구는 두 가지 가능성을 시험할 수 있는 방법을 제시했다. 여우의 길들이기된 계통은 감정적 반응의 감소로 선택되었지만, 인간과 의사소통할 수 있는 능력으로 선택된 적은 없다. 만약 길들이기된 여우가 인간과의 소통 능력으로 선택된 적이 없는데도 인간이 보내는 신호를 읽을 수 있다면, 의사소통-협력 능력은 분명 길들이기 과정의 부산물일 것이다.[49]

류드밀라 트루트는 2003년까지 시베리아 남서부의 노보시비르스크에 있는 벨랴예프 연구소의 책임자였다. 그녀의 도움으로 브라이언 헤어는 벨랴예프와 트루트가 길들인 여우를 대상으로 실험을 했다. 그는 또 길들이기된 계통과 같은 방식으로 사육되고 선택받지 않은 여우를 대조군 계통control line으로 두고 같은 실험을 했다.

결과는 좋았다. 길들이기된 여우는 개처럼 행동했다. 그 여우는 사람의 신호를 따르는 경향이 있었다. 심지어 새끼 여우들조차 그렇게 했다. 그러나 선택되지 않은 대조군 여우는 늑대처럼 행동했다. 대조군 여우는 음식을 찾기 위해 인간이 주는 신호를 이용하지 않았다.[50]

함축된 의미는 분명하다. 즉 길들이기는 실제로 한 종에서 선택되지 않은 인식의 변화를 초래할 수 있다. 의사소통-협력 능력은 길들이기의 부산물로 생길 수 있다.[51]

헤어의 연구는 의사소통-협력 능력이 증가한 것은 길들이기 증후군의 특징이라는 점을 시사했다. 반응적 공격에 대항한 선택이 동물들로 하여금 인간의 신호를 읽게 할 수 있는 한 가지 이유는 반응적 공격이 공포 반응에서 비롯되기 때문이다. 감정적 반응에 대항한 선택은 두려움을 감소시키고, 두려움을 줄이면 개는 보통 늑대보다 인간을 더 오래 그리고 더 주의 깊게 볼 수 있다. 공포의 감소는 유형 진화적인 것이다.

늑대에 대한 후속 연구들은 지능보다는 두려움을 줄이는 것이 동물들이 인간의 신호를 이해할 수 있게 해 준다는 개념을 뒷받침해 준다. 어린 늑대가 인간과 함께 살면서 사회화된 경우에 늑대는 거꾸로 뒤집은 밥공기 시험을 통과할 수 있다는 것이 증명되었다. 따라서 사회적인 이해의 증가는 우수한 지능에 의한 것이 아니라 감정 체계의 변화에 의한 것이다.[52]

뼈에서 나온 증거는, 반응적 공격과 관련하여, 호모 사피엔스와 네안데르탈인과 유사한 우리의 조상들과의 차이가 개와 늑대의 차이와 유사하다는 것을 암시한다. 네안데르탈인들은 늑대와 같이 확실히 매우 사회적이었다. 네안데르탈인들은 여러 개의 벽난로가 있는 주거지를 갖고 있었고 방 안에서 몸을 뒹굴며 만질 수 있을 정도로 가까이 잠자리를 두었다. 그러나 개와 늑대의 비교가 의미하는 것은 호모 사피엔스의 반응적 공격성의 감소로 긴장하는 횟수가 줄고, 자기중심적인 지배가 줄었으며, 서로에게 더 많은 관심을 갖게 되었다는 것이다. 두려움을 줄이고, 상호 간의 시선을 늘리고,

더 협력할 수 있는 능력이 네안데르탈인들로 하여금 배를 만들고, 음식을 저장하고, 더 복잡한 무기를 만들고, 전사들의 활동을 더 잘 조정할 수 있게 충분한 인내와 상호 작용을 가능하게 했을지도 모른다.

네안데르탈인들이 더 잘 협력했더라면, 호모 사피엔스에 맞서 그들 자신의 것을 지켰을지도 모른다. 그들이 우리 대신에 지구상에 남겨진 유일한 호모속이었을지도 모른다. 공격을 줄이고, 더 관용적이고, 더 협력하는 유형 진화적 능력은 우리 조상들에게 우위성을 주어서 네안데르탈인의 유산이 우리의 DNA 속에 몇 조각밖에 남지 않게 만든 것이다.

길들이기된 동물의 경우 협동할 수 있는 능력의 증가는 반응적 공격에 대항한 선택으로 인해 발생한 부수적인 결과로 나타난다. 그러므로 자기 길들이기는 호모 사피엔스 사이의 협력을 증진했을 가능성이 있다. 그러나 증가된 협력 능력이 비적응적인 효과로서 시작되었다고 가정하더라도, 그런 협력 능력은 빠르게 이득이 되었을 것이다. 협력이 호모 사피엔스가 지구를 지배하게 된 열쇠다.

이와는 대조적으로 길들이기 증후군으로 인해 발생할 수 있는 또 다른 예외적인 인간의 행동은 인간이 알고 있는 적응적 기능을 갖고 있지 않다. 동성애는 진화적인 관점에서 흥미롭게도 풀리지 않은 수수께끼로 남아 있는 우리 종의 특징적인 행위다. 그러므로 새로운 가능성을 고려할 가치가 있는 것처럼 보인다. 만약 동성애 행동이 적응적이지 않다면, 아마도 그것은 반응적 공격에 대항하여 선택되는 유형 진화적인 부산물로서 인간이 진화시켰을 것이다.

인간의 동성애는 유전적으로 유리하다는 의미로 적응적이라는 가설은 가볍게 거부되지는 않았다. 동성애적 행동은 야생 동물들 사이에서 자주 발견되며, 널리 퍼져 있는 특성은 적응적이기 쉽다. 동물의 경우에는 동성애적 행동이 적응적이다. 그래서 진화생물학자들이 인간의 동성애적 행동을 연구하기 시작했을 때, 그들은 동성애가 자연 선택에 의해 어떻게 선호되었는지 설명할 수 있는 방법을 찾음으로써 적응주의적 관점을 취하는 경향이 있었다. 동물들 사이의 동성애적 행동에서 몇 가지 생각이 나왔다.

영장류에서, 성년들끼리의 동성애적 상호 작용은 적어도 33종에서 나타난다고 기록되어 있다. 대부분 암수 모두에게서 발견된다. 어떤 영장류는 암컷이 더 자주, 다른 영장류는 수컷이 더 자주 행한다. 동성애적 행동은 평범한 사회생활에 잘 통합되는 경향이 있다. 동성애적 상호 작용은 일부일처의 쌍에서 생식을 할 수 있는 수컷의 큰 집단까지 모든 종류의 사회 체계에서 일어난다.[53]

동성애적 행동은 성행위가 호르몬의 통제로부터 해방된 큰 뇌를 가진 종들에서 두드러진다. 영장류 중에서는 유인원과 원숭이에게서 나타나며, 뇌가 작은 여우원숭이와 로리스 원숭이에게서는 발견되지 않는다. 동성애적 행동은 많은 고래와 돌고래에게서 발견된다. 회색 고래 수컷은 성적으로 흥분을 하면 까불며 헤엄을 친다. 강돌고래 수컷들은 섹스를 하기 위해 서로가 분수공을 사용한다. 마찬가지로 다양한 종의 이색적인 이야기들이 생물학자 브루스 배지밀Bruce Bagemihl이 쓴 동물의 동성애에 관한 책『생물학적인 풍부Biological Exuberance』에 담겨 있다.[54]

밀착 연구는 동성애적 행동이 어떻게 적응적일 수 있는지 보여준다. 하와이의 레이산 신천옹(앨버트로스 새)의 경우 병아리를 성공적으로 키우기 위해서는 두 부모가 필요하다. 수컷이 부족하면 암컷들끼리 짝을 짓는다. 그들의 성행위는 구애와 가짜 교미를 포함한다. 암컷의 쌍은 이미 짝짓기를 한 수컷을 통해 수정을 하고, 그 수컷은 암컷이 낳은 알과 병아리를 무시한다. 이 암컷 한 쌍은 수컷의 도움 없이 새끼들을 키운다. 암컷 쌍은 암수 쌍보다 더 적은 수의 새끼를 가지지만, 쌍을 이루지 않은 개체들보다는 새끼를 더 많이 갖는다. 따라서 신천옹의 짝짓기는 그들이 이용할 수 있는 다른 어떤 전략보다 그들의 유전자를 더 잘 퍼뜨릴 수 있게 한다. 동성애 관계의 암컷들 사이에서 성공적으로 번식하는 암컷들은 다음 해에 수컷과 짝짓기할 가능성이 있다.[55]

성적 파트너를 선택하는 것이 이성의 부족에 대한 반응이 아닌 경우에는; 동성애적 행동은 유용한 사회적인 관계를 증진해 적응적인 것처럼 보인다. 일본원숭이 집단에서는, 암컷은 수컷이 있는데도 다른 암컷과 일시적인 동성애 파트너십을 형성한다. 사바나 개코원숭이들 사이에서 수컷들은 다른 원숭이들과 싸우기 위해 동맹을 형성한다. 그들은 서로의 성기를 희롱하는데, 이는 분명히 유대 관계를 맺겠다는 약속을 보여 주기 위한 것이다.[56]

앞에서 설명했던 바와 같이, 보노보 암컷들 사이에서는 동성애적 교류가 두드러진다. 보노보 암컷이 사춘기에 접어들어 성관계를 할 수 있을 때가 되면, 그녀는 어미를 버리고 자신이 태어난 사회 공동체를 떠난다. 그녀는 모든 보노보가 그녀를 낯선 보노보로 보는 이웃 공동체로 들어간다. 수컷들은 그녀를 반기지만, 암컷들은 처음에 덜 다정하다. 몇 주 후, 그 암컷은 상주하는 어미 보노보와 성관계를 갖도록 초대를 받는다. 그때부터 그 암컷은 모든 성년 암컷과 규칙적으로 섹스를 하고, 그들의 사회적 네트워크에 합류한다. 암컷들 사이에서의 성적인 상호 작용은 배타적이지 않으며, 선호하는 파트너와 특별한 관계를 맺기보다는 다른 많은 암컷과 관계를 공유한다. 보노보 암컷들이 이를 즐긴다는 증거를 보여 주는 이런 만남들은 보노보의 사회생활에서 매우 중요한 측면에 기여하는 것으로 보인다. 만약 암컷과 수컷이 싸우면, 암컷은 수컷을 쫓아내기 위해 비명을 질러 다른 암컷들을 재빨리 모은다. 그런 원조에는 차별이 없다. 모든 암컷은 서로 돕는다. 암컷들은 그들 사이의 긴장을 해소하기 위해 동성애적 행동을 이용한다. 따라서 보노보의 동성애적인 행동 성향은 아마도 침팬지와 유사한 조상이 진화하던 초기에 자기 길들이기의 부산물로 나타났으며, 현재는 그것이 수용되어 유용한 행동으로 진화해 왔을 것이다.[57]

연구자들은 동물들이 동성 간의 성관계를 통해 얻는 생식적 그리고 사회적 이득을 인간에게서 발견할 수 있는 증거를 찾아 왔다. 이론적으로 인간은 이성의 상대를 찾지 못하는 것에 대응하여 동성 관계를 형성하는 것이 신천옹과 유사하다. 파트너를 구할 수 있는 가능성은 확실히 우리에게 영향을 준다. 교도소, 학교, 수도원, 선박 등 한쪽 성의 사람들로 이루어진 기관에서는 여성과 남성이 일시적으로 같은 성끼리 성행위를 하는 경우가 있다. 그럼에도 불구하고 물론 많은 사람은 이성의 존재와 관계없이 같은 성을 가진 구성원들에게 매력을 느낀다. 동성애를 선호하는 빈도는 다양하다. 1940년대 성과학자 앨프리드 킨제이Alfred Kinsey는 여성의 5퍼센트와 남성의 10퍼센트가 동성애자 또는 양성애자라고 추정했다. 후속 연구들에서는 동성에 대한 지배적이고 배타적인 편향성을 나타내는 비율이 낮았는데, 여성의 경우는 약 1~2퍼센트, 그리고 남성의 경우는 약 2~5퍼센트라는 것이 밝혀졌다. 동성애에 대한 정의의 어려움과 사생활로 인해 어떠한 정확한 수치를 내놓더라도 논쟁의 여지가 있지만 전적으로 동성애에 대한 편향성은 인간에게서 규칙적으로 나타나는 특징이다. 동성에로의 편향성은 종종 일생 중 안정적이며, 부분적으로 유전이 가능하다는 증거가 있다. 이러한 특징들은 인간의 동성애가 대부분의 동물의 동성애와 구별되는 지점이다. 인간의 동성애적 매력은 특히 소수의 인구에서 강하게 나타나며, 이는 주로 제한된 기회를 보완하려는 노력이 아니다.[58]

동성애가 어떻게 인간에게 적응적일 수 있는지에 대한 몇 가지 가능한 설명이 연구되었다. 한 가지 가설은 동성 관계는 사회적인 경쟁 관계에서 이점을 준다는 것이다. 예를 들어 보노보 암컷이나 스파르타의 전사처럼 동성애자들은 서로를 더욱 강하게 지지할 수 있다. 그러한 사회적 유대 관계는 실제로 유익하다고 추정되지만, 번식에서의 혜택은 너무 낮아서 배타적인 동성애의 발생을 설명할 수 없다. 예를 들어 2000년 미국에서 60만 쌍의 동성애자 중, 여성 커플의 34퍼센트 그리고 남성 커플의 22퍼센트가 아이들을 기르고 있었는데, 이는 1천6백만 쌍의 이성 커플의 39퍼센트가 아이를 기르는 것과 비교된다.[59]

만약 동성애자들이 자신의 아이를 갖지 않는 경향이 있다면, 그들의 성적인 편향이 이론적으로 유전적 혈통에 예외적인 도움을 주게 되었을 때 적응적일 수 있다. 사모아 같은 몇몇 문화권에서는 동성애 성향의 남성들은 형제자매를 돕는 것에 보통 이상으로 관심을 갖는다. 그러나 사모아에서조차 동성애 경향의 진화를 설명하기에는 혈연관계의 효과가 너무 약하며, 일본과 같은 문화권에서는 동성애자가 이성애자보다 더 많은 관심을 갖는다는 증거가 없다. 동성애자의 수는 증가하지 않는다.[60]

배타적인 동성애자들이 작은 규모의 가족을 구성한다는 것은 그들이 친족들에게 큰 혜택을 준다는 증거가 부족하다는 것과 함께 인간의 동성애적 행동은 생물학적으로 적응적이지 못하다는 것을 암시한다. 이것은 동성애의 매력이 우리 종 안에서 왜 일반적이고 지속적인가에 대한 흥미로운 질문으로 이어진다.

불행히도 동성애적 행동이 적응적이지 못하다는 결론은 동성애에 대한 부정적인 견해와 관련이 있는데, 이는 마치 동성애가 적응적이기 때문에 그 특성이 진화한다는 것만이 긍정적으로 여겨질 수 있다는 것과 같다. 그러나 어떤 행동이 직접 선택되었기 때문에 진화를 했는지, 아니면 또 다른 적응적 부산물이었기 때문에 진화했는지, 아니면 그것이 그냥 진화했는지가 우리의 도덕적인 판단을 윤색해서는 안 된다. 수많은 종류의 성적인 강요, 치명적인 폭력, 사회적인 지배를 포함해 우리가 도덕적으로 비난받아 마땅하다고 여기는 많은 경향은 분명히 진화했다. 마찬가지로 낯선 사람들에 대한 자선이나 동물 애호와 같은 도덕적으로 유쾌한 경향은 진화하지 않았다. 우리가 좋아하거나 싫어하는 행동에 대한 결정은 그 행동의 진화적인 역사나 적응적 가치에 대한 이해에 기인해서는 절대로 안 된다. 한 가지 특성에 대한 적응적 또는 비적응적 설명을 탐구하는 데 있어 암시적인 도덕적 편견이나 가치 판단은 없다.[61]

배타적인 동성애에 대한 선호는 흔하지만, 적응적이지 못하다는 증거는 그것이 진화적인 부산물이 될 수 있는 최적의 후보가 되게 만든다. 배타적인 동성애와 반응적 공격에 대항한 선택과의 연관성은 몇 가지 증거로 제시할 수 있다.

첫째, 동성애에 대한 배타적인 선호로 알려진 유일한 동물은 길들이기된 양이다. 다른 숫양과 격리시켜서 사육된 숫양들은 두 집단으로 나뉜다. 분류하는 방법은 일단 성장하여 짝짓기를 할 준비가 되었을 때, 숫양들이 소개된 암양들에 어떻게 반응하는가에 달렸다. 한 집단은 이성애를 하는 집단이다. 이런 숫양들은 발정한 암양을 만나자마자 테스토스테론의 증가를 경험하고, 그 암양에게 완전하게 성적인 관심을 보인다. 다른 집단은 동성애를 하는 집단이며, 그 숫양들은 발정한 암양을 상대하면서 호르몬의 증가나 성적인 관심을 보이지 않는다. 암양은 같은 암양을 좋아하지 않고 숫양을 좋아한다. 숫양끼리 자라는 집단에서 자란 숫양의 8퍼센트가 동성애적 경향을 띤다.[62]

동성애적 경향을 보이는 사육된 숫양이 적응적이라는 설명은 없다. 야생 양들에서는 지배를 하는 숫양이 지배를 받는 숫양 위에 올라타는 것이 목격되었지만, 그런 행동은 드물다(숫양들끼리 있는 사회에서 모든 관계의 4퍼센트다). 분명한 것은 동성애적인 선호가 길들이기의 부산물이라는 것이다.[63]

동물생리학자 찰스 로젤리Charles Roselli는 그런 생각을 지지했는데, 태어나기 전에 비교적 낮은 수준의 테스토스테론을 갖는 사육된 숫양들이 동성애를 할 가능성이 높다는 것을 발견했다. 그 효과는 태어나기 전에 안드로겐에 반응하는 뇌의 한 부분에서 매개된다. 양에서 성적으로 이형적인sexually dimorphic 시삭전핵視索前核, nucleus of the preoptic area, oSDN*은 암양보다 이성애를 하는 숫양이 더크다. 동성애를 하는 숫양의 경우, 시삭전핵은 작고 암양의 것과 비

• 성적으로 이형적인 시삭전핵: 동물의 성적 행동과 관련이 있는 것으로 여겨지는 내측 전시영역medial preoptic area에 위치한 난형의 큰 세포들의 덩어리

숫하다. 이 차이점은 매우 중요해 보인다. 다 큰 숫양의 시삭전핵을 실험적으로 작게 만들면, 그 숫양의 선호도는 암양에서 숫양으로 바뀌는 경향이 있다.[64]

따라서 양에 대한 연구에서 태어나기 전에 테스토스테론에 적게 노출된 숫양은 동성애에 더 높은 선호도를 보인다.

테스토스테론의 감소는 길들이기의 일반적인 효과이기 때문에, 양의 동성애 경향은 궁극적으로 반응적 공격에 대항하여 선택되는 부수적인 결과로 설명될 수 있는 것처럼 보인다.

놀랍게도 인간도 (oSNDN처럼) 성행위와 관련이 있는 것으로 보이는 성적으로 이형적인 뇌의 부위가 있다. 이 부위를 전측 시상하부anterior hypothalamus의 제3차 중간핵the third interstitial nucleus(INAH3)이라고 부른다. INAH3은 이성애자 남성이 여성보다 크고 동성애자 남성은 중간 크기인 것으로 밝혀졌다.

숫양과 마찬가지로 인간도 출생 전 테스토스테론에의 노출 변화가 동성애적 경향에 영향을 미친다는 증거가 있다. 출생 전에 테스토스테론에 노출된 정도를 측정하는 표준 방법은 검지와 약지의 길이를 비교하는 것이다. 출생 전에 테스토스테론에 많이 노출되면 상대적으로 긴 약지를 갖는 경향이 있다. 미국, 중국, 일본에서 동성애자를 대상으로 실시한 가장 큰 조사에서 동성애 여성은 상대적으로 긴 약지를 갖는 반면, 동성애 남성은 상대적으로 짧은 약지를 갖는 경향이 있었다. 동성애 남성들은 또한 이성애 남성들보다 여성화한 얼굴을 갖고 있고, 키가 작으며, 몸이 가벼운데, 대부분이 자궁 내 테스토스테론에 상대적으로 적게 노출된 것에서 비롯되었을 가능성이 크다. 하지만 표본 크기가 작은 경우, 결과가 항상 일관성이 있는 것이 아니기 때문에 이런 결론은 여전히 잠정적이다.

2부 남겨진 발자국

그러나 전반적으로 이런 결과들은 출생 전 안드로겐 호르몬, 특히 테스토스테론의 수치가 성적인 성향에 영향을 미칠 수 있다는 생각을 뒷받침한다. 일반적으로 정상보다 높은 수준의 안드로겐에 노출된 여성과 정상 이하 수준의 안드로겐에 노출된 남성들은 동성애자일 가능성이 높은 것으로 보이며, 이는 동성애에 대한 선호가 스테로이드 호르몬에 대한 노출 변화를 통한 자기 길들이기의 결과라는 생각과 일치한다.[65]

불행히도, 일반적으로 길들이기된 동물들이 그들의 야생 조상들보다 동성 간의 성관계에 관심을 보이는지는 연구되지 않은 것으로 보인다. 브루스 배지밀은 동성애적인 행동을 보이는 19종의 길들이기된 포유류와 조류들을 열거했는데, 그들의 야생 친척도 동성애적인 행동을 보인다.[66]

동성애적 행동이 길들이기와 관련이 있는지 알아보는 두 번째 방법은 유인원 침팬지와 보노보를 관찰하는 것이다. 침팬지의 동성애적인 행동은 비교적 드물기 때문에 그 행동이 일관되게 사회적인 기능을 갖는다고 주장되지 않는다. 암수에서 발생하는 보노보의 구체적인 동성애적 행동은 반응적 공격에 대항한 선택이 동성애적 행동을 선호한다는 가설에 분명히 들어맞는다. 잠정적인 설명으로, 보노보의 태아가 테스토스테론에 비교적 적게 노출된다는 것이다. 침팬지와 보노보 모두 약지가 검지보다 긴 것은 수컷이 암컷보다 더 심한데, 이는 인간처럼 약지의 상대적인 길이가 태생 전 테스토스테론에의 노출 정도를 나타낸다는 것을 암시한다. 길들이기 가설에서 예상했듯이, 약지의 상대적인 길이는 보노보가 침팬지보다 짧다. 흥미롭게도 인간의 약지의 상대적인 길이는 침팬지보다는 보노보에 더 가깝다.[67]

그러나 내가 앞에서 언급했듯이, 유인원은 인간의 자기 길들이기를 연구하는 데 적합한 종은 아니다. 우리의 조상이 유인원 같은 오스트랄로피테신이었던 2백만 년 이상 동안 혹은 우리의 조상이 침팬지와 닮은 숲속의 거주자로 있었던 6백만~9백만 년 동안 너무나 많은 일이 일어났다. 이상적인 비교는 현대의 호모 사피엔스와 홍적세 중기의 호모속을 대상으로 하는 것이고, 그것이 안 되면, 네안데르탈인과 초기 호모 사피엔스 간의 비교가 필요하다. 놀랍게도 다섯 명의 네안데르탈인과 이스라엘 카프제Qafzeh에서 나온 10만 년 된 호모 사피엔스의 흔적에서 몇 가지 데이터를 구할 수 있다. 개체 수가 적어서 확신할 수 없지만, 네안데르탈인들은 현대인들보다 훨씬 더 긴 약지(검지보다 긴)를 가지고 있던 반면, 카프제의 10만 년 된 호모 사피엔스의 약지 대 검지의 길이 비율은 현존하는 인간과 다섯 네안데르탈인의 비율 사이에 있다. 이는 현존하는 호모 사피엔스가 출생 전에 자기 길들이기 가설에 따라 실제로 네안데르탈인보다 낮은 수준의 테스토스테론에 노출되었다는 것을 암시한다. 보노보의 광범위한 동성애적 행동은 반응적 공격에 대항하여 선택된 부수적인 결과로서 성년기에 유지되는 미성년적 특징으로 보인다. 미성년의 영장류의 경우 종종 음경이 발기하고, 그들은 인간들의 눈에는 장난으로 보이는 성적인 상호 작용을 어떤 상대와도 쉽게 한다. 붉은털원숭이에 대한 연구에서 심리학자 킴 월렌Kim Wallen은 미성년의 수컷들이 수컷과 암컷을 같은 빈도로 올라탄다는 것을 보여 주었다. 수컷이 사춘기에 접어든 이후, 올라타는 횟수는 다섯 배 늘었는데, 그것은 암컷을 더 많이 올라탔기 때문이고, 성년이 되면 전적으로 암컷만 올라탄다. 암컷으로의 선호 변화는 사춘기 때의 테스토스테론의 증가와 암

컷과의 짝짓기에서 얻는 보람 있는 경험에서 비롯되는 것으로 보인다.[68]

따라서 양, 영장류, 인간에게서 나온 증거는 길들이기가 규칙적으로 동성애적 행동의 증가를 초래했을지도 모른다는 사실을 암시한다. 분명 다른 중요한 요소들이 인간의 동성애적 행동에 영향을 미치고, 내가 여기서 고려하지 않은 주제들이 있다. 인간이 갖고 있는 가장 큰 복잡성 중의 하나는, 남성과 여성 모두, 개인들이 상대적으로 남성의 역할을 맡거나 상대적으로 여성의 역할을 맡는다는 것이다. 예를 들어 강한 남성 역할을 하는 남성 동성애자들은 더 여성적인 역할을 하는 남성들보다 출생하기 전에 테스토스테론에 더 많이 노출되었을 것이다. 만약 동성애가 생물학적 이득이 없는 자기 길들이기의 부산물이라면, 왜 동성애가 선택되었는지 물어보는 것은 흥미로운 일이다. 가능한 답은 자기 길들이기는 역사 시대인 너무 최근까지 진행되어서 선택이 부수적인 결과에 대항해서 강하게 작동할 수 없다는 것이다.

따라서 동성애를 지향하는 생물학적, 문화적 진화에 대한 전체적인 설명은 미래에나 가능하다. 그럼에도 불구하고 자기 길들이기 가설은 인류의 독특한 특징을 이해하는 데 도움이 되는 새로운 요소를 제공하는 것 같다. 좀 더 젊은 성생리와 인식을 진화적으로 유지하는 것은 호모 사피엔스가 동성애를 더 선호하게 이끌었다. 그리고 우리는 유감스럽게도 이것을 결코 실험할 수 없으리라고 예측할 수 있다. 네안데르탈인은 우리보다 덜 동성애적인 행동을 했을 것이다.

이 장의 목적은 우리가 홍적세 중기 때의 자기 길들이기 개념과 인간의 유순함에 대한 다른 설명을 구별할 수 있는지 알아보는 것이었다. 반응적 공격에 대항한 최근의 선택에 관한 가설은 인간이 행동상으로 길들이기 증후군을 보이고 있으며, 그 증후군은 대부분 유형 진화적이었을 것이라고 예측한다.

과학자들은 오래전부터 인간이 유형 진화적인 일련의 행동을 보여 준다고 주장해 왔다. 이 주장은 전통적으로 인간을 유인원과 비교함으로써 이루어졌는데, 이것은 우리가 필요로 하는 비교가 아니다. 이상적으로 우리의 비교는 거의 알려지지 않은 우리 조상들의 행동과 관련이 있을 것이다. 그 조상들에 대한 정보가 거의 없다는 것을 감안하면, 네안데르탈인들은 합리적인 비교 대상일 것이다. 네안데르탈인들의 문화는 우리 조상들의 문화보다 더 제한적이었다. 이 장에 제시된 증거에 근거하면, 흥미로운 가능성은 네안데르탈인들이 사회적으로 배우고 협력할 수 있는 능력이 공격성과 긴장에 대한 너무 과한 반응으로 인해 제한되었다는 것이다. 호모 사피엔스와 네안데르탈인의 차이는 지성보다는 감정에 있었을 것이다.[69]

호모 사피엔스가 30만 년 동안 자기 길들이기된 상태로 살아왔다는 증거 그리고 어떻게 그것이 벌어졌는지에 대한 증거는 우리가 철저하게 특이한 영장류라는 점을 시사한다. 그러나 우리의 유순함과 협동 능력을 설명하는 데 있어서 자기 길들이기 가설은 갈 길이 멀다. 말하자면 행동 면에서, 호모 사피엔스와 홍적세 중기 호모의 관계를 개와 늑대의 관계, 기니피그와 야생 기니피그(케비)의 관계, 보노보와 침팬지의 관계와 동등하게 말하는 것은 현대 인간의 업적을 과소평가하는 것이다. 개, 보노보, 기니피그는 매우 다루기 쉬운 종이다. 인간은 단지 다루기 쉬운 것 이상이다.

높은 지능과 문화를 배우는 능력은 인간이 다른 길들이기된 동물보다 더 많이 성공하게 만든 두 가지 이유다. 또 다른 이유는, 자기 길들이기와 같이, 사형에서 나왔다고 주장되는데, 감소된 반응적 공격과 증가된 협력 능력과 더불어 사형은 우리에게 새로운 종류의 도덕 체계를 제공한 것으로 보이기 때문이다.

3부

어제 그리고 내일

10장
옳고 그름의 진화

19세기 후반, 남편과 사별한 쿨라박Kullabak이라는 이누이트인이 그린란드의 북서쪽 해안에 있는 전통적인 공동체에 살고 있었다. 그녀의 아들은 총각이었고, 거만하고 사람을 짜증 나게 만드는 덩치 큰 남자였다. 그는 남의 기분에 신경을 쓰지 않아 사람들한테 가서 도와 달라고 부탁한 다음 도와주려는 사람들한테 썩은 달걀을 던졌다. 갈아입을 옷이 한 벌밖에 없고, 빨래를 하는 것이 악몽 같은 일이며, 작은 공간에서 생활하는 사람들에게 썩은 달걀을 맞는다는 건 매우 불쾌한 일이다.

설상가상으로 그는 다른 남자들의 자존심을 상하게 했다. 이누이트 문화에서는 남편은 합법적으로 그의 아내를 다른 남자와 공유할 수 있었다. 그 장난꾸러기는 그런 성적인 관계를 이용했다. 그는 남편이 자신을 초대해 성관계를 맺으라고 했다고 여자한테 거짓말을 했다. 그녀는 순순히 동의했는데, 속은 것이 드러나자 그녀의 남편은 격분했다.

몸집이 컸던 쿨라박의 아들은 그냥 웃어넘겼지만, 쿨라박은 창 피했다. 그녀는 가문의 명예를 살려야겠다는 의무감을 느껴, 바다 표범 가죽으로 올가미를 만들고, 어느 날 밤 아들이 잠든 사이에 그 의 목을 올가미로 두르고 졸랐다. 그녀한테는 가족의 구성원이 책 임을 지는 것이 더 나았다.

쿨라박은 그녀의 적극적인 살인에 대해 비난과 처벌을 받았을 까? 천만의 말이다. 그녀의 엄격한 행동은 존경을 불러일으켰다. 그녀는 재혼을 하였고, 그녀의 크고 활달한 목소리는 파티에서 항 상 인기가 있었으며, 지역 사회에서 유망한 인물로 여러 해 동안 살았다.[1]

서양의 많은 사람은 자신의 아들을 희생시키면서까지 도덕적 양 심을 지킨 그녀를 비난할 것이다. 그러나 아무리 많은 사람이 특정 한 도덕적 딜레마에 대한 해결책을 논의하더라도, 우리가 한 가지 당연하게 생각하는 것이 있는데, 수렵 채집인에서 교황에 이르기까 지, 우리는 모두 도덕적 잣대를 가지고 살고 있다는 것이다.

우리 자신의 이익이라는 좁은 관점을 초월해서 살겠다는 약속 이 우리를 동물과 구별하게 만들고, 이기심이 적은 것과 남을 기꺼 이 비난할 수 있다는 것과 관련된 일련의 생물학적인 수수께끼를 만든다. 도덕적인 양심은 한때 순전히 종교에 의해 설명되었다. 이 제부터는 진화적인 설명이 필요하다. 우리가 보았듯이, 다윈은 이 것을 추적했다. 한 세기 반 동안 흥미로운 생각들이 이어지면서 도 덕이 어떻게 그리고 왜 진화했는가에 대한 의문은 상당한 합의에 도달했다.

도덕 심리학에 두 가지 요소가 있다는 것은 넓은 공감대를 형성 하고 있다. 한편으로는 심리학자 조너선 하이트 Jonathan Haidt가 말한 것처럼, "계몽된 이기심"*을 따르려는 강한 의도를 포함한다.[2] 우리의 직관적인 반응은 종종 우리에게 유익하다. 그러한 반응은 쉽게 설명될 수 있다. 이기적인 행동은 진화적인 성공으로 이어진다.

반면에 인간은 놀라울 정도로 집단적인 사고를 한다. 우리는 충성심, 공정성, 영웅주의, 정의에 관심이 많다. 때때로 우리는 심지어 사회학자 에밀 뒤르켐이 말한 "집단적 흥분"이라는 것을 경험하는데, 이는 마치 우리가 더 큰 전체가 되는 것처럼 개성과 감정을 잃어버리게 할 수 있는 공유된 경외감이다. 그런 경향은 협동적 성격에 기여하게 되는데, 근본적으로 이기적인 침팬지보다는 꿀벌처럼 행동하게 만드는 것이다. 하이트의 표현대로 인간은 90퍼센트는 침팬지고 10퍼센트는 꿀벌이다. 인간의 도덕적 행동의 집단적인 요소들은 더 큰 집단에 이익이 되는 경향이 있다.

인간의 집단성은 도전적인 질문을 낳는다. 자연 선택은 유전적 관점에서 철저히 이기적인 행동을 선호할 것으로 예상된다. 개인의 단기적인 이익을 희생해서라도 더 큰 집단에 이득을 주는 감정의 진화는 수수께끼다. 그것은 크게 두 가지로 설명되었다.

한 가지 접근은 집단이 주도하는 도덕적인 반응은 집단에 이익이 되기 때문에 진화했다는 것이다. 그런 종류의 도덕적 행동으로 인해 집단들은 전쟁을 더 잘하게 되었는데, 찰스 다윈, 조너선 하이트, 크리스토퍼 보엠, 새뮤얼 보울스, 영장류학자 프란스 드 발 Frans de Waal이 이 같은 주장을 했다. 발달심리학자 마이클 토마셀로가 주장한 것처럼 도덕적 반응은 스스로 먹을 것을 구할 수 없는

• 계몽된 이기심enlightened self-interest: 타인이나 소속된 집단의 이익을 증진하기 위해 행동하는 사람이 결국 자신의 이익을 추구한다는 윤리철학

개인들이 생존할 수 있게 했다. 진화심리학자 조지프 헨리치Joseph Henrich는 도덕적 반응은 집단이 문화를 이용하는 데 도움을 주었을 것이라고 주장했다. 또한 철학자 엘리엇 소버Elliot Sober와 생물학자 데이비드 슬론 윌슨David Sloan Wilson은 특정한 맥락에 관계없이 도덕적 반응이 많은 종류의 협력을 촉진하기 때문에 진화했을 수 있다고 주장했다.[3]

그러나 집단 이익만이 도덕성을 진화시킨 유일한 원인은 아니다. 개인의 희생을 감수한 도덕적 행동이 집단에 이익을 가져다준 때에도, 개인의 행동은 실제로 자기의 이기적인 목적을 위한 것일 수 있다. 이 생각의 형태는 다양하다. 온화한 형태로는 철학자 니콜라 보마르Nicolas Baumard 등이 주장한 것처럼 집단이 주도하는 도덕적인 대응은 개인이 협력을 위해 유용한 동맹을 맺을 수 있도록 유도하는 것이다. 더 어두운 형태로는 도덕은 모두 자기를 보호하기 위한 것이다. 나는 홍적세 중기 때 사형이 언어와 함께 나타났다고 했다. 그 후에 지배적인 문화에 도전한 사람들은 치명적인 위험에 처할 수 있었다. 사회에 의한 배척에 민감한 것은 진화적으로 선호되었을 것이다. 결과적으로 개인은 자신의 생존을 위해 도덕적으로 올바른 방식으로 행동할 수 있다. 집단의 혜택은 부수적인 것일 수 있다.

크리스토퍼 보엠이 그의 2012년 저서 『도덕의 탄생Moral Origins』에서 발전시킨 생각에 따르면, 인간의 도덕성을 진화시킨 것은 우리를 자기 길들이기되게 만든 동일한 힘에 대한 반응이었다는 것이다. 즉 우리는 집단 안에서 남성들의 살인 능력을 두려워하도록 진화했다. 이 생각은 집단이 주도하는 도덕적 감정이 다른 종들보다 인간에게서 더 강하고 정교하게 표현된 이유를 설명한다.[4]

3부 어제 그리고 내일

선한 사마리아인에 대한 성서의 이야기를 보면, 한 남자가 다른 종교를 가진 낯선 사람을 어떻게 도와주었는지 알 수 있다. 이 이야기는 도덕의 매력적인 특징을 보여 준다. 도덕적 원칙은 오직 이타주의를 촉진할 수 있다. 그 생각에 맞추어 찰스 다윈 이후의 진화론자들은 도덕성이 일반적으로 오직 이타주의와 공정성하고만 관련이 있다고 취급했다. 그러나 도덕적으로 된다는 것에는 친절한 행위뿐만 아니라 순응과 폭력 행위도 포함될 수 있다.[5]

도덕적으로 훌륭하다는 것은 자신을 억제하는 것을 의미하는지도 모른다. 일부 사회의 도덕적 명령에 따라, 자살, 자위, 국기 불태우기 등 '잘못'이라고 여겨지는 개인의 활동을 자제하면 도덕적일 수 있다.

결과적으로 어떤 행위가 선하게 느껴지는 것은 누가 그리고 왜 그 행위를 했는가에 달려 있다. 쿨라박은 친아들을 죽였지만, 이누이트인들의 눈에는 아들이 나빴기 때문에 그녀의 행동은 선한 행동이었다. 어떤 행동이 선하게 느껴지는지 또는 그렇지 않은지는 또한 '우리'와 '그들'이라는 결정적인 구별에 달려 있다. 로버트 그레이브스Robert Graves는 그의 자서전에서 학교 친구한테 부정행위를 하거나 거짓말을 하면 부도덕하다고 생각했지만, 교사한테 그러는 것에 대하여 수치스럽게 생각하지 않았다고 했다.[6] 제2차 세계대전 때 포로수용소에서도 마찬가지였다.[7] 동료 죄수로부터 훔치는 것은 '도둑질'이었지만, 간수한테서 훔치는 것은 '조직화'였다.

사기를 치고, 거짓말을 하고, 훔치는 것이 '그들'을 대상으로 한 것이라면 도덕적으로 선한 것처럼, 살인도 마찬가지다. 1929년 인류학자 모리스 데이비가 제공한 호주 원주민들의 사례도 전 세계 많은 사례 중 하나다.

호주에는 두 가지 도덕관념이 있는데, 하나는 단체의 동료나 친구에 대한 것이고, 다른 하나는 외부인이나 적에 대한 것이다. "한 부족의 남성들 사이에서는 항상 형제애가 존재한다. 그래서 남성은 위험할 때 항상 부족의 모든 남성으로부터 도움을 받을 수 있으리라는 것을 예상한다." 그러나 낯선 사람들에 대해서는 혐오감이 존재하고, 그들을 다루는 데는 어떠한 수단도 정당화된다. 토레스 해협 원주민들의 경우 "정정당당하게 싸우거나 배신하여 외국인을 죽이는 것은 공을 세우는 일이며, 전투에서 살해된 다른 섬 주민의 머리를 가지고 귀향하면 명예와 영광이 주어졌다".[8]

제2차 세계대전 때, 캄보디아와 르완다에서 대량 학살을 저지른 살인범들은 도덕적 경계가 과도하게 구체화된 사회에 있었다. 그러나 살인범 대부분은 괴물 같은 가학적인 인간이나 이념적인 광신도들이 아니었다. 그들은 전통적이고 도덕적인 방법으로 가족과 동족을 사랑했던 보통 사람들이었다. 인류학자 알렉산더 힌턴Alexander Hinton이 1975년에서 1979년까지 캄보디아 대학살을 조사했을 때 로르Lor라는 남자를 만났는데, 그는 많은 남성들, 여성들, 아이들을 죽였다고 했다. "나는 로르가 머리끝부터 발끝까지 악을 뿜어내는 흉악한 인간일 것이라고 상상했다. (…) 캄보디아에서 자주 볼 수 있는 미소와 공손한 태도로 나를 맞이하는 30대 후반의 가난한 농부를 나는 눈앞에서 보았다."[9] 공포와 평범함의 조합은 일상적이다. 인류학자 앨런 피스케Alan Fiske와 테이지 라이Tage Rai에 따르면, "사람들이 누구를 다치게 하거나 죽일 때, 그들은 대개 (…) 도덕적으로 옳거나 심지어 폭력적이 되어야 한다고 느끼기 때문에 그렇게 한다."[10] 피스케와 라이는 대량 학살, 마녀사냥, 린치, 갱단의 강간, 전쟁에서의 살육, 살인, 복수, 자살 등 생각할 수 있는 모든 유형의 폭력을 고려했다. 그들의 결론은 분명했다. 대부분의 폭력은 도덕적인 감정에 의해 동기가 부여된다. 따라서 내가 내리는 도덕성의 정의는 이타주의나 협력에 국한되지 않는다. 나는 옳고 그름에 이끌리는 행동이 도덕적인 행동이라고 하겠다.[11]

나는 우리의 행동에 치명적인 영향을 주는 도덕적인 감정이 사형에서 파생했다는 생각을 연구하기 위해, 인간이 도덕적으로 행동하도록 진화해 온 방식에 대해 세 가지 질문을 던지겠다.

첫째는, 사마리아인의 문제다. 왜 우리는 다른 포유류들보다 서로에게 잘하도록 진화해 왔는가? 우리는 왜 우리가 우리의 조상보다 반응적인 공격을 하지 않는지 알지만, 공격성의 감소는 왜 우리가 긍정적으로 도움이 되는 행동을 하는지 설명하지 못한다.

둘째는, 우리가 어떻게 도덕적인 결정을 내리는지에 관한 문제다. 우리의 감정은 우리가 판단할 때 무엇이 옳고 그른지를 결정하는 데 도움을 준다. 어떤 선택적 압력이 우리의 감정을 도덕적인 지침으로 진화하게 했는가?

마지막은 도덕성의 간섭하는 양상이다. 우리는 왜 우리 자신의 행동뿐 아니라 다른 사람들의 행동도 감시하도록 진화했는가?

이런 질문에 대한 답은 때때로 집단을 위한 이익의 관점에서 틀지어진다. 사형의 위협에서 알 수 있듯이, 선사 시대에는 불만이 있던 개인들이 치명적인 위험을 자초했다는 생각은, 다른 생각을 하게 만든다.

선한 사마리아인의 문제는 이타주의, 협력, 공정성 등과 같이 종합적으로 '친사회적prosocial'이라고 불리는 도움이 되는 행동의 범주에 관한 것이다. 동물 행동의 표준 이론에 의하면, 친사회적 행농을 이끌어 내는 감정은 개인으로 하여금 유전자의 확산을 촉진하게 만들기 때문에 진화해 왔다고 한다. 친사회적 행동은 두 가지 중요한 방법으로 우리의 유전자를 퍼뜨린다. 우리는 우리의 유전자를 공유하는 친척들을 돕거나 우리에게 미래에 보답할 것이라고 예상되는 상대방에게 투자를 한다. 그러한 상호 보완적인 생각들은 각각 혈연 선택kin selection과 상리 공생mutualism이라고 부르며, 이 개념들은 인간이 아닌 동물들의 친사회적 행동의 대부분을 깔끔하게 설명한다. 개코원숭이, 늑대, 병코돌고래 같은 종은 친족에게 친절하게 행동하는 경향이 있으며, 친한 비친족에게는 이기적인 방식으로 협력한다. 인간도 혈연 선택과 상리 공생적인 행동을 한다.

하지만 우리는 또 다른 행동을 한다. 우리는 우리의 호의에 보답할 것 같지 않은 사람들을 위해 도덕적으로 행동한다. '도둑질은 잘못이다' 또는 '거짓말을 하는 것은 잘못이다'와 같은 도덕적 규범은 가족과 친구에게만 국한되지 않는다. 그런 규범들은 이론적으로 우리의 모든 상호 작용에 적용된다. 심지어 우리가 혼자 산책하러 나갔을 때 아무도 보지 않는 상황에서 돈이 두둑이 들어 있는 지갑을 갖고 있는 사람을 발견한 경우에도 적용된다. 규칙의 보편성이 문제다. 상대가 이방인이고, 우리가 양심적으로 행동할 때, 일반적인 생물학 이론은 우리가 왜 친사회적인지를 설명하지 않는다.

자기희생이 클수록 수수께끼는 더 심각해진다. 쿨라박이 그랬던 것처럼 개인은 도덕적인 기대 때문에 자신의 자손을 죽게 할 수 있다. 1912년에 매우 용감한 대위 "티투스" 오츠"Titus" Oates가 그랬던 것처럼 도덕적인 기대는 다른 사람들을 위해 목숨을 바치도록 만들 수 있다. 그는 남극의 눈보라 속을 걸어 들어가서 다시는 보이지 않았다. 그는 자신이 죽음으로써 로버트 팰컨 스콧Robert Falcon Scott과 남아 있던 남극 탐험 대원 세 명을 살릴 수 있는 충분한 식량이 남을지도 모른다고 생각한 모양이다.

아마도 당신은 인간의 지능으로 문제가 해결된다고 혼잣말을 하고 있을 것이다. 이론적으로 도덕적인 행동은 단순히 인간이 만든, 사회에 유용한 규칙에서 나올 수 있으며, 그것은 세대를 통해 전승되는 것이다. 이 생각에 찬성한다면, 사람들은 확실히 양육을 통해 많은 도덕적인 지도를 받는다. 쿨라박의 해결책은 그린란드에서는 합당했지만, 평범한 뉴욕 사람들에게는 혐오스러웠을 것이다. 오츠 대위는 명예를 최고의 미덕으로 간주하도록 교육을 받았다. 이 생각에 따르면, 도덕적인 행동은 전적으로 문화적 세뇌에서 비롯된다. 프란스 드 발은 이것에 도덕의 "베니어Veneer 이론"•이라는 이름을 붙였다. 이 이론은 인간의 도덕은 나무 상자 위에 섬세하게 래커 칠을 한 베니어처럼, 도덕이 결여된 고대의 동물들에 의해 만들어진 토대 위에 놓인 순수하게 규칙적인 체계라는 것이다.[12]

그러나 베니어 이론은 고려할 필요가 없는 이론이다. 왜냐하면 도덕적인 행동은 부분적으로 진화한 도덕적인 감정에 의해 만들어졌기 때문이다. 교육을 받지 않은 아이들은 혈연 선택이나 상리 공생으로 설명되지 않는 친사회적인 성향을 갖고 있다. 발달심리학자 펠릭스 워네켄Felix Warneken은 18개월 된 아기들이 도움을 요청하는 어른을 돕는다는 것을 보여 주었다. 예를 들어 유아들은 실수

• 베니어 이론: 프란스 드 발의 책인 『내 안의 유인원Our Inner Ape』에 소개되었는데, 이는 인간의 도덕성이 문화적인 탈 또는 이기적이고 야만스런 인간성을 숨기는 얇은 베니어라는 개념이다. 드 발은 이 개념이 홉스주의에서 왔다고 했으며, 이 개념을 거부했다.

로 떨어뜨린 물건을 줍거나, 어른들이 장난감을 치울 수 있도록 문을 열어 준다. 의미심장한 것은, 실험에서 보여 주듯이 이런 도움을 주는 행동들이 유아들이 단지 상호 작용을 시도하거나, 협박을 당하거나, 자극을 받길 원하는 것으로 설명될 수 없다는 것이다. 유아들은 그들이 힘이 들더라도 그저 돕고 싶어 한다. 또한 그들은 남의 그릇이 비었을 때 자신의 음식을 양보하거나, 다른 아이들을 위해 자신의 장난감을 양보할 것이다.[13]

그런 교훈은 친사회성에 국한된 것은 아니다. 아이들은 단순한 선악을 이해하도록 배울 필요가 없다. 아기들의 도덕적 태도를 시험하는 방법은 인형들을 보여 주는 것이었다. 생후 8개월 된 아기들은 반사회적으로 행동하는 인형이 다른 인형을 못살게 구는 것을 본 다음, '착한' 인형이 반사회적인 인형을 해치는 것을 본다. 놀랍게도 아기들은 착한 인형을 보는 것을 좋아한다. 우리는 말을 하거나 걸을 수 있기 전에, 위반자들을 인식하도록 프로그래밍되어 있다. 반사회적인 인형의 행동은 '나쁜' 행동이라고 분류하는 것이다.[14]

물론 교육은 중요하다. 교육은 친사회적인 행동과 반사회적인 행동을 장려할 수 있다. 사람들은 종종 종교를 가진 사람들이 특히 친사회적으로 행동한다고 생각하지만, 실제로 종교는 항상 도덕적인 친절을 보장하는 것은 아니다.[15] 4대륙 6개국에 있는 1,170명의 아이들을 대상으로 한 나눔에 대한 연구는 종교가 있는 집안에서 자란 아이들이 종교가 없는 집안에서 자란 아이들보다 덜 이타적이라는 것을 보여 주었다.[16] 그 결과는 반드시 종교의 특별한 점 때문만은 아니다. 심리학자 폴 블룸Paul Bloom은 개인의 정체성과 집단에의 소속에 관련된 것들과 같은 다양한 사회적인 입력이 선한 행동과 악한 행동 모두에 영향을 미친다는 것을 발견했다.[17]

사회는 우리가 관심을 갖는 것에 영향을 주지만, 진화는 우리가 관심을 갖는 사실을 만들었다. 자연은 때때로 이 상호 작용에서 양육을 능가한다. 고통에 대해 천성적으로 동정하는 것과 같은 감정은 아이들이 부모님이나 선생님의 말을 따르지 않고도 그들 자신의 감정을 믿을 정도로 강한 도덕적 직관을 만들어 낸다. 세 살짜리 아이들이라도 해로운 결과를 초래할 것 같은 명령에는 불복종할 것이다.[18]

표면적으로는 어른들이 직감적인 아이들보다 더 이성적이고 감정에 덜 의존한다. 왜냐하면 어른들은 의식적으로 도덕적인 문제에 대해 생각할 수 있기 때문이다. 어른들은 "나는 그것이 옳은 일이라고 생각해. 왜냐하면 (…)"과 같은 말을 함으로써 행동을 더 명확하게 표현한다. 하지만 도덕적인 선택을 할 때, 우리는 먼저 행동하고 나중에 생각하는 경향이 있다. 조너선 하이트가 보여 주었듯이, 도덕적 추론은 대개 "초기의 직관적인 반응을 지지하기 위해 증거를 찾는 사후 과정"이다. 하이트는 이 과정을 "진정한 기원과 목표가 알려지지 않은 정책을 끌어들이기 위해 가장 설득력 있는 주장을 끊임없이 만들어 내는" 비밀 행정부 소속 언론 비서의 행동과 비교한다. 다시 말하지만, 생물학적으로 주어진 감정은 우리가 도덕적인 결정을 내리는 데 결정적인 역할을 한다.[19]

1982년부터 최후의 통첩 게임Ultimatum game을 통해 도덕적인 선택을 연구하기 위한 표준화된 상황이 정립되어 왔다. 이 게임을 통해 관찰자들은 사람들이 낯선 사람과 자원을 공유하는 것에 대해 어떤 선택을 하는지 연구할 수 있다. 전통적인 경제 이론에서는 결정은 자기 이익에 따라 좌우된다고 예측한다. 그러나 수렵 채집인에서부터 하버드 경영대학원생에 이르기까지 30여 개국의 사람들을 대상으로 한 전 세계적인 시험에서 성인과 아이들은 모두 경제적 극대화 이론이 예측하는 것보다 자발적으로 그리고 일상적으로 관대하다는 것을 보여 주었다. 이 결과는 인간이 침팬지들과 그리고 아마도 다른 어떤 동물들과도 크게 구별된다는 점을 보여 준다.[20]

최후의 통첩 게임에서는 공여자와 결정자라는 두 명의 행위자가 연구원의 지시를 받는다. 공여자와 결정자는 만약 그들이 제대로 행동한다면 공여자에게 준 연구원의 돈을 둘이 나누어 가질 수 있다는 이야기를 듣는다. 공여자와 결정자가 해야 할 일은 그것을 어떻게 나눌 것인가에 대해 합의하는 일뿐이다. 총액이 10달러라고 해 보자. 공여자는 결정자에게 한 푼도 주지 않을 수도 있고 10달러 전액을 제안할 수도 있다. 그리고 나서 결정자는 그 제안을 받아들일지 말지를 선택한다. 만약 결정자가 제안을 받아들이면, 그 거래는 계속된다. 즉 결정자는 제시된 금액을 받고 나머지는 공여자가 갖는다. 그러나 이것이 핵심이다. 만약 결정자가 공여자의 제안을 거부하면, 공여자와 결정자는 아무것도 얻지 못한다. 어느 쪽이든 그것으로 승부는 끝난다. 딱 한 번 시행하며, 두 사람은 결코 다시 만나거나 서로의 정체에 대해 알지 못한다.

자기-이익 이론self-interest theory에서는 공여자들이 최소한의 돈을 줄 것이라고 예상한다. 결정자가 할 수 있는 최선의 선택은 그 보잘것없는 돈을 받는 것이다. 왜냐하면 결정자가 어떤 결정을 내리든 그보다 더 큰 보상을 받지 못하기 때문이다.

그러나 사실 결정자들은 거의 항상 1달러와 같은 작은 제안들 혹은 실제로 4분의 1이 안 되는 제안들을 거부한다. 그들이 그렇게 할 때 공여자와 결정자 모두, 결정자가 알고 있듯이, 아무것도 얻지 못한다. 즉 결정자는 공여자가 너무 인색한 것에 대해 고의로 대가를 치르게 한 것이다. 나중에 인터뷰를 할 때, 낮은 금액을 거절한 결정자들은 공여자들에게 불공평한 대우를 받았다는 것에 화가 났다고 말한다. 그들의 행동은 무엇이 도덕적으로 옳고 그른가에 대한 감각에 의해 결정된다.

실제로 공여자들은 보통 결정자가 낮은 금액을 거절할 것을 예상하고 행동한다. 평균적으로 공여자들은 절반 정도를 제공한다. 이것은 결정자가 수용하기에 충분한 액수이며, 공여자와 결정자 모두 만족하게 만든다. 그들은 모두 이익을 본 것이다.

적은 제의에 대해 결정자가 거부하는 것, 즉 자기-이익을 극대화하지 않는 것은 사실 보편적인 현상이다. 결정자가 공여자를 만날지의 여부에 관계없이 결정자들은 경제적 극대화와는 다른 원칙에 따라 행동한다.

침팬지들은 인간과 같은 방식으로 최후의 통첩 게임을 하지 않는다. 최후의 통첩 게임을 변형해 돈 대신 먹이를 사용해 보면, 잡혀 있는 침팬지들은 상상의 호모 에코노미쿠스*Homo economicus* 같은 행동을 보여 준다. 호모 에코노미쿠스는 개인들이 항상 자신의 경제적 이득을 극대화하려고 노력하는 종이다. 침팬지들은 공여자 침팬지가 주는 최소한의 보상이라도 받는다. 인간과 달리, 침팬지들은 결코 '불공평하다'고 느끼는 제안을 거절하지 않는다. 이런 침팬지와 인간의 극명한 차이는 인간의 독특한 도덕적 감각에 대한 관심을 불러일으킨다.[21]

따라서 우리의 진화된 도덕 심리와 관련된 첫 번째 큰 문제는 우리는 왜 주고받을 때 호모 에코노미쿠스나 침팬지와 같이 행동하지 않는가 하는 것이다. 호모 에코노미쿠스와 침팬지들은 합리적인 극대화주의자들이다. 그러나 우리는 아니다. 우리는 최대를 추구할 것이라는 이론 경제학자들의 예측보다 더 많이 주고, 불공평하다고 느끼는 기부금은 거절한다. 우리는 왜 그렇게 외견상 자기희생적인 경향을 진화시켜 왔을까?

앞서 언급했듯이, 인기 있는 해결책은 집단 선택group selection이다. 집단 선택론은 보통 수렵 채집인 집단과 같은 사회적 번식 단위를 의미하는 집단에게 충분하게 큰 혜택이 주어진다면, 개인의 자기희생은 진화적으로 선호될 수 있다는 것을 시사한다. 그러나 빈번하게도, 개인의 관대함에서 이익을 얻는 집단은 사회적인 번식 단위가 아니다. 로버트 그레이브스의 학창 시절 때 기억이 상기시켜 주듯이, 수혜자들은 특정 사회 연결망에서 하위 집단에 불과할지 모른다. 집단 전체를 볼 때, 도덕적인 행동은 다른 사람들을 희생시키면서 일부 개인들에게 이익이 될 수 있다.

수렵 채집인들은 오싹한 예를 보여 준다. 만약 남성과 여성 사이에 이해관계가 충돌한다면, 도덕적 규칙은 전형적으로 여성에게는 희생을 하게 하고 남성에게는 유리한 방향으로 작용할 것이다. 호주 전역에 있는 남성 수렵 채집인들은 그들의 여성을 정치적인 볼모로 이용했다. 아내들은 특별한 행사에서 여러 남성과 섹스를 해야 할 수도 있다. 또한 남성들은 빚을 갚거나 화해하기 위해 방문자에게 여성을 빌려줄 수도 있고, 여성들은 남편과 다투었던 남성에게 성 대접을 할 수도 있다. 이때 여성들은 위험한 상황에 처하게 될 수 있다. 잠재적인 공격자들이 집단에 접근하는 것이 목격되었을 때, 한 가지 대응 방법은 여성을 밖으로 내보내 그들을 맞이하는 것이다. 낯선 남성들은 기꺼이 공격을 포기한다면, 여성과 성교를 함으로써 그들의 의도를 알렸다. 만약 그렇지 않으면, 그들은 여성을 돌려보낸 다음 공격을 했다. 두 부족 사이에 평화가 정착하는 마지막 단계는 거의 항상 아내들을 교환하는 것이다. 1938년 인류학자 아돌푸스 피터 엘킨Adolphus Peter Elkin은 호주 원주민 여성들이 의식 행사 때 이용되었기 때문에 공포에 떨면서 살았다고 보고했다. 그런 문화에서는 모든 것이 도덕적인 관행이었다. 그 남성들은 아내와 여성 친척들을 착취해 가며 서로 친밀하게 행동했다. 이러한 행동이 집단에 좋았다고 말하는 것은 '집단'에 대해 매우 제한적으로 정의를 내리는 것이다. 그런 행동들은 규칙을 만든 유부남들에게는 좋지만, 여성들에게는 좋지 않았다.[22]

자기희생을 강요하는 관행과 불평등한 기대는 도덕적 관행이 반드시 '집단에 좋은' 것이라는 생각에 의문을 던진다. 우리는 자기희생적인 행동의 토대가 되는 도덕적 감정이 어떻게 진화해 왔는지를 설명할 수 있는 다른 방법이 필요하다.[23]

두 번째 중요한 문제는 우리가 어떻게 어떤 행동은 '옳다'로, 또는 어떤 행동은 '옳지 않다'로 분류하는가 하는 것이다. 도덕률을 일관되게 적용하려는 학자들은 전통적으로 두 가지 주요 사상을 생각해 왔다. 그것들은 '공리주의'와 '의무론' 원칙이다. 둘 다 효력은 있지만, 항상 그렇지는 않다. 즉 그것들은 일반적인 설명을 하지 못한다는 것이다.[24]

공리주의는 사람들이 전체의 이익을 극대화하기 위해 행동을 한다는 것이다. 때때로 실험 주제들이 이 생각에 부합하는 도덕적 문제들을 보여 준다. 철학자들에게 인기 있는 딜레마는 기차가 선로를 질주하는 상상이다. 관찰자는 그(녀)가 아무 일도 하지 않으면 다섯 명이 죽을 것이라고 한다. 그러나 그(녀)가 기차를 옆 선로로 바꾸는 레버를 당길 수 있는데, 그 레버를 당기면 한 사람이 죽는다. 그(녀)

는 레버를 낭길까? 90퍼센트는 당길 것이라고 대답할 것이다. 레버를 당기면 레버를 당기지 않는 것보다 더 많은 생명을 구할 수 있으므로 일반적으로 이익은 극대화될 것이다. 그것이 공리주의다.

이와는 대조적으로, 의무론은 옳고 그름은 절대적이라고 말한다. 당신은 그것에 대해 왈가왈부할 수 없다. 때때로 사람들은 이 원칙을 따른다. 한 실험에서, 사람들은 의사에게 장기를 기증받지 못하면 죽을 수 있는 환자들이 있다고 들었다. 또한 다섯 명을 살릴 수 있는 환자 한 명도 있다. 다섯 명을 구하기 위해 한 명을 죽여야 하는가? 98퍼센트는 아니라고 말한다. 왜냐고 물으면, 그들은 한 환자를 죽이는 것이 잘못되었다고 말한다.

이 두 가지 예는 우리가 서로 다른 상황에서 다른 원칙을 따른다는 것을 보여 준다. 열차 문제에서, 대부분의 사람은 살인이 잘못이라는 의무론적 원칙을 따르지 않고 공리주의 원칙을 따른다. 의사의 예에서는, 거의 모든 사람이 생존자가 많을수록 더 좋다는 공리주의 원칙을 따르는 것이 아니라 의무론적 원칙을 따른다. 일부 낙태 반대론자들은 일반적으로 살인이 잘못되었다고 믿는데도 불구하고 낙태 찬성론자들을 죽이는 것은 합법적이라고 믿는다.

사람들은 어떤 일반적인 도덕적 원칙도 따르지 않는다. 대신에 도덕적인 결정은 일련의 무의식적이고 설명할 수 없는 편견의 영향을 받는다. 특히 세 가지 편견에 대한 연구가 잘 이루어져 있다.[25]

"무행위 편견Inaction Bias"은 우리에게 아무것도 하지 말라고 강요한다. 당신이 불치병에 걸린 환자를 돌보고 있다고 가정하자. 우리 대부분은 환자에게 치명적인 주사를 놓기보다는 일부러 연명 치료를 보류하는 것이 더 낫다고 할 것이다. 우리는 과실을 범하는 행위보다는 무작위를 선호하는 것이다.

"부작용 편견Side Effect Bias"은 우리의 주된 목표가 해를 입히는 것이 아니라는 것이다. 당신이 목표물에 관계없이 일정 수의 민간인을 죽여야 하는 폭탄 공격을 지휘하고 있다고 상상해 보자. 우리는 목표를 선택해야 한다. 당신은 폭격기들에게 적의 사기를 꺾기 위해 민간인을 죽이라고 명령하겠는가 아니면 적의 군사력을 약화하기 위해 군사 기지를 공격하도록 명령하겠는가? 어느 쪽이 선택되든 민간인의 사망자 수는 같을 것이라고 예상되기 때문에 대부분의 사람은 민간인이 죽는 것이 불가피하다면 군사적 목표물을 폭격하는 것을 선호할 것이다. 부작용 편견은 고의적인 해악을 끼치는 것에 반하는 방향으로 작용한다.

"비접촉 편견Noncontact Bias"은 신체적인 접촉에 관한 것이다. 다른 상황들이 같다면, 대부분의 사람은 피해를 입은 누군가를 만질 필요가 없는 행동을 선호한다.

심리학자들은 이런 강한 도덕적 편견들을 잘 인정하지만, 그 근거는 논쟁의 대상이 된다. 심리학자 피에리 쿠시먼Fiery Cushman과 리앤 영Liane Young은 도덕적 편견들은 도덕성과 무관한 일반적인 인지적 편견에서 유래되었다고 주장한다.[26] 그러나 그런 생각에 반해서, 그런 행동에 끼치는 중요한 영향들이 적응적인 논리를 가지기보다는 기존에 있던 편견의 우연한 결과라면 놀라운 일이 될 것이다. 모셰 호프먼Moshe Hoffman, 에리즈 요엘리Erez Yoeli, 카를로스 나바레트Carlos Navarrete와 같은 사람들은 이 편견이 개인에게 유용하다고 설명한다. 분명해지겠지만, 그 접근은 자기 길들이기 가설과 잘 들어맞는다.[27]

우리의 도덕 심리에 관한 세 번째 중요한 수수께끼는 우리는 왜

한 종으로서 옳고 그름의 추상적인 관념에 매우 민감하도록 진화하여 서로의 행동을 감시하고 심지어 우리가 못마땅해하는 사람을 벌하기 위하여 때로는 개입까지 하는가 하는 것이다.

다른 동물들은 옳고 그름에 대한 감각, 즉 인간이 경험하는 것의 원시적인 형태를 분명히 가지고 있지 않다. 침팬지들의 사회 규범은, 즉 다른 침팬지들이 어떻게 행동했으면 하는 기대는 가벼울 수 있다. 스위스에서 포획된 침팬지들에게 야생 침팬지가 원숭이를 사냥하거나, 장년의 침팬지를 공격하거나, 어린 침팬지를 공격하는 비디오 영상을 보여 주었다. 영상을 보던 유인원들은 유아 살해 장면을 가장 오랫동안 보았고, 연구원들은 침팬지들이 특히 이렇게 특이한 행동에 대해 흥미를 갖는다는 점을 알게 되었다. 흥미롭게도 침팬지들은 유아 살해를 볼 때 흥분을 하지 않았다. 이것은 그들이 순전히 감정적인 혐오감 이외에 다른 것을 경험했다는 것을 암시한다. 연구원들은 침팬지들이 유아 살해에 반대하는 사회적 규범에 반응하고 있다고 추측했다. 그들은 침팬지들이 "자신들에게 영향을 주지 않는 행동의 적절성에 민감할 수 있다"고 말했다.[28]

침팬지들이 사회적인 규범을 가질 가능성이 있다는 것은 흥미롭다. 그러나 설사 그렇다 하더라도, 그러한 감수성의 중요성은 인간의 감수성의 중요성에 비하면 매우 제한적이다. 비디오보다는 실제 유아 살해에 대한 침팬지의 반응을 생각해 보자.

1975년 8월 탄자니아의 곰베 국립공원에 살고 있는 모녀 패션 Passion과 폼Pom은 영장류학자 제인 구달이 연구한 60마리의 카세켈라Kasekela 공동체의 일원이었다. 패션은 스물네 살 정도였고, 그녀의 외동딸인 폼은 이미 교미를 시작하고 있었고 곧 자신의 자식과 자리를 잡게 될 열 살의 사춘기 침팬지였다. 폼은 그 나이의 전형적인 암컷들처럼 행동했다. 폼은 어미를 따라 사방을 다녔고, 종종 네 살짜리 동생 프로프Prof와 놀았다.

카세켈라에서 같이 살았던 10여 마리의 어미 침팬지들 가운데 가장 어린 침팬지가 열다섯 살의 길카Gilka였다. 길카는 아홉 살 때부터 고아였고, 두 번의 임신을 했지만 자식은 없었다. 길카가 첫 딸 오타Otta를 낳으며 어려운 어린 시절을 극복한 때가 구달에게는 행복한 날들이었다.

3주 후, 기쁨은 슬픔으로 바뀌었다. 패션과 그녀의 가족은 길카와 오타가 같이 있는 것을 발견했다. 뚜렷한 이유도 없이 패션은 갑자기 길카를 향하여 돌진했다. 길카는 오타를 안고 비명을 지르면서 달아났다. 60미터를 지나자 패션이 그들을 붙잡고 공격했다. 이때 폼이 재빨리 합류했다. 길카는 강하게 방어했지만, 공격자들은 서로 너무나 협조를 잘했다. 패션은 오타를 뺐고 길카를 쫓아냈다. 납치된 오타는 패션에게 매달렸고, 패션은 오타의 두개골을 물어 조용히 죽였다. 길카가 지켜보는 동안, 패션, 폼, 프로프는 모두 죽은 오타를 먹었다.

주도적 공격이 행동 유형의 일부임이 증명되었다. 향후 3년간 패션과 폼은 최소 세 마리의 유아를 죽였으며, 아마도 최대 여섯 마리까지 죽였을 수 있다. 그 후 다른 암컷들도 비슷한 공격을 하는 것으로 관찰되었다. 무섭게도 살해자와 희생자들은 종종 폭력이 일어날 가능성을 전혀 염두에 두지 않는 듯, 적대감이 오가는 낌새 없이 평온하게 휴식을 취했다. 그러나 조그만 아기는 취약하다. 경쟁자의 팔에 있는 아주 무력한 새끼는 암컷 침팬지의 마음속에 어두운 무엇인가를 드리우는 것처럼 보인다. 구달의 말에 의하면, 마치 스위치가 작동하듯 갑작스러웠다. 친숙한 동반자는 아무 데서나 아무

던 도발을 당하지 않고도 적으로 변한다.[29]

비열한 행동은 고기를 얻는 것 이상으로 작용한다. 패션과 폼에 의해 죽은 새끼들의 어미들은 패션과 폼이 주로 있는 곳에서 함께 많은 시간을 보내며, 가장 탐나는 과일나무에 접근하기 위해 경쟁을 한다. 치명적인 공격에 대한 두려움 때문에 경쟁자들은 멀리 떨어져 있다. 공격으로 인해 수개월에 걸쳐 살해자가 먹이를 획득하게 될 것이라고 예상되었는데, 이는 유아를 죽인 행위는 살해자가 자기 가족을 제외한 모든 침팬지를 희생하게 만드는 이기적인 행동이라는 것을 의미한다. 공격은 상처받은 마음에서 나온 새로운 행동이 아니었다. 공격은 다른 침팬지들이 그것에 반응할 것으로 예상되는 주도적인 행동이었다.[30]

그러나 곰베에서의 생활은 전과 같이 계속되었다. 희생된 새끼들의 어미들은 살해자들을 피하는 경향이 있었다. 패션과 폼이 공격했을 때, 때때로 수컷들이 개입했다. 수컷은 암컷을 보호하는 경향이 있다. 마찬가지로 수컷들은 오래된 거주자들에 대항하여 새로 들어온 암컷을 보호하는데, 이것은 분명히 암컷이 공동체에서 떠나지 않도록 격려하기 위한 것으로 보인다. 즉 암컷들 사이의 갈등에서 수컷이 치안을 유지하는 것은 이기적인 행동인 것 같다. 어느 침팬지들이나 즉각적인 보호를 했다. 패션과 폼은 너무 자주 우세했다. 거기서 오는 고통은 만연했다. 긴장이 고조되고, 유아가 죽고, 어미와 성년 수컷이 자식을 잃는 것이다. 장기적으로 침팬지의 개체 수가 줄고 암컷 간의 협력이 줄어 공동체가 약해졌다.

만약 성년 침팬지들이 함께 행동을 한다면, 그들은 패션과 폼의 행동을 멈추게 할 수 있었을 것이다. 왜냐하면 수컷들의 협동적인 힘은 엄청나기 때문이다. 그들은 자기는 전혀 다치지 않고 최고의 수컷을 죽인다. 그러나 수컷들은 패션과 폼을 벌하거나 죽일 수 있는 수단을 갖고 있으면서도 그럴 마음이 없었다.

침팬지의 공동체와 인간 공동체의 차이는 분명하다. 패션과 폼 같은 인간들은 결코 죄의 대가를 피할 수 없다. 극악무도한 살인자들은 험담을 듣고, 쫓기고, 잡히고, 심판을 받고, 수감되고, 처형되는 과정을 신속하게 겪을 것이라고 예상된다.

인간은 규범을 파괴하는 자들을 침팬지보다 더 많이 처벌하기도 하고, 관대하기도 하다. 1871년 다윈은 다음과 같이 썼다. "도덕적인 인간은 자신의 과거와 미래의 행동이나 동기를 비교하고, 그것을 받아들이거나 못마땅하게 생각할 수 있는 사람이다. 우리는 하등 동물 중 어느 것이라도 이런 능력을 가지고 있다고 생각할 이유는 없다."[31]

이후의 증거는 인간과 동물의 차이에 대한 다윈의 주장을 뒷받침해 왔다. 침팬지나 카푸친*과 같은 가장 인상 깊게 친사회적인 영장류조차 오로지 거기까지만이다. 그들은 인간이 도덕적인 결정을 내릴 때 이용할 수 있는 공감, 전망prospectives을 수용하는 능력, 격정, 자기 억제 같은 능력을 가지고 있다. 그러나 그러한 능력은 시작에 불과하다. 그러한 능력은 도덕적인 결정을 내릴 수 있는 심리적인 기반을 제공하지만, 도덕적인 존재가 되기에는 그것만으로는 부족하다. 드 발에 의하면, "인간은 도덕적 체계를 갖고 있지만, 유인원은 그렇지 않다."[32]

오직 인간만이 옳고 그름의 중요한 차이를 결정하는 공동체적 기준을 갖고 있다. 그래서 세 번째 질문은 인간은 왜 옳고 그름에

• 카푸친capuchin: 꼬리감는원숭이. 꼬리가 매우 길어서 나뭇가지를 감을 수 있다.

민감하게 반응할 뿐 아니라 인간은 왜 잘못을 저지르는 사람을 처벌하는 반면 침팬지는 전혀 그렇지 않은가 하는 것이다.

내가 개략적으로 설명한 세 가지 도덕적 질문은 우리는 왜 예외적으로 친사회적인가, 우리는 왜 우리가 옳고 그르다고 결정한 대로 이끌리는가, 우리는 왜 우리가 뭔가 잘못된 것을 보았을 때 신경써서 간섭할 준비가 되어 있는가다. 크리스토퍼 보엠은 이러한 문제들에 대한 답은 소규모 집단의 폐소 공포증을 일으키는 환경, 즉 범법자들이 실감나게 공포를 느끼게 만드는 사형 제도가 있는 환경에 있다고 주장했다.

보엠은 1912년에 "논리적으로, 인간 집단이 평등주의와 관련해 호전적인 될 때마다, 집단에서의 알파 유형이 견제를 받고 있는 그의 지배적인 경향을 매우 조심스럽게 유지하는 것은 매우 적응적이 되었다. 시간이 흐르면서 유인원 같은, 공포를 기반으로 한 개인적 자기-제어의 조상들의 방식은 강화되었을 것이다. 왜냐하면 다른 어떤 동물도 진화하지 않을 것 같은 일종의 원초적인 양심이 나타났기 때문이다."라고 썼다.[33]

보엠이 했던 것처럼, 주도적 연합 공격을 사용하는 첫 단계에서, 피지배자들의 힘은 지배에 대항하기 위한 행위 외에는 어떤 것을 위해서도 사용되지 않고, 지배적인 남성들을 견제하는 데 사용되었다고 가정해 보자. 여성들 대부분은 영향을 받지 않을 것이다. 남성들 사이에서는 야심가나 성질이 나쁜 신체적 공격자들에 대항하는 선택이 나타날 것이다. 피지배자들이 얼마나 기꺼이 연합에 가담했는지는 그 행위가 성공할 수 있는 한 크게 중요하지 않다. 내가 9장에서 언급했듯이, 지배에 대항한 연합은 반응적 공격에 대항하는 선택을 만들 것이다. 좀 더 나아가서, 남성들은 온화한 성격을 가지고 태어나고, 다른 사람들을 신체적으로 괴롭히는 남성은 더 적어질 것이다. 즉 자기 길들이기가 시작되는 것이다.

보다 평화적인 종이 만들어진 이 초기 단계에서 도덕적 감정은 거의 영향을 받지 않을 것이다. 현저해진 연합의 대상은 과격한 남성들뿐이었다.

다음 단계는 도덕적 감정의 진화를 위해 매우 중요할 것이다. 신체적으로 압도하는 알파인을 죽일 수 있는 능력을 개발하면서, 피지배 남성들은 저항할 수 없는 연합의 힘을 발견했다. 그들은 이제 누군가를 죽이기 위해 연합할 수 있었다. 그래서 온갖 말썽을 피우던 사람들은 위험에 처했다. 살해를 하기 위한 연합에 동조하지 않는 어떤 행동이든 이론적으로 가공할 위협을 유발할 수 있었다. 여성과 젊은 남성들은 지배를 하고 있는 불한당만큼 장년의 남성들의 힘에 취약했다.

유목하는 수렵 채집인들 사이에서는, 일반적으로 소규모 사회에서와 같이 야심이 많은 알파인만이 동족의 횡포를 당한 희생자가 아니었다. 젊은 남성들이 장년 남성의 아내를 건드리면 처형될 수 있었다. 여성은 마술 트럼펫을 보거나 남성이 걸은 은밀한 길을 밟거나 엉뚱한 남성과 성관계를 맺는 등 문화적인 규범을 어긴 죄로 처형될 수 있었다. 남성들이 정한 규칙을 어기는 사람은 누구든지 처형될 수 있었다.

그 결과는 남성들의 연합이 권력을 쥘 뿐 아니라 권력을 사용하는 사회가 만들어지는 것이다. 인류학자 애덤슨 호벨Adamson Hoebel은 소규모 사회의 법체계에 대해 기록했다. 그는 "인간은 초자연적인 힘과 영적인 존재에 존속되어 있으며, 본질적으로 자애롭다"와 같은 종교적인 진술을 토대로 믿음 체계가 전형적으로 성립된 것을 발견했다.[34] 그런 종류의 생각은 믿음 체계를 인간에 의한 통제를 초월하는 힘에 돌림으로써 그 믿음 체계를 정당화한다. 일련의 기초 조건postulates이 뒤따를 것이다. 이누이트들은 여덟 번째 기초 조건으로 "여성들은 남성들보다 사회적으로 열등하지만, 경제적 생산과 육아에 필수적이다."라고 명시했다.[35] 어떤 사회도 남성이 여성보다 열등할 수 있다는 역전된 체계를 언급하지는 않는다.

인류학자 레스 하이어트Les Hiatt는 호주 원주민 사회에서의 영향을 요약했다. 여성들은 독립적으로 문화 자치 활동을 하는 강한 전통을 가지고 있었다. 어떤 곳에서는 여성들에게 비밀 사회가 있었다. 여성들은 그녀들의 딸이 누구와 결혼하는지를 선택하는 데 가장 큰 역할을 할 수 있었다. 그러나 비록 여성들이 복종을 하지는 않았지만, 평등하지는 않았다. 남성의 비밀을 알아낸 여성에 대한 처벌에는 강간과 처형이 포함되어 있었다. 이와는 대조적으로 여성의 행사에 침입한 남성들에 대해서는 신체적인 벌을 내리지 않았다. 남성들은 이웃 사회와의 모임을 주선할 수 있었다. 여기에 상응해서 여성들이 할 수 있었던 일은 없다. 남성들은 여성들에게 모든 남성의 비밀 의식 행사를 위해 음식을 제공하거나, 필요한 어느 남성에게든지 성 대접을 제공하라고 요구할 수 있었다. 남성들이 독점한 종교에 대한 지식은 그들의 지배를 정당화했다. 신들은 남성들에게 친절했다.[36]

원로들은 사회에 대한 범죄가 무엇인지를 결정했는데, 이 점은 수렵 채집인들 사이에서 처형당하는 사람들이 지나치게 공격적이고 폭력적인 사람들만은 아니라는 점을 설명한다. 이누이트족 사이에서는 "위협하는 것과 학대하는 것은 같은 결과를 낳는다. 불쾌한

3부 어제 그리고 내일

사람은 처음에 따돌림을 당하다가 귀찮은 행동을 계속하면 제거된다". 거짓말쟁이에 대한 처형은 그린란드에서 알래스카에 이르기까지 이누이트의 영토 전역에 걸쳐 보고되었다. 어디서나 똑같았다. 남성들의 연합은 그들이 정한 규칙에 따라 삶과 죽음을 통제했다.[37]

물론 대부분의 분쟁은 사형 선고로까지 확대되기 전에 해결된다. 일단 남성들이 죽음을 통제하는 것을 통해 사회를 지배하면, 그들의 말은 법이 된다. 누구나 준법의 중요성을 알고 있다. 사람들은 불평등을 받아들인다. 남성들은 최고의 음식을 먹고, 가장 많은 자유를 누리며, 집단의 결정에 있어 궁극적인 중재자들이다.

보엠은 유목하는 수렵 채집인들 사이에서 발견되는 남성들의 평등주의 체제를 "역지배 계층"이라고 부른다. 이 용어는 어떤 알파인이라도 남성들의 연합에 의해 지배될 것이라는 것을 의미한다. 또 다른 사람들은 "반지배 계층"이라는 용어를 선호하는데, 그 이유는 연합에 의해 패배당한 알파 남성이 자신의 지위를 뒤집는 대신 연합에 속하게 되기 때문이다.[38]

홍적세 중기 때, 처음으로 알파인을 무너뜨린 혁명은 새로운 지도자들에게 비상한 힘을 가져다주었다. 가장 압도적인 싸움꾼이라도 조종할 수 있다는 것을 발견함으로써, 이전의 피지배 남성들은 다른 방법으로도 목표를 더욱 높일 수 있다는 것을 알게 되었다. 그 지배를 받던 남성들이 새로운 능력을 이기적으로 사용했는가? 역사학자이자 정치가인 액턴Acton 경*의 익숙한 격언은 분명히 적용된다. "권력은 부패하는 경향이 있고, 절대 권력은 반드시 부패한다." 약

• 액턴 경: 영국의 존 달버그 액턴John Dalberg-Acton을 지칭한다. 그는 제1대 액턴 남작이었다.

30만 년 전에 남성들은 절대 권력을 발견했다. 그들은 확실히 사형 제도가 시작되기 전에 침팬지들처럼 개별적으로 지배했다. 그러나 그 이후, 여성에 대한 남성의 우세는 새로운 형태를 띠게 되었다. 체제에 기반을 둔 남성들의 지배라는 특수한 의미의 가부장제가 생겨났다. 가부장제는 성인 남성들의 상호 이익을 보호하기 위한 네트워크다.[39]

사형 집행자들이 힘을 가지고 있는 사회에서 죽음은 일탈자들에게 다모클레스Damocles의 검*이었다. 그러한 상황에서, 선택은 사회적인 따돌림을 가장 적게 받는 사람한테 유리했다. 즉 어떤 행동이 '옳다'거나 '그르다'는 것을 모두가 알아야 한다는 것을 의미했다. 잘못 짚으면 치명적일 수 있었다. 이 위험한 세상에서 성공적으로 협상을 한 사람들이 바로 우리 조상들이었다.

그러한 관점에서 내가 제시한 세 가지 수수께끼를 풀 수 있을 것이다.

첫 번째 수수께끼는 우리가 왜 혈연 선택과 상리 공생에서 기대할 수 있는 것보다 더 친사회적이거나 관대한가 하는 것이다. 홍적세에 살았던 이기적인 사람들은 다른 사람들이 소유했던 자원을 빼앗고 싸움에 휘말릴 위험을 무릅썼을 것이다. 전투적인 평등주의자들의 연합은 그들을 베어 버릴 수 있는 위치에 있었다. 따라서 선택은 자신들의 이기적인 충동을 최소화하고 다른 사람들을

• 다모클레스의 검: 다모클레스는 기원전 4세기 전반 시칠리아 시라쿠사의 참주 디오니시오스 1세의 측근이었다. 어느 날 디오니시오스는 다모클레스를 연회에 초대하여 한 올의 말총에 달린 칼 아래에 앉히고 권력자의 운명이 그만큼 위험하다는 것을 보여 주었다고 한다. 다모클레스의 검은 이처럼 위기일발의 상황을 말하는 것이다.

돕는 경향을 증가시켜 자발적인 관대함과 비전투적인 성질을 가짐으로써 죽음을 당하는 위험으로부터 안전한 사람들을 선호했을 것이다.

보엠은 수렵 채집인들에 대한 지식을 바탕으로 이 과정이 사회집단 전체에 이익을 준다고 보았다. "일탈자들에 대한 처벌은 사람들이 사회적 약탈자들에게 개별적으로 위협을 느끼거나 빼앗긴다고 느끼기 때문에 발생하기도 하지만, 사회를 파괴하는 범죄자들은 협력을 통해 번영할 수 있는 집단의 능력을 분명히 약화시키기 때문에 발생한다."[40]

여기서 보엠의 주장은 연합한 세력이 그들 단체의 이익을 평가해서 집단의 결정을 내릴 수 있다는 것이다. 현대의 수렵 채집인들을 통해 판단하건대, 사형 제도에 대해 결정할 수 있었던 사람들은 주로 유부남이었다. 때때로 누가 사회적으로 파괴적인지를 결정하는 것은 실제로 보엠이 주장했던 것처럼 집단 전체에 이득이 되었을 것이다. 도둑질, 싸움질, 반사회적인 행위에 대한 억압은 모두에게 좋았을 것이다.

그러나 다시, 더 이기적인 동기가 부여되는 것도 그럴듯하다. 남성은 그들이 여성을 두고 거래를 하고, 여성을 성적 그리고 정치적 볼모로 삼고, 때릴 수 있는 가부장적인 규범을 강요할 수 있었다. 그래서 연합 세력이 일탈자들을 처벌함으로써 친사회성을 증가시켰지만, 반드시 집단 전체의 복지를 증진한 것은 아니었다.

어느 쪽이든 그 집단에 속한 사람이라면 반사회적인 행위에 대해 비난을 받을 수 있을 것이다. 그러므로 친사회적 행동은 강력하게 보상을 받을 수 있을 것이다.

두 번째 수수께끼는 우리가 어떻게 도덕적인 결정에 도달하는가

나. 무엇이 우리로 하여금 어떤 행동을 옳은 것으로 분류하고 다른 행동을 잘못된 것으로 분류하게 하는가? 그리고 우리는 왜 어떤 행동이 도덕적인지를 결정하는 일반적인 규칙을 따르지 않고 호기심을 불러일으키는 내적인 편견에 의해 인도되는가?

무행위, 부작용, 비접촉 편견은 상이한 결과를 가져오지만, 그들 각각은 도덕적 행위자와 그 행위 사이에 거리를 만든다. "나는 아무것도 하지 않았어", "그건 내 목적이 아니었어", "난 그들을 건드린 적이 없어" 같은 주장들은 잘못된 행위에 대해 비난을 받을까 봐 방어 수단으로 고안된 것 같다.

자기를 보호하는 것은 도덕적인 기준이 불확실하고 잘못된 결정에 대한 대가가 무거운 사회에서 타당하다. 어떤 결정에 직면했지만, 지배적인 연합 세력이 자신의 행동을 어떻게 판단할지 확신하지 못하는 사람을 상상해 보자. '잘못된' 일을 하는 사람은 누구나 불순응주의자 또는 일탈자로 보일 위험이 있다. 그러면 개연성이 있는 부인은 최선의 결정을 내리기 위한 중요한 기준이 된다. 이상적으로 도덕적인 행위는, 이러한 자기 이익의 관점에서 볼 때, 전제적인 집단 구성원들이 가할 수 있는 가능한 비난으로부터 개인을 보호하는 것이다.

조너선 하이트는 이렇게 말했다. "소문이라는 촘촘하게 짜인 거미줄에서 살아가기 위한 첫째 규칙은 여러분이 행하는 일을 조심하는 것이다. 둘째 규칙은 당신이 하는 일은 다른 사람들이 당신이 그렇게 했다고 생각하는 것보다 덜 중요하므로, 긍정적인 관점에서 자신의 행동의 틀을 세우는 것이 좋다. 즉 훌륭하게 직관적인 정치인이 되는 것이 낫다."[41]

따라서 이 세 가지 편견은 비판을 피하기 위해 고안된 자조적인 메커니즘으로 보인다. 각 편견은 행위자가 평판이 좋지 않을 수 있는 어떤 일을 했다는 것을 부인하도록 돕는다. 편견들은 개인이 연합 세력이 싫어하는 것, 즉 잘못된 행동을 했다는 이유로 배척당하지 않도록 보호하기 때문에 선택에 의해 선호되었을 것이다. 우리는 고대의 무의식적인 직관을 간직하고 있다. 우리가 심리학 기초 강의에서 하는 도덕적 실험에서 소수자가 하는 선택에 대한 벌칙은 사소한 것이지만, 조상으로부터 유래한 본능은 우리로 하여금 그 결과가 여전히 엄청나다는 것처럼 행동하도록 자극한다. 그 본능은 우리가 평판이 나쁜 결정을 하지 않도록 만든다.

우리가 도덕적인 결정에 대해 생각할 시간이 있을 때, 우리는 양심에 의지하게 된다. 헨리 루이스 멩켄Henry Louis Mencken•은 양심을 "누군가 보고 있을지도 모른다고 경고하는 내면의 목소리"라고 말했다. 그는 양심을 제대로 이해한 것이다. 심리학자 피터 데시올리 Peter DeScioli와 로버트 커즈번Robert Kurzban에 따르면, 양심은 자기 방어적 메커니즘이라고 한다. 그들은 "자연 선택을 통해 인간은 도덕적인 폭도로부터 벗어나기 위해 점점 더 세련된 도덕적 양심을 갖게 되었다. 이러한 인지 메커니즘은 제3자에 의해 조정된 비난을 일으킬 수 있는 행동을 범하지 않게 하기 위해 개인의 잠재적인 행동을 도덕적으로 잘못된 것과 장기적인 안목으로 비교한다"고 썼다. 양심은 조상들이 일탈자라는 비난을 받을 수 있는 행동을 하지 못하게 했다. 다시 한 번, 자기 방어는 우리의 도덕적 동기를 설명한다.[42]

세 번째 수수께끼는 인간은 왜 옳고 그름에 민감해서 우리 스스

• 헨리 루이스 멩켄: 미국의 평론가. 1924년 『아메리칸 머큐리American Mercury』를 창간했다.

로 옳은 일을 하려고 할 뿐 아니라, 서로의 행동을 감시하고 우리가 잘못했다고 판단한 사람들을 처벌하는가다. 답은 분명해 보인다. 개인은 스스로를 불순응주의자로 간주되지 않도록 보호할 필요가 있다.

우리는 말썽을 일으키는 사람들이 왜 처벌을 받는지 알고 있다. 음모를 꾸미는 연합의 구성원들은 절대적인 권력을 갖고 있으며, 그들은 문제를 제거함으로써 이익을 얻는다. 처벌하는 것은 비교적 쉽기 때문에 권력은 절대적이다. 단순하게 예측할 수 있는 것은, 대규모의 연합은 조정된 계획을 수행하여 신체적인 피해를 입을 위험에 처하지 않으면서 사회에서 버림받은 사람을 추방한다. 연합을 구성하는 과정이나, 살인이 적절한 행동이라고 결정하는 것은 종종 복잡한 문제지만, 살인 그 자체는 위험하지 않다. 따라서 사형은 매우 다양한 범죄에 대해 집행될 수 있는데, 그중 일부는 그 문화에 깊이 빠져 있지 않은 사람들에게는 사소한 범죄다. 일단 사형 제도가 시행되면, 범죄자들은 궁극적인 처벌을 피하기 위해 열심히 노력해야 한다. 따라서 집단에서 높은 지위에 있는 구성원이 하는 몇 마디는 누구에게나 순응의 중요성을 상기시키기에 충분해야 한다. 옳고 그름에 대한 우리의 감수성은 옳지 않은 쪽에 서게 될 위험에 대한 진화된 반응이라고 이해될 수 있다.

도덕적 가치에 대한 이러한 감수성은 생물학적으로 새로운 감정 반응에 내재하게 되었다. 동물에게서는 일어나지 않는다고 알려진 인간의 두드러진 감정으로는 수치심, 당혹감, 죄책감, 따돌림을 당하는 고통 등이 있는데, 이 모든 것은 인간에게 보편적인 것들이다. 마지못해 그리고 고통스럽게, 그런 감정들은 사회적인 지위가 위태로워진 후 사회 집단에 헌신을 하게 되는 메커니즘으로 설명되

3부 어제 그리고 내일

어 왔다. 수치심을 표현할 때, 사람들은 부정행위, 신체적인 약점, 무능함, 심지어 병에 걸려 있는 것과 같은 결점들을 인정하게 된다. 그런 사람은 생각했던 것보다 자신의 가치가 더 낮다는 것을 인식하게 된다. 수치심은 사회적인 규범을 위반했다는 것을 인정했다는 신호이기 때문에, 비위를 맞추는 사과를 하게 하는 회복력을 제공한다. 따라서 수치심은 사회적 또는 육체적 죽음을 초래할 수 있는 배척으로부터 보호하기 위해 고안된 것으로 보인다.[43]

같은 종류의 논의는 당혹감에도 적용되는데, 이 또한 사회적인 실수를 인정하는 감정이다. 정서적으로, 당혹감은 수치심만큼이나 고통스러운 감정이다. 행동 면에서는, 당혹감은 여러 가지로 잘 짜인 연출로 표현된다. (일반적으로 의도하지 않은) 불쾌감을 느낀 지 1분도 안 되어 당황한 사람은 2~3초간 지속적인 신호를 보낸다. 아래를 내려다보고, (대부분 왼쪽으로) 고개를 돌리고, 미소를 짓고, 입술을 빨면서 미소를 조절하고, 은밀한 눈길을 주고, 종종 얼굴에 손을 대기도 한다. 신호가 시작된 지 15초 후에 홍조가 최고조에 달하면서, 더 긴 시간에 걸쳐 지속된다. 수치심과 마찬가지로 당혹감의 정도는 다른 사람들이 당혹감을 느낀 사람을 어떻게 생각하는지에 달려 있다. 당혹감 반응이 정교하게 프로그래밍되어 있다는 사실은 진화적으로 당혹감의 반응이 중요하다는 것을 증명한다.[44]

사회학자 어빙 고프먼Erving Goffman이 수십 년 전에 제안한, 많은 지지를 받고 있는 설명은 당혹감은 잘못된 사회적 관계를 회복시킨다는 것이다. 사회적인 실수를 저지른 이후에 당황하는 모습을 보이지 않는 사람은 부정적으로 보이기 쉬운 데 반해, 쉽게 얼굴을 붉히는 사람들은 그들의 체면을 되찾는다. 사형 가설은 사회적인 지위가 왜 중요한지 설명한다. 긍정적으로 보이는 것은 가치가 있지만, 무성석으로 보이는 것은 삼재석인 새앙이나. 우연히 자신의 상관에게 모욕을 주고 사과를 하지 않는 사람은 따돌림을 당하는 무서운 운명을 무릅쓰는 것이다.[45]

죄책감은 사회적인 관계를 개선하는 또 다른 고통스런 감정이다. "한 사람이 다른 사람을 해쳤다는 믿음에서 생기는 고통스러운 작용"으로 정의되는 죄책감은 잘못을 인정하는 것을 포함한다. 비난을 수용한다는 것은 타인에 대한 주제넘는 공격을 억제하여 자기 자신한테 돌리는 것이다. 뉘우침의 표현은 다시 용서받을 수 있는 길을 열어 준다.[46]

사회심리학자 키플링 윌리엄스Kipling Williams는 자신이 공원에서 휴식을 취하는 동안에 생긴 일 이후에 무시를 당하거나 제외당하는 고통에 대해 조사하기 시작했다. 당시 낯선 두 사람이 윌리엄스 근처에서 프리스비를 서로 주고받고 있었는데, 프리스비가 윌리엄스 앞에 우연히 떨어졌다. 윌리엄스는 프리스비를 돌려주었다. 그렇게 몇 번을 주고받았다. 그러다가 어느 순간 두 낯선 사람들끼리만 프리스비를 주고받았다. 윌리엄스는 따돌림을 당한 것을 느꼈다. 사회학자로서 생각한 윌리엄스는 자신이 만남의 중요성에 비해 사회적 고통을 심하게 경험하고 있음을 깨달았다. 윌리엄스는 배척을 당하는 고통이 더 격렬한 사회에 대한 고대적古代的 적응을 반영한다고 추론했다. 이로 인해 윌리엄스는 그가 발명한 온라인 게임인 사이버볼cyberball을 사용하여 연구하게 되었다.[47]

윌리엄스와 다른 사람들의 실험 결과에 따르면, 낯선 사람들과 2~3분간을 놀다가 배제당하면 슬픔, 분노, 소외감, 우울증, 무력감, 심지어 인생의 의미 감소 등 일련의 부정적인 반응이 나타난다. 그 반응은 피험자의 성격이나 피험자가 소외시킨 사람과 비슷하게 느껐는가에 영향을 받지 않았다. 실험 대상은 뇌의 일부인 등쪽 전방 대상피질dorsal anterior cingulate cortex에서 높은 활성을 보였으며, 이 부위는 신체적인 통증에 의해서도 활성화된다. 요컨대 배척당한다는 것은 매우 불쾌하고, 빠르고, 강력한 일련의 신경 반응을 야기한다. 홍적세 때, 배척은 아마도 낯선 사람들보다 친숙한 사람들과 관련이 있었을 것이다. 다시 말해서 선택은 사회적으로 고립될 수 있는 잠재적인 위험 때문에 강한 감정적 반응을 선호한다.[48]

오늘날 우리의 감정이 사람들이 끊임없이 사회적인 줄타기를 하던 초기 세계에 적응한 것처럼, 현재 우리가 생각하는 방식은 고대의 치명적으로 위험했던 실수로부터 우리를 구하는 데 적응되어 있다. 쿨라박의 살인 사건에서 보았듯이, 어떤 문화가 옳다고 결정하는 것과 잘못이라고 결정하는 것은 다를 수 있기 때문에 우리는 사고력을 이용해야 한다. 도덕적인 질문에 대해 자동적으로 응답을 하는 것으로는 불충분하다. 우리 조상들은 그 문화가 어떤 종류의 행동을 적절하다고 여기는지 배워야 했다. 문화 규범을 배우기 위한 진화적 시스템은 '규범 심리학'이라 부른다.

규범은 "공동체가 공유하고 강제하는 학습된 행동 기준"이다. 다시 말해 모든 사람이 따라야 할 규칙이다. 규범 심리학은 "규범을 다루기 위한 인지적 메커니즘, 동기 부여 및 기질의 조합이다".[49] 조지프 헨리치에 따르면, 우리의 규범 심리는 사회적인 함정에서 우리를 보호하기 위해 진화했다.[50] 일단 인간들이 사회적 통치가 이기주의를 방해한다는 것을 인식하면, 선택은 규범을 정신 속으로 내면화하고, 규범을 위반하는 자를 인식하며, (위반자를 배척함으로써) 적절하게 대응하는 것을 선호했을 것이다. 그렇기 때문에 세 살짜리 어린아이가 다른 아이나 인형이 연필을 '잘못' 쓰고 있으면

(그가 '옳다'고 믿었던 것과 다르면) 잘못을 지적하는 것이다.

크리스토퍼 보엠을 따라, 이 장의 핵심 생각은 우리의 도덕적 심리는 사회적인 일탈자가 된다는 것이 오늘날보다 대부분의 사람에게 더 위험했던 시기에 만들어졌다는 것이다. 도덕적인 행동의 근본적인 사회적 본성은 모든 학자에게 분명하며, 도덕적인 많은 행동이 비난을 피하고 비난을 하는 것과 관련되어 있다는 믿음도 널리 퍼져 있다. 그러나 협력의 이익에 근거하여 도덕의 기원을 확립하기 위해 제시된 대안 시나리오는 일반적으로 사형 가설만큼 사회적 부조리를 행한 것에 대한 대가를 크게 상정하지 않았다. 불순응주의자가 사형을 당할 위험이 있을 때, 당신을 집단의 일부로 남게 하는 도덕적 감수성을 강하게 선택하게 되는 것은 쉽게 상상할 수 있다.

쿨라박의 아들을 생각해 보자. 그가 처한 위험은 실로 컸고, 그는 죽었다. 일탈자들은 과거 어느 곳에서나 비슷하게 다루어졌다. 그런 효과적인 사회적 통제를 볼 때 보엠의 도덕적 기원 이론은 변함없이 호소력이 있다.

만약 보엠이 옳다면, 인류가 당연히 자랑스러워하는 새로운 정신은 우리가 보통 생각하는 것보다 어두운 기원을 갖고 있다. 우리 조상들에게 양심과 비난을 불러일으킨 힘은 새로운 종류의 권력을 얻기 위해 경쟁하던 남성들의 혁명에서 시작되었다. 혁명은 두 가지 사회적인 효과와 함께 집단 구성원들의 폭정으로 끝났다.

한편으로는, 하이트의 말에 따르면, 힘은 결합하고 확립한다. 힘*은 협동과 공정성을 그리고 해로운 것으로부터의 보호를 증진

• '힘'을 '권력'으로 대치해도 상관없을 것 같다.

하는 도덕적 원칙을 따르도록 사회를 구속한다. 힘은 세상에 새로운 종류의 미덕을 가져다주었다. 평균적으로 모든 사람이 이득을 보았다.

　다른 한편으로는, 하나의 알파가 갖던 제한된 힘이 남성들의 연합의 절대적인 힘이 되었기 때문에 힘은 새로운 종류의 지배를 가져왔다.

11장
압도적인 힘: 연합

1886년, 인간이 유인원의 후손이라는 다윈의 주장에 뒤이어 로버트 루이스 스티븐슨Robert Louis Stevenson은 분열된 성격에 대한 이야기를 출판했다. 『지킬 박사와 하이드 씨의 이상한 사건*The Strange Case of Dr. Jekyll and Mr. Hyde*』•은 선하게 되려는 유혹과 악하게 되려는 유혹 사이의 심리적 갈등을 보여 주었다. 그 이야기는 선하게 행동하려는 우리의 경향은 인간에게서 온 반면, 악하게 행동하려는 경향은 내면의 유인원에게서 나온다는 것을 암시했다. 그러나 중요한 특징이 빠졌다. 하이드 씨에게서 그토록 두드러지고 지킬 박사에게서 억압된 공격은 거의 반응적이었다. 주도적인 공격은 보이지 않았다.

    소설 속의 지킬 박사는 왕립학회의 부유한 회원이고, 잘생겼고,

• 한국에서는 줄인 이름인 『지킬 박사와 하이드 씨』로 알려져 있고, 영미권에서도 줄여서 부른다.

근면하고, 야망이 있고, 존경을 받는, 그리고 도덕적으로 생각하는, 모든 것을 갖춘 런던의 의사였다. 그는 예의범절의 극치를 보이던 사람이었다.[1]

지킬 박사의 또 다른 자아였던 하이드 씨는 "소심함과 거만함이 무시무시하게 혼합된 (…) 창백하고 왜소한" 사람이었다. 하이드 씨는 화를 잘 냈다. 하이드 씨는 아이들을 마음대로 때렸고, 발끈하여 노인을 죽였다. "하이드 씨는 인간이 아니었다! 유인원 같았다고 할까?"[2] 그의 손에는 털이 많았고 "원숭이처럼" 뛰어다녔으며[3] "유인원같이" 분노하며 공격했다.[4]

"이 논쟁은 인간의 역사만큼 오래되었고 흔하다."라고 지킬 박사는 말했다.[5] 그 이야기는 우리가 우리 모두의 깊숙한 곳에 깔려 있는 동기와 벌이는 싸움의 종류를 묘사했고, 교훈은 고무적이었다. 결국 지킬 박사는 하이드 씨를 이겼다. 선함이 승리한 것이다. 도덕은 우리가 충분히 노력하면 우리 모두가 최고의 기준에 부응할 수 있는, 그런 종류 같았다. 그 소설이 대중에게 반향을 일으킨 것은 당연하다. 『지킬 박사와 하이드 씨』는 처음 6개월 동안 4만 부가 팔렸다. 빅토리아 여왕과 수상이 그 소설을 읽었다. 또 이 책은 오스카 와일드Oscar Wilde와 아서 코넌 도일Arthur Conan Doyle의 심리 드라마에 영감을 주었다. 그 소설은 "심오한 우화"이자 "인간 본성의 깊은 부분으로의 기막힌 탐험"으로 보였다.[6]

선과 악의 논쟁은 "오래되었고 흔한 일"이었을는지 모르지만, 스티븐슨의 이야기는 일반 대중에게 새로운 장을 열어 주었다. 14년 전인 1872년에 다윈은 『인간과 동물의 감정 표현Expression of the Emotions in Man and Animals』을 출판했다. 스티븐슨은 다윈의 진화론에 도전한 것이다. 『지킬 박사와 하이드 씨』는 착한 일을 하려는

　　　　　　　　　　　3부 어제 그리고 내일

인간의 경향은 보다 사악하고 비인간적인 과거에서 진화했음을 암시했다.

물론 스티븐슨은 옳았다. 현대적인 관점에서, 우리는 인간이 특별하게 선한 것이 생물학에 뿌리를 두고 있다는 몇 가지 점을 인정함으로써 그의 논제에 동의할 수 있다. 우리의 큰 뇌는 우리로 하여금 피질이 피질 아래서 일어나는 감정적인 자극을 통제하게 만든다. 자기 길들이기는 우리가 유인원보다 쉽게 흥분하지 않는다는 것을 설명한다. 우리에게 진화적인 자기 길들이기가 없었다면, 유혹은 더 강해질 것이고, 따라서 저항하기 더 어려워졌을 것이다. 게다가 도덕적 감정의 진화는 우리의 예의범절을 이끄는 새로운 감정들을 더해 주었다. 우리는 우리가 단지 영리한 자기 길들이기된 유인원이었을 때보다 더 공격을 두려워하고, 순응할 준비가 되어 있으며, 기꺼이 도와주게 된 것이다.

이러한 과정의 결과는 캠프파이어 주변에서의 부드러운 대화에서부터 천재天災에 대한 세계의 원조에 이르기까지 우리의 삶을 풍요롭게 만든다. 야만적인 과거를 극복한 우리의 인간성이 가치가 있다는 관점은 정당하다. 우리는 과거에 비해 이기적인 충동이 덜 지속되는, 현저하게 친절하고 협력적인 종으로 진화해 왔다. 우리는 침팬지 또는 홍적세 중기 호모속보다 유혹을 이겨낼 수 있는 더 좋은 능력을 가지고 있다. 우리는 덕을 많이 쌓았다.

그러나 스티븐슨의 신화적인 이야기가 선과 악의 진화에 대한 우화를 제공했다고 말하기에는 이야기가 불완전하다는 문제가 있다. 반응적 공격의 감소와 함께, 주도적 공격이 중심이 되어야 한다. 『지킬 박사와 하이드 씨』에서 주도적 공격이 빠진 것은 그만큼 인간성을 다루는 이 소설의 서술이 제한적이라는 의미이기 때문에 실망스러울 수도 있지만, 그것은 인산 사회 진화의 시니리오에서 주도적 공격이 누락된 것만큼 실망스러운 일은 아니다. 그러나 동시에 실수를 한 것은 진화인류학자들이 주도적 공격에 대해 주목을 거의 하지 않았다는 것이다. 우리는 인간을 길들이는 것과 도덕적인 감각을 부여하는 것에 있어서 사형이 중요했다는 두 가지 예를 이미 보았다. 사형 집행은 우리 사회에 널리 퍼져 있어 우리의 사회적인 삶을 다른 동물들과 결정적으로 구별하게 만드는 인간의 많은 행동 중의 하나일 뿐이다.

나는 주도적 공격이 어떻게 미덕의 원인처럼 보이는지 설명했다. 이 장과 다음 장에서는 주도적 공격이 인간을 특히 폭력적이고 폭군 같은 종으로 만드는 것에 대한 대조되는 결과들을 고려할 것이다. 주도적 공격은 우리에게 선함의 역설을 해결하는 열쇠를 제공한다. 주도적 공격은 인간을 더 차분하고 온화한 종으로 만들었지만, 그것 또한 악을 야기했다.

주도적 연합 공격은 특히 중요한 행동이며, 이 장에서 흔하게 볼 수 있는 용어가 될 것이다. 주도적 연합 공격은 다분히 단순하게 들리지만, 이 용어는 직관적인 의미를 넘어서는 의미를 지니고 있다. 왜냐하면 이 용어는 길고 모호한 구절을 축약한 것이기 때문이다. 따라서 나는 이 용어를 통해 내가 무엇을 의도하려는지를 분명히 밝히고 싶다.

'연합'은 몇몇 개인이 서로 협력하여 폭력을 행사한다는 것을 의미한다. '주도적'은 표준적인 정의에 따라 사용되기도 하는데, '계획적이거나 의식적인 행위', '즉흥적이거나 동요한 상태와 관련이 없는 행위', '목적을 달성하기 위한 행위'를 가리킨다. 따라서 첫 번째

단계에서는 한 무리가 의도적인 공격에 제휴하는 것으로 쉽게 이해할 수 있다.[7]

내가 언급한 추가적인 함의는 또 다른 의미를 덧붙인다. 계획적이거나 미리 고안된 공격적인 행동은 그것이 성공할 가능성이 충분히 있는 경우에만 타당하다. 즉 아무도 패배할 가능성이 있는 계획을 세우면 안 되는 것이다. 따라서 통상적으로 주도적 연합 공격은 공격자들이 반드시 이긴다는 것을 알고 있기 때문에 주도적으로 행동하고 있다는 것을 암시한다. 이에 따라, '주도적 연합 공격'이라는 문구에 숨겨진 메시지는 공격자에게 유리한 힘의 큰 불균형이 존재한다는 것이다. 공격자들은 자신들이 절대적인 힘을 가지고 있다는 것을 알지 못하는 한 공격을 계획하지 않을 것이다.

따라서 좀 더 정확하고 긴 구절은 다음과 같다. '힘의 불균형이 너무 커 공격자들에게 유리한 상황에서, 연합하여 적극적인 공격을 했을 때 승리할 자신이 있는 공격'이다. 이 구절이 얼마나 번거로운가를 감안해, 나는 이 구절을 단순히 '주도적 연합 공격'이라고 말한다.

전쟁 폭력은 보통 주도적 연합 공격에 의해 일어난다. 고전적인 양식은 한쪽이 기습으로 다른 쪽을 공격하는 것이다. 그다음은 상대방이 기습으로 보복한다. 이렇게 서로에 대한 일방적인 공격 행위는 계속된다. 나는 다음 장에서 전쟁의 진화에 대해 논할 것이다.

한 정치적 체제 안에서 시민 사회를 유지하는 것 또한 주도적 연합 공격에 달렸다. 국가는 주도적 연합 공격을 범죄자, 테러리스트, 갱단 또는 권력의 경쟁자들을 검거하는 데 사용한다. 국가 권력은 사회가 쓰는 연료다. 2011년 카다피Qaddafi 대통령이 사망한 이후의 리비아, 1980년 티토Tito 대통령이 사망한 이후의 유고슬라비아, 1997년 모부투Mobutu 대통령이 사망한 이후의 동부 콩고를 생각할 때, 주도적 연합 공격이 없다면, 국가는 빠르게 성생하는 민병대로 인해 위태로운 혼란에 빠지게 된다.

주도적 공격은 인간, 침팬지, 늑대, 몇몇 다른 종의 삶에 큰 영향을 주지만, 많은 종에서 거의 일어나지 않거나 전혀 일어나지 않는다. 주도적 공격은 반응적 공격과 다르다.

열대 우림에서의 산책을 상상해 보자. 우간다 키발레 국립공원에 잠시 멈추어서 눈을 감고 단순하게 주위의 소리를 듣는 것보다 더 큰 즐거움을 주는 것은 없다. 하루 어느 때라도, 당신은 휘파람새, 곤충, 뻐꾸기, 팅커버드*의 소리, 코뿔새가 까악까악 우는 소리, 콜로부스원숭이의 울음소리를 들을 수 있고, 심지어 종종 침팬지가 울부짖는 소리를 들을 수 있다. 어두워진 후에는, 개구리, 박쥐, 쏙독새의 울음소리가 매미, 갈라고원숭이, 부엉이 울음소리의 배경이 되어 준다. 평화가 지배하는 것 같다. "부드러운 정적과 밤 / 달콤한 조화의 손길이 되어라."[8]

아, 순결함이여. 숲의 요란한 소리는 우리의 귀가 거기에 제대로 익숙해지지 않을 때만 위안을 준다. 달래는 소리는 대부분 수컷이 내는 것이다. 소리는 전형적인 수컷의 행동을 압도적으로 들려준다. 과시하고, 영토를 지키고, 이웃을 위협하고, 동맹을 맺고, 암컷을 유인하는 것이다. 소리들은 색깔, 무기, 공격할 준비를 표현한다. 듣는 사람은 느긋할 수 있지만, 부르는 사람은 그렇지 않다. 테스토스테론으로 무장한 수컷들은 시끄럽고, 거칠고, 위압적이다. 달콤한 조화는 반응적 공격이 만연하다는 것을 입증한다.

• 팅커버드tinkerbird: 딱따구리목의 새. 열대 아프리카에 널리 분포해 있다.

3부 어제 그리고 내일

그러나 그런 선율을 만들어 내는 종 중 어느 종도 주도적 공격을 하지 않는다.

주도적 공격은 비교적 드물기 때문에 한때 인간 이외의 동물에서는 전혀 없는 것처럼 보이기도 했다. 1966년 영어로 출판된 콘라트 로렌츠의 유명한 저서『공격에 대하여On Aggression』에서, 그는 진화가 동물들끼리 의도적으로 죽이는 것을 막았다고 주장했다. 그는 싸움에서 진 늑대가 몸을 땅에 굴려서 취약한 목을 승자한테 노출시킨다고 지적했다. 그러면 승자는 더 이상 공격을 하지 않게 된다. 로렌츠는 늑대들이 폭력의 진화와 관련된 교훈을 제공한다고 제시했다. 그는 자연 선택이 동종끼리 죽이는 것을 억제하는 방향으로 이끈다고 생각했다. 로렌츠는 인간이 비교적 인간을 쉽게 죽이는 이유는 무기가 먼 거리에서도 살인을 할 수 있게 해 주기 때문이고, 무장한 인간은 먼 거리에서 굴복한다는 억제의 신호를 볼 수 없다고 주장했다. 로렌츠의 설명은 인간에 의한 고의적인 살인은 우리의 기술적 진보에 의해 생긴 불행한 결과라는 것을 암시했다.[9] 그 주장은 일리가 있다. 독이 든 초콜릿을 희생자에게 주는 것보다 우편을 통해 보내는 것이, 살려 달라고 애원하는 사람을 총으로 쏘는 것보다 폭탄을 투하하는 것이 더 쉬운 것은 의심할 여지가 없다.

하지만 그 후 사람들은 야생에서 포유류를 더 열심히 관찰하기 시작했다. 그들은 로렌츠의 생각이 내포하고 있는 것과 달리, 같은 종끼리 주도적으로 죽이는 것은 인간에게만 국한된 것이 아니라는 것을 발견했다.

인간이 아닌 포유류들 사이에서 주도적 공격이 관찰된 예는 유아 살해, 즉 성년에 의한 유아의 고의적인 살육이다. 유아 살해는 성년 수컷과 암컷에 의해 일어나지만, 상이한 생식 효과가 발생한다. 영장류의 유아 살해는 로렌츠의 『공격에 대하여』가 발표된 직후 야생 원숭이인 인도산 하누만 랑구르Hanuman Langur에게서 나타난 것이 처음 기록되었다. 하누만 랑구르는 비교적 개방된 서식지를 차지하고 있기 때문에 야생에서 쉽게 관찰되며, 큰 무리를 지어 지상에서 많은 시간을 보낸다. 집단에는 암컷이 많은 데 반해 번식하는 수컷은 한 마리밖에 없다. 번식하는 수컷은 전투에서 이전의 수컷을 물리쳐 자신의 지위를 쟁취한 외부 원숭이다. 그 원숭이는 그가 패배하고 집단을 떠날 때까지 새로운 도전자들과 싸워서 이겨 번식하는 수컷으로 남는다. 1969년 7월, 영장류학자 S. M. 모노트 S. M. Mohnot는 사막에 가까운 조드푸르Jodhpur에서 한 집단을 연구하고 있었다. 새롭게 알파가 된 이민 온 수컷 원숭이 한 마리가 암컷 무리로부터 10미터 정도 떨어진 곳에 혼자 앉아 있었다. 암컷 한 마리가 그에게 다가가 털을 골라 주었지만, 수컷은 암컷을 무시했다. 그 알파 수컷의 관심은 다른 곳에 있었다.

오전 9시 50분쯤, 수컷이 갑자기 암컷 사이에 끼어들었다. 그는 타이Ti[유아의 어미]의 무릎에서 유아를 잡아내어 그의 오른팔에 꼭 껴안고, 왼쪽 옆구리를 입에 물고서는 빠르게 달렸다. [타이와] 다른 두 마리의 암컷은 달려가는 수컷을 향해 쫓아갔다. [타이는] 두 번이나 수컷이 가는 길을 막았지만, 새끼를 찾을 수 없었고, 나머지 암컷들도 실패했다. [타이의] 새끼는 내내 꽥꽥거리고 있었다. (⋯) 수컷은 70~80미터 정도 달리다가 잠시 멈추어 서서, 새끼의 왼쪽 옆구리를 재빠르게 송곳니로 물어서 [6센티미터 정도의 상처를 내 장이 나오게 하고 나서] 땅에 내려놓고 피 흘리는 새끼 근처에 앉았다. 타이가 다가가자 수컷은 크게 울부짖더니, 머리를 뒤척이고 이를 드러내면서 타이를 노려보았다. 3분도 안 되어 모든 것이 끝났다.[10]

이것은 비극적인 사고가 아니었다. 이것은 사냥해서 죽인 것 hunt-and-kill이다.

모노트가 관찰한 것과 비슷한 사례의 빈도수가 증가해 유아 살해가 왜 일어나는지에 대한 논의가 이루어지기 시작했다. 중대한 사안이 걸려 있었다. 일부 논쟁자들은 인간의 폭력이 적응적이지 않다고 확신했고, 따라서 원숭이에게서조차 예외적인 폭력이 자연적이라고 생각하기를 꺼렸다. 이런 사고방식은 유아 살해가 몇몇 정신장애가 있는 개체들의 비적응적인 병일 수 있다는 것을 암시했다. 다른 이들은 만약 유아 살해가 정말로 적응적이라면, 그 이득이 살해자에게 가는 것이 아니라 전체에 가야 한다고 생각했다. 예를 들어 유아를 죽인 수컷은 모든 개체가 충분히 먹을 수 있도록 집단 내의 개체 수를 적게 유지하게 만들어 집단 전체에 이익을 줄 수 있다. 그 생각은 어느 정도 정치적인 매력을 갖고 있었다. 1970년대 사회에서 생물학적인 근거를 요구하며 정의를 외친 전사들에게 이는 인간의 행동이 큰 집단의 선善을 위해 진화했다는 것을 의미했다.

중요한 대안은 유아 살해가 살해하는 수컷이 새끼를 추가로 낳을 가능성을 더 높이는 이기적인 행동이라는 것이었다. 다른 수컷이 낳은 새끼를 죽이는 것은 그 새끼가 살아 있을 때보다 암컷이 더 빨리 발정기에 들어가게 만드는 것이다. 유아 살해한 원숭이는 그 후 암컷이 낳은 다음 새끼의 아비가 될 수 있다. 1977년 세라 허디가 하누만 랑구르의 경우에 적용한 이 개념은 유아 살해의 신신드롬*이라고 불리며, 그 후 많은 지지를 받고 있다. 그럼에도 불구하고 많은 사람은 우리 인간들이 도덕적으로 혐오스럽다고 판단하는 행동이 진화적으로 적응적 가치가 있을 수 있다는 것을 수용하기 어려워한다.[11]

학계와 같이 추상적인 세계에서도, 토론의 어조가 종종 험악해졌다.[12] 1990년대에 영장류학자 수전 페리Susan Perry와 조지프 맨슨 Joseph Manson은 코스타리카의 흰 얼굴 카푸친 원숭이들 사이에서 수컷에 의해 벌어진 세 가지의 명백한 유아 살해를 해석하려고 하자 경멸을 받았다. 그들은 "다섯 명의 검토자가 모두 가학적이고 경멸적인 언어를 사용하며 학술지 편집장에게 우리의 원고를 탈락시킬 것을 촉구했다."라고 보고했다.[13] 한 평론가는 유아 살해의 성선택 이론에 대한 광범위한 감상을 제2차 세계대전 이전의 우생학에 대한 열정에 비유했다. 그러나 페리와 맨슨의 논문에는 아무런 문제가 없었다. 젊은 과학자들은 그들의 결과를 발표하게 되었고, 유사한 결과들이 계속 축적되어 그들의 연구는 고전이 되었다.

그 논쟁은 치열했고, 1970년대와 1980년대에 특히 미국에서 유아 살해에 대한 거부가 윤리학자들을 불편하게 만들었다. 적응적 유아 살해 가설을 지지하는 사람들은 때때로 우익의 정치적 의도가 있다는 비난을 받았다. 편견에 대한 비난은 대부분 사실이 아니었지만, 관찰된 증거가 압도적으로 증가함에 따라 진흙탕 싸움 같

• 성선택 이론sexual selection theory: 동물들이 생존이 아닌 번식을 위해 불필요해 보이는 많은 특징을 발달시킨다는 것이다. 수컷이 배우자를 차지하기 위해 싸운다든지 암컷에게 구애하기 위해 신체적인 특징을 발달시키는 것이 예들이다. 세라 허디는 랑구르 원숭이를 대상으로 한 연구에서 수컷은 권력을 잡으면 자기 자식을 늘리기 위해 모든 유아를 죽이고 암컷의 배란을 촉진시킨다고 밝혔다. 암컷은 자기 자식을 지키기 위해 되도록 많은 수의 수컷과 교미함으로써 수컷이 친자식인지 아닌지를 판단하지 못하게 만든다.

은 논쟁은 빠르게 부적절해졌다. 유아 살해로 인한 새끼의 사망률은 종마다 다양했으며, 산악 고릴라의 경우 37퍼센트, 차크마 개코원숭이의 경우 44퍼센트, 푸른 원숭이의 경우 47퍼센트, 붉은 고함원숭이의 경우 71퍼센트까지 증가했다.[14] 2014년 행동생태학자 디터 루카스Dieter Lukas와 엘리스 허처드Elise Huchard는 야생에서 연구한 260종의 포유류를 대상으로 조사한 결과 이중 절반 가까이가 유아 살해를 한다고 보고했다. 루카스와 허처드가 관찰한 유아 살해는 수컷이 살해를 함으로써 이득을 얻을 수 있는 종에서 가장 많이 발생했다. 이는 암컷을 가능한 한 빨리 번식시킬 수 있도록 수컷이 사용하는 이기적인 생식 전략이다. 영장류와 관련하여 89종의 야생 동물 중에서, 루카스와 허처드는 침팬지와 고릴라를 포함한 60종에서 유아 살해를 발견했다.[15]

(침팬지와 같은) 몇몇 영장류의 경우에는 유아 살해가 성선택 이 아닌 이유로 일어난다. 이웃의 어미와 마주치는 수컷 침팬지들은 어미를 공격하는 경향이 있다. 그리고 그들은 작은 새끼들을 심하게 다치게 하거나 죽일 수 있다. 이 경우, 살해하는 수컷들은 어미를 다시 만날 가능성이 적어 어미가 살해자의 새끼를 낳을 가능성은 거의 없다. 그러므로 전통적인 성선택 이론은 적용되지 않는다. 아마도 살해한 침팬지들은 암컷을 위협하여 그 지역을 떠나게 함으로써 살해자의 공동체에 더 많은 먹이를 남기게 해 이득을 보게 될 것이다. 또는 공격자는 이웃 공동체에서 성장하여 미래의 적수가 될 가능성이 있는 수컷 새끼들을 죽임으로써 이득을 볼 수 있다.[16] 더 많은 관찰을 통해 결국 그런 생각들에 대한 시험이 이루어질 것이다.

영장류 암컷도 새끼들을 죽일 수 있다. 마모셋과 타마린의 경우,

십난 안에 최대 네 마리의 암컷이 있다. 보통 알파 암컷만이 번식한다. 계급이 낮은 암컷이 새끼를 낳으면, 새끼는 알파 암컷에 의해 살해될 가능성이 있다. 새끼들이 많아지면 성년들에 의해 보살핌을 받기 위해 경쟁하기 때문에, 알파 암컷 자신이 낳은 새끼의 생존이 위태로워지므로 살해는 알파 암컷한테는 적응적이다.[17]

성선택 가설을 고려할 때, 유아 살해 행동이 철저하게 전략적이라는 것을 보여 줄 만큼 데이터는 풍부했다. 하누만 랑구르와 사자처럼 잘 알려진 종의 경우 수컷들이 자기가 아비가 아닌 새끼를 공격하고, 희생되는 새끼들은 그들이 죽으면 어미의 발정기를 재촉할 만큼 충분히 어리다는 것이 밝혀졌다. 살해하는 수컷들은 성공할 가능성이 있을 때만 공격한다. 그리고 그들은 나중에 암컷들과 짝짓기를 한다. 희생당한 새끼의 아비일지도 모르는 모든 수컷은 살해를 막으려고 노력한다. 따라서 집단 안에 존재 가능한 아비의 수와 어미들이 얼마나 그들의 새끼를 잘 보호할 수 있는지와 같은 변수들은 유아 살해가 이루어질 가능성에 영향을 준다. 그러한 요인들은 종들 사이에서 다양할 뿐 아니라, 시간이 지남에 따라, 종 내의 개체군들 사이에서도 다양하다. 유아 살해율은 집단마다 다르다.[18]

요컨대 수많은 영장류에서 그리고 여러 가지 이유로, 성년들은 자기 집단의 유아들을 의도적으로 살해하기 위해 그들의 힘을 이용한다. 대부분의 가해자는 성년 수컷들이다. 때때로 타마린과 마모셋처럼, 또는 침팬지 패션과 폼처럼, 그들은 성년 암컷들이었다. 다른 방식으로, 자연 선택은 살해자가 속해 있는 구성원을 고의로 공격하는 것을 선호한다. 유아 살해는 과학자들로 하여금, 유아를 살해하는 행동이 매우 융통성 있고 상황에 따른 행동일지라도, 그 행동이 의도적으로 이기적인 목적으로 진화할 수 있다는 사실을 직면하도록 만들었다. 대자연은 진화학자 조지 윌리엄스George Williams 의 말대로 "사악한 마귀할멈"이 될 수 있다.[19]

지난 반세기 동안 주도적 유아 살해의 발견은 처음으로 자연 선택이 포유류로 하여금 의도적으로 자신의 종족을 죽이게 할 수 있다는 사실을 보여 주었다. 그러나 이것은 가장 골치 아픈 인간의 관행을 직접적으로 말하는 것은 아니다. 무력한 갓난아기를 죽이는 것은 성년 인간이 서로 죽이는 것보다 훨씬 간단한 행동이며, 주로 동물에 의해 행해지는 성선택적인 유아 살해는 인간 사회에서 명백하지 않다. 따라서 유아 살해에 관한 이야기는 사전에 계획된 공격이 자연 선택에 의해 선호될 수 있다는 것을 보여 주었지만, 동물의 행동과 인간의 살인 사이의 간극을 좁히는 데는 도움이 안 된다.[20]

새롭게 다시 이루어진 동물 진화심리학이 성인을 죽이는 경향을 포함할 수 있다는 교훈을 얻기 위해서는 두 번째 사실이 필요했다. 침팬지들은 초기 포유류들의 예를 제공했는데, 바로 침팬지들이 이웃에 있는 장년의 침팬지들을 치명적으로 공격한다는 것이다.

나는 우연히 침팬지들이 의도적으로 서로를 죽인다는 최초의 실마리를 보았다. 1973년 8월 13일의 일이었다. 야시니 셀레마니 Yasini Selemani는 탄자니아의 곰베 국립공원에서 제인 구달과 함께 일하던 연구 조교였다. 늦은 저녁 그는 수풀이 우거진 길에서 고디 Godi, 스니프Sniff, 찰리Charlie라는 이름을 가진 성년 수컷 세 마리를 쫓아가고 있었다. 그들은 밤에 잠자리를 만들 잎이 무성한 숲을 향해 걸어가고 있었지만, 가는 도중 이상한 우회로로 갔다. 우회로의 끝에는 늙은 암컷 침팬지가 죽어 있는 것이 발견되었다. 시체는 죽은 지 얼마 되지 않았다. 아마도 죽은 지 하루나 이틀이 지난 것 같

았다. 수컷들은 몸을 검사한 다음 다시 그들의 길로 돌아왔다.[21]

다음 날, 나는 세 마리의 수컷을 따라가기 위해 셀레마니와 합류했다. 그들은 죽은 암컷을 다시 찾아가지 않았지만, 수컷들이 나무 위에 앉아 과일을 먹고 있는 동안, 셀레마니는 새벽에 나를 데리고 시체를 보러 갔다. 우리는 비틀린 시체에 다가가기 위해 마른 덩굴 밑으로 기어 들어갔다. 시체는 가파른 비탈에 놓여 있었다. 수풀이 너무 무성해서 시체가 놓여 있는 데까지 떨어졌을 리는 없었다. 시체의 왼쪽 어깨는 쓰러질 때 밀어낸 듯 휘청거리는 묘목 위에 불안정하게 놓여 있었다. 암컷은 분명히 공격을 받는 동안 죽었다. 암컷의 왼손은 가장 위쪽에 있었고, 손은 아래쪽으로 끌려가는 것을 막기 위한 마지막 노력으로 관목의 줄기를 움켜쥐고 있었다. 암컷의 팔과 몸은 아래로 곧게 뻗어 있었다. 등에 난 상처는 침팬지가 송곳니로 물어서 생긴 것 같았다. 유일하게 내릴 수 있는 그럴듯한 결론은 이 암컷은 한두 마리 이상의 침팬지들에게 공격을 받았다는 것이다. 다르게 쉽게 설명할 방법은 없었다. 그 지역에서는 몇 년 동안 표범이 보이지 않았고, 그 암컷은 먹힌 흔적이 없었다. 아마 고디, 스니프, 찰리가 죽였을 것이다. 왜냐하면 그 수컷들은 시체가 있던 장소를 알았기 때문이다. 수컷들은 시체를 우연히 발견하지는 않았을 것이다. 그 암컷의 사건은 '추정된' 살해로 기록되었다.

6개월 후, 연속적인 살해 행위와 관련된 실마리들이 확인되었다. 희생자는 고디였다. 고디는 카하마Kahama 공동체의 일원이었다. 1974년 1월, 고디는 이웃의 카세켈라 공동체에 있던 성년 수컷 여섯 마리에게 붙잡히는 불행을 당했다. 사춘기였던 수컷 한 마리와 자기 동네에 사는 새끼가 없는 암컷 한 마리가 지켜보는 가운데 카세켈라 수컷들은 고디한테 몰래 다가가 그를 붙잡고 10분 동안 두

들겨 팼다. 고디는 산 채 달아났지만, 끔찍한 상태였다. 그 뒤로 고디는 두 번 다시 나타나지 않았다. 아마 하루 이틀 만에 죽었을 것이다.

향후 몇 년 동안 이와 같은 관찰이 계속 누적되었다. 침팬지를 연구하는 학생들에게는 집단끼리 공격하기 위해 고안한 많은 행동을 설명하는 이해할 수 있는 사례들이었다. 수컷들은 대개 열을 지어 조용히 다녔으며, 상당한 수의 수컷으로 구성된 무리만이 그들 영토의 경계 구역까지 정기적으로 순찰을 돈다. 암컷과 서열이 낮은 수컷들은 서열이 높은 강한 수컷들보다 경계 지역을 방문할 가능성이 적었다. 순찰대는 경계 지역에서 먹을 것이 없는 나무에 올라가 20분간 주변 지역을 둘러볼 수 있다. 그들은 예상하지 못한 소리에 재빨리 반응하면서, 나머지 순찰대에게 공포의 신호를 보내곤 한다. 그럼에도 불구하고 그들은 때때로 이웃의 영역 안으로 1킬로미터 전진한다. 그들은 혼자 다니는 이방인이 발견된 쪽으로 조용히 전진하겠지만, 그들이 큰 무리가 있는 쪽으로 접근한다는 외침을 들으면, 다시 안전한 집 쪽으로 달려간다.

야생 침팬지들을 관찰하는 사람들은 이러한 종류의 행동들을 보면 그들의 상호 작용이 적대적일 것이라고 생각하게 되겠지만, 그러한 극단적인 행동은 인간을 제외한 다른 영장류에서 알려지지 않았기 때문에, 살해를 발견하는 것은 여전히 놀라운 일이다. 그래도 적응적이라는 생각은 들게 했다. 희생자 한 마리당 공격자는 여덟 마리라는 사실은 공격자가 왜 다치지 않는지 설명하기에 충분하다. 수컷 몇 마리가 희생자의 손과 발을 잡을 수 있어 희생자는 다른 수컷들이 가하는 어떤 공격에도 취약하게 된다. 희생자는 그 자리에서 죽거나, 몇 분간의 난타로 멍들고, 물리고, 너무 심하게 찢겨서 잠시밖에 살지 못한다.

내가 연구하고 있는 우간다 키발레 국립공원의 카냐와라 침팬지들 중에서 여덟 마리의 수컷에게 살해당한 낯선 수컷은 힘의 엄청난 불균형이 무엇을 초래할 수 있는지를 보여 주었다.[22] 카냐와라 수컷은 저녁 늦게 자신들의 영토 북쪽에서 그 낯선 침팬지를 발견했다. 얼마 후, 낯선 침팬지는 등으로 땅에 누워 사지가 벌려져 있었고, 온몸에 수많은 상처를 입었다. 그의 몸 뒤쪽은 팔꿈치를 제외하고는 손상되지 않았는데, 팔꿈치 피부는 이빨로 물어 뜯겨 있었다. 그의 가슴도 찢어졌다. 고환 하나는 몇 미터 떨어진 곳에 있었고, 다른 하나는 그의 등 밑에 깔려 있었다. 그는 전성기에 있던 강한 동물로서 목숨을 걸고 싸우다 죽음을 당한 것이었다. 그러나 공격자들 중 어느 누구도 긁힌 자국조차 없었다. 키발레에서 데이비드 와츠David Watts가, 그리고 탄자니아 곰베 국립공원에서 빌 월러워Bill Wallauer가 찍은 그러한 상호 작용을 TV에서 보면서 이제 시청자들은 고의적인 살해가 얼마나 끔찍하고, 혼란스럽고, 효과적인지 직접 알 수 있게 되었다.[23]

유인원에 익숙하지 않은 인류학자들은 이러한 사건들에 대해 준비가 되어 있지 않았다. 이번에도 현장 자료는 유아 살해 때와 비슷한 정치적 이유로 강하게 거부되었다. 마거릿 파워Margaret Power, 로버트 서스먼Robert Sussman, 브라이언 퍼거슨Brian Ferguson 같은 작가들은 두 가지 연구에서 관행적으로 침팬지들에게 여분의 먹이를 주는 것과 같은 인간의 방해로 인해 자연 그대로인 서식지가 교란되어 살해가 발생했다고 주장했다. 벌목, 사냥, 인간 질병의 유입이 이론적으로 집단의 개체 수를 균형에서 벗어나게 만들었고, 이상하고 새로운 부적응적인 행동을 야기했다는 주장도 나왔다. 회의론자들은 만약 침팬지들 사이에서 살해가 자연스러운 행동이라고 밝혀진다면, 사람들이 인간의 살인에 대해 생각하는 방식에 파급 효과가 있을 것이라고 우려했다. 그것은 아마도 폭력과 전쟁이 진화된 행동이라는 우려되는 생각을 강화할 것이라는 것이다. 그런 우려는 과학적 순진성과 정치적 편견에 대한 비난이 왜 침팬지에게서 발견한 것을 보고하고 침팬지가 적응적인 행동을 나타낸다고 주장하는 나와 같은 사람들에게 향했는지 설명해 준다.[24] 회의론자들의 주된 주장은 살해는 인간이 자연적으로 평화적인 집단들을 방해함으로써 생긴 부자연스러운 결과임이 틀림없다는 것이었다.

유아 살해와 마찬가지로, 그 논쟁은 이제 해결되었다. 어른들에 의한 집단적 살인은 흔한 일이 아니지만, 인간의 활동과 무관한 침팬지들의 특징이다. 2014년 영장류학자 마이클 윌슨은 야생에서 가장 오랫동안 연구되어 온 열여덟 마리의 침팬지 집단에 대한 자료를 수집했다. 결과는 명확했다. 침팬지의 개체 수는 얼마나 자주 살해가 일어났는지에 따라 달랐다. 많은 살해는 성년 수컷이 많은 집단에서 일어났으며, 더 밀집된 곳에 사는 지역 사회의 구성원들에 의해 자행되었다. 이 통계는 세네갈에서 나이지리아까지 분포해 있는 서부 침팬지의 아종이 다른 종들보다 덜 공격적이라는 것을 보여 주었다. 그러나 전체적으로, 침팬지들은 연합하여 격렬하게 공격하는 성향을 공유하고 있고, 그 빈도의 변화는 인간에 의한 교란 수치의 변화와 관련이 없었다.[25]

대신에 살해는 생물학적 적응으로 설명할 수 있었다. 살해 행동은 종종 도발이 일어나지 않아도 시작되는데, 수컷들은 단순히 그리고 분명히 살해할 시간과 힘이 있기 때문에 경계 지역을 향해 출발한다. 공격자들은 큰 비용을 들이지 않지만 경쟁자들을 제거함으로써 그들 자신의 지역 사회에 이익을 준다. 키발레의 은고고

Ngogo 공동체에서 존 미타니John Mitani와 데이비드 와츠 팀은 10년 동안 수컷들이 이웃 공동체 구성원 열여덟 마리를 살해하거나 치명상을 입힌 사례를 기록했다. 그 후 은고고 공동체는 그들의 영역을 대부분 살해가 발생한 지역으로 확장했다.[26] 곰베에서 앤 푸시 Anne Pusey와 그녀의 동료들은 지역 사회가 점유하고 있는 영토가 넓어지면 지역 사회의 구성원들은 더 잘 먹고, 더 빨리 번식하고, 더 잘 생존한다는 것을 보여 주었다.[27] 이웃을 죽이고, 영토를 확장하고, 더 많은 음식을 구하고, 더 많은 새끼를 낳으며 동시에 안전해진다. 왜냐하면 당신을 공격할 수 있는 이웃이 더 적어지기 때문이다.

주도적 연합 공격을 위한 진화된 기능에 관련된 유사한 증거가, 아이러니하게도 늑대들에게서 나왔다. 늑대가 서로 죽이는 것을 억제하도록 진화했다는 로렌츠의 주장은, 늑대가 다른 늑대들을 죽이는 비율이 예외적으로 높다는 것이 증명되었기 때문에, 완전히 틀린 것이었다. 로렌츠는 무리 안에서의 관계가 무리 사이에서의 관계와 비슷할 것이라고 가정했기 때문에 틀렸다. 그가 관찰한 바와 같이, 무리 안에서 의식화된 복종 신호는 실제로 지배하고 있는 개체가 살해하는 것을 억제한다. 그러나 무리 사이에서는 이야기가 다르다.[28]

미국에서 몬태나주와 와이오밍주의 옐로스톤 국립공원에 들어온 늑대들이 면밀히 연구되어 왔다. 12년 동안 공원 안에서 155구의 늑대 시체가 발견되었는데, 37퍼센트가 다른 늑대들에게 죽음을 당했다.[29] 식량 부족이 아닌 공간 부족으로 인한 무리들 간의 공격이었을 것이다. 마찬가지로 야생 늑대를 주로 헬리콥터로 감시했던 알래스카의 데날리 공원에서도 늑대 시체 50구 중 40퍼센트가 다른 늑대 무리에 의해 죽었다.[30] 반응적 공격과 대조적으로 주도적 공격에 의해 발생한 살해가 몇 건인지 알 수 없지만, 무리 간의 싸움을 직접 관찰한 결과 어떤 때는 주도적 공격이 일어남을 알 수 있었다. 2009년 4월, 옐로스톤 코튼우드 크릭에 있던 다섯 마리의 늑대 무리가 이 점을 확실히 보여 주었다.[31] 이 늑대들은 다른 무리에 있는 암컷에게 접근했는데, 그들은 암컷이 있는 동굴 안으로 들어가려고 했다. 침략자들이 접근하자, 근처에서 뛰어다니던 암컷의 배우자가 침략자들을 혼란스럽게 했다. 침략자들은 한 번에 3백 미터 되는 거리까지 암컷의 짝을 네 번이나 쫓아냈지만, 짝은 계속 암컷이 숨어 있는 동굴로 돌아왔다. 마지막에 침략자들은 동굴에 들어가 암컷을 공격하여 죽였다. 그들은 적어도 두 마리의 새끼도 죽였다. 암컷은 머리, 배, 사타구니가 물린 채 죽었고, 동굴 안의 암벽은 피투성이였다. 공격자들은 그 지역을 다섯 시간 동안 머물다가 떠났다. 늑대는 그러한 공격을 함으로써 영토를 확장하는 이득을 얻었다.

침팬지는 번식할 수 있는 여러 침팬지의 큰 공동체에서 살며, 자기 영역 안에서 흩어져 자고, 문란하게 짝을 짓는다. 늑대는 작은 무리를 짓고 살며, 한 곳에서 잠을 자고, 일부일처제를 이룬다. 그러한 차이에도 불구하고, 살해하는 이유는 두 종이 같다. 무방비 상태인 희생자를 찾고, 큰 무리들이 안전하게 죽이며, 살해자들은 추가로 영토를 얻는 것이다.

이런 효과적인 살해 행위가 동물계에서 드물다는 것은 놀라운 일로 보일지도 모른다. 그러나 설명은 간단하다. 자기 종족의 구성원들을 공격하면 공격자가 다칠 수 있기 때문에 이는 희생이 큰 행위다. 단지 소수의 종만이 개체들이 연합하여 갱단을 형성하고, 갱단이 상처를 입을 위험을 최소화하면서 다른 무리에 속한 취약한 외톨이를 늘 찾을 수 있다. 포유류에서 이런 연합은 사회적 육식 동물이나 영장류 사이에서만 일어나는 것으로 알려져 있다.[32]

다른 집단에 있는 동종의 성년을 죽이는 주도적 연합 공격은 드물게 일어나지만, 그런 공격을 하는 곳에서는 살해자들에게 이득이 되는 자연스럽고 적응적인 행동으로 보인다. 그런 공격은 늑대, 사자, 얼룩무늬 하이에나, 침팬지, 흰 얼굴 카푸친, 다양한 개미, 그리고 몇몇 다른 종에서 나타난다. 동물들이 주도적 연합 공격을 사용하는 방법은 명백하게 의문이 제기되는 인간에게서 발견되는 방법과 유사하다. 동물 집단들끼리의 폭력과 인간들끼리의 폭력은 같은 원칙으로 설명될 수 있을까? 이동하는 수렵 채집인들은 증거의 중요한 부분을 제공한다. 그들은 인간들 사이에서 늑대들과 침팬지들 간의 폭력과 유사한 방식으로, 습격과 매복을 통해 주도적 연합 공격이 정기적으로 행해졌다는 것을 보여 준다.

어떤 사람들은 수렵 채집인들이 너무 평화적인 사람들이라서 연합 전투는 전혀 그들의 삶의 일부가 아니라고 생각한다. 그런 생각은 일반적으로 특정 유형의 수렵 채집인들에게 적합하다. 즉 농부나 목축가(소, 양, 염소와 같이 이동하는 동물들을 사육하는 사람)들과 같이 사는 사람들이다. 전형적인 예로는 탄자니아의 하드자와 남부 아프리카의 주/'호안시가 있다. 그들은 모두 목축가들과 같은 지역에 살고 있고, 서로 결혼을 하고, 수백 년 동안 그렇게 해 왔다. 목축가들은 수렵 채집인들보다 군사적으로 우위에 있다. 이들 간에 전쟁을 했다는 역사 기록이 있지만, 최근 몇 년간 평화가 유지되었다. 만약 두 문화권의 구성원들 사이에 싸움이 벌어진다면, 때때로 그랬듯이 수렵 채집인들은 완전히 패배할 것이다. 최근의 연구들에서 그런 장소에서 집단끼리 전투한 증거가 거의 발견되지 않은 이유는 분명해 보인다. 인간은 질 가능성이 많으면 아예 싸움을 하지 않는 것이 좋다는 것을 알 만큼 똑똑하다.[33]

수렵 채집인들이 홍적세 때 그들의 이웃끼리 더 동등하게 어울렸던 상황에서 어떻게 행동했을지 평가하기 위해서, 우리는 다양한 수렵 채집인 사회들이 서로 인접해 살면서 그 주위에 목축가들이 살지 않는 현대의 사례를 찾아야 한다. 이러한 영역은 여섯 곳이 알려져 있다. 호주, 태즈메이니아, 안다만 제도, 티에라델푸에고, 서부 알래스카, 캐나다의 오대호 지역이다. 모든 곳에서 상황은 비슷하다. 특히 민족 언어 사회ethnolinguistic society 내의 인접해 있는 약탈자 집단들의 관계는 종종 평화로웠다. 그러나 때때로 수렵 채집인들은 싸웠다. 그들이 서로 싸울 때, 폭력은 전형적으로 매복, 습격, 몰래 공격하는 형태로 시작되었다. 주도적 연합 공격은 주된 기술이었고, 목표는 살인이었다.

호주의 집단 전체는 17세기에 그들의 전통적인 삶을 파괴한 유럽인들과 접촉하기 전에 수렵 채집인들이었다. 1940년 추정치에 따르면, 호주에 거의 6백 개의 상이한 언어 집단 사회가 있었다.[34] 남북으로 숲이 무성한 지역에서부터 거친 중앙 사막에 이르기까지 대륙 전체에 걸쳐 집단 간 충돌이 일어났다는 것이 발견되었다.[35] 종종 그것은 직접 관찰되었다.

1910년, 인류학자 G. 휠러G. Wheeler는 사회 간의 관계에 초점을 맞춘 책에서 "이런 전쟁에서 흔히 볼 수 있는 과정은 한밤중에 적진까지 몰래 들어가 이른 새벽에 포위하는 것이다. 그 후 외침과 동시에 대량 학살이 시작된다"고 접전을 요약했다.[36] 밤에 공격하는 것이 보편적이었다. 허버트 베이스도우Herbert Basedow는 다음과 같은 논리를 폈다. "공격자들은 적을 가장 빠르게 소멸시키는 방법이 기습적으로 공격하는 것이며, 보복을 당하기 전에 살육하는 것이라는 것을 알고 있다. 이런 목적을 위해서는 이른 아침에 그들을 습격하거나 적이 반드시 오는 곳에 매복하는 것이 최선이다."[37]

근처에 농부나 목축가가 없는 수렵 채집인들의 지역에서도 비슷한 결론이 나왔다.[38] 태즈메이니아에서는 전투가 보통 매복이나 개인들끼리 싸우는 형태였다. 그리고 전쟁의 마무리는 매복과 습격이었다.[39] 벵골만에 있는 인도의 안다만 제도에서는 "기습으로 적을 덮쳐 한두 명을 죽이고 물러나는 것이 전투 기술의 전부였다. (…) 그들은 기습적으로 적 진영을 빼앗을 자신이 없는 한 감히 적의 진영을 공격하지 못할 것이었다. (…) 만일 그들이 심한 저항을 만나거나 자기편 사람 하나를 잃게 되면 즉시 퇴각할 것이다. (…) 공격의 목표는 살해하는 것이었다".[40] 남미의 남쪽 끝에 있는 티에라델푸에고에서 "첫 공격의 통보는 빗발치는 화살이었고, 첫 번째 움직임은 공격의 힘과 성격을 결정할 수 있을 때까지 피난처로 달려가는 것이었다".[41] 북극에 있는 이누이트족도 똑같이 습격을 했다. "기습 공격에는 매복과 야간 습격 두 가지 유형이 있었다. 이런 공격은 서부 알래스카 전 지역에서 보고되었다. (…) 기습 공격과 전투의 목적은 가능한 한 많은 적을 죽이는 것이었다.[42] 캐나다 오대호에 사는 사람들도 다르지 않았다. "그들의 공격은 전부 전략, 기습, 매복이다."[43]

공격은 남성들에 의해 이루어졌다. 종종 공격하는 무리는 5~10명 정도로 적다. 그러나 때때로 수백 명의 전사가 모인다는 보고가 있다.

수렵 채집인들 간에 일어나는 갈등의 빈도, 내용, 사망률은 종종 뜨거운 논쟁거리가 되어 왔다. 한 학파는 전투와 실제 전쟁은 농업

3부 어제 그리고 내일

이 시작되기 전에는 무시할 정도로 드문 일이었다고 주장했다. 이러한 견해를 지지하는 사람들은 유목을 하는 수렵 채집인들이 태고 때부터 농부들과 마주칠 때까지는 집단 간에 일어난 폭력의 비율이 낮았고, 농부를 만난 이후로 스스로 방어하기 시작했다고 주장한다. 이런 학자들은 농업 혁명 전까지는 싸울 필요가 없었다고 주장하는 경향이 있는데, 두 집단 간에 분쟁이 일어나면 한 집단이 다른 곳으로 이주할 수 있었기 때문이다. 이러한 관점을 취하게 된 동기는 때때로 명백하게 정치적인 것이었다. 예를 들어 인류학자 더글러스 프라이Douglas Fry는 "인류학이 '전쟁의 재앙'을 종식하는 데 공헌하는 것은 전쟁은 인간의 본성에 있어서 불가피한 부분이 아니라는 것을 증명하는 데 있다"고 썼다.[44]

토론의 반대편에서는, 다른 영장류들은 항상 그들의 서식지를 완전히 채워서 충돌이 일어나면 선택의 여지가 거의 없다는 논지가 있을 수 있다. 경쟁하는 집단들이 공터를 찾지 못하면 싸우게 된다. 인간 집단이 점령할 빈 공간을 정기적으로 찾거나, 공격을 할 필요 없이 관계를 맺을 수 있으면 놀라운 일일 것이다. 따라서 농업 혁명 전의 수렵 채집인 집단이 일반적으로 평화적인 관계를 맺었고, 자원이 풍부하고 점령되지 않은 땅으로 이동할 수 있었다는 주장은 설득력이 없다. 게다가 많은 학자는, 농업 혁명 이전에 전쟁이 많이 일어났다는 고고학적인 증거로 요새화한 정착지, 갑옷, 심한 폭력이 일어났음을 보여 주는 뼈와 해골 등을 제시한다. 마지막으로, 수렵 채집인들의 집단 간 싸움에서 알려진 사망률은 매우 다양하지만, 거의 0은 아니다. 열두 개의 수렵 채집인 집단의 표준 표본에서는 연간 10만 명당 164명이 집단 간 충돌로 사망한 것으로 나타났는데, 이는 소규모 농업 사회에서 연간 595명이 사망한 것과 비교된다. 이에 비해 전 세계에서의 전쟁으로 인한 사망률은 1960년 이후 매년 10만 명당 10명이었지만, 제2차 세계대전 당시 연간 10만 명당 최대 2백 명 미만이었다. 2015년 전 세계의 국가에서 연간 살인율은 10만 명당 5.2명이었다. 따라서 수렵 채집인 사회는 집단 간 전투로 인해 죽는 경험을 상당히 많이 한 것으로 보인다.[45]

그러나 전쟁의 빈도에 대한 논쟁은 집단 간의 상호 작용이 살인으로 이어졌는가와는 또 다른 문제다. 2015년 정치과학자 아자 가트Azar Gat가 총설 논문에서 보여 준 것과 같이, 토론의 양쪽 모두 살인이 일어났다는 것에 동의한다.[46] 부분적으로 "전쟁"이란 단어는 특정한 종류의 살인으로 제한되기 때문에 토론은 혼란스럽다. 더글러스 프라이는 호주 수렵 채집인들이 상당히 높은 살인율을 보인다는 것은 인정했지만, "전쟁에 의한 것 같지 않다."라고 썼다. 살인은 프라이가 말하는 "전쟁"에서 일어나는 것이 아니라 "반목"에서 일어났다.[47] 인류학자 레이먼드 켈리Raymond Kelly는 『전쟁이 없는 사회와 전쟁의 기원Warless Societies and the Origins of War』이라는 수렵 채집인에 관한 책을 썼다. 제목에서 의미하는 것과 달리, "전쟁이 없는 사회"는 안다만 주민들에게 초점을 맞춘 것이었지만, 그중 켈리는 집단 간 많은 살인이 있었음을 인정했다. 실제로 켈리는 안다만 도민들은 "외부와의 전쟁에서 평화로울 수 없었다"고 보고했다. (외부와의 전쟁이란 안다만 군도에 있던 열한 개의 상이한 민족 언어 사회 사이의 무력 충돌이다.) 켈리는 이어 "외부와의 전쟁은 끊임없이 일어나고 있으며, 전쟁은 두 집단이 쟁취한 구역의 경계를 규정하는 존재 조건이 된다"고 덧붙였다. 켈리는 이전의 어느 누구보다 더 신중하게 1차 자료를 조사했다. 켈리는 "공격하는 집단이 습격에 유리할 때마다 (…) 언제, 어떻게 공격을 해야 하는지에 대한 정책"이 있었다고 보고했다.[48] 다시 말해서 켈리의 신중한 연구는 당신이 안다만 사람들의 민족 언어 사회 사이의 싸움을 "전쟁"이라 부르든 부르지 않든 간에, 그 수렵 채집인들은 주도적 연합 공격을 이용하여 침팬지와 같은 스타일로 서로 죽였다는 것을 명백하게 보여 주었다.

고고학자 브라이언 퍼거슨은 "부족 지대tribal zone" 이론의 창시자들 중 한 사람으로, 수렵 채집인들은 식민지 국가와 직면할 때까지 평화로웠다고 주장했다. 그러나 퍼거슨은 1997년에 식민지화 이전에 있었던 전쟁의 증거를 들어 과거의 폭력과 전쟁에 관한 선집에 글을 기고했다. "만약 폭력과 전쟁이 서구 식민주의, 국가, 농업이 출현하기 전에 존재하지 않았다고 믿는 사람들이 있다면, 이 책은 그들이 틀렸다는 것을 증명한다."[49] 간단히 말해, 이동하는 수렵 채집인 집단 간의 살인이 농부나 목축가들만큼 빈번하게 행해졌든 그렇지 않든 간에, 집단 간 살해가 일어났다는 것은 분명하다. 살인은 종종 그리고 확실하게 주도적 연합 공격에 의해 일어났다.

세계 다른 지역에서의 증거는 같은 결론을 가리킨다. 미 북서부 해안의 콰키우틀Kwakiutl[50]과 뉴기니의 아스마트[51]와 같이 복잡한 수렵 채집인들은 배를 사용하여 트로피 머리와 두피를 가져가거나 마을을 파괴하거나 노예를 잡는 약탈을 했다. 브라질의 문두루쿠Mundurucu[52] 또는 베네수엘라의 야노마뫼[53]와 같은 화전민들은 고향 마을에서 음모를 꾸미고 나서, 한두 명을 죽이기 위해 수 시간, 수일을 걸었다. 그 후에는 자신을 방어할 필요 없이 도망치고자 한다. 몽고인에서 무어인까지 많은 목축가들은 농업 정착촌을 습격해서 강간, 살인, 약탈을 마음대로 했다. 현대 국가의 공군은 폭격을 계획한다. 전면전은 모든 사회에서 일어날 수 있으며 전문화된 군대가 있는 사회에서는 더 일반적이다.

그러나 역사를 통틀어 집단과 군 지휘관을 습격하는 이상적인 형태는 언제나 압도적인 힘으로 기습하여 상대방을 패배시키거나 붙잡거나 죽이고, 공격자는 피해를 입지 않는 것인데, 이것이 바로 주도적 연합 공격 모델이다.

어떻게 해서 주도적 연합 공격이 인간 행동의 한 부분으로 널리 퍼지게 되었는지 아무도 확실히 알지 못한다. 집단 간 공격의 기원을 제시하는 두 가지 이유를 살펴보자.

첫째, 집단 간 공격은 동물에서 가장 일반적인 주도적 연합 공격이다. 대조적으로 집단 내에서는 그런 공격의 증거가 거의 없다.[54]

침팬지 사회에는 성년 살해가 있다. 마이클 윌슨은 2014년 편집물에서, 다섯 건의 성년 살인이 집단 내에서 관찰되었다고 했다(그리고 추가로 열세 건이 추정되거나 의심을 받았다). 모두 연합에 의한 것이었다. 기록된 것들 중 하나는 처음부터 사전 계획된 것이었다. 그러나 침팬지들은 말을 할 수 없기 때문에, 희생자가 없는 상태에서 계획을 세우는 것은 인간의 방식으로 행해진 주도적 연합 공격 행위가 아니었다.[55]

영장류학자 스테파노 카부루Stefano Kaburu, 사나 이노우에Sana Inoue, 니콜라스 뉴턴-피셔Nicholas Newton-Fisher는 다음 사건을 자세히 설명했다.

피무Pimu는 탄자니아의 마할레 산맥 국립공원에 있는 M-그룹의 스물세 살 먹은 알파 수컷이었다. 피무의 마지막 시간은 놀랍고 어리석은 행동을 했을 때 시작되었다. 피무는 자신에게 털 고르기를 해 주던 권력의 경쟁자인 스물두 살의 프리무스Primus 손을 갑자기 물었다. 이유 없이 손을 물자 일대일 싸움이 벌어졌는데, 이는 비디오에 포착되었다. 적어도 35초 동안, 피무와 프리무스는 서로 주먹으로 치고 물면서 바닥을 뒹굴었다. 프리무스는 결국 떨어져 나와 약 30미터 떨어진 다른 수컷들의 일행을 향해 달려갔다. 그는 지원을 구하는 듯 비명을 지르며 나무에 올라가더니 사라졌다. 프리무스는 거의 일주일 동안 영장류학자들에게 보이지 않았다.

구원 요청을 받은 수컷들 중 네 마리는 거의 즉시 다른 두 마리와 합류한 피무에게 접근했다. 피무는 이미 옆머리와 한쪽 손에 난 큰 상처로 피를 흘리고 있었다. 이어진 난투는 혼란스러웠다. 주로 처음의 네 마리가 피무를 공격한 반면, 다른 두 마리는 공격자들을 위협하여 방어하려고 제한된 시도를 했다. 폭력은 한 번에 10~15초 동안 지속되었고, 그사이에 1분간 중단되었다. 이상하게도 가장 끈질긴 공격자는 늙은 알파 수컷 칼룬데Kalunde였는데, 그는 그때까지 피무와 가장 많이 만났던 파트너였으며 다른 수컷들과의 결속을 도왔다. 약 두 시간 후, 여섯 마리의 수컷은 모두 물러나서 적어도 10미터 떨어진 나무에 올라갔다. 피무는 불구가 되어 피를 흘렸는데, 30분 안에 죽었다.[56]

네 마리의 수컷은 피무와 프리무스의 싸움에 끼어들지 않았고, 그들이 피무에게 덤벼들 때쯤 프리무스는 이미 사라지고 없었다. 따라서 그들의 공격은 프리무스를 직접 도와준 것은 아니었다. 또한 그들이 처음에는 싸움에 관여하지 않았고, 관여하는 데 시간이 많이 걸렸기 때문에 공격은 반응적이지 않았다. 공격은 확실히 연합적으로 이루어졌고 미리 계획된 것으로 보였다. 카부루와 그의 동료들은 이 사례는 피무가 부상을 입고 갑자기 취약해짐으로써 촉발된, 사회적인 지배권을 획득하기 위한 도전으로 가장 잘 설명된 다고 생각했다.

따라서 종종 침팬지 집단 안에서 일어나는 연합 공격은 제한적으로 주도적일 수 있으며, 이때 공격할 기회를 갖게 된 개체들은 제휴 여부를 결정하는 데 시간을 할애할 수 있다. 그러나 연합 공격을 하기 위해 의도적으로 특정 희생자를 찾는 것을 사전에 계획한 증거는 아직 없다. 이러한 한계의 분명한 이유는 침팬지들은 누구를 죽여야 할지 논의할 능력이 없기 때문이다.

확실히 공동체 내에서 주도적 연합 공격을 조장하는 것이 무엇이든지 간에, 그 행동은 공동체 사이에서 더 흔하다.

주로 집단 간 상호 작용의 맥락에서 주도적 연합 공격이 발달했다고 생각되는 두 번째 이유는 집단 간에 어떤 행동이 표현될 때 집단 내에서 동일한 행동이 표현될 때보다 인지적 과정이 덜 필요하기 때문이다.

집단 내의 격렬한 폭력에는 어려운 결정이 따르는데, 그 이유는 행위자는 다른 때에 유용한 아군이 될 수도 있는 희생자에 대항하여 연합에 가담해야 할지 결정해야 하기 때문이다. 그것이 피무를 살해한 공격이 놀라운 이유다. 즉 (주변 공동체와의 싸움에서) 수적으로 힘을 유지하는 데서 오는 이점이 일반적으로 경쟁자를 제거함으로써 얻는 이익보다 더 큰 것처럼 보일 수 있다.

게다가 계획을 하는 문제도 있다. 표적이 어떻게 결정되고, 누가 연합에 참여할 것인지 한 개체가 어떻게 알 수 있는가? 침팬지들이 특정 개체를 공격하려는 의도를 사전에 공유할 방법은 없어 보인다. 피무를 살해한 침팬지들에게 우연히 기회가 주어졌고, 그때 네 마리가 피무에 대항했고 나머지 두 마리는 그렇지 않았다. 인간은 언어를 통해 이 문제를 해결한다. 계획을 짠 사람은 누구를 죽여야 한다고 점점 자신감을 가지고 소문을 퍼뜨리지만, 연합으로 공격하게 되는 순간까지 불확실성은 계속된다. 암살자들은 누군가가 배반자가 되지 않도록 서로의 약속을 확인한다.

요컨대 집단 내에서 성공적인 적응적 전략을 만들기 위해서는 복잡한 계산과 정교한 의사소통이 필요하다. 대조적으로 집단 간 상호 작용에서의 공식은 간단하다. 즉 적에게 대항하는 친구들 편을 들면 되는 것이다.

주도적 연합 공격이 진화한 확실한 경로는 침팬지, 늑대, 그리고 다른 포유류에서와 같이 다른 집단 구성원들에 대항해서 처음으로 표현되었다는 것이다. 그것은 6백만 년에서 8백만 년 전 침팬지와 우리의 마지막 공통 조상들 사이에서 일어났을지도 모른다. 그러나 우리는 확신할 수 없다. 그 행동은 좀 더 일찍 혹은 더 최근에 생겼을지도 모른다. 이후에 홍적세 때 호모속이 진화하는 과정에서 인지 능력이 증가하고, 특히 언어 능력의 충분한 발달로 인해 주도적 연합 공격이 집단 내에서 보다 선택적으로 수용될 수 있었을 것이다. 진화적으로 더 거슬러 올라가면, 주도적 공격이 연합적으로 일어나기 전에는, 아마 하누만 랑구르 수컷들이 하는 것처럼 혼자 행동하는 개체들이 그러한 공격을 실행했을 것이다.

그러므로 인간의 주도적 연합 공격은 고대의 경향이 정교하게 표현된 것으로 가장 간단하게 설명된다. 주도적 연합 공격은 우리 종에서 독특하게 정교해졌지만, 집단 간 상호 작용이라는 인지적으로 단순한 맥락에서 생겼을 것이다. 그럴듯한 시나리오는 침팬지와 인간에 의한 동종의 살해는 집단 간 습격과 동일한 진화적 기원을 갖고 있다는 것이다.

신경생물학의 발전은 긍정적으로 이 생각을 시험하는 데 도움이 될 것이다. 앞에서 살펴본 바로는 설치류와 고양이의 경우 반응적 공격과 주도적 공격은 뇌의 '공격 회로' 안에 있는 상이한 경로에 의해 제어된다. 인간의 경우도 주도적 공격은 반응적 공격과 다르게 제어된다는 것이 분명하다. 알 수 없는 가능성이 미래에 있다. 행동생리학자 S. F. 더 부르S. F. de Boer와 동료들은 2015년 총설에서 주도적 공격은 특정 분자에 반응하는 특수한 형태의 뉴런에 의해 뒷받침된다는 증거를 제시했다. 몇 년 안에, 인간과 침팬지의 주도적 공격을 뒷받침하는 신경 메커니즘이 얼마나 비슷하거나 다른지 알아낼 수 있을 것이다. 그런 종류의 비교는 희귀하고 강력한 행동진화학을 더 이해할 수 있는 흥미로운 기회를 제공할 것이다.[57]

주도적 연합 공격이 지나치게 공격적인 사람이 아닌 추정된 일탈자에게 가해진 선사 시대 때에는, 그것을 잘 사용한 사람들에게 부여된 사회적인 힘의 크기는 전례가 없던 것이었다. 수컷 랑구르 원숭이가 어미로부터 새끼를 낚아채 결과에 대한 두려움 없이 새끼의 내장을 잘라낼 수 있고, 침팬지 무리가 상처를 받지 않고 경쟁자 수컷의 가슴을 찢을 수 있듯이, 작심한 인간 집단은 각자가 상해나 보복을 당하지 않으면서 선택한 희생자를 공격할 수 있다. 인간이 발달시킨 주도적 공격 기술은 다른 영장류에서 찾아볼 수 없는 전제주의 형태를 취했다. 복종과 주권이 강력한 예들이다.

복종은 독특한 인간관계다. 개는 복종하는 법을 배울 수 있지만 명령은 내릴 수 없다. 복종 체계는 처벌에 달려 있다. 가족이나 소집단에서의 처벌 메커니즘은 감정적 조종이나 신체적 구타일 수 있지만, 대규모 집단의 정치에서는 주도적 연합이 힘을 제공한다. 부하에게 내린 명령은 명령에 복종하지 않을 때 공격을 한다는 위협이다. 만약 위협이 단순히 지도자의 전투 능력에만 달려 있다면, 위협은 설득력을 갖지 않는다. 어떤 지도자도 반복되는 싸움을 하는 위험을 무릅쓸 수 없다. 알파 침팬지조차 가능한 한 싸움을 피하려고 한다. 그러나 인간 지도자는 개인적으로 싸울 필요가 없다. 지지자들의 연합은 지도자의 위협이 가지는 가치를 보장하며, 연합의 막강한 힘이 부하를 압박할 수 있기 때문에 공격적인 조우에서 지지하고 있는 연합이 위험에 처할 가능성은 낮다. 이것을 알면, 부하는 그 결과에 순종하거나 고통을 겪어야 한다. 중세 유럽 군주의 권위적인 법정, 중국의 황제, 20세기의 파시즘 정권, 마피아 가족에서 볼 수 있듯이 지도자의 신호는 무례한 구성원을 처형하기에 충분했다. 신하, 노예, 죄수 또는 싸울 의지가 없는 군인의 복종은 우리에게 지독한 형태의 계급적 권력을 보여 준다. 도전, 탈출, 불복종, 도망을 시도하는 사람들은 처형당할 수 있다.

민주주의 국가에서는 시스템이 훨씬 더 부드럽게 작동하기 때문에 당신은 민주주의의 성공이 전적으로 협력에 달려 있다고 생각할지 모른다. 그러나 정치철학자 미셸 푸코Michel Foucault는 민주주의가 권위주의 국가에 비해 덜 폭력적인 것은 사실이지만, 공장, 병원, 학교와 같은 사회 기관조차 궁극적으로 그들의 성공을 위해 권력 집행에 의존하고 있다고 설득력 있게 주장해 왔다. 규칙 위반자들은 분쟁에서 벗어나기 위해 협상을 시도할 수 있지만, 최악의 경우 그들은 투옥에 직면하게 되는데, 이는 경찰과 다른 규제 기관들이 주도적 연합 공격을 제공하는 것이다. 심지어 비폭력적인 국가들조차 범죄자들을 다루는 데 결정적인 힘에 의존한다.[58]

국토에 대한 주권 또한 독특하게 인간적이다. 주권에 대한 한 가지 관점은 통치자와 피지배자 모두 그들이 살고 있는 지역을 통제하는 데 똑같이 관여한다는 것이다. 그러나 그러한 밝은 관점은 권력이 어떻게 분배되는가에 대한 현실을 무시한다. 인류학자 토마스 한센Thomas Hansen과 핀 스테푸타트Finn Stepputat에 따르면, 실제 주권은 "무사히 처형하고, 처벌하고, 훈육할 수 있는 능력"을 말한다.[59] 물론 이 능력은 권력자에게 집중되어 왔다. 그들은 "주권력[60]은 삶과 죽음을 결정하는 능력과 의지, 공공연한 적 또는 위험인물에게 과도한 폭력을 가할 수 있는 능력"이라고 쓰고 있다.[61] 1954년 애덤슨 호벨은 법의 기능에 대한 조사에서 같은 결론을 내렸다. "원시적인 사회에서나 문명화된 사회 어디서든 법의 진정으로 필수 불가결한 조건은 사회적으로 공인된 대리인에 의해 신체적인 강제력을 합법적으로 사용하는 것이다."[62]

근원적인 폭력은 종종 고의로 공개되었다. 동인도 회사는 현지에 있던 왕들이 내린 처벌이 부적절하고 효과적이지 않다고 판단했을 때, 공공 교수대를 세웠고, 그들의 식민지에 새로운 교도소를 만들었다. 군주들은 종종 사형당한 범죄자들의 머리나 시체를 전시했다. 폭력은 치외 법권에 속하던 다수의 정권에게 특별히 허락되었다. 여기에는 "해적, 도적, 범죄자, 밀수업자, 청소년 갱단, 마약왕, 군벌, 마피아, 반역자, 테러리스트"가 포함될 수 있다. 이러한 임계 영역에 속한 집단이 지배하는 지하 세계는 분열된 후기 식민지 국가에서 가장 부유하고 강력한 국가들에 이르기까지 전 세계적으로 존재한다. 그들의 영역은 보통 작지만, 다른 곳과 마찬가지로 "그들의 주권은 항상 결정적인 힘의 배치 능력에 달려 있다".[63]

이동하는 수렵 채집인들에게서는 정착인들과 같은 정도로 복종과 주권을 찾아볼 수 없으며, 이는 논쟁의 여지가 없을 것이다. 고고학자 브라이언 헤이든은 농업이 발명되어 인류가 잉여 식량을 생산할 수 있는 방법을 찾기 몇천 년 전인 구석기 시대 초기부터 가족들에서 계층적 관계가 시작되었다고 주장했다. 잉여 식량을 소유한 사람들은 식량을 필요로 하는 사람들로부터 노동력과 상품을 살 수 있으므로 가능한 한 많은 식량을 생산하여 이익을 남겼다. 그 결과들 중 하나가 충성인 것 같다. 부유한 사람들이 음식을 준 대가로 충성을 요구하는 것을 상상할 수 있으며, 그렇게 함으로써 그는 동맹들로부터 장기적인 충성을 이끌어 내기 위해 친족에 기반을 둔 연합을 확장할 수 있다.[64]

로버트 루이스 스티븐슨은 우리가 유인원으로부터 폭력을 물려받았다고 암시했지만, 그의 도덕적인 이야기는 주도적 공격성에 대해 언급하지 않았다. 주도적 연합 공격을 무사히 행한 결과로 나온 복종과 주권은 성공한 개개의 인간들에게 영장류가 상상할 수 없는 힘을 주었다. 그리고 힘없는 사람들에게는 전례 없는 고통을 주었다. 『지킬 박사와 하이드 씨』를 좀 더 진화적으로 이야기한다면, 지킬 박사를 부유하고, 잘생기고, 부지런하고, 야심이 많고, 친절하고, 협조적인 사상가이면서 그가 속한 사회에 복종과 주권을 강요하는 계획적인 살인자로 표현할 수 있을 것이다.

주도적 연합 공격은 처형, 전쟁, 학살, 노예 제도, 약탈, 의식 행사에서의 희생, 고문, 린치, 갱단의 전쟁, 정치적 숙청, 그리고 비슷한 권력의 남용을 낳았다. 주도적 연합 공격은 삶에 대한 권리로서 주권을 허용하고, 카스트 제도에 편리한 지배 체제를 허용하며, 간수들에게는 죄수들이 자기 무덤을 파게 하도록 허용한다. 주도적 연합 공격은 겁쟁이 왕을 만들고, 집단에 대한 충성심의 기초가 되며, 장기간 폭정을 낳는다. 주도적 연합 공격은 홍적세 때부터 인류에 계속 폭력을 가했다. 주도적 연합 공격은 우리에게 신을 행히기 위한 큰 능력을 주었지만, 또한 엄청난 해악을 주었다.

그러므로 제정신을 가진 개인이 주도적으로 공격을 하는 것이 상황에 맞춘 고도로 선택적인 행동이라는 것을 알게 된 것은 고무적인 일이다. 수컷 랑구르는 무턱대고 죽이지 않는다. 랑구르는 그의 잠재적인 희생자가 적절히 방어한다면 절대로 죽이지 않는다. 목축가들과 함께 사는 수렵 채집인들은 전쟁을 하지 않는다. 주도적 공격은 발끈하거나, 알코올 중독에 빠지거나, 테스토스테론에 의해 생긴 피질의 조절 실패에 의해 생기지 않는다. 주도적 공격은 예상되는 비용을 감안한 연합의 계획된 행동이다. 효과가 없으면 사라지는 경향이 강하다.

진화심리학자인 스티븐 핑커는 그 영향에 대해 진술했다. 『우리 본성의 선한 천사*Better Angels of Our Nature*』에서 핑커는 가장 최근의 수십 년, 수 세기, 수천 년 동안 폭력을 감소시킨 여러 가지 방법을 상세하게 기록했다. 핑커가 쓴 대부분의 악행은 주도적 연합 공격에서 비롯되었다. 만약 우리가 우리 사회에 대한 보호책을 개선한다면, 피해의 수준은 계속 떨어질 것이다. 그러나 우리는 극도의 힘을 발휘함으로써 가능해지는 두려운 잠재력을 결코 잊어서는 안된다. 인류는 아직 수천 년간 지속된 평화를 누리지 못했다. 그리고 핵의 세계에서는 그 강도에 비해 폭력의 빈도는 중요하지 않을 것이다.[65]

12장
전쟁

인간은 종종 매우 부족적部族的이라고들 한다. 우리는 사실 그렇다. 그러나 '부족적'이라는 것이 큰 사회 집단에서의 연대감 같은 것을 의미한다면, 대부분의 영장류도 부족적이다. 부족주의로 인해 우리가 차별화되진 않으며, 반응적 공격도 그렇다. 우리 종과 사회를 정말로 특이하게 만드는 것은 주도적 연합 공격이다. 우리 조상들은 그들의 사회 집단 구성원에게 주도적 연합 공격을 행사함으로써 자기 길들이기와 도덕적 감각이 진화하는 것을 가능하게 만들었다. 이제 주도적 연합 공격은 국가의 기능을 가능하게 한다. 불행히도 주도적 연합 공격으로 우리는 또한 전쟁, 카스트 제도, 무력한 어른들에 대한 살육, 그리고 많은 형태의 거부할 수 없는 강요에 맞닥뜨린다.

주도적 연합 공격이 이렇게 전제적인 행동을 가능하게 만드는 이유는 분명하다. 주도적인 인간 공격자들은 그들의 안전이 위협받지 않고 압도적인 힘으로 목표를 달성할 수 있도록 잘 계획하여 희생자들을 언제 그리고 어떻게 공격해야 하는지 결정할 수 있다. 희생자가 방어를 하지 못하는 한, 냉정하고 초연하게 계획을 할 수 있는 능력은 연합에 엄청난 힘을 제공한다. 반대자들을 제거하는 데 성공하는 것은 예상할 수 있는 일이며 비용이 많이 들지 않는다.

이론적으로 저항으로 가는 길은 명확하다. 영국의 정치가 에드먼드 버크Edmand Burke는 1770년에 "악한 사람들이 모이면, 선한 사람들은 뭉쳐야 한다. 그러지 않으면, 선한 사람은 하나씩 죽을 것이다."[1]라고 썼다. 그러나 물론 악한 사람들은 선한 사람들이 의미 있는 방식으로 연합하지 못하도록 계획을 짠다. 친위대는 잘 조직되어 있었다. 그들은 희생자들이 무력할 때 체포했다. 집단 수용소로 보내진 죄수들은 힘의 균형을 조정할 수 없었다. 죄수들은 반항할 수 없었다. 협동적 계획 덕에 살해는 냉담한 능률로 수행된다.

"권력은 부패하는 경향이 있고, 절대 권력은 반드시 부패한다"는 것은 의심할 여지가 없다. 액턴은 "위인들은 항상 악인들이다."라고 썼다. 주도적 연합 공격의 비용-이익의 역학은 살인적인 폭력을 유혹적으로 쉬운 도구로 만든다. 액턴은 "여기에 가장 큰 범죄와 연루된 가장 위대한 이름들이 있다"고 썼다. 엘리자베스 1세 여왕은 간수에게 스코틀랜드의 메리 여왕을 죽이라고 명령할 수 있었다. 윌리엄 3세는 그의 각료들에게 스코틀랜드 작당을 근절하도록 명령할 수 있었다. 아돌프 히틀러는 유대인에 대한 학살을 요구할 수 있었다. 그들 지도자 각각은 신체적으로 약한데도 불구하고, 전례 없이 쉽게 죽이기 위해 연합을 이용했다.[2]

주도적 연합 공격의 만연한 영향을 고려하면, 그 공격의 기원과 영향은 우리의 사회적 진화를 이해하기 위한 쟁점들이다. 주도적 연합 공격이 어디서 왔는지에 대한 인류학적 합의는 없다. 극단의 한쪽에서는, 공격은 우리의 진화와 무관하다고 본다. 인류학자 오거스틴 퓨엔테스Augustin Fuentes의 관점은 진화적으로 생각하는 것을 믿지 않는 학자들과 생각을 같이한다. 그에 따르면 "인간의 공격은, 특히 남성의 공격은 진화적 적응이 아니다".[3] 만약 전쟁과 그와 관련된 폭력이 중요한 진화적 적응이라 한다면, 정치가들과 일반 대중들은 폭력을 피할 수 없을 것이라 생각할 것이다. 비관주의가 지배할 것이며 정치적인 개선을 위한 노력은 무산될 것이다. 리처드 리에 따르면 "평화보다 전쟁을, 협력보다 전쟁을 강조하는 인간성의 한 부분이 지배해야 한다고 끊임없이 주장함으로써, 현대 세계 질서의 지배적인 힘은 전시 경제를 그럴듯하게 영원히 유지할 수 있을 것이고, 다국적 기업들과 그 CEO들이 취하는 더러운 이득을 정당화할 수 있으며, 로또 같은 인생에서 승자와 패자가 필연적으로 생긴다는 것을 확고하게 만들 수 있다".[4] 내가 나중에 설명하겠지만, 나는 그런 염려가 과장되었고 생산적이지 않다고 생각한다. 아직도 그런 걱정들은 우리로 하여금 진화론적인 분석이 감정적으로 그리고 정치적으로 민감한 반응을 일으킬 수 있는 잠재력으로 가득하다고 생각하게 만든다. 폭력의 진화를 토론할 때, 그 의미의 한계를 언급하기 위해 주의가 필요하다.

다른 관점은 인간의 주도적 공격은 진화적인 적응이라고 보는 것이다. 즉 다른 동물들이 갖고 있는 능력이 더 정교해진 것이다. 인간은 특수한 형질을 지닌, 단지 또 다른 포유류인 것이다. 이런 관점은 우리와 다른 종의 공격의 유사점과 차이점을 통해 뒷받침된다.

1859년에 출판된 『종의 기원』은 전쟁의 진화에 대해 많은 논의를 불러일으켰다. 다윈주의는 전쟁이 다른 어떤 행동과 마찬가지로 적응적일 가능성을 제기했다. 토머스 헉슬리와 같은 홉스주의 전통을 지지하는 사상가들에게는 그 생각이 옳았다. 인간은 분명히 싸우는 동물로 진화해 왔다. 그러나 러시아 철학자 표트르 크로폿킨Pyotr Kropotkin과 같은 루소주의자들에게 원시인들이 원래 전쟁을 좋아했다는 생각은 정치적으로 위험한 것은 말할 것도 없고 착각이었다.[5]

오늘날 대부분의 진화학자는 수렵 채집인들이 유의미한 전쟁을 벌였다는 헉슬리의 관점에 동의하고 있으며, 전쟁을 하려는 경향은 홍적세 때 진화했던 심리적 적응에 의해 강하게 영향을 받았다고 본다. 이러한 인류학자들에게 중요한 질문은 인간이 폭력적인 과거를 갖고 있었는지의 여부로부터 우리의 정신이 어떻게 전쟁에 적응했는지로 바뀌었다. 그러나 반응적 공격과 주도적 공격 사이의 구별은 아직 그 문제에 적용되지 않았다. 이 장에서는 나의 생각을 소개하겠다.[6]

그전에 먼저 일반적인 어려움을 말하겠다. 일부 루소주의자들은 인간 전쟁의 진화사가 있다는 견해와 유순함의 진화사가 있다는 것이 이론적으로 양립을 하든 그렇지 않든 간에 용납하지 않는다. 회의론자들은 전쟁이 홍적세에 존재하지 않았거나 기껏해야 우리 조상들의 생물학적인 적응에 영향을 주지 않은 드문 활동이었다고 주장한다. 결과적으로 그들은 우리의 유전적인 성향은 전쟁과 무관하다고 말한다.

많은 루소주의자의 우려는 '생물학적 결정론'이라는 개념에 담긴, 생물학의 운명이라는 관념에 초점이 맞추어져 있다. '생물학적 결정론'은 다루기 힘든 개념이지만 그 핵심적인 생각은 그것이 우리를 기계적으로 우리의 DNA 프로그램에 무조건 복종하게 만들 것이라는 것이다. 루소주의 고고학자 브라이언 퍼거슨은 이러한 관점을 "살인욕으로 뒤틀려 어쩔 수 없이 죽이기 위해 행진하는 인류의 이미지"라고 묘사했다.[7] 내가 앞으로 설명할 이유 때문에 나는 생물학적 결정론이 갖고 있는 문제가 루소주의자들이 걱정이 가리키는 것보다 훨씬 덜 걱정된다고 생각한다. 그럼에도 불구하고 생물학적 결정론은 중요하다. 왜냐하면 다윈 이후 오늘날까지 생물학적 결정론은 전쟁의 과거, 현재, 미래에 대한 논의에 그림자를 드리웠기 때문이다. 중요한 질문은 만약 우리의 조상들이 홍적세 때 전쟁에 적응했다면, 우리는 오늘날 전쟁을 생물학적으로 수행하도록 내몰렸을까 하는 것이다. 설명하겠지만, 나의 대답은 전쟁은 피할 수 없는 것은 아니지만, 전쟁을 막기 위한 의식적인 노력이 필요하다는 것이다.

거의 모든 사람이 전쟁 없는 미래를 희망한다. 그 결과, (나 같은) 많은 사람은 선사 시대와 역사 시대 이래로 전쟁에 의한 사망자 수가 감소한다는 자료에 환호성을 지른다. 우리는 올바른 방향으로 나아가고 있는 것 같다. 그러나 모든 사람이 이런 단순한 생각에 동의하는 것은 아니다. 비록 루소주의자들이 평화로운 세상을 희망하지만, 많은 사람은 비폭력으로 향하는 추세의 개념을 혐오한다. 그들은 전쟁의 빈도가 오랫동안 감소했다는 것은 과거의 사람들이 오늘날보다 더 높은 빈도로 서로를 죽였다는 것을 의미하며, 고대에 폭력이 존재했다는 생각은 긍정적인 사고를 가로막는 장애물이라는 점에 주목한다. 더글러스 프라이는 그 우려를 설명했다. "전쟁이 고대적이라면, 그것이 당연할 것이라는 것을 걱정했다." 그리고 "전쟁이 자연스러운 것처럼 보인다면, 전쟁을 예방하거나 축소하거나 폐지하려는 노력은 별 의미가 없다"고 했다. 전쟁에 대한 석응이 전쟁이 반드시 불가피하다는 것을 의미한다는 주장은 전형적인 생물학적 결정론이다.[8]

사회심리학자 에리히 프롬Erich Fromm은 전쟁을 자연적인 것으로 보는 데서 오는 예상되는 냉담함에 대해 똑같이 결정론적인 설명을 했다. 그는 파멸 의식이 위로라고 주장했다. 프롬은 『인간 파괴성의 해부The Anatomy of Human Destructiveness』에서 "어떤 이론이 파괴의 과정을 바꾸는 것에 대해 겁을 먹고 무력하게 느끼는 사람들에게 폭력은 우리의 동물성, 즉 공격에 대한 제어할 수 없는 추진력에서 비롯된다는 것을 확신시키는 이론보다 더 환영받을 만한 것이 있을까?"라고 물었다.[9]

그런 감정은 루소주의자들에게 만연하다. 그들은 이상해 보인다. 전쟁을 자연적인 것으로 생각하는 것이 왜 "전쟁을 방치하거나 줄이거나 폐지하려는 노력이 별 의미가 없다"는 것을 의미해야 하는가? 우리는 그 공식을 다른 불쾌한 자연 현상에는 적용하지 않는다. 우리는 질병이 자연적이고 생물학적인데도 불구하고 그것을 막으려고 노력한다. 우리는 남성들이 여성을 괴롭힐 때, 또는 불량배들이 힘을 휘두를 때, 또는 아이들이 서로 싸울 때 개입하려고 노력한다. 우리는 그러한 행동들이 진화했다고 생각하더라도 그 행동들의 효과를 줄이려는 것을 멈추지 않는다.

게다가 나는 고대의 전쟁에 대한 믿음이 운명론을 유도한다는 주장에 사실적인 근거가 없다는 것을 알고 있다. 내 경험상, 그 주장은 틀렸다. 1970년대에 탄자니아 공원에서 침팬지들이 전쟁과 유사한 폭력을 실행하는 것이 처음으로 목격되었다. 세 명의 고위 과학자들이 이 연구에 참여했다. 각자는 그 함축된 의미에 동요했지만, 공포로 얼어붙기보다는 행동에서 영감을 얻었다. 세 사람 모두 전쟁의 위협을 피하기 위해 자신의 길을 가는 중요한 사절이 되었다.

침팬지들이 유아 살해, 강간, 살인을 저지른다는 사실이 알려지면서, 충격을 받은 제인 구달은 『희망의 이유Reason for Hope』라는 책에서 최초로 낙관론을 펼쳤다. 구달은 그 불안한 발견에 대해 감동적으로 썼고, 긍정적인 사고와 지속 가능한 세계에 대해 지칠 줄 모르는 옹호자가 되었다.[10]

행동생물학자 로버트 힌드Robert Hinde는 제인 구달의 대학원 지도 교수였고, 나중에 나의 지도 교수이기도 했다. 그는 핵 군축의 촉진으로 노벨 평화상을 받은 영국 퍼그워시 회의Pugwash Group의 의장을 지내는 등, 은퇴 이후의 상당한 시간을 전쟁을 줄이기 위한 일을 하면서 보냈다. 힌드는 국제 평화와 도덕적 개선에 대한 깊은 전망을 광범위하게 다루었는데, 『더 이상 전쟁은 없다: 핵 시대에 분쟁을 제거한다War No More: Eliminating Conflict in the Nuclear Age』[11]와 『전쟁을 끝내는 비법Ending War: A Recipe』[12] 같은 책들을 펴냈다.

데이비드 햄버그David Hamburg는 원래 학계에 있던 정신과 의사였다. 그는 침팬지들의 치명적인 공격의 진화와 인간의 폭력을 이해하는 것의 중요성에 대해서 쓴 후, 수십 년 동안 세계적인 위협을 줄이는 데 도움을 주기 위해 일했다.[13] 그는 1997년, 미국 전 국무장관 사이러스 밴스Cyrus Vance와 공동 집필한 『죽음의 충돌 방지Preventing Deadly Conflict』[14]라는 보고서를 쓰는 일을 위임받았다. 햄버그는 인간을 살육하는 데는 많은 계획이 필요하기 때문에, 예상이 가능하고 예방할 수 있다는 관찰에서 영감을 얻었다. 그의 저서 『킬링필드는 더 이상 없다No More Killing Fields』[15]와 『대량 학살 방지『Preventing Genocide』[16]에는 기존의 제도를 이용하는 농시에 더 좋은 제도를 이용하는 전쟁 방지 메커니즘과 국제 평화법 제정을 위한 자세하고 실용적인 해결안들이 풍부하게 담겨 있다.

구달, 힌드, 햄버그 그리고 많은 사람은 공격이 적응적이라면 전쟁은 불가피하다고 생각하지 않았다. 그들은 폭력이 멈출 수 없는 유전자의 지시에 의한 것이 아니라, 상황에 따른 반응이라는 것을 이해했다. 그들은 침팬지와 인간의 심리에 유사한 위험 동기들이 포함되어 있고, 그 결과 행동으로 옮겨졌다고 평가했다.

그렇다면 왜 많은 루소주의자는 그런 긍정적인 행동에 동기 부여를 할 수 있는 동일한 생각에 대한 일차적인 반응이 비관주의라고 추론하는 것일까? 루소주의자들의 부정성은, 전쟁을 하려는 경향이 진화한 것이라면 인간은 "통제할 수 없는 공격을 위한 추진력"을 가질 수밖에 없다는 그들의 주장과 분명히 관련이 있다. 그들에게 전쟁을 적응적인 행동으로서 진화적으로 이해한다는 것은 사람들로 하여금 생물학적인 결정론을 강요한다는 것을 의미했다. 그러나 전쟁의 적응적인 기초가 있다고 믿는 학자 어느 누구도 전쟁이 불가피하다고 여기지는 않는다.

결정론자들의 사고방식을 인간의 폭력을 적응적이라고 해석하는 학자들 탓으로 돌리는 것은 루소주의자들의 전통이었는데 이것은 정당하지 않다. 과학사학자 폴 크룩Paul Crook은 1859년(다윈이 『종의 기원』을 출간한 해)과 1919년 사이에 진화와 전쟁의 관계가 어떻게 논의되었는지에 대한 흥미로운 역사를 썼다. 생물학적 결정론에 대한 주장이 무성했다. 루소주의자들은 지금 어떤 사람들이 그렇게 하듯이, 그런 주장들을 통해 공격과 전쟁이 불가피하다고 단순하게 암시하고 있는 반대자들을 비난했다. 지금은, 그 비난은 잘못되었다. 크룩이 검토한 스무 명의 주요 학자들은 부분적으로 인간의 폭력이 진화된 생물학적인 영향이라고 말했다. 상대편의 주장과 대조적으로, 그들 중 열아홉 명은 문화가 생물학을 무력하게 만들 수 있다고 분명히 주장했다. 그들은 오늘날 중요한 인물들로, 오귀스트 콩트Auguste Comte, 조지 크릴George Crile, 찰스 다윈, 윌리엄 제임스William James, 버넌 켈로그Vernon Kellogg, 레이 렝케스터 Ray Lankester, 헨리 마셜Henry Marshall, 윌리엄 맥두걸William McDougall, 피터 찰머스 미첼Peter Chalmers Mitchell, 로이드 모건Lloyd Morgan, G. T. W. 페트릭G. T. W. Patrick, 로널드 로스Ronald Ross, 찰스 셰링턴 Charles Sherrington, 허버트 스펜서Herbert Spencer, J. 아서 톰슨J. Arthur Thomson, 윌프레드 트로터Wilfred Trotter, 앨프리드 러셀 윌리스Alfred Russell Wallace, 그레이엄 월러스Graham Wallas, 레스터 워드Lester Ward 다. 강경한 생물학적 결정론자로는 역시 우생학자이면서 신경생물학자였던 칼 피어슨Karl Pearson이 있다. 전반적으로 그 비난에는 진실이 거의 없었다.[17]

폭력이 사회적으로 영향을 받고 사회적으로 예방할 수 있다는 증거들은 많다. 결국 역사는 사회가 대대로 평화로울 수 있다는 것을 우리에게 오랫동안 말해 왔다. 행동 경향이 진화한다는 것은 그 행동이 불가피하다거나, 변화의 여지가 없거나, 또는 다른 어떤 방법으로도 인간의 의지와 무관해야 한다는 것을 의미하지 않는다. 유전자는 상이한 뇌 부위의 크기와 민감성, 생리적 스트레스의 성격과 활동, 신경전달 물질의 생산과 기능에 영향을 준다. 유전자는 시스템을 만들고, 시스템은 상황에 반응한다. 잠을 잔다거나, 배고픔을 느끼거나, 냄새나는 시체로부터 멀어지는 것처럼 예상할 수 있게 반드시 공격을 하는 영장류는 진화의 게임에서 빨리 실패할

깃이나. 상동적인 공석의 비설은 석설한 행농의 유연성에 있다.

공격의 상이한 형태는 공격이 얼마나 예측 가능하게 표현되느냐에 따라 다르다. 개인이 통제하기에는 반응적 공격이 주도적 공격보다 더 어렵지만, 반응적 공격조차 피질에 의해 억제된다. 남성들이 술을 마신 뒤 더 위험한 이유는 평소의 자제가 느슨해지기 때문이다. 술을 마시지 않으면, 성질을 조절하기가 더 쉽다. 다시 말하면, 보통 억제가 실효가 있는 것이다.

내가 앞 장에서 기술한 바와 같이, 주도적 공격은 행위자들이 비용을 들이지 않고 이길 가능성을 평가할 수 있을 때만 행해진다. 만약 비용이 들지 않는 상황이 일어나지 않는다면, 주도적 공격은 일어나지 않을 것이라고 예상된다. 그렇기 때문에 침팬지들은 단지 가끔 서로를 죽이며, 사람들이 오랫동안 평화롭게 살 수 있는 것이다.

루소주의자들은 공격에 대한 그들의 추론과는 대조적으로 애착, 낭만적인 감정, 협력이 진화했다는 생각을 선호해 왔다. 루소주의자들은 인간과 유인원 간에 인지적 그리고 신경 내분비적 체계가 달라 인간이 특수하게 갖고 있는 공감과 이타주의가 촉진되었다는 것을 기꺼이 인정한다. 인간 행동의 긍정적인 측면을 다룰 때, 결정론에 대한 주장은 (옳게!) 잊힌다.[18]

긍정적인 행동의 측면에서 유전적 적응의 역할을 기꺼이 인정하려는 의지가 있다는 것은, 부정적인 행동에서 유전적 적응의 역할을 인정하는 것의 문제가 정교한 행동생물학을 이해하지 못한 데서 기인한 것이 아니라는 것을 의미한다. 다른 동기들이 작용하고 있는 것 같다. 다른 무엇이 스티븐 제이 굴드와 같은 성공한 진화생물학자조차 생물학적 결정론을 비난하면서 적응적 살해의 개념에 반응한 이유를 설명할 수 있는가? 굴드는 인간이 집단 간의 공격에 대한 적응을 진화시켜 왔다는 생각을 "우리의 저주받은 유전자들이 우리를 밤의 창조물로 만들었다"고 하면서 비꼬았다.[19]

요컨대 일부 루소주의자들은 적응적 폭력의 진화사를 믿는 것이 우리로 하여금 공격과 전쟁이 불가피하다고 생각하게 만들었다고 주장하지만, 그 주장은 잘못된 것이다. 인간이 홍적세 때 전쟁을 했다면, 우리 종은 "살인욕으로 뒤틀려 어쩔 수 없이 죽이기 위해 행진을 해야 한다"는 생각은 터무니없는 것이다.[20] 인간은 "공격에 대한 제어할 수 없는 추진력"을 가지고 있지 않다. 일부 루소주의자들이 믿고 있고 다른 사람들이 공격의 진화에 대한 시나리오에 집어넣으려고 했던 생물학적 결정론은 쓰레기통에 넣어야 한다. 우리는 폭력을 향한 저항할 수 없는 욕구를 생각하는 데 얽매이지 않으면서 전쟁의 진화적인 의의를 탐구할 수 있다.

그렇다면 인간이 자동 기계가 아니라 의사 결정을 내릴 수 있는 존재라면, 주도적 공격과 반응적 공격이 분리된 성질이라는 것에 기초한 진화론이 어떻게 전쟁을 설명하는 데 도움이 되는가? 인간이 집단 간 살육을 할 수 있는 잠재력을 갖고 있다는 것은 의심할 여지가 없다. 리처드 리는 "역사적으로 유목하는 사냥꾼들이 폭력적이었다고 지적하는 것은 중요하다. 그들은 싸웠고 때로는 죽였다."라고 말했다.[21] 모든 인류는 동일한 기본 심리를 가지고 있다는 표준적인 가정에 따라[22], 우리는 프리드리히 대제에 공감해야 한다. "모든 인간은 속에 야수를 가지고 있다."[23] 문제는 무엇이 야수를 풀어 주느냐다.

단순하고 복잡한 두 가지 형태의 전쟁은 서로 너무 달라서 별도로 고려하는 것이 필요하다. 군사 조직, 집단 간 공격, 국가 차원의 전투 등과 같은 복잡한 전쟁은 아래에서 다룬다.

보다 진화적으로 관련성이 높은 전쟁의 형태는 국가가 형성되기 전의 소규모 사회에서 일어나는 단순한 전쟁이며, 이는 일부 동물들이 행하는 집단 간 공격과 유사하다. 그런 교전은 비교적 짧고, 조직 면에서 비교적 군사적인 차원이 아니라서, 일부 인류학자들은 이러한 폭력 양식을 두고 '전쟁'이라는 용어를 사용하지 않는 것을 선호한다. 그런 싸움은 주로 짧은 기습으로 이루어진다. 단순한 전쟁은 남성들(보통 기혼 남성 혹은 겔너가 '친척'이라고 부르는 사람)이 평등한 관계를 맺고 있으며, 어떤 남성도 남을 위해서 일하거나 다른 사람들에게 권위를 세우지 않는 사회에서의 유일한 형태의 전쟁이다. 병자를 제외한 모든 남성은 군사 계급이 없는 전사들이다. 다른 집단과 갈등이 생기면, 전사들은 논의를 할 수 있지만, 아무도 전사의 참여를 강요하지 않는다. 공격에 가담할 것인지 아니면 집에 있을 것인지 각자 스스로 결정한다. 이런 유형은 이동 수렵 채집인과 브라질의 문두루쿠나 베네수엘라의 야노마뫼 같은 일부 원예를 하는 사람들에게서 발견된다.

단순한 전쟁에서의 공격 유형은 주로 남성들이 은밀하게 적에게 접근하는 것이다. 한 명 이상 부상을 입히거나 죽인 후, 이상적으로 공격자들은 감정이 고조된 만남에 말려들지 않고 빨리 탈출해 떠난다. 따라서 전투는 드물다. 서로 대립하는 무사들이 대치하면, 양쪽의 남성들은 흩어지는 경향이 있다.[24]

따라서 단순한 전쟁은 침팬지 집단 간의 공격보다 더 복잡하지만, 그럼에도 불구하고 단순한 전쟁의 적응적 논리는 똑같다. 공격자들은 다칠 위험을 최소화하기 위해 급습을 계획한다. 주된 목표는 죽이는 것이다. 경쟁자의 수와 경쟁자와의 근접성을 줄이면 이득이 될 가능성이 높다. 이득에는 미래에 공격을 받을 위험을 줄이거나 인접 자원에 더 많이 접근하는 것이 포함될 수 있다. 공격하는 동기가 무엇이든, 이웃 집단이 약해지면, 살인자들은 결국 더 잘하게 될 것이다.

가장 가능성이 높은 급습의 결과는 완전히 성공하는 것이지만, 공격자가 압도적인 힘으로 급습을 하더라도 실패할 가능성은 언제나 있다.[25] 급습자의 접근이 탐지될 수 있고, 공격을 받는 집단이 의외로 대비를 잘할 수 있으며, 적의 마을 주변에 쐐기와 같은 함정이 놓여 있을 수 있다. 그러므로 약탈자들은 용기가 필요하며, 많은 경우 격렬한 육체적 노력을 기꺼이 감수해야 한다. 긴장을 극복하기 위해 전사들은 종종 집을 떠나기 전에 흥분한 상태에서 일을 한다. 의식적인 관행은 전쟁을 준비하는 데 이용되었을 것이다. 습격은 여성을 잡거나 머리를 잘라 오는 이익을 가져올 수 있고, 기대하는 보상이 명성이나 상품일 수도 있다.[26] 일부 사회에서는 겁쟁이가 처벌을 받을 수 있다.[27]

살인 행위 자체가 보상이 될 때, 그 행위는 설명하기 힘들다. 뉴기니 고원 지대에 사는 한 엔가Enga 원예인이 인류학자 폴리 위스너에게 소규모 전쟁에서 일어나는 살인에 대해 사람들이 어떻게 느끼는지 말했다.

> 이제 나는 전쟁에 대해 말할 것이다. 우리의 선조들은 이렇게 말했다. 사람이 하나 죽자 살인자 일족은 용맹과 승리의 노래를 불렀다. 그들은 적의 죽음을 알리기 위해 "아우Auu"("만세" 또는 "잘했어!")를 외쳤다. 그렇게 하면 땅은 높은 산이 되어 대대를 거쳐 내려오게 된다.[28]

전사들이 살인을 하는 전율 외에는 아무런 이득을 느끼지 못하는 유사한 이야기들이 난무하고 있다. 진화적인 관점에서, 우리는 동물들의 행동을 설명할 수 있는 것과 같이 전사들의 행동을 설명할 수 있다.

그들은 왜 죽일까? 생물학적으로 이치에 맞는 한결같은 대답은 그들은 죽이는 것을 즐긴다는 것이다. 진화는 낯선 사람을 죽이는 것을 즐겁게 만들었다. 왜냐하면 죽이는 것을 좋아하는 사람들은 적응적 이익을 받는 경향이 있었기 때문이다.

얼핏 보면 이 생각은 황당해 보일 수 있다. 우리 중 어느 누구도 보통 낯선 사람을 죽이는 것에 기쁨을 느끼지 않을 것이다. 그러나 우리가 만날 가능성이 있는 낯선 사람들은 무정부의 소규모 사회에 있는 전사戰士가 만나는 그 사람들과 다를 것이다. 전사는 낯선 사람들이 들고 있는 무기, 입고 있는 옷, 사용하는 사투리와 같은 단서들을 이용하여 그 사람들이 전사가 속한 사회의 일원인지 아닌지를 단번에 알 수 있다. 진정한 이방인, 적대적인 이웃에 있는 일원은 아마도 인간이 아닌 것으로 간주될 것이며, 전사와 이방인 모두 위험해지기 쉽다. 성공적인 공격을 즐기는 것은 소름 끼치는 일이다. 모든 집단이 자기 집단을 보호하기 위해 자신의 힘에 기댈 때, 이웃의 힘을 줄일 수 있으면 이득이다.

보상을 의도적으로 예상할 필요가 없다. 죽이는 즐거움만 있으면 된다. 생식 행위도 똑같다. 침팬지, 늑대 또는 다른 동물들이 짝짓기 행위가 새끼를 낳게 한다는 사실을 알 것이라고 기대할 수 없다. 그들은 왜 짝짓기를 하는가? 그들은 그것을 즐기기 때문이다. 진화는 짝짓기를 좋아하는 사람들이 자손을 갖는 경향이 높았기 때문에 섹스를 즐겁게 만들었다.

3부 어제 그리고 내일

인간이 모르는 적을 죽이기 위해 진화했다는 생각은 우리의 평범한 인간관을 생각할 때, 불쾌하고 비현실적이다. 우리는 인간이 이미 범세계적인 사회적 연결을 통해 대부분 하나가 된다는 것을 고려할 때, 살인이 인간의 미래와 더 무관해지기를 기대할 수 있다. 연결되지 않은 적은 이제 드물다. 그러나 사회적인 분열이 만연한 곳에서는 이따금씩 터지는 살인이 여전히 기쁨을 주는 것처럼 보인다. 역사학자 조애너 버크Joanna Bourke는 제2차 세계대전 때 사방에서 일어난 만행에 대해 썼다. 한 일본 군인은 난징에 있었을 때의 일을 기억했다. "지루할 때 중국인을 죽이는 재미를 보았다. 그들을 산 채로 묻거나, 불 속에 밀어 넣거나, 몽둥이로 때려죽이거나, 다른 잔인한 수단으로 죽였다."[29] 1940년대 유럽에서 크로아티아의 우스타샤 운동의 구성원들이 유대인, 세르비아인, 집시들을 "원시적인 도구로 쳐서 잘라 죽이는 경우가 많았다".[30] 집단 학살로 크로아티아와 보스니아에서 4만 명의 집시와 40만 명의 세르비아인이 죽었다. 디오니제 우리체브Dionizije Juriĉev 신부는 "이 나라에는 크로아티아인 외에는 아무도 살 수 없다. 우리는 로마 가톨릭으로의 개종을 반대하는 사람들을 어떻게 다루어야 하는지 잘 안다. 나는 개인적으로 모든 사람을 죽임으로써 대교구를 끝장냈다. 어린아이가 우스타샤의 길에 서 있을 때 죽인다 해도 양심의 가책을 느끼지 않는다."라고 설명했다.[31] 아마도 이러한 역사가 발견되지 않은 전쟁은 거의 없을 것이다.

복수는 전쟁과 폭력의 빈번한 동기다.[32] 실험에 의하면, 복수로부터 나온 희열감은 뇌의 특정 부분인 미상핵尾狀核*의 강화된 신경

---

* 미상핵: 대뇌 반구 속에 있는 길쭉하게 활처럼 휜 회백질 덩어리

활동과 연관되어 있다.³³ 쥐와 원숭이의 경우, 미상핵은 기대한 보상의 처리에 관여하는데, 이는 코카인과 니코틴에서 오는 기대한 보상을 포함한다. 미상핵의 활성이 높은 사람은 사람들을 기꺼이 처벌한다. 미상핵의 활성화는 살인에 대한 관심을 자극하기 위해 진화한 신경 과정이다.

증오하는 적을 죽이는 데서 오는 만족은 살인을 하는 많은 이유 중의 하나이며, 최근에 일어난 전쟁에서는 아마도 비교적 작은 역할을 했을 것이다. 도덕적 압박은 또한 왜 평범한 사람들이 살인자가 되는지를 설명해 준다. 제2차 세계대전의 사람들에 대해, 조애너 버크는 다음과 같이 썼다.

> 사람을 죽이게 만드는 것은 처벌에 대한 두려움이 아니라, 죽이는 것에 저항하는 사람들을 일탈자로 축출하여 집단 내에서 그들의 자존감을 극적으로 떨어뜨리는 것을 확실하게 만드는, 집단에 의한 압박이었다. 집단 학살의 가해자들은 유혈 살인 사건에 참여하지 않은 사람들과 다를 바가 없다. 이 설명은 우리 각자가 예외적으로 폭력을 행사할 능력이 있다는 것을 암시하기 때문에 혼란을 준다. 우리 모두는 잠재적인 "악마"다.³⁴

유사한 역학은 때때로 단순한 전쟁에서도 의심할 여지 없이 작동한다.

복수하려는 동기와 도덕적인 압박은 단순한 전쟁을 수행하는 데 영향을 미치는 인간의 독특한 특징들 중 두 가지에 불과하다. 또 다른 것으로는 진보된 무기, 언어, 사회적 규범, 유순한 심리, 전사들의 훈련, 공유하는 계획을 고안하는 능력 등이 있다. 그러나 인간의 공격 양상이 다른 동물의 집단 간 공격과 많이 유사하다는 점을 감안할 때, 단순한 전쟁의 발생은 위에 설명한 특징들과 무관한 경우가 많다. 단순한 전쟁을 실행하는 인간에게는 침팬지와 늑대처럼 주도적 공격이 규범이다. 주도적 공격의 목표는 안전해지는 것이다. 그리고 살인은 살인자에게 장기적인 이익을 가져다주는 경향이 있다. 이러한 요소들을 초월하여 인간의 전쟁을 장식하는 특징들은 꼭 필요하지 않은 구식의 추가물이다. 인간들이 벌이는 단순한 전쟁의 본질은 죽일 기회가 생기면 이웃을 죽이는 다른 동물들의 집단 간 공격보다 우리를 거의 어리둥절하게 만들지 않는다.[35]

그러므로 우리는 국법을 무시하는 소수 남성들이 국지적인 힘이 불균형한 것을 이용해 쉽게 폭력 조직을 만드는 것에 놀라워해서는 안 된다. 침팬지와 수렵 채집인 집단에는 자유 투사, 거리의 폭력단, 또는 지하 세계가 비슷하게 존재한다. 공격자가 충분히 위험하지 않게 공격할 수 있는 경우, 설사 명백한 이득이 걸려 있지 않은 경우에라도, 선택은 안전한 살인을 선호한다. 무정부주의 세계에서 적을 죽이는 희열은 그 나름의 보상을 제공한다.

주도적 연합 공격의 냉정한 계획은 선택된 개인들의 처형뿐 아니라 대규모 집단에 대한 고의적 살해를 가능하게 한다. 케냐 북부의 고고학 유적지인 나타룩Nataruk은 1만 년 전에 일어난 명백한 전쟁을 보여 준다. 스물여덟 개의 인골 중에는 비교적 완전히 보존된 열두 개의 두개골이 있었다. 열 개는 폭력에 의해 죽었다는 증거를 보여 주었다. 우리는 과거에 무슨 일이 일어났는지 알 수 없지만, 역사와 민족학은 나타룩에서 일어난 것처럼 보이는 패잔병들과 포로로 붙잡힌 비전투병들을 죽이는 무수한 사례를 말해 준다.

극단적인 예를 들자면, 제2차 세계대전 당시 포로수용소의 간수들은 주도적 연합 공격을 통해 수백 만 명의 유대인, 루마니아인, 폴란드인, 동성애자 등을 사살하거나 가스로 죽일 수 있었고, 그 행위에서 단 한 명의 살인자도 다치지 않았다.[36] 우리는 홀로코스트와 같이 냉혹하게 계획된 폭력을 '비인간적'이라고 부르는 경향이 있다. 그러나 계통 발생적으로 볼 때, 그것은 전혀 비인간적이지 않다. 그것은 심오하게 인간적이다. 다른 포유류들은 동종을 대량 살상하기 위해 그렇게 계획적으로 접근하지 않는다.

자연 선택은 의심할 여지 없이 오랫동안 우리의 진화한 단순 전쟁에 이득이 되도록 주도적 연합 공격을 사용할 수 있게 우리의 능력을 연마시켰다. 훨씬 짧고 복잡한 전쟁의 역사가 우리의 진화 심리에 영향을 주었는지는 알려지지 않았다. 복잡한 전쟁을 했다는 최초의 증거로 1만 년 전의 화살촉과 무거운 몽둥이와 관련된 방어벽과 유골들이 이라크 북부의 케르메즈 데레Qermez Dere에서 발견되었다. 그때부터 복잡한 전쟁을 했다는 증거는 비교적 흔했다.[37] 1만 년은 생물학적인 적응이 일어나기에 확실히 충분하다. 목축가들은 8천 년 이상 동물 무리에서 나온 우유를 소비했고, 그 기간 동안 그들은 유당을 효율적으로 소화하기 위해 유전적으로 적응했다. 복잡한 전쟁에 대한 심리적인 적응은 아직 밝혀지지 않았지만, 배제할 수는 없다. 그러나 나는 여기서 그런 적응이 없다고 할 것이다.[38]

복잡한 전쟁은 정치적인 지도력이 있고, 행동을 하는 두 가지 계급이 존재하는 사회에서 일어난다. 지휘관들은 무엇을 할 것인지 독립적으로 결정하는 반면, 군인들은 명령을 받는다. 지휘관과 병사들의 조합으로 복잡한 전쟁은 훨씬 더 잘 조직화된 전투가 될 수 있다. 인류학자 해리 터니-하이Harry Turney-High의 말대로, 단순한

전쟁을 수행하는 것과 달리, 진정한 군사 체계, 즉 "군사적 지평선 위"로 묘사되는 체계인 것이다.[39]

단순한 전쟁처럼, 복잡한 전쟁도 소집단이 승리하고 살아서 돌아오는 것을 목표로 하는 습격 형태의 주도적인 공격일 수 있다. 기관총이 있는 엄폐물을 파괴하라고 명령받는 소대, 군사 설비를 파괴할 목적을 가진 폭파 대원들은 작전이 수행될 때까지 발각되지 않도록 최선을 다한다. 주도적 공격은 군사적인 이점을 명백히 갖고 있다. 때때로 그들은 단순한 전쟁에서 볼 수 있는 열성적인 심리를 지닌 듯 보인다.[40]

그러나 그러한 유사점과 함께 복잡한 전쟁은 특히 조직적인 전투라는 점에서 단순한 전쟁과 강하게 대조되는 특징을 갖고 있다. 복잡한 전쟁에서는 병사들이 참여 여부를 선택할 수 없으며, 그렇게 하는 것에 대해 아주 적극적이지 않다. (병사가 행동을 강요당할 때) 병사들은 감정적인 외상을 겪을 수 있으며, 종종 그들의 상황이 각 병사에게 부적합할 수 있다. 어떤 전투에서는 병사들이 의도적으로 부상이나 사망의 위험에 노출된 채 무장한 적에 접근해야 한다. 문제는 무엇이 병사들을 그렇게 행동하게 만드는가 하는 것이다. 진화의 시간을 통해 만들어진 동기들이 답은 아니다.[41]

새뮤얼 라이먼 애트우드 마셜Samuel Lyman Atwood Marshall 장군이 수행한 제2차 세계대전 당시 전투 행동에 대한 연구에 따르면, 전쟁터에 있는 모든 군인은 두려워한다.[42] 군사학자 아르당 뒤 피크 Ardant du Picq는 군인들이 전투 중에 명령을 받는 방식에 대한 사례를 언급했다.[43] 때로는 군대 전체가 뒤로 돌아 달린다. 군사학자 존 키건John Keegan의 말에 따르면, "이런 일이 벌어지는 것은 [군대가] 육체적으로 약해져서가 아니라 군인들이 겁을 먹어서다".[44] 다른 때에는, 양측이 교전할 때 거의 아무도 남지 않을 때까지 "겁쟁이들"이 점점 떨어져 나간다. 또는 양쪽 공격자들은 상대편의 사정권 안에 들어가기 전에 멈추어 서기도 해서 지휘관들의 분노를 불러일으킨다. 또 다른 결과는 양쪽 군대가 접근할 때 왼쪽으로 틀어 결국 접전을 하지 않고 지나가는 것이다. 교전에 대한 병사들의 두려움이 너무 커서 키건은 장교들의 주된 임무는 전쟁에 대한 공포를 억압하는 것이라고 요약했다.[45] 이는 부분적으로 탈영병들을 죽일 준비까지 포함하는 것이다. 탈영병을 죽이는 것은 프리드리히 대제의 원칙이었다.[46] 그는 병사는 그의 적보다 그의 지휘관을 두려워해야 한다고 주장했다고 한다. 지휘관은 병사들을 살상의 영역으로 데리고 가야 할 뿐 아니라, 그들을 거기에 머물게 만들어야 한다.

복잡한 전쟁에서의 병사들의 전투 행동은 수렵 채집인 병사가 적진을 공격하는 상대적인 열망과는 분명히 관계가 없다. 키건의 말에 따르면, "복잡한 전쟁을 벌이는 병사들은, 친숙하지 않고 호의적이지 않으면서 겁을 낼 필요가 없는 전투의 모습을 인식할 수 있도록 두려움을 줄이기 위해 훈련을 받아야 한다".[47]

키건에 따르면, 지휘관들은 군인들이 복종하기 때문에 전투에 참여한다고 생각하지만, 실제로는 전투에 참여하는 다른 두 가지 이유가 더 중요하다. 한 가지 이유는 싸움에서 실제로 생존 가능성이 높아질 수 있을 때 참여한다. 어떤 상황에서는 뒤에 남겨지는 것이 최악의 결과일 수도 있다.

용감해지는 다른 이유는 가까운 동료들의 멸시를 피하기 위해서다. 군 조직은 의도적으로 긴밀한 유대 관계를 조성한다. 군인들은 일반적으로 5~7명 정도의 작은 집단으로 조직된다. 그들은 훈련, 자발적인 행동, 때로는 혹사시키는 의식적인 훈련, 장교에 대한 적대감, 끝없이 무료한 시간을 통해 서로 유대를 맺는다. 서로 간의 존중을 유지하려는 욕구는 때때로 거짓된 친밀감을 키우는 데서 오는 것이다. 10장에서 설명한 것처럼, 나는 이런 거짓된 친밀감이 홍적세 때 처형을 당하는 위협에 대비하기 위해 진화한 도덕적인 감각에서 왔다고 생각한다. 이런 관점에서, 단체의 효율성을 증진하는 연대감은 동료가 실망하지 않기를 바라는 데서 온다. 동료에 대한 존중은 자기방어적인 도덕 반응이 진화한 것에서 나온다. 존중은 또한 신병들이 그들이 귀속된 집단의 단결력에 종속되어 있다는 것을 강하게 보여 주는 관행인 혹사시키는 훈련에서 나온다.[48]

가까운 동료에 대한 의무감은 군사적인 효과를 증진할 것이다. 우리의 진화적인 과거에 형성된 다른 감정들은 그렇지 않을 것이다.

주도적 공격의 기초가 되는 인지적 평가를 통해 남성은 전면전에 참여하지 않을 것으로 예상된다. 주도적 공격은 상해를 당할 위험이 적을 때 이루어지면 성공한다. 반대로 전면전은 부상을 당하거나 죽을 위험이 높다. 병사들이 적과 조우하는 것을 피할 수 있는 뒤 피크와 키건의 방법은 우리를 놀라게 하지 않는다. 인간의 심리는 군인이 되기에는 적합하지 않다. 그렇기 때문에 가장 성공적인 군대는 훈련과 사기의 고무를 통해 부대 내에서 개인의 자기중심적인 경향을 완전히 제거한 군대다. 나폴레옹이 주장하기를, "전쟁의 4분의 3은 개인의 성격과 관계에 달려 있고 나머지 4분의 1은 인력과 자원의 균형에 달려 있다".[49]

물론 전투가 벌어지는 이유는 최고 사령관이 전투를 고집하기 때문이다. 공격을 개시하는 사령관들의 동기는 특정 시점에 반응적일 수도 있고 주도적일 수도 있다. 특정 목표를 염두에 두고, 기습 공격을 노련하게 계획하는 사령관은 주도적인 공격을 완벽하게 보여 준다. 알렉산드로스 대왕은 그런 가능성을 보여 주었다. 기원전 336년에서 기원전 323년까지 13년 동안 알렉산드로스 대왕은 페르시아 제국과 저 멀리에 있던 서인도의 왕국들을 포함한 대부분의 중동 지역을 정복한 군대를 지휘했다. 그의 실질적인 군사 행동은 아홉 번의 포위 공격, 열 번의 전투와 주요 출정이었다. 그는 절대로 패하지 않았다. 그는 계속해서 선두에서 싸워 부하들의 사기를 북돋아 주었다. 그는 종종 부상을 입었고, 32세 때 바빌론에서 침대 위에서 죽었는데, 인도에서 입은 계속적인 부상이 원인이었을 것이다. 그러나 전반적으로, 그의 군사적 야심은 그의 연합의 힘에 맞추어 정밀하게 조율되었다.[50]

정치학자 도미닉 존슨Dominic Johnson과 수학자 니알 매케이Niall Mackay는 전쟁의 역사는 유사하게 비대칭적인 교전이 지배했음을 보여 주었는데, 이는 알렉산드로스 대왕의 전투에서와 같이 공격하는 쪽이 상대방보다 훨씬 힘이 강한 교전을 의미한다. 공격을 시작하는 사령관이 적보다 압도적으로 강한 힘을 가졌을 때 결과적으로 싸움을 시작한 쪽이 승리한다.[51]

신중하게 선수를 치는 지휘관의 성공은 주도적 공격의 진화라는 관점에서 쉽게 이해될 수 있다. 왜냐하면 선택이 승리할 가능성을 정확하게 판단하는 능력을 선호한다는 것은 당연하기 때문이다. 그러나 진화론이 보통의 승리를 설명할 수 있는 유일한 이론은 아니다. 지휘관의 지능이 높기 때문에 승리할 수 있다. 진화론은 더 놀라운 현상인 군사적인 무능력을 설명하는 데 더 분명히 가치가 있다.

심리학자 노먼 딕슨Norman Dixon은 이길 것으로 예상되는 경우에도 공격자가 패배하는 것을 지칭하는 용어로 "군사적 무능력"을 사

3부 어제 그리고 내일

용했다. 이러한 손실은 (비대칭적 공격과는 달리) 양쪽의 힘이 비교적 균등한 전투의 특징이지만, 최근의 비대칭적인 전투에서도 예상치 못하게 나타난다. 정치과학자 이반 애러귄-토프트Ivan Arreguín-Toft는 한쪽 상대가 다른 쪽 상대보다 강한지의 여부에 따라 1800년대부터 1998년까지의 전쟁을 기록했다. 상대적으로 강한 것으로 판단하려면, 한쪽이 다른 쪽보다 전쟁 물자가 열 배 이상 많아야 한다. 강대국이 승리할 확률은 1850년 전의 88퍼센트에서 1950년 후의 45퍼센트로 꾸준히 감소했다. 따라서 지휘관은 더 이상 승리를 예측하는 데 능숙하지 않다. 존슨과 매케이에 따르면, 반란군과 게릴라 전술의 성공 가능성이 너무 많다는 어려움이 따른다.[52]

물론 군사적인 의사 결정에서는 실패가 없는 것이 바람직하다. 딕슨은 전투에서 승리할 확률에 미치는 요소를 파악하기 위해 1853년에서 1956년까지 크림 전쟁 이후 1백 년간의 영국군 자료에 유례없는 접근을 할 수 있었다. 그는 전투의 결과를 결정하는 무능의 네 가지 주요 징후로 과신, 적에 대한 과소평가, 정보 보고서에 대한 무시, 인력의 낭비를 들었다.[53]

딕슨은 집단적인 사고로 여섯 가지 징후가 추가됨으로써 문제가 악화되었다고 밝혔다. 자기를 이길 상대가 없다는 집단의 환상, 불확실하면서도 소중한 가정假定을 유지하려는 집단의 시도, 집단이 고유의 도덕을 갖고 있다는 의심 없는 믿음, 적을 협상하기에 너무 약한 상대라고 생각하는 것(또는 적이 위협이 되지 않는 상대라고 생각하는 것), 대다수의 만장일치라는 집단적인 환상(침묵이 동의를 의미한다는 잘못된 가정에 근거), (간첩들이 제공한 보고와 같이) 단체의 결의를 약화시킬 수 있는 정보로부터 집단을 보호하기 위한 자칭 검열자들이다.

그 결과 개인이나 단체가 결정을 내릴 때, 세력이 상당히 비슷할 경우, 일반적으로 자기의 군대를 과대평가하고, 상대방의 힘을 과소평가하는 공격자의 평가를 기준으로 삼게 된다. 결정의 반 정도가 비참한 결과를 가져온다.

피그만Bay of Pigs*의 예를 보자. 1961년 4월 17일, 존 F. 케네디John F. Kennedy 대통령은 미 중앙정보국C.I.A이 이끄는 1천4백 명의 쿠바 망명인 여단에게 피그만을 침공하라고 명령했다. 그들은 매우 뛰어난 부대에게 3일 만에 패했다. 돌이켜 보면, 침공 결정은 이상한 것이었다. 쿠바군이 힘이 있다는 증거는 많았으며, "카스트로Fidel Castro 군대를 통과해 해방군에 집결하기 위해 늪을 건널" 3만 명의 조직화된 저항 세력이 있다는 정보에 근거한 주장을 지지한 사람은 하나도 없었다.[54] 케네디 대통령은 나중에 "내가 어떻게 이토록 어리석게 그들을 내버려 둘 수 있었을까?" 하고 반복해서 물었다.[55] 케네디 팀의 대부분은 그들이 평가에 실패했다는 비슷한 의혹을 가지고 있었다.

1979년에 이 주제에 관해서 고전을 쓴 피터 와이든Peter Wyden에 따르면, 답은 분명했다. 그것은 오만 때문이었다. 오만하면 "자아가 너무 커져서 보고 싶지도 듣고 싶지도 않은 것들에 눈과 귀를 완전히 막을 수 있게 된다".[56] 최종 결정자였던 케네디는 필사적으로 "겁쟁이"라고 불리는 것을 피하고 싶었고, 자신에게 무한한 행운이 있다는 것을 믿고 있었으며, 그의 감정에 맞장구를 칠 사람들에 둘러싸여 있었다. 아서 슐레진저Arthur Schlesinger는 "그의 주위에 있던 모든 사람은 케네디가 미다스의 손을 가졌다고 생각하고 질 수

• 피그만: 쿠바의 남쪽 해안에 위치한다. 코차노스만이라고도 부른다.

없다고 여겼다."[57]라고 썼다. 와이든은 침략을 주도한 C.I.A의 부국장 리처드 비셀Richard Bissell은 위험이 점점 분명해지는 증거에 직면하여 슈퍼맨의 임무를 포기할 수 없다고 말한, 야망이 넘치고 자신만만한 모험가였다고 말했다. 위기 이후에도, 비셀은 그들이 옳은 일을 했다는 견해를 고수했다. 1998년에 출판된 이 사건에 대한 C.I.A의 비밀 보고서에는 "치명적인 자기기만에 의해 관통당한 정보국agency의 그림이 그려졌다".[58]

이러한 유형의 망상은 전쟁에서 너무나 일상적이기 때문에 군사적인 실패를 다룬 이론에서 중심이 된다.

딕슨의 목록에서 처음 두 가지의 착각, 즉 자신에 대한 과신과 적에 대한 과소평가는 긍정적인 환상에서 온다.[59] 셋째, 정보부의 보고서를 무시하면 환상을 유지할 수 있다.[60] 넷째, 냉정하게 말해서 '인력 낭비'는 끔찍한 결과를 가져온다. 군대는 자신의 효율성에 대해 자부심을 갖고 있으므로 적의 힘을 정확하게 평가할 수 있는 시스템을 갖추었을 것이라고 예상하지만, 그 반대인 경우도 있다. 우리가 가질 수 있는 상식적인 직관에 상반되고, 부정확성이 보장되는 시스템이 생긴다. 핵심적인 문제는 긍정적인 환상이 출현한다는 것이다. 사람들은 긍정적인 것을 과대평가한다.

긍정적으로 착각을 하려는 경향은 군사의 상호 작용뿐 아니라 정부 간의 관계에서도 발생한다. 역사가 바바라 터크먼Barbara Tuchman은 때와 장소에 관계없이 정부들은 정책을 수립할 때, 해당 정책이 집단에 의해 결정된 것이고 그리고 적용이 가능한 대안들을 이용할 수 있고 공개적으로 토의가 되었더라도 정부의 세속적인 이익에 반反하는 정책을 추진한다고 결론을 내렸다. 그녀는 이런 경향이 3천 년에 걸친 보편적인 현상이었으며, 역사, 정치 체제, 국가,

계급의 유형과 무관하다는 것을 발견했다. 그런 경향들은 "야망, 불안, 지위의 추구, 체면 유지, 환상, 자기 망상, 고정된 편견"에 직면한 "이성의 거부"를 반영한다.[61]

싸우지 않더라도 집단이 경쟁하는 곳마다, 똑같이 긍정적으로 편향된 판단이 반복된다. 마크 트웨인Mark Twain은 옳았다. 그는 "국가는 생각하지 않는다."라고 썼다.

> 모든 국가의 사람들은 자신만이 진정한 종교와 합리적인 정부 체계를 갖추었다고 생각하며 타인을 멸시한다. 그뿐 아니라 자신의 것은 전혀 의심하지 않고 상상 속의 패권을 자랑스럽게 여긴다. 또한 자신들이 신의 총아임을 확신해서 전시에 신을 불러 지휘를 내려준다는 것에 일말의 의구심을 품지 않는다. 그러다 신이 적의 편에 서면, 놀라면서도 어떻게든 구실을 만들어 칭찬을 재개한다. 한마디로 말해서, 인류 전체는 **자신의 종교가 무엇이든, 지배자의 힘이 강하건 약하건,** 언제나 끊임없이 만족하고 행복을 느끼며 감사하고 자랑스러워한다.[62]*

자신감은 일반 대중에까지 확대된다. 국제 관계 이론가 한스 모겐소Hans Morgenthau는 "흥정을 잘하는 사람이 아니라, 영웅들이 여론의 우상이다."라고 썼다.[63] 갈등이 생기면 대중이 종종 정책을 추진할 정도다. 제1차 세계대전의 선언은 정치인들의 불길한 예감에도 불구하고 "모든 참전 국가의 수도에서 대중이 열정으로 맞이했다".[64] 1914년 영국의 시인 윌리엄 호지슨William Hodgson이 "나의 아

---

* 『인간이란 무엇인가』, 마크 트웨인 지음, 채동우 옮김, 바른번역(왓북), 2019, 104쪽

들들이여, 나는 너희가 전쟁의 나팔 소리를 듣고 전율하는 것을 들었다."[65]라고 말한 것은, 당시 널리 퍼져 있던 감정을 표현한 것이다.

현실은 인식을 바꾼다. 전쟁이 끝날 즈음에, 러디어드 키플링 Rudyard Kipling은 그의 아들이 죽고 나서 "만약 어느 누구라도 우리가 왜 죽었는지 묻는다면, 그에게 답하라. 우리의 아버지들이 거짓말을 했기 때문이라고."라고 썼다.[66] 케네디는 그가 자신을 속였다는 것을 인식하고 자신이 왜 그랬는지 의아해했다. 카스트로에 대한 승리는 냉전 시대 때 중요했을 것이고, 케네디의 영광을 공고하게 만들었을 것이다. 그러나 소련의 동맹국을 해치려고 했던 시도는 쿠바의 정신과 능력을 오판한 데서 나온 무모한 도박이었다. 이 시도의 실패는 케네디의 행복을 종식시켰고, 비셀이 경력을 잃게 만들었으며, 세계의 지도자로서 미국의 신뢰를 떨어뜨렸고, 체 게바라Che Guevara에 따르면, 쿠바에 커다란 정치적 승리를 안겨 주었고, 쿠바를 더 평등한 나라로 변화시켰다.

미국으로 하여금 전쟁을 선택하게 만든 낙관적인 환상은 분명히 재앙이었다. 그러나 낙관적인 환상은 격렬한 전투를 벌이게 하는 전형적인 사고방식이다. 그리고 그런 환상은 진화적인 문제를 제기한다. 왜 우리는 낙관적인 환상을 가지는가?

반응적 공격의 심리학이 해답을 제시한다. 비대칭적인 충돌과 달리, 대략 비슷한 힘을 가진 적을 상대로 전투를 하는 결정은 적의 지휘관들에 의해 이루어지는데, 지휘관 각각은 심각한 저항을 예상한다. 이러한 맥락에서 자신감이 중요하다. 자신감이 높을수록 승리할 가능성이 많아진다. 그 원리는 인간에게 적용되듯 동물에게도 적용된다. 두 가지 이유가 두드러진다. 집중과 허세다.

첫째, 자기에 대한 믿음에 따른 집중은 승리를 위해 완전하게 헌신하게 만든다. "절대 포기하지 않겠다는 확고한 결심"[67]인 용기는 언제나 조심성을 이긴다. 햄릿이 말했던 것처럼 "이렇게 우유부단함이 우리를 비겁하게 만들어 / 혈기왕성한 결단은 창백하게 질려 병들어 버리고 / 천하의 웅대한 계획도 흐름이 끊겨 / 실천하지 못하게 되는 법"이다.[68]* 대등한 경기에서 햄릿처럼 생각하는 이성적인 상대는 자신이 50퍼센트의 확률로 질 것이라고 정확하게 인식할 것이다. 그는 탈출 계획을 세우거나, 피해를 피하거나, 상대방의 힘을 재평가하는 등 실패했을 때 자신을 방어할 방법을 생각할 것이다. 손실 가능성에 주목하는 것은 불안(패배할 것이라는 확실한 지표)으로 이어지거나, 더 일반적으로는 혼란으로 이어진다. 따라서 대등한 사람들끼리의 경쟁에서 1백 퍼센트의 노력이 90퍼센트의 노력을 이기기 때문에 오만하고 맹목적인 자신감은 승자가 누구인지 예측할 수 있게 한다. "우승 사고"는 비이성적이고 소모적이며, 자주 착각하게 만들지만, 동등한 경쟁에서는 싸움을 하기 위한 심리적인 자원을 제공하고 이길 확률을 높인다.

믿지 않는 사람들에게는 명백하게 불합리한 신념이 자신감이 될 수 있다. 1997년 보르네오에서 원주민 다이야크Dayak족과 이민자 마두리스Madurese 사람들 사이에 오래된 긴장이 갈등을 일으켰다. 다이야크 사람들은 그들의 마법이 총알에 끄떡없다고 믿었다. 이로 인해 그들은 두려워하지 않았고 효과가 있었다. 이런 자기기만은 전투에서 일반적이다. 1990년대 콩고 동부에서 마이마이Mai-Mai 투사들은 총알이 물로 변할 것이라고 믿었다. 1980년대 우간다에서 앨리스 라크웨나Alice Lakwena의 반란군은 총알로부터 안전하다고

• 『햄릿』, 윌리엄 셰익스피어 지음, 한우리 옮김, 더클래식, 2012년, 전자책

생각했기 때문에 용감한 전사들이 될 수 있었다. 사람이 마법으로 인해 해(害)로부터 보호를 받는다는 믿음은 적을 한없이 공격할 수 있게 하는 놀라운 환상이다. 이것은 전투의 선두에 있지 않는 지휘관들에게 특히 효과적이다.

자신감을 갖는 것의 두 번째 장점은 적에게 두려움을 줄 수 있다는 것이다. 종종 좋은 허세로 충분하다. 다이야크 사람들은 다양한 방식으로 두려움을 일으켰다. 그들의 식인 관습에 대한 이야기나 잘린 머리들의 행렬은 "그들이 미쳤으며 정상적으로 행동하지 않았"음을 의미하며, 따라서 적들은 당연히 겁을 먹었다.[69]

낙관적인 환상은 집중을 하게 하고 성공적인 허세를 부리게 함으로써 사람들이 이길 수 있도록 도와준다. 낙관적인 환상의 거짓된 신뢰는 흔들리고 있는 동맹국에게 자신감을 주는 부수적인 이점을 가지게 하지만, 낙관적인 환상의 중요한 적응적인 특징은 승리를 촉진하는 것이다.

인생의 웅대한 계획에서, 이길 수 있는 능력을 선택하는 것이 평가에서는 실패를 가져오고 "인력을 낭비하게" 만든다는 것은 자연의 아이러니다. 위대한 시인이자 사전 편찬자인 새뮤얼 존슨Samuel Johnson은 대결하고 있는 양쪽이 이길 수 있다고 믿는다면 그것이 얼마나 터무니없는 것인지 이해했다. "실로 모든 국가는 칼을 뽑기 전에는 승리를 확신한다. 그리고 이러한 상호적인 자신감은 유혈의 욕구를 만들어 내고 세상을 황폐하게 만든다. 그러나 모순적인 의견들 중 하나는 분명히 틀렸다." 존슨은 스페인과의 전쟁을 막으려고 영국을 설득하기 위해 그의 의견을 표명했다. 오늘날 충돌이 발생할 때 유용할 수 있는 충고다. 불행히도 상대방이 쉽게 승리할 수 있다는 자기기만에 넘어갈 수 있다는 사실을 상기시키는 것은 상대

방이 그런 조언을 무시하도록 선택되었다는 사실과 상반된다.[70]

싸움에서 자신감의 역할은 아마도 동물의 경우에도 마찬가지일 것이다. 비교적 경쟁이 치열한 경우, 양쪽의 구성원들은 승리하기 위해 전력을 다해야 한다. 따라서 패자는 합리적으로 분석한 것보다 더 많은 비용을 지불한다. 과도한 자신감을 인간 전쟁에 적용하는 데서 생기는 문제는 군사적인 영역을 초월해 지도자의 과신이 전투를 강요당하는 병사들에게 치명적인 영향을 준다는 것이다.

종합하면, 복잡한 전쟁은, 주도적 연합 공격으로 연마된 강압적인 전술을 사용하여 엄청난 자원을 헌신하려는 진화 심리를 지닌 지휘관에 의해 명령을 받으면서도 자기 자신에게 참여하지 말라고 아주 자주 말하는 진화 심리를 지니고 있는 전투병들이 관여한다. 결과는 상호 이익을 위해 고안된 체계일 것으로 예상된 것 이상의 살해다. 자연 선택은 승리로 이끄는 메커니즘을 선호하고, 그 메커니즘에는 전쟁에 의한 낭비를 악화시키는 낙관적인 환상이 포함된다.

에리히 프롬의 말처럼, 복잡한 전쟁은 "공격에 대한 제어할 수 없는 추진력"이나 살해하는 기쁨 또는 외부적인 악의 근원에 좌우되지 않는다. 복잡한 전쟁은 주도적 공격을 사용하려는 경향과 반응적 공격을 사용하려는 경향 간의 상호 작용에서 생긴 결과다. 종종 군인들은 전쟁을 하고 싶지 않아도 싸워야 한다. 가장 중요한 것은 주도적 연합 공격을 위해 연마한, 복종과 서열 계급 형성에 기여하는 능력이 복잡한 전쟁을 가능하게 만들었다는 것이다. 복잡한 전쟁은 부분적으로 자아에 의해 움직이는데, 위기가 다가오면서, 반응적 공격의 진화로 인해 행위자는 합리적인 평가를 더 하지 못하게 된다.

이렇게 이해하는 것은 진화심리학과 군사 행동 사이의 초기 상호 관계에 대한 예비적인 스케치일 뿐이다. 목표는 어떻게 간단한 행동생물학적인 모델을 통해 전쟁 심리학의 관점을 조명할 수 있는지 상상하는 것이다. 그리고 군사적인 지평선을 초월하여, 공격에 대한 우리의 진화적 적응의 일부가 정확한 평가를 요구하는 전쟁에서 이길 수 있는 기회를 어떻게 증가시키지 않고 오히려 감소시키는지 강조하는 것이다.

이 책을 쓴 목적은 진화가 어떻게 인류를 최고이면서 최악의 종으로 만들었는지 더 잘 이해하기 위해서였다. 이 이야기가 어떻게 끝나는지 말하는 것이 목표는 아니다.

그러나 우리는 적어도 비관론을 제한할 수 있다. 내가 앞서 강조한 바와 같이, 홍적세 때 공격이 어떻게 적응이 되었는지 설명하는 것은 전쟁이 인류세*에도 계속되리라는 결론으로 이어지지 않는다.

폭력으로 인한 사망률이 장기적으로 감소했다는 증거는 아주 많다. 다른 이유들 중에서도, 사회는 시간이 지남에 따라 더 커졌고, 커진 사회에서는 더 적은 비율의 인구가 전쟁에 직접 관여한다. 이런 감소는 이해할 수 있는 것이다. 사람들은 자기를 더 안전하게 만들기 위해 열심히 노력한다.[71]

이러한 감소가 얼마나 오래 그리고 완전하게 진행될지는 모른다. 홍적세가 끝나던 그리고 농업이 시작되기 전 시기, 호모 사피엔스는 이동 또는 정착 수렵 채집인으로서 세계의 대부분을 차지했다. 그 당시 아마 수만 개의 상이한 사회들이 있었을 것인데, 거주

• 인류세Anthropocene: 현세 중 인류가 지구 환경에 큰 영향을 미친 시점부터를 별개의 시대로 분리한 비공식적인 지질 시대를 지칭한다. 인류세를 주장하는 학자들은 처음으로 핵실험이 실시된 1945년을 시작점으로 본다.

지에 대한 주권을 가진 사회는 3만 6천 개 정도였을 것이다.[72] 모든 남성은 사냥꾼들이면서 잠재적인 전사였기 때문에 사회들이 상호 작용하는 중 폭력에 의해 죽을 기회가 많았다. 현재 195개의 국가가 있으며 각 국가는 폭력을 통제할 책임이 있다. 독립한 사회의 수가 감소함에 따라 전쟁의 빈도도 줄어들었다. 불행히도 최근의 자료에 따르면, 평화에 들인 시간이 길면 길수록 전쟁이 터졌을 때 더 많은 사상자가 발생하는 경향이 있다.[73] 그래도 다른 조건들이 같다면, 국가들의 평균 크기가 계속 증가하면 폭력으로 인해 사망할 확률이 낮아질 것이다. 먼 미래에 인류는 단일 국가가 될 것이다. 과거의 추세로부터 추정하면, 세계 국가World state는 서기 2300년에서 3500년 사이에 세워질 것이다.[74] 폭정의 가능성으로 인해 다른 종류의 살해가 번성할 수는 있지만, 세계 국가는 무정부적인 폭력으로 인한 사망률을 최소화할 것으로 기대할 수 있다.

다른 한편으로는, 국가의 수가 안정되거나 증가하는 한, 국제 관계를 규제하기 위해서는 지속적인 노력이 필요하다. 이는 어려운 도전이다. 1928년에 62개국의 지도자들은 정책 수단으로서 전쟁에 의존하지 않기로 약속했다. 그들이 서명한 켈로그-브리앙 조약은 완벽하지 않았다. 그 조약은 1931년 일본이 중국을 향하여 군사적으로 확장하는 것을 막지 못했다. 또한 독일이나 이탈리아의 호전적인 민족주의가 제2차 세계대전으로 이어지는 것을 막지 못했다. 10년 동안 아일랜드를 제외한 서명한 모든 국가가 전쟁을 겪었다. 회원국과 관련된 다른 전쟁으로는 한국 전쟁, 아랍-이스라엘 전쟁, 인도-파키스탄 전쟁, 베트남 전쟁, 유고슬라비아 남북전쟁, 시리아와 예멘과의 전쟁이 있다. 그러나 이런 모든 실패에도 불구하고, 그리고 많은 회의론이 있지만, 우나 해서웨이Oona Hathaway와 스콧 샤피로Scott Shapiro는 켈로그-브리앙 조약은 전쟁의 규칙을 바꾸었기 때문에 성공한 조약이라고 말했다. 1816년에서 1928년 사이에 일어난 대부분의 전쟁은 영토를 뺏기 위한 것이었다. 이러한 정복 전쟁은 켈로그-브리앙 조약의 위반이다. 결과적으로 영토의 합병은 더욱 어려워졌고 국가는 점점 무역으로 관심을 돌렸다.[75]

충돌이 있을 수 있겠지만, 만약 국제법이 활력과 노련함을 충분하게 추구한다면, 적어도 재앙을 피할 가능성은 있다. 인류가 가지고 있는 더 어려운 문제는 자원의 분배가 변함에 따라 기존의 주권에 도전하기 위해 새로운 연합이 계속 형성될 것으로 예상된다는 것이다. 모든 인간 사회는 경쟁하는 하위 집단으로 구성된다. ISIS*가 2014년 이라크에서 했던 것처럼, 일부 소집단은 기존의 국가에서 자기의 영토를 구축하려고 시도함으로써 기존의 법을 무시할 것이다. ISIS에 대항한 세계의 대응은 새로운 이데올로기가 기존의 관습을 무시할 때 쉽게 나타날 수 있는 폭력의 강도를 보여준다.

따라서 전쟁의 빈도가 감소할 것이라는 전망에 대한 맹목적인 낙관론은 냉담한 비관론만큼 어리석은 것이다. 인류는 평화에 대한 욕구와 권력의 유혹 사이에서 흔들리면서 폭력으로 인한 사망률을 줄였지만, 핵 홀로코스트의 위험이 높아졌다는 모순에 직면해 있다. 비폭력적 철학의 관점에서 주도적 공격의 큰 장점은 잘 적응한 동물은 다칠 것을 예상할 경우 공격을 하지 않는다는 것이다.[76] 좋은 방어는 좋은 억제책이어야 한다. 단 방어가 방어를 하는

• ISIS(The Islamic State of Iraq and Syria): 2014~2017년에 이라크 북부와 시리아 동부를 점령하고 국가를 자처했던 극단적인 수니파 이슬람 원리주의 무장 단체

사람들로 하여금 안전하게 경쟁자를 공격하도록 유혹할 만큼 효과적이지 않아야 한다.[77]

전쟁이 진화했다는 생각과 전쟁이 오늘날까지도 우리 심리의 적응적 특징에 의해 촉진된다는 생각은 전쟁을 불가피한 것으로 만들지 않는다. 그러나 그것은 우리가 위험한 종이라는 것을 의미한다. 우리가 전쟁의 장점에 대해 낙관적인 환상을 가지는 경향이 있다는 점을 감안할 때, 우리에게는 군사주의 철학의 발흥, 지나치게 낙관적인 평화주의의 확산, 권력의 남용을 억제하기 위한 강력한 제도와 참여가 필요하다.

13장
역설의 해결: 미덕과 폭력성의 미묘한 관계

루소주의자들은 우리가 원래 평화적인 종이었으며 사회에 의해 타락했다고 말한다. 홉스주의자들은 우리가 원래 폭력적인 종이었으며 사회에 의해 문명화되었다고 말한다. 두 가지 관점 모두 의미가 있다. 그러나 우리가 '원래 평화적'이면서 '원래 폭력적'이라고 말하는 것은 모순될 수 있다. 그 조합에 따른 불일치는 이 책의 핵심인 역설로 나타난다.

우리가 인간성이 키메라임을 인식하면 역설이 해결된다. 고전 신화에 나오는 키메라는 염소의 몸과 사자의 머리를 가진 생물이었다. 어느 한쪽이 아닌 양쪽이었다. 이 책의 주제는 우리의 공격 성향과 관련하여 인간은 염소이면서 사자라는 것이다. 우리는 반응적 공격을 하는 경향이 적고 주도적 공격을 하는 경향이 강하다. 이런 해결책은 루소주의자들과 홉스주의자들이 부분적으로 옳다는 점을 보여 주면서 내가 논의한 두 가지 문제를 제기한다. 왜 이런 특이한 조합이 진화했으며, 왜 이 질문에 대한 답이 우리 자신을 이해하는 데 도움이 되는가?[1]

　첫째, 어떤 진화적 자극이 인간의 공격을 대조적인 두 방향으로 끌고 가 반응적 공격을 줄이고 주도적 공격을 증가시켰는가?

　몇몇 관련된 종을 토대로 판단해 보건대, 주도적 연합 공격을 하는 높은 경향은 일반적으로 반응적 공격을 하는 높은 경향과 관련이 있다. 침팬지는 성년을 죽이는 데 주도적 공격을 많이 사용하는 종이며, 공동체 내에서는 반응적 공격을 많이 사용한다. 늑대는 자기 종족에 대한 주도적 공격을 자주 하는 치명적인 육식 동물이다. 침팬지와 마찬가지로 일반적으로 늑대 무리들의 관계는 온화하고 협조적이지만, 개처럼 평온하지는 않다. 이런 점에서 사자와 점박이 하이에나는 늑대처럼 행동한다. 그런 종에서는 주도적 공격과 반응적 공격이 대략 같은 정도의 높은 수준에서 발생하는 것으로 보인다.[2]

　인간의 계통에서는 다른 일이 일어났다. 반응적 공격이 억제되었고 주도적 공격이 높게 유지되었다. 이 책의 증거에 따르면, 반응적 공격에 대한 우리의 성향은 확실히 20만 년 전에 시작된 자기 길들이기 과정에 의해, 그리고 아마도 30만 년 전에 호모 사피엔스가 처음으로 출현함으로써 감소했다. 언어를 기반으로 한 음모가 핵심인데, 음모는 속닥거리는 베타 남성들이 괴롭힘을 가하는 알파 남성을 없앨 수 있는 단결력의 바탕이 되었기 때문이다. 오늘날 소규모 사회에서 발생하는 것처럼, 언어를 통해 약자들은 계획에 동의함으로써 위험한 대립적 상황에서 안전하게 살해를 할 수 있게 되었다. 반응적 공격을 하려는 경향에 대항한 유전적인 선택은 잠정적인 폭군을 제거하는 뜻밖의 결과로 나타났다. 알파 남성에 대항한 선택은 남성이 최초로 평등주의자가 되게 만들었다. 약 1만 2천 세대를 거쳐 인간은 더 차분해졌다. 우리 종은 이상적으로 평화적이지는 않지만, 이제는 그 어느 때보다 더 루소주의적이다.

블루멘바흐는 우리를 "가장 완전하게 길들이기된 동물"이라고 불렀지만, 우리의 길들이기가 완전하다고 간주할 이유는 없다. 예를 들어 우리가 또 다른 1만 2천 세대 동안 길들이기되면, 얼마나 더 길들이기될 수 있을까? 반응적 공격자를 충분하게 제지할 때, 30만 년 후에는 이론상 인간은 수십 명의 극성맞은 아이들이 계속 만져도 온화한 상태로 있는 애완용 토끼처럼 화를 내기가 어려울 것이다. 그러나 만약 폭군이 제지를 피하려고 한다면, 그 과정은 역전될 수 있다. 반응적 공격을 하는 성향과 생식의 성공 사이의 관계는 계속 권력의 불평등에 따라 좌우되지만, 권력이 어떻게 분배되며, 그 분배가 번식에 어떤 영향을 주는가는 우리의 감정이 어떻게 진화할지 예상하지 못하게 하는 너무나 많은 미지수에 의해 좌우된다.[3]

자기 길들이기로 이어진 사형을 집행하는 능력은 또한 도덕적 감정을 만들었다. 과거에는 불순응자가 되거나, 사회의 규범을 위반하거나, 사악해짐으로써 명성을 얻으려고 하는 것은 위험한 모험이었다. 이것은 오늘날에도 어느 정도 사실이다. 또 과거에는 법을 어기는 사람들은 장로들의 이익을 위협하여 이방인, 마법사, 마녀로 추방당할 위험이 있었다. 사형이 뒤따를 수도 있었다. 이에 따른 선택은 감정적 반응의 진화를 선호하여 개인이 집단과의 단결을 느끼고 표현하도록 만들었다. 복종은 모든 사람에게 매우 중요했다.

따라서 개인의 도덕적 감정은 다른 영장류에서 보이지 않을 정도로 자기를 방어하기 위해 진화했다. 새로운 경향에 의해 생긴 매우 순응주의적인 행동은 안전한 인생 경로를 제공했으며, 두 번째 영향도 있었다. 개인의 순응은 경쟁을 줄이고 다른 사람들의 이익을 존중하는 경향을 촉진함으로써 도덕을 집행하는 사람들과 도덕을 지지하는 사람들에게 이익을 가져다주었다. 이 과정은 왜 인간이 자신이 속한 집단의 복지에 대해 뜻밖의 관심을 보이는지 설명할 수 있을 것으로 보인다. 집단 선택은 친족이 아닌 사람들에 대한 우리 종의 관심과 더 큰 선善을 위해 우리의 이익을 희생하려는 의지를 설명하기 위해 일반적으로 거론된다.[4] 그러나 집단 선택 이론은 집단 수준에서의 이익이 어떻게 개인 수준에서의 이익에 우선하는지 설명하지 못한다.[5] 도덕적 감각이 사회에서 강한 사람들로부터 개인을 보호하기 위해 진화했다는 이론은 집단 선택이 왜 우리가 집단-지향적인 종인지 설명하기 위해 필요하지 않을 수 있다는 것을 시사한다. 우리 집단 안에서 연합한 힘에 복종하는 것은 경쟁의 강도를 감소시켜 집단이 번창할 수 있도록 만든다.

주도적 공격에 관해서는, 앞 장에서 재구성한 것에 따르면, 적어도 30만 년 전의 호모 조상들은 미리 계획된 폭력을 행사하려는 경향을 가지고 있었다. 미리 계획된 폭력이 얼마나 일찍 존재했는지는 길들이기 증후군만큼 구체적으로 나타나 있지 않다. 그러나 우리 조상들의 행동을 유추해 보면, 주도적 연합 공격에 대한 높은 성향은 아마 최소 250만 년의 홍적세에 그리고 아마 더 일찍 작동했을 것이다.

이 같은 주장을 하는 이유는 사냥의 풍습 때문이다. 우리처럼 땅 위에 살기로 한 호모 사피엔스의 첫 조상인 호모 에렉투스는 약 2백만 년 전에 진화했다. 호모 에렉투스가 동물 뼈에 남긴 칼자국은 그들이 커다란 영양만 한 크기의 동물을 도살했다는 것을 보여 준다. 그리고 1백만 년 전에 매복 사냥을 했다는 주장이 나왔다(사람들은 그 시대에 케냐의 올로르게사일리라는 곳을 반복해서 이용했는데,

이곳은 동물이 좁은 경로를 통과해야 했기 때문에 쉽게 죽일 수 있었다).
이것 또한 호모 에렉투스가 협력했다는 것을 의미한다. 약 80만 년
전에 주거 캠프에 거주하는 개인들이 큰 사슴과 솟과의 동물들을
사냥했다는 더 강력한 증거도 게셰르 베노트 야코브에서 나왔다.
그러나 지난 수십만 년 동안 호모 사피엔스와 네안데르탈인들의 경
우에만, 우리는 호모가 사냥에서 발사점projectile points을 사용했고,
올가미를 설치하여 작은 동물을 잡았으며, 높은 위치에서 사냥했다
는 증거를 발견함으로써 그들이 분명히 미리 계획하여 사냥을 했음
을 알 수 있다. 따라서 보수적으로 해석하면, 주도적 사냥은 홍적세
중기 때 이루어졌다고 주장할 수 있지만 매복 사냥은 호모속이 2백
만 년 전만큼이나 일찍 동물 먹이를 어떻게 구했는지를 그럴듯하게
설명한다.[6]

우리 조상들이 훌륭한 사냥꾼이 된 이후에 그들은 낯선 사람들
을 죽일 수 있었다. 사냥은 전수를 할 수 있는 기술이다. 사냥과 단
순한 전쟁 모두 수색과 안전한 파견이 필요하며, 두 가지 모두 장거
리 여행과 잘 훈련된 조직화가 유용할 수 있다. 늑대, 사자, 점박이
하이에나는 식량을 구할 뿐 아니라 다른 집단의 경쟁자를 죽일 때
주도적 연합 공격을 한다. 침팬지도 마찬가지로 동족을 죽이는 사
회적 사냥꾼이다. 대조적으로 보노보는 사회적 사냥꾼으로 알려지
지 않았으며 (고기를 좋아하지만, 계획적으로 공격을 한다는 증거는 없
다) 인류학자 키스 오터바인은 소규모 사회에 사는 인간들 사이에
서 사회적 육식 동물과의 연관성을 발견했다. 즉 사냥에 의존하는
사회는 전쟁을 자주 하는 경향이 있었다. 음식을 위한 사냥과 경쟁
에 의한 살해 사이의 동일한 상관 관계는 쥐와 생쥐에서 공격을 담
당하는 신경 회로에서 발견된다. 이 모든 이유 때문에, 인간의 먹이

사냥은 2백만 년 동안 이웃 경쟁자를 죽일 수 있는 능력과 관계 있었던 것으로 보인다. 침팬지와 늑대가 낯선 상대를 공격할 기회를 찾는 것처럼, 일단 조상들이 안전하게 죽일 수 있는 능력을 획득했다면, 살해를 할 동기도 존재했을 것이다. 다른 포유류에서 발견되는 사냥과 폭력 간의 관계에서 우리 조상들을 빼놓을 이유가 없는 듯하다.[7]

데일 피터슨과 나는 낯선 사람을 죽이는 것은 침팬지와 보노보와 우리의 공통 조상으로 거슬러 올라갈 수 있을 것이라고, 말하자면 중앙아프리카 유인원이 침팬지와 비슷한 사냥꾼이자 살해자였을 때로 거슬러 올라갈 수 있을 것이라고 주장했다.[8] 화석이 마지막 공통 조상의 본성을 확인시켜 주지 않는다는 것을 감안하면, 증거는 분명히 추정된 것이다. 낯선 사람들을 죽이려는 경향이 언제 진화했는지에 대한 불확실성은 약 7백만 년 전에서 250만 년 전까지의 우리의 조상 오스트랄로피테신의 긴 시기로 가면 더 극심해진다.[9] 우리는 그 기간 동안의 오스트랄로피테신의 사회적 행동이나 조직을 재구성할 근거를 전혀 갖고 있지 않다.

주도적 연합 공격이 낯선 사람들을 상대로 시작된 시기에 관계없이, 집단 내에서의 그런 살인이 주는 영향은 인간의 언어가 발달할 때까지 제한적이었다. 개인이 생각을 공유할 수 있게 된 후, 많은 변화가 있었다. 사람들은 분명히 설명할 수 있는 공통 관심사를 기반으로 제휴를 할 수 있었다. 계획되고 공동으로 승인한 사형이 집행되기 시작하면서 알파 남성에 의한 괴롭힘은 이전의 약자에 의한 미묘한 폭정으로 바뀌었다. 새롭게 만들어진 남성 연합은 사회를 지배하는 장로들의 집합이 되었다. 비록 법, 위협, 투옥이 처형보다 많은데도 불구하고 오늘날에도 이 체제는 계속된다.

따라서 우리의 '천사 같은' 그리고 '악마 같은' 경향은 언어에 의해 가능해진 정교한 형태의 의도의 공유에 대한 진화에 달려 있다. 이 언어 능력은 의심할 여지 없이 친사회적인 행동에도 기여하는 능력이다. 침팬지 스타일의 의도의 공유가 시작된 시기는 적어도 7백만 년 전이다. 우리는 50만 년 전에서 30만 년 전에 언젠가 언어를 쓰기 시작하여 새로운 세상으로 들어가게 되었다. 언어는 키메라 같은 인간성을 만들어, 정서적 반응의 감소와 살해 능력의 증대를 낳았다. 독창적인 의사소통 능력은 우리에게 독특하게 모순되는 공격의 심리학을 제공했다.

　　우리의 선과 악 모두 생물학에 뿌리를 두었다는 관점에서 나온 두 번째 질문은 우리 자신에 대한 감각과 관련이 있다. 선함의 역설의 해결이 우리의 본성을 이해하는 데 어떤 역할을 하는가?

　　인간의 본성이 키메라 같다는 주장은 피상적으로 모순되는 두 개의 개념을 동시에 염두에 두기 어렵기 때문에 도전적이다. 홉스주의자들과 루소주의자들이 잘못 주장했듯이 우리 종의 분열된 성격들 중 한쪽만이 우리의 생물학에 포함된다고 생각하기 쉽다. 만약 그렇다면, 많은 사람은 우리의 "선한" 면인, 낮은 반응적 공격성만이 진화의 산물이라는 것을 감정적으로 쉽게 알 수 있다. 그럼에도 불구하고 종종 악랄한 행위를 일으키는 높은 주도적 공격성의 형태인 우리의 "악한" 면 또한 우리의 진화적인 과거에 기인한다. 인간의 미래를 숙고하는 데 이것이 의미하는 바를 이해하기 위해서는 진화에 관한 두 가지 사항을 기억하는 것이 도움이 된다고 생각한다.

　　앞서 강조했듯이 진화사는 과거를 설명한 것이다. 진화사는 예측이 아니며, 어떤 종류의 미래가 기다리고 있는지 말해 주지 않는다. 또한 진화사는 정치적 강령 또는 윤리적 입장에 대한 정당화도 아니며, 즐거운 상상의 과거로 돌아가라고 권장하는 것도 아니다. 진화사는 우리가 이미 알고 있는 인간의 적응력을 바꾸지 않는다. 그것은 "단지 이야기"일 뿐이다.

나는 "단지 이야기"일 뿐이라고 해서 인간의 적응력을 우주론적인 이야기로 축소할 생각은 없다. 진화론적인 이야기는 더 이상 매력적일 수 없다. 우리는 궁극적으로 우리가 약 40억 년 전에 복잡한 분자 유형에서 시작해서 세포, 동물, 포유류, 영장류, 유인원, 호모 사피엔스로 이어지는, 단순한 물질에서 시작한 과정에서 유래했다는 사실을 알고 놀랐다. 진화생물학은 여전히 틈과 불확실성을 갖고 있지만, 이는 10년마다 더 강력해지고 흥미로워지고 있다. 필수적인 사항들은 변하지 않는다. 무생물에서 나온 생명! 본능에서 벗어난 의식. 물질적인 뇌에서 나온 영성, 웃음, 기쁨, 삶의 의미에 대한 이해. 어둠 속에서 자기 자신이 무엇인지 스스로 보는 종, 광대하고 생명이 없는 우주 속에서 반짝이는 정신.

내가 "단지 이야기"라고 말할 때, 나는 진화론적인 관점이 갖는 위엄을 과소평가하려는 의도는 없다. 단지 이야기라는 것은 어떤 처방이 담긴 것이 아닌, 미래에 한계가 거의 없는 이야기라는 것을 의미한다. 오늘날 우리의 사회 시스템은 수백 년 전에 존재했던 사회 시스템과 매우 다르다. 사회적인 변화를 위한 역량은 명확하다. 1648년 베스트팔렌 조약*이 체결된 이후 시행된 국가의 제도는 영

• 베스트팔렌 조약Treaty of Westphalia: 오스나브뤼크와 뮌스터에서 체결되어 프랑스어로 조문이 쓰인 평화 조약이다. 베스트팔렌 평화회의를 "국제법의 출발점"이라고 말한다. 이로써 신성로마제국에서 일어난 30년 전쟁(1618~1648)과 에스파냐와 네덜란드 공화국 간의 80년 전쟁(1568~1648)이 끝났다.

구적으로 느껴지겠지만, 변화는 이미 시작되었으며 앞으로 어떤 것이든지 가능하다. 인류가 갖고 있는 잠재력을 상기시키는 것은 역사를 진화론적으로 이론화하는 것보다 훨씬 중요한데, 이는 변화에 대한 역사적 증거가 진화론보다 더 생생하기 때문이다. 우리는 시간이 지남에 따라 사회가 종종 질적인 면에서 향상되거나 쇠퇴한다는 것을 알고 있다. 우리가 알 수 없는 것은 후손들이 어떤 방향을 취할 것인가다.

나의 두 번째 주장은, 미래가 본래 열려 있는데도 불구하고, 진화는 예측이 가능하고 때로는 예측이 가능하지 않은 방식으로 우리의 행동에 영향을 주는 편견을 남겼으며, 이런 편견을 인정하는 것이 좋다는 것이다.

가장 순수한 루소주의적 관점들의 큰 문제점은 그것이 무정부 상태가 평화롭다는 것을 암시하는 것으로 해석된다는 점이다. 루소주의자들은 자본주의, 가부장제, 식민주의, 인종 차별, 성차별, 그리고 현대 사회에서의 다른 악을 제거하면, 이상적으로 서로 사랑하는 조화로운 사회가 나타날 것이라고 주장하는 것처럼 보인다. 인간이 단지 홉스주의적 이기심이 아닌 루소주의적 관용으로 진화했다는 생각은 사람들이 경계심을 버리게 만든다는 점에서 문제가 있다.

남성과 여성의 관계를 생각해 보자. 내가 논의한 것처럼, 소규모 사회에서의 평등주의는 주로 남성, 특히 기혼 남성의 관계를 설명한다. 전 세계 모든 사회는 공통적으로 공공 분야에서 남성이 여성을 지배한다. 이런 관찰은 사적인 영역에 대해서는 아무것도 이야기해 주지 않는다. 결혼 생활에서, 아내는 종종 남편을 지배한다. 여기에 성격이 가장 큰 영향을 주지만, 상당수의 여성은 남성을 괴롭히기 위해 신체적인 힘을 이용한다. 그러나 강제적인 연합이 사회 규칙을 규제하는 공공 영역에서는 남성과 여성의 관계는 지속적으로 남성에게 유리하게 이루어진다. 이런 의미에서 가부장제는 현재 인간 사회에서 보편적인 것이다.[10]

그러나 사회가 이런 상태에 머물러야 한다는 진화론적 규칙은 없다. 최근 르완다와 스칸디나비아에서의 정치적인 변화는 남성이 머릿수로 지배하는 입법 기관의 전통이 뒤집어질 수 있다는 것을 보여 준다. 모든 분야에서 비슷한 변화가 가능하다.

그러나 그런 일들은 쉽게 일어나지 않는다. 그런 변화가 실제로 일어나려면, 긍정적인 조치와 정교한 조직이 필요하다. 우리가 단지 무정부 상태를 만들면, 즉 규칙이 없는 사회를 만들면, 이런 일들이 일어나지 않을 것이다. 기존 기관을 교체하지 않고 파괴하는 폭력이 일어나리라 예상된다. 남성들은 재빨리 연합하여 지배권을 놓고 경쟁한다. 민병대가 일어나 싸울 것이다. 남성 집단은 자신들의 육체적인 힘을 이용하여 주도적 연합 공격력을 지배할 것이라고 자신 있게 예측할 수 있다. 역사와 진화인류학은 동시에 슬픈 이야기를 들려준다.

인간의 궤도를 이해함으로써 얻을 수 있는 일반적인 진화론의 교훈은 집단과 개인이 항상 권력을 구하는 데 관심이 있다는 것이다. 그들은 반드시 전쟁을 할 필요가 없다. 가부장제, 학교 폭력, 성희롱, 거리에서의 범죄, 정상에 있는 사람들이 경제적 이득을 위해 위력을 쓰는 일이 항상 일어나는 것은 아니다. 평등하고 폭력이 없는 사회를 준비하는 것은 전적으로 가능하다. 아마도 현재 아이슬란드의 평등주의적이고 평화로운 국가보다 더 평등하고 폭력이 없는 국가가 미래에 생길 것이다.

3부 어제 그리고 내일

그러나 진화론적인 분석이 한 가지 보장하는 것은 공정하고 평화로운 사회가 등장하기 쉽지 않다는 것이다. 그런 사회를 위해서는 일하고 계획하고 협력해야 할 것이다. 이동하는 수렵 채집인은 일탈자와 괴롭힘으로부터 자신을 보호하기 위해 시스템을 갖추고 있었다. 모든 사회는 자신을 보호할 도구를 찾아야 한다. 폭력을 피하기 위해서는 복잡한 사회가 얼마나 부패할 수 있는지 그리고 그런 사회를 만드는 것이 얼마나 어려운지 기억해야 한다. 나는 2017년 7월 어느 맑은 날, 편안한 여름 복장을 한 사람들로 둘러싸인 아우슈비츠 주변을 걸었다. 나는 최선과 최악의 키메라를 느낄 수 있었다.

협력과 친사회적인 분위기가 공기를 가득 채웠다. 나는 그날 아침 크라쿠프에서 만난 소수의 관광객들과 함께했다. 수용소는 너무 꽉 차서 종종 다음 장소로 이동하는 데 몇 분을 기다려야 했다. 모두가 조용히 이야기하면서 인내심을 보였다.

우리는 수용소 오케스트라가 연주했던 곳을 보았다. 음악은 수감자들이 발걸음을 내딛는 데 도움이 되었을 것이며, 수감자 수를 세는 데 도움이 되었을 것이다. 우리는 1943년에서 1944년까지 수백 명의 여성이 불임 실험을 위해 억류된 방을 보았다. 우리는 10번과 11번 방 사이에 있는 안뜰을 보았다. 그곳에서 수천 명의 사람이 은밀하게 행동했다는 이유로 총살을 당했고 다른 사람들은 옷을 순순히 벗은 후 채찍을 맞거나 교수형에 처해졌다. 우리는 한 번에 최대 2천 명의 벌거벗겨진 희생자들에게 치클론 B Zyklon B를 뿌린 비좁은 방에 몰려 들어갔다. 우리는 아우슈비츠의 첫 사령관 루돌프 회스Rudolf Höss가 그의 아내와 아이들과 함께 죄수들의 구역에서 몇 야드 떨어진 곳에 살았던 집 주변의 나무가 우거진 정원을 보았다. 우리는 회스가 매달렸던 교수대를 보았다. 주차장에서는 상인들이 미소를 지으며 손으로 만든 아우슈비츠와 비르케나우문 모형을 팔고 있었다.

수많은 협력. 우리는 때때로 협력이 가장 가치 있는 목표라고 생각한다. 그러나 그것 또한 도덕과 마찬가지로 선하거나 악한 것일 수 있다.

인간이 중요하게 추구해야 할 것이 협력의 장려가 되어서는 안 될 것이다. 그런 목표는 비교적 단순하며 우리의 자존감과 도덕적 감각에 확고하게 자리를 잡고 있다. 어려운 도전은 조직적 폭력을 할 수 있는 우리의 능력을 감소시키는 것이다.

우리는 이 과정을 시작했지만 갈 길은 멀다.

에필로그

인간의 행동을 특징짓는 복잡성은 사형을 채택하는 도덕적 문제에 관한 질문만큼 복잡하다. 사형은 (내가 살고 있는) 미국에서 최고의 관심거리다. 일부 사람들은 사형을 열성적으로 찬성한다. 그러나 더 많은 사람은 사형을 반대한다. 앞에서 제시한 이론은 우리 조상들이 가장 공격적인 남성을 죽임으로써 자신의 평화를 의도적으로 만들었다는 것을 시사한다. 이것은 사형이 도덕적으로 매력적인 결과를 가져다준 자연스러운 행동임을 의미한다. 이것이 사회적으로 [사형을] 추천한다는 의미인가? 우리가 사회를 개선하기 위한 방법으로 사형을 수용해야 한다는 의미인가?

내 대답은 당연히 아니라는 것이다. 사형의 기여가 무엇이든 그 기여는 오늘날 사형을 정당화해야 하는가에 대한 문제와 무관하다. 국가 권력에 의한 사형 집행은 소규모 사회에서의 사형과 다르다. 더 이상 합의가 필요 없으며, 종종 가까운 친척에 의해 일어나던 살인도 없다. 상황은 바뀌었다. 교도소는 우리 조상들이 갖고 있지 않았던 다른 형태의 사회적 통제 방법을 제공한다. 나는 사형 집행을 더 이상 이 세상에 존재하지 않아야 하는 형벌로 생각한다. 사형은 범죄의 감소로 이어지지 않기 때문에 일반적으로 효과가 없는 것으로 밝혀졌다. 사형은 투옥보다 사회적 비용이 더 많이 드는 일이다. 미국과 같은 일부 국가에서는 사형이 빈곤층과 약자를 대상으로 하기 때문에 놀랍도록 부당하다. 그리고 사형 제도에는 실수가 있을 수 있다. 무고한 사람들이 종종 사형에 처해진다. 우리는 과거를 이해할 수 있지만, 이런 점에서 우리는 감탄해서는 안 된다. 사형이 길고 창조적인 선사 시대에 있었다는 증거는 현대 사회에서의 질문과 무관하다.

세계는 사형이 과거의 것이라는 데 점점 동의하고 있다. 2007년 12월, 유엔의 104개 회원국은 사형 제도가 인간의 존엄성을 해친다는 원칙을 채택했고 사형의 폐지를 목적으로 사형 제도를 유지하는 국가들에 사형 제도를 유예해 달라는 요청을 하기 위해 투표를 실시했다. 이 국제적 결의안으로 2008, 2010, 2012, 2014년에 다시 투표를 했다. 지지표의 수는 증가했다. 2014년 12월에 찬성이 117표, 반대가 38표, 기권이 34표, 불참석이 4표였다. 그러나 2016년의 투표 결과는 2014년과 비슷하여 실망스럽게도 개선된 것이 없었다. 찬성이 117표, 반대가 40표, 기권이 31표, 불참석이 5표였다.[1]

대부분의 국가가 식인 풍습, 노예 제도, 강간 결혼과 같은 조상의 풍습을 금지한 것처럼 모든 국가가 조만간 사형을 폐지하기를 바란다. 어떤 것이 자연스럽다고 해서 그것이 우리 삶에 있어야 하는 것은 아니다. 1951년 영화 <아프리카의 여왕>에서 캐서린 햅번 Katherine Hepburn이 맡은 역할이 험프리 보가트Humphrey Bogart가 맡은 천진난만한 찰리 올넛Charlie Allnut의 거친 행동에 대해 질책한 것은 옳았다. "올넛 씨, 천성은 우리가 극복하기 위해 이 세상에 있는 것입니다."

그럼에도 불구하고 우리는 사형이 한 일에 대해 감사할 수 있다. 최근까지 사형은 잘못된 이유로 찬양받았다. 사회적으로 승인된 살해의 결과는 너무나 비밀스러워서 명료하지 않았기 때문에 사형의 호소력은 폭도와 폭군의 기본 본능으로 국한되었다. 그러나 만약 우리가 한걸음 물러나서 난폭했던 과거를 소중히 한다면, 우리를 인간으로 만든 잔인한 조상들에게 감사할 수 있다. 아이러니하게도, 사형을 집행한 사람들은 우리를 지혜의 시초로 이끌었다.

감사의 글

무엇보다도 나는 내 경력에서 데이비드 햄버그와 로버트 힌드로부터 폭력의 진화에 대한 현명한 조언으로 지도를 받은 것이 특히 운이 좋았다고 생각한다. 그들은 학문적인 통찰력과 인간적이고 실용적인 관점을 조화시키는 능력을 갖고 있기에 지속적으로 역할 모델이 될 수 있었다.

자기 길들이기와 관련하여, 여기에 기술된 많은 생각은 1990년대 후반 유인원에 대한 브라이언 헤어와의 대화에서 시작되었으며, 그의 아름다운 실험과 구습에서 벗어난 사고는 현재까지 나의 영감의 원천이다. 데이비드 필빔David Pilbeam은 고인류학에서 나무를 보는 법을 가르쳐 주었다. 빅토리아 우버는 총명한 학생이었는데, 그녀의 각고의 연구는 길들이기의 영향에 대한 우리의 이해를 넓혀 주었다. 나탈리 이그나치오Natalie Ignacio는 노보시비르스크에서 일하는 도전에 훌륭하게 응했다. 애덤 윌킨스와 테쿰세 피치는 신경능선세포의 역할을 탐구하는 훌륭한 동료였다. 크리스토퍼 보엠은 남성들 간의 관계의 진화와 통제에 대한 사고방식을 이끌었으며, 그의 생각과 발견을 공유하는 데 주저하지 않았다.

공격과 관련하여, 나는 침팬지와 인간을 비교하는 동안 루크 글로와키Luke Glowaki, 마틴 뮬러, 마이클 윌슨과 공동 연구자로 일하게 된 것을 행운으로 생각한다. 조이스 베넨슨Joyce Benenson은 인간 공격의 심리 실험을 통해 나에게 새로운 세계를 소개했다. 이 모든 친구의 학식 덕에 나의 이해력이 높아졌다. 그들과 함께 일한 것은 나의 특권이었다.

제인 구달은 내가 처음으로 침팬지의 행동을 연구할 수 있는 기회를 주었고, 지금도 계속 영감을 주고 있다. 대니얼 리버먼Danial Lieberman은 인간 진화에 관한 정보, 생각, 주의할 점의 지식 창고가 되어 주었다. 테리 카펠리니Terry Capellini, 레이첼 카모디Rachel Carmody, 피터 엘리슨Peter Ellison, 조 헨리치Joe Henrich, 마뤼엘렌 루불로Maruyellen Ruvulo, 노린 투로스Noreen Tuross의 여러 생물학적인 조언에 감사를 드린다.

앤 맥과이어Anne McGuire는 어느 누구보다도 원고를 마무리하는 데 도움을 주었다. 모든 장을 자세히 검토하는 것 외에도 앤은 이 책 전반에 대해 깊은 생각을 할 수 있도록 한없는 원천이 되었다. 그녀의 특별한 지원에 대해서는 그 어떤 감사의 말도 모자랄 것이다.

초고에 대한 의견을 준 조이스 베넨슨, 토미 플린트Tommy Flint, 쳇 카민Chet Kamin, 대니얼 리버먼, 마틴 뮬러, 데이비드 필빔, 만비아 싱Manvir Singh, 애덤 윌킨스에게 감사드린다. 그들의 노력 덕에 책이 실질적으로 개선되었다. 나는 그들 모두에게 보답할 수 있으면 좋겠다. 각각의 장 또는 섹션을 검토해 준 오퍼 바 요세프Ofer Bar-Yosef, 크리스토퍼 보엠, 피어리 쿠시먼, 마델라인 가이거, 마크 하우저Marc Hauser, 칼 하이더, 로즈 맥더못, 데일 피터슨, 매트 리들리Matt Ridley, 케이트 로스Kate Ross, 존 셰이John Shea, 바바라 스머츠Barbara Smuts, 이언 랭엄Ian Wrangham, 크리스토퍼 졸리코퍼에게도 감사드린다.

특정한 부분에 조언을 해 준 요한 판 데르 데넌, 폴 쿡, 실비아 카이저Sylvia Kaiser, 스티븐 핑커, 에이드리언 레인에게 감사드린다. 발표하지 않은 데이터를 공유해 준 캣 호베이터Cat Hobaiter, 니콜 시몬스Nicole Simmons, 마틴 서벡, 마이클 윌슨에게 감사를 드린다.

위에서 언급한 사람들 외에도, 수년에 걸쳐 수많은 다른 친구들, 가족, 동료들과의 대화와 서신은 매우 도움이 되었다. 나의 은인으로는 브리짓 알렉스Bridget Alex, 애덤 아르카디Adam Arcadi, 로버트 베일리Robert Bailey, 이사벨 벤케Isabel Behncke, 알렉스 번Alex Byrne, 레이첼 카모디, 나폴리언 섀그넌, 리처드 코너Richard Connor, 메그 크로풋Meg Crofoot, 리 듀가트킨Lee Dugatkin, 멜리사 에머리 톰슨Melissa Emery Thompson, 리 간스Lee Gans, 세르게이 가브릴레트Sergey Gavrilets, 알렉산더 게오기에프Alexander Georgiev, 이언 길비Ian Gilby, 토니 골드버그Tony Goldberg, 조슈아 골드스타인Joshua Goldstein, 스티븐 그린블라트Stephen Greenblatt, 스튜어트 할페린Stewart Halperin, 헨리 해리슨Henry Harrison, 킴 힐, 캐럴 후븐Carole Hooven, 고故 가브리엘 혼Gabriel Horn, 닉 험프리Nick Humphrey, 케빈 헌트Kevin Hunt, 캐리 헌터Carrie Hunter, 도미닉 존슨, 제임스 홀랜드 존스James Holland Jones, 제롬 케이건, 에와 라저-버차르트Ewa Lajer-Burcharth, 케빈 랭거그래버Kevin Langergraber, 스티븐 르블랑Steven LeBlanc, 리처드 리, 자린 마찬다Zarin Machanda, 커티스 머리언, 캐서린 맥올리프Katherine McAuliffe, 존 미타니, 마크 모펫Mark Moffett, 마이클 모란Michael Moran,

랜돌프 네스, 그레이엄 노블릿Graham Noblit, 케이트 노웍Kate Nowak, 나딘 피콕Nadine Peacock, 앤 푸시, 버논 레이놀즈Vernon Reynolds, 닐 로치Neil Roach, 라르스 로데스Lars Rodseth, 다이앤 로젠펠드Diane Rosenfeld, 엘리자베스 로스, 그레이엄 로스Graham Ross, 피터 데시올리, 류드밀라 트루트, 카럴 판 스하익, 마이클 토마셀로, 로버트 트라이버스Robert Trivers, 비베크 벤카타라만Vivek Venkataraman, 이언 월러스Ian Wallace, 펠릭스 워네켄, 데이비드 와츠, 폴리 위스너, 키플링 윌리엄스, 데이비드 슬론 윌슨, 캐럴 워스먼Carol Worthman, 데이비드 랭엄David Wrangham, 로스 랭엄Ross Wrangham, 브래지 드 잘두온도 Brazey de Zalduondo, 빌 짐머만Bill Zimmerman이 있다.

나는 우간다의 키발레 국립공원과 탄자니아의 곰베 국립공원에서 침팬지를 관찰한 결과 인간 진화에 대한 이해가 풍부해졌다. 키발레 침팬지 프로젝트를 함께 이끈 마틴 뮬러, 멜리사 에머리 톰슨, 자린 마찬다에게 감사드린다. 키발레 연구를 가능하게 해 준 재정적 지원에 대해, 나는 국립과학 재단, 국립보건원, 리키 재단, 국립지리학회, 맥아더 재단, 게티 재단에 감사한다. 하버드대학에서 지원을 해 준 제레미 블록스햄Jeremy Bloxham, 뛰어난 에이전시 역할을 해 준 카틴카 마츠온Katinka Matson과 존 브록먼John Brockman, 프로필북스에서 도움을 주고 지원을 해 준 앤드루 프랭클린Andrew Franklin, 그리고 판테온북스의 에롤 맥도널드Erroll MacDonald, 니콜라스 톰슨 Nicholas Thompson, 테리 자로프-에반스Terry Zaroff-Evans에게 이 책을 완성시켜 준 것에 대해 감사를 표한다.

무엇보다도 나는 엘리자베스가 이 책을 쓰는 데 세 배나 더 오래 걸렸다는 것을 발견하게 해 주고 능숙한 유머와 여행을 함께해 준 것에 대해 감사한다.

주

서론: 인류 진화에서 나타난 미덕과 폭력성

1 Diary entry, May 1, 1958, in Payn and Morley, eds., 1982.
2 루소는 본질적으로 인간의 본성이 비폭력적이라는 관점의 아이콘이 되었지만 실제로는 이 견해를 가지고 있지 않았다. 1장의 주 10을 참조할 것.
3 Dobzhansky 1973, p. 125.
4 Huxley 1863, p. 151.
5 Barash 2003, p. 513.
6 Kelly 1995, p. 337.
7 Darwin 1872, p. 1266.
8 Fitzgerald 1936, pp. 69, 70.

1장 역설: 인간의 이중적 본성

1 Bailey 1991; Grinker 1994.
2 하이더는 소규모 팀과 동행했다(Heider 1972). 로버트 가드너Robert Gardner는 다섯 달 동안 머문 베테랑 영화 제작자였다. 그의 작품인 〈죽은 새들Dead Birds〉은 원시적 전쟁에 대해서 사상 최대로 시각적인 설명을 한 영화였는데, 아직도 인류학 수업에서 인기 있는 고전이다. 마이클 록펠러Michael Rockefeller는 녹음가였다. 그는 1961년 11월에 아스마트 Asmat 해변에서 죽었는데, 아마 부족민에 의해 죽음을 당한 것 같다(Hoffman 2014). 8장 209쪽을 참조할 것.
3 20세기의 1억의 사망자 수는 기근과 질병으로 사망한 것을 포함한 것이며, 최고의 추정 치에 속한다. 킬리(Keeley 1996, p. 93)는 20억으로 추정한다.
4 Heider 1997.
5 Barth 1975, p. 175.

6 Glasse 1968, p. 23.

7 Chagnon 1997.

8 Shermer 2004, p. 89.

9 Hess 외 2010.

10 Lescarbot 1609, p. 264. Ellingson 2001, p. 29에서 인용. 엘링슨에 의하면, 루소는 살아 있는 원주민이 자연적인 도덕선을 갖고 있다고 생각하지 않았다. 루소는 사회적인 집단을 형성하지 않은 초창기의 사람들이 "문명으로의 진보와 함께 제공되는 자질을 갖추지 못한 야만인"이었을 것이라고 생각했다(Ellingson 2001, p. 82). 루소는 자연적인 선善을 받아들이는 것과는 너무나 거리가 멀어서 그는 그의 동시대 사람들이 인간이 언젠가 한번은 평화적인 황금기에 살았다고 스스로를 현혹한다고 비판했다 — 아이러니하게도 루소와 같은 시대에 살았던 루소주의자들 중 많은 사람이 자신 스스로를 비판한 격이다. 엘링슨(Ellingson 2001, p. 22)은 "고상한 야만인Noble savage"이라는 문구는 "야만인은 진정으로 고상하다"라고 쓴 레스카르보(Lescarbot 1609)에서 온 것이라고 보고했다. 레스카르보의 말은 모든 수렵 채집 남성은 사냥을 했고, 유럽에서는 사냥이 기품 있는 행동으로 여겨졌기 때문에 "야만"은 "고상한 것"으로 불릴 수 있었다는 의미였다. 루소와 자연적인 선과의 관계는 런던의 민족학회장이었던 존 크로퍼드John Crawfurd에 의해 1861년에 만들어졌다. 인류학자 E. B. 타일러E. B. Tylor와 프랜츠 보애스Franz Boas는 크로퍼드의 잘못된 가정을 받아들였다. 예를 들어 보애스(Boas 1904, p. 514)는 루소에 대한 언급에서 "이상적인 자연 상태에 대한 루소의 가정을 우리가 다시 획득해야 한다"고 했다. 그 뒤로 루소는 후일에 타락하게 되는 고대의 자연적인 선에 대한 신념의 그릇된 아이콘이 되었다. 이 책에서는, "루소주의적인"이라는 말을 루소의 사상에 대한 대중적인 관점(즉 수렵 채집인들이 평화적인 황금기에 살았다)을 말하는 것으로 사용하는데, 이는 루소가 실제로 인간성을 어떻게 생각했는가와는 관계가 없다.

11 Chinard 1931, p. 71. Ellingson 2001, p. 65에서 인용.

12 Davie 1929, p. 18.

13 Orwell 1938, chap. 14.

14 Pinker 2011; Goldstein 2012; Oka 외 2017. 폭력률이 감소했다는 강한 증거는 미래에 대해서 말해 주는 것이 거의 없다. 현대 무기의 위력, 핵폭탄을 실수로 사용할 위험, 더 긴 평화 뒤에 더 큰 폭력이 이어지는 추세는 아무것도 당연하게 생각할 수 없다는 사실을 상기시킨다(Falk and Hildebolt 2017).

15 Wrangham 외 2006.

16 Surbeck 외 2012.

17 Shostak 1981. 인류학자 쇼스탁은 !쿵 사회의 여인 니사Nisa에 관한 이야기를 했다. 그리고 니사의 삶을 일반적인 !쿵 사회의 맥락에서 보았다. 쇼스탁은 정량적인 데이터를 제공하지 않았지만, 니사의 사례는 !쿵 여성들이 서구 민주 사회의 여성들이라면 참을 수 없는 신체적인 학대를 당했다는 것을 명백하게 보여 준다고 했다.

18 García-Moreno 외 2005. 확실히 설문 조사를 받았던 대부분의 여성은 여성 배우자들에 가한 남성의 폭력은 정당화되었다고 생각했다. 예를 들어 만약 여성이 남성에게 어디 간다고 말하지 않고 나간다든지, 아이들을 방치한다든지, 남성의 음식을 준비하지 않았다든지 하는 식으로 말이다. 때리는 남성들이 정당화된다고 생각하는 여성들의 비율은 74퍼센트(태국)에서 94퍼센트(이디오피아)에 이른다. 여성의 1.5~3.0퍼센트가 지난 열두 달 동안 한 번 이상 폭력을 당했다고 보고된 북아메리카에서조차, 가까운 사람들 사이에서 일어나는 폭력의 빈도는 그것을 감소시키기 위한 적극적인 노력이 필요하다는 것을 경고하기에 충분하다. 같은 지표는 더 가난하고, 더 소외되고, 혜택을 덜 받는 집단들에서 높은 경향이 있다. 태국, 탄자니아, 페루, 에티오피아의 시골에서는 그 수치가 22~55퍼센트

였다. 그 뒤로 세계보건기구WHO는 방글라데시, 브라질, 에티오피아, 일본, 나미비아, 페루, 사모아, 세르비아-몬테네그로, 탄자니아, 태국을 조사했다(Pallitto and García-Moreno 2013).

19 미국의 데이터는 2010년 전국에서 실시한 9,086건의 인터뷰에 근거한 블랙 등(Black 외 2011)의 데이터다.

20 Pallitto and García-Moreno 2013, p. 2.

21 García-Moreno 외 2013.

22 Goodall 1986.

23 Surbeck 외 2012, 2013, 2015; Surbeck, 개인적 연락.

24 Herdt 1987.

25 Chagnon 1997.

26 Malone 2014.

27 Stearns 2011.

28 Keeley 1996.

29 리(Lee 2014)는 킬리 데이터의 중요성에 이의를 제기했다.

2장 두 가지 공격

1 Mashour 외 2005, p. 412.

2 Wrangham 2018; Babcock 외 2014; Teten Tharp 외 2011.

3 Carré, 외 *Psychoneuroendocrinology* 36: 935~944.

4 https://www.theguardian.com/uk-news/2016/mar/07/bailey-gwynne-trial-boy-16-guilty-culpable-homicide를 참조할 것.

5 Wolfgang 1958. 호주의 예는 포크(Polk 1995)를 참조할 것.

6 Craig and Halton 2009; Siegel and Victoroff 2009.

7 Byers 1997.

8 Clutton-Brock 외 1982. 쉬 등(Xu 외 2016)은 2013년 미국 사망률 통계를 보고했다. 연간 총 미국 남성 사망자 130만 6,034명 중 1만 2,726명이 살인 사건(표 12, p. 52)으로 사망했다. 즉 0.97퍼센트의 비율이다(또는 생존 남성 10만 명당 8.2명. 표 14, p. 64 참조) 이러한 살인 사건 중 상당수는 계획적 살해, 배우자 폭력 및 영아 살해를 포함하여 성격 경쟁 이외의 상호 작용에서 비롯된 것이다. 그러나 성격 경쟁이 남성 살인 사건의 절반을 차지한다고 추측하더라도(과대평가일 가능성이 높음), 매년 0.5퍼센트의 사망자가 이러한 형태의 반응적 공격으로 사망했다. 이는 붉은 사슴과 가지뿔영양에서 발견된 수컷끼리의 싸움에서 수컷의 사망 수의 10퍼센트에 비해 20분의 1의 수치다.

9 ews.bbc.co.uk/1/hi/england/nottinghamshire/034687.stm을 참조할 것.

10 Hrdy 2009, pp. 3~4. 피터슨(Perterson 2011, p. 113)은 다음과 같이 언급했다. "모든 항공사는 비행 전에 공식적으로 컴퓨터에 승객들의 정보를 입력하고, 식별, 심문, 번호 지정, 확인, 엑스레이, 금속 감지, 검색, 재확인, 구성, 세 번째 확인을 거친 후 승객들에게 배정된 좌석에서 안전띠를 매라고 한 다음 가장 중요한 비행 시간에는 움직이지 말라고 지시했다."

11 Craig and Halton 2009; Siegel and Victoroff 2009; Weinshenker and Siegel 2002.

12 Brookman 2015.

13 Wolfgang and Ferracuti 1967, p. 189.

14 분류되지 않은 살인: Wolfgang 1958.

15 복수 살인: Brookman 2003.

16 미국에서 미해결된 살인 비율이 35퍼센트 이상임: Brookman 2015, 주 2, 미 연방수사국의 데이터.

17 "(⋯) 언쟁이 중요한 동기로 작용했다." 인용문: van der Dennen 2006, p. 332. Mulvihill 외 1969, p. 230에서 인용. 판 데르 데넨(Van der Dennen 2006)은 대부분의 살인이 반응적(엄격히 말해서 충동적)이라는 결론을 내린 다섯 개의 연구를 검토했다.

18 "화가 치밀어 (⋯)" 인용문: van der Dennen 2006, p. 332, Mulvihill 외 1969, p. 230을 언급했다. 청소년의 치명적이지 않은 공격은 성인 살인과 같은 유형을 따르는 것 같다. 어린이들 사이에서 상대적으로 높은 빈도의 치명적이지 않은 신체적 공격은 반응적인 것으로 밝혀졌다. 주도적 공격은 간접적이고 신체를 이용하지 않는 공격(예를 들어 소문)의 특성이 더 높다(Frey 외 2014, pp. 287~288).

19 Wilson and Daly 1985.

20 낮은 계급의 남성들 사이에서 명예를 놓고 더 자주 싸운다: Polk 1995, Brookman 2003. 소득 불평등과 반응적인 공격: Daly and Wilson 2010.

21 니스벳과 코언(Nisbett and Cohen 1996)은 미국 남부의 젊은이들이 미국의 다른 지역의 사람들보다 표준화된 실험에서 모욕에 더 공격적으로 반응한다는 것을 실험적으로 보여 주었다. 그들은 남부 사람들의 높은 정서적 반응성은 명예가 특히 높이 평가되는 유럽의 일부 지역에서 이민 온 사람들로부터 유래한 것이라고 주장했다. 달리와 윌슨(Daly and Wilson 2010)은 남부 명예 문화의 원칙을 받아들였지만, 소득 불평등으로 인한 결과로 똑같이 잘 설명될 수 있음을 보여 주었다.

22 Keedy 1949, p. 760.

23 같은 책, p. 762.

24 Shimamura 2002.

25 LaFave and Scott 1986, p. 654. Bushman and Anderson 2001, p. 274에서 인용.

26 Bushman and Anderson 2001, p. 274.

27 Berkowitz 1993.

28 Dodge and Coie 1987. 분류 시스템에는 몇 가지 변형이 있다. 국립 정신건강 연구소National Institute of Mental Health는 2008년에 행동의 기초가 되는 생물학적 메커니즘을 이해하기 위해 전략적인 계획에 착수했다. 그들의 목표는 뇌와 신체의 작동 방식을 반영하는 행동 범주를 만들어서 임상 연구를 신경심리학과 통합하는 것이었다. 그들은 공격을 세 가지 범주로 분류했다. 주도적 (또는 공격적) 및 반응적 (또는 방어적) 공격이 두 가지였고, 그들은 "절망적인 무보상"도 포함했는데, 이는 자신이 원하는 것을 얻을 수 없는 누군가에 의해 표현되는 공격이다. 이 세 번째 유형은 아마도 "반응적 공격" 내의 하위 분류로 간주될 수 있을 것이다. Veroude 외 2015; Sanislow 외 2010; https://www.nimh.nih.gov/research-priorities/rdoc/units/index.shtml을 참조할 것.

29 Crick and Dodge 1996; Weinshenker and Siegel 2002; Raine 2013; Schlesinger 2007; Declercq and Audenaert 2011; Meloy 2006.

30 Raine 2013.

31 Raine 외 1998a.

32 Cornell 외 1996.

33 Neumann 외 2015.

34 Coid 외 2009.

35 Kruska 2014. 연구된 여덟 종의 길들이기된 종 모두에게서 변연계의 크기 감소가 보고되었다. 돼지(44퍼센트 손실), 개(푸들)(42퍼센트), 양(41퍼센트), 기니피그(약 25퍼센트), 밍크(17퍼센트), 쥐(12퍼센트), 라마(3퍼센트), 사막쥐(1퍼센트).

36 Umbach 외 2015.

37 Dambacher 외 2015.

38 세로토닌의 역할: Davidson 외 2000; Siever 2008; Almeida 외 2015. 세로토닌 활동이 적은 것과 충동적이고 위험을 감수하며 공격적인 행동을 하는 것의 관계가 잘 확립되어 있지만, 복잡한 경우에는 과도한 공격이 세로토닌 수치가 낮지 않고 높은 것과 관련된다(de Almeida 외 2015).

39 Weinshenker and Siegel 2002, 주도적 공격에 대하여.

40 Almeida 외 2015.

41 Flynn 1967; Meloy 2006.

42 Tulogdi 외 2010; Tulogdi 외 2015.

43 Shimamura 2002; Manjila 외 2015. 전두엽 피질의 손상으로 밝혀진 머이브리지의 뇌 손상은 1848년에 철근이 뇌를 뚫고 지나간 철도 근로자 피니어스 게이지Phineas Gage의 사례와 비슷하다. 게이지는 사고 후 거의 12년 동안 살았으며 머이브리지가 경험한 것과 비슷한 일련의 성격 변화를 겪었다. 그의 사례는 전전두엽 피질의 기능을 이해하는 데 중요한 발전을 가져왔다(Damasio 1995).

44 Segal 2012.

45 Veroude 외 2015.

46 두 가지 주요 설문지가 사용된다. 레인Raine이 고안한 반응적 및 주도적 설문지RPQ와 버스-페리 공격 설문지BPAQ이다(Tuvblad 외 2009; Tuvblad and Baker 2011). 질문의 예는 튜브블래드와 베이커(Tuvblad and Baker 2011)가 제공하고 있다.

47 반응적 공격과 주도적 공격에 대한 최신 쌍둥이 연구: Paquin 외 2014. 주도적 공격의 높은 유전성을 발견한 선행 연구: 주도적 공격 32~50퍼센트, 반응적 공격 20~38퍼센트, 캘리포니아의 9~10세 소년, Baker 외 2008; 주도적 공격 48퍼센트, 반응적 공격 43퍼센트, 캘리포니아의 11세~14세 소년, Tuvblad 외 2011. 정신병의 유전성: Ficks and Waldman 2014.

48 Plomin 2014.

49 Ficks and Waldman 2014; McDermott 외 2009.

50 Raine. Adams 2013에서 인용.

51 Nikulina 1991.

3장 인간의 길들이기

1 Coppinger and Coppinger 2000, p. 44.

2 Hearne 1986.

3 Kagan 1994, p. 96.

4 Zammito 2006; Bhopal 2007. 페인터(Painter 2010)와 굴드(Gould 1996, p. 405에서 인용)는 블루멘바흐가 인간의 다양성에 대한 그의 태도와 관련하여 희귀한 평등주의자라는 사실과, 동시에 백인이 원초적인 인류라는 그의 주장은 차후의 인종 차별적 사고의 원천

이 되었다는 것이 아이러니하다는 점을 기술했다.

5 Blumenbach 1795, p. 205; 1806, p. 294; 1811, p. 340.

6 내가 아는 한, 블루멘바흐는 인간이 길들이기되었다고 설득할 수 있는 기준을 열거하지 않았다. 그러나 그는 비인간 동물이 사육되는 것을 길들이기의 과정으로 특징지었다. 그는 인간이 모든 종 중에서 가장 완전하게 길들이기되었다고 보았다. 그의 견해는 1811년의 다음과 같은 말에 나타난다(Blumenbach 1811, p. 340). "인간은 길들이기된 동물이다. 다른 동물들이 길들이기되기 위해서는 다른 동물 종 각각은 야생에서 떨어져 나와 보호받고 살고 사육되어야 한다. 반면에 인간은 가장 완전하게 길들이기된 상태로 자연적으로 태어났다. 다른 동물들은 인간에 의해 길들이기되었다. 인간은 스스로 완벽하게 길들이기된 것이다."

7 Singh and Zingg 1942.

8 Blumenbach 1865; Candland 1993. 몬보도: Singh and Zingg 1942, p. 191에서 언급.

9 오늘날 페터는 18번 염색체의 이상으로 인한 상태인 피트-홉킨스 증후군을 앓았다고 생각된다.

10 Blumenbach 1811, p. 340.

11 Blumenbach 1806, p. 294.

12 같은 책, p. 903.

13 Brüne 2007.

14 Hutchinson 1898; Nelson 1970.

15 Hutchinson 1898, p. 115. 허친슨(p. 116)은 재미있는 속임수 이야기를 했다. 왕은 자신의 궁전에서 떨어져 있는 동안 키 큰 소녀를 만났다. 그는 그녀에게 자신의 사령관을 위해 메모를 썼다. "메모를 소지한 자는 키 큰 아일랜드 사람인 맥돌Macdoll에게 지체 없이 주어야 한다. 이를 반대하는 말은 듣지 마시오." 소녀는 무슨 일이 있다는 것을 의심하고 혐오스러운 아일랜드 사람과 한 번 결혼한 늙은 여인에게 메모를 주었다. 왕은 나중에 결혼을 무효로 선언했다.

16 Darwin 1871, p. 842.

17 Darwin 1845, p. 242.

18 Bagehot 1872, p. 38.

19 Crook 1994.

20 Brüne 2007.

21 원래 로렌츠의 글(Lorenz 1940)은 독일어로 되어 있다. 칼리카우(Kalikow 1983)는 인류 문명의 쇠퇴에 대한 로렌츠의 우려의 근원을 조사했다. 그녀는 그의 우려가 나치 정치보다는 오랜 독일 전통에서 온 것을 발견했다. 로렌츠는 생물학자 에른스트 헤켈Ernst Haeckel(1834~1919)의 영향을 많이 받은 것으로 보인다.

22 Lorenz 1943, p. 302.

23 Nisbett 1976, p. 83.

24 홀데인(Haldane 1956)과 니스벳(Nisbett 1976)의 글을 비롯해 인간의 길들이기와 인종의 순수성에 대한 로렌츠의 견해를 비판한 여러 작품이 있다. 홀데인은 인간이 길들이기되었다는 생각에 도전함으로써 부분적으로 그렇게 했다. 그는 인간과 달리 길들이기된 동물은 의사소통이 잘되지 않고 신체적으로 전문화된 경향이 있다고 지적했다. 그는 또한 길들이기된 동물은 인간이 할 수 없었던 인위 선택에 의해 생긴다고 주장했다.

25 Mead 1954, p. 477.

26 Boas 1938, p. 76.

27 Leach 2003; Boehm 2012; Frost and Harpending 2015; Cieri 외 2014; Gehlen 1944. Brüne 2007에서 인용; Nesse 2007; Phillips 외 2014; Lorenz 1940; Dobzhansky 1962; Clark 2007; Gintis 외 2015.

28 Dobzhansky 1962, p. 196.

29 Leach 2003.

30 Ruff 외 1993.

31 Brace 외 1987; Leach 2003; Lieberman 외 2002.

32 Frayer 1980.

33 Cieri 외 2014.

34 Henneberg 1998; Bednarik 2014. 인간 뇌 크기의 감소가 의미하는 것은 논란의 여지가 있는데 그것이 체중 감소와 동시에 일어나기 때문이다. 이는 작은 뇌와 작은 신체의 상관 관계가 무의미하다는 것을 의미한다(Ruff 외 1997).

35 Kruska 2014; Kaiser 외 2015; Lewejohann 외 2010.

4장 번식의 평화를 가져다준 길들이기

1 Darwin 1868; Hemmer 1990; Price 1999.

2 30만 년 전 문화적인 정교함의 향상: McBrearty and Brooks 2000; Brooks 외 2018.

3 Oftedal 2012;. Gould and Lewontin 1979; Gould 1997.

4 Gould 1987; Hercock 외 2015. 올콕(Alcock 1987)은 음핵이 진화의 부산물로 발생했더라도 그에 따라 적응적 기능을 수행할 수 있다고 지적했다.

5 Dugatkin and Trut 2017.

6 Wrinch 1951.

7 Adam Wilkins, 개인적 연락.

8 Shumny 1987; Trut 1999; Bidau 2009. 벨랴예프는 1959년부터 1985년까지 연구소를 이끌었고, 그 연구소는 소련에서 가장 큰 유전 연구 센터가 되었다.

9 Statham 외 2011.

10 Trut 외 2009; Dugatkin and Trut 2017.

11 Trut 외 2009.

12 같은 책; Dugatkin and Trut 2017.

13 Trut 1999.

14 Belyaev 외 1981 p. 267.

15 같은 책, p. 268.

16 Trut 1999, p. 164.

17 같은 책, p. 167.

18 Darwin 1868.

19 MacHugh 외 2017.

20 Kruska and Sidorovich 2003.

21 Sidorovich and Macdonald 2001.

22 Kruska and Sidorovich 2003; Kruska 1988; Groves 1989.

23 Lord 외 2013. Hughes and Macdonald 2013도 참조할 것.

24 Dugatkin and Trut 2017.

25 Kruska 2014; Kruska and Steffen 2013.

26 Künzl 외 2003.

27 Plyusnina 외 2011; Price 1999; Malmkvist and Hansen 2002; Bonanni 외 2017. 레인지(Range 외 2015)는 개가 늑대보다 더 많은 계층이 있다고 주장했지만 보나니 등(Bonanni 외 2017)은 결론에 문제가 있다고 지적했다. 메치 등(Mech 외 1998)도 참조할 것.

28 Simões-Costa and Bronner 2015.

29 Trut 외 2009.

30 Wilkins 외 2014.

31 Trut 외 2009; Simões-Costa and Bronner 2015.

32 Wilkins 외 2014, p. 801.

33 Crockford 2002.

34 다른 지역(스페인에서 인도까지)에서 최소 네 종의 집쥐Mus musculus가 독립적으로 인간과 연관되었다. 이러한 "공생종들"은 머리 색의 변화, 얼굴과 어금니의 감소, 신체 크기의 감소를 포함하여 길들이기 증후군의 일부 특징을 획득했다(Leach 2003). 집쥐는 적어도 1만 5천 년 전, 농업이 발달하기 수천 년 전인 후기 홍적세에 호모 사피엔스와 함께 살기 시작했다. 그들은 수렵 채집인이 처음으로 오랫동안 정착한 곳의 집과 수렵 채집인의 곡물에 분명히 이끌렸을 것이다(Weissbrod 외 2017).

35 Kruska 1988; Trut 외 1991(러시아어). 은여우는 1920년대 캐나다에서 수입된 이후로 시베리아에서 포획 상태로 유지되었기 때문에 1958년 벨랴예프의 실험이 시작되기 전에 무분별하게 가축이 선택될 수 있었다(Statham 외 2011). 벨랴예프가 선택한 여우와 야생 캐나다 여우를 비교한 사람은 아직 없다. 적색야계(닭의 야생 조상) 중에서 두려움이 적은 개체를 선택한 실험에서는 5세대 이내에 작은 뇌로 이어졌다(Agnvall 외 2017).

36 Creuzet 2009; Aguiar 외 2014. "FGF"는 "섬유아세포 성장인자"를 의미한다.

37 Van der Plas 외 2010; Feinstein 외 2011; Chudasama 외 2009; Stimpson 외 2016; Brusini 외 2018; Suzuki 외 2014

38 Librado 외 2017; Singh, N. 외 2017; Pilot 2016; Pendleton 외 2017; Montague 외 2014; Theofanopoulou 외 2017; Wang 외 2017; Alex Cagan. Saey 2017에서 인용; Sánchez-Villagra 외 2016. 카네이로 등(Carneiro 외 2014)은 야생 토끼와 가축 토끼의 유전자 비교에서 신경능선 효과를 발견하지 못했지만 그들의 데이터는 그러한 변화를 배제하지는 않았다.

39 Theofanopoulou 외 2017.

40 같은 책, p. 5.

5장 야생에서 길들이기된 동물들

1 이것은 블루멘바흐의 "매우 심오한 심리학자"가 상상한 가축자였다(Blumenbach 1806, p. 294). 3장, 84쪽을 참조할 것.

2 Clutton-Brock 1992, p. 41.

3 Schultz and Brady 2008.

4 인류학자 프랜츠 보애스는 인간을 길들이기된 종으로 보는 것에 대한 정당화의 일환으로 길들이기 증후군을 인용한 최초의 사람일 수도 있다(Boas 1938, pp. 83~85). 그는 인간

이 길들이기된 동물과 공유하는 특성을 열거하면서 변형에 초점을 맞추었다. 따라서 그는 색소 침착이 줄어들거나 강화되고, 털이 꽉 말리거나 지나치게 길고, 신체의 키가 크게 변하는 것에 주목했다. 그는 또한 "젖 분비 구조의 변화"와 "성행위의 이상"을 언급했다.

5 아시아코끼리는 놀랍도록 사육하기 쉽다. 인간과 함께 일하는 코끼리 개체들은 종종 멜라닌 아세포의 이동 실패를 암시하는 창백한 얼룩을 갖고 있고, 따라서 길들이기되었거나 자기 길들이기를 거쳤을 가능성이 높다.

6 Hare 외 2012. Clay 외 2016도 참조할 것.

7 Furuichi 2011.

8 Goodall 1986; Muller 2002.

9 Muller 외 2011.

10 Feldblum 외 2014.

11 Wilson 외 2014.

12 Kano 1992; Furuichi 2011.

13 Behncke 2015, p. R26.

14 같은 책.

15 Kelley 1995.

16 Raine 외 1998b; Ishikawa 외 2001.

17 Smith and Jungers 1997.

18 Hare 외 2007.

19 Hare and Kwetuenda 2010.

20 Stimpson 외 2016.

21 보노보와 침팬지의 분기 시점: 87만 5천 년(Won and Hey 2005); 150~210만 년(de Manuel 외 2016). 추정 시점은 돌연변이의 속도 및 생성 시간을 포함한 정확하게 알려지지 않은 요인에 의해 바뀌므로 크게 다르다.

22 Van den Audenaerde 1984.

23 Coolidge 1984, p. xi.

24 마이어스 톰슨(Myers Thompson 2001)은 내가 여기서 이야기한 것보다 보노보 이름의 더 복잡한 역사를 설명한다. 쿨리지는 처음으로 보노보를 종으로 지명했지만 1880년대부터의 수집품과 사진을 기반으로 침팬지의 아종으로 분류했다. 그러나 쿨리지는 두개골의 유형 진화 형태를 인식하고 별도의 종으로 제안한 최초의 사람이었다.

25 과도하게 성장한 침팬지로서의 고릴라. 인용문은 미터로커 등(Mitteroecker 외 2004, p. 692)에서 가져왔다. 이 개념으로 이어지는 고릴라와 침팬지의 유사점은 필빔과 리버먼(Pilbeam and Lieberman 2017)이 명확하게 표현했다.

26 Pilbeam and Lieberman 2017. Duda and Zrzavý 2013도 참조할 것.

27 Hare 외 2012.

28 Shea 1989, p. 84.

29 Hare 외 2012.

30 붉은털원숭이의 연령에 따라 성행위에서 몸 위에 올라타려고 하는 행동의 변화에 대해서는, 월렌(Wallen 2001)을 참조할 것.

31 Treves and Naughton-Treves 1997.

32 Palagi 2006.

33 Behncke 2015, p. R26.

34 후루이치(Furuichi 1989)는 처음에 야생 수컷이 수컷을 공격한 암컷 연합에 복종한다고

언급했다. 패리시(Parish 1994)는 보노보와 침팬지를 비교하여, 동물원에서 암컷 연합의 중요성을 지지했다.

35 서벡과 호만(Surbeck and Hohmann 2013)은 야생(콩고민주공화국의 루이 코탈레Lui Kotale)에서의 자세한 연구를 설명했다. 서른셋에서 서른다섯 마리의 보노보를 19개월 동안 관찰한 결과, 한 수컷에 대해 스물여섯 마리의 암컷 연합이 형성된다는 것이 기록되었다. 이중 열네 개 사례에서, 연합은 암컷 (일반적으로 수컷보다 순위가 낮은 암컷) 또는 더 자주는 암컷의 자손에 대한 수컷의 공격에서 비롯되었다. 도쿠야마와 후루이치(Tokuyama and Furuichi 2016)는 콩고민주공화국 왐바Wamba에서의 더 자세한 정보를 제공한다.

36 침팬지 다섯 마리와 두 개의 보노보 집단에 대한 데이터는 연관성 및 협력 유형에서 종간 분명한 차이를 보여 준다(Surbeck 외 2017). 암컷 보노보 간의 일상적인 협력은 도쿠야마와 후루이치(Tokuyama and Furuichi 2016)가 설명한다.

37 Baker and Smuts 1994.

38 Smith and Jungers 1997.

39 헤어 등(Hare 외 2012)은 고릴라와의 경쟁이 없기 때문에 보노보에 대한 일련의 선택적 압력이 유발되었다는 시나리오를 설명한다.

40 다케모토 등(Takemoto 외 2015)은 콩고강의 연대가 잘 추정되었다는 점을 보여 준다.

41 보노보와 침팬지의 분기 시점은 약 1백만 년 전으로 추정된다. Won and Hey 2005; Prüfer 외 2012.

42 de Manuel 외 2016.

43 Yamakoshi 2004; Wittig and Boesch 2003; Pruetz 외 2017.

44 Limolino 2005, Losos & Ricklefs 2009.

45 Stamps and Buechner 1985.

46 라이아 등(Raia 외 2010)은 밀도가 매우 낮은 섬에서 도마뱀을 연구하여 높은 밀도와의 연관성을 검토했다. 밀도 이론에 따라, 연구된 도마뱀은 대부분의 섬에서 발견되는 공격의 전형적인 감소를 보여 주지 못했다.

47 Rowson 외 2010.

48 Nowak 외 2008; Cardini and Elton 2009.

6장 인류 진화와 벨랴예프의 법칙

1 Dirks 외 2017; Berger 외 2017; Argue 외 2017.

2 스트링어(Stringer 2012)와 리버먼(Lieberman 2013)은 인간의 진화에 대한 훌륭한 소개를 제공한다.

3 아프리카의 호모 사피엔스가 유라시아로 뚜렷하게 영역을 확장한 횟수와 살아 있는 인구에의 유전적 기여는 계속 연구되고 있다. 적어도 두 가지에 대한 좋은 증거가 있다(Nielsen 외 2017; Rabett 2018).

4 McDougall 외 2005.

5 제벨 이루드: Hublin 외(2017). 제벨 이루드 집단이 호모 사피엔스를 대표한다고 주장하는 것은 아프리카에서 같은 시기에 살던 다른 호모속에 대해서는 알려진 바가 거의 없기 때문에 논쟁의 여지가 있다. 2013년에 발견된 작은 뇌를 가진 호모 날레디는 남아프리카의 일부를 차지했다. 약 30만 년 전의 다른 호모 인구는 여전히 발견되지 않은 상태다. 언젠가는 제벨 이루드에서 발견되지 않은 다른 호모속 집단이 호모 사피엔스의 특성을 가진 것으로 밝혀질 수도 있는데 이는 제벨 이루드에서 발견된 호모속 집단이 아직 알려지

지 않은 다른 집단과 교잡한 후에야 호모 사피엔스에서 발견되는 완전한 특성을 얻었을 가능성을 높인다(Stringer and Galway-Witham 2017).

6 Lieberman 외 2002; Lieberman 2011; Brown 외 2012.

7 유전학적 증거: Nielsen 외 2017, Schlebusch 외 2017. 석재 공구 기술의 변화: Mc-Brearty and Brooks 2009, Lombard 외 2012. 올로르게사일리에: Brooks 외 2018.

8 Stringer 2016.

9 이 설명은 아프리카 호모의 두개골과 골격을 기반으로 한다. 더 많은 유럽의 자료가 있기 때문에 유럽의 화석에서 약간의 도움을 받았다. Cieri 외 2014; Stringer 2016을 참조할 것.

10 게셰르 베노트 야코브에서의 홍적세 중기 호모의 행동. 식물성 식품: Melamed 외 2016; 손도끼의 생산 및 칼자루 만들기의 가능성: Alperson-Afil and Goren-Inbar 2016; 석재 "보드": Goren-Inbar 외 2015; 불의 사용: Goren-Inbar 외 2004, Alperson-Afil 2008; 가시가 많은 수련의 요리 및 복잡한 준비: Goren-Inbar 외 2014; 도살: Rabinovich 외 2008. "오늘날에도 먹는 종"은 영양가 높은 식용 씨앗을 생산하는 가시가 많은 수련*Euryale ferox*이다. 복잡한 준비의 증거는 인도의 비하르Bihar에서 나왔다. 씨앗은 수중에서 수거한 후 건조하거나 굽거나 뻥튀기한다(Goren-Inbar 외 2014).

11 Harvati 2007; Stringer 2016.

12 Cieri 외 2014; Ruff 외 1993; Frayer 1980.

13 뇌의 크기: Schoenemann 2006, Hublin 외 2015.

14 구형의 호모 사피엔스의 두개골: Lieberman 외 2002. 구형화를 담당하는 발달 유형에 대한 논쟁이 있다. 대조 분석에 따르면 출생 전(Ponce de Leon 외 2008, 2016), 출생 후(Gunz 외 2010, 2012) 또는 두 단계(Lieberman 2011)에서 중대한 변화가 발생하는 것으로 나타났다.

15 Zollikofer 2012.

16 호모 사피엔스의 공통 조상 모델로서의 네안데르탈인: Williams 2013.

17 뇌 크기의 감소: Henneberg and Steyn 1993, Henneberg 1998, Allman 1999, Groves 1999, Leach 2003, Bednarik 2014, Hood 2014. 그로브스(Groves 1999, p. 10)는 뇌의 크기 감소가 신체의 크기가 작아진 데서 기인한 것이 아니라고 주장했다. 그 이유는 뇌 크기의 감소는 신장의 감소와 동시에 일어나지 않기 때문이다. 러프 등(Ruff 외 1977)은 네안데르탈인과 호모 사피엔스의 뇌 크기의 차이는 전적으로 신장이 아니라 체중만을 나타내는 신체 크기의 차이 때문이라고 주장했다. 위블린 등(Hublin 외 2015)은 러프 등(Ruff 외 1997)에 동의했다.

18 Higham 외 2014; Bridget Alex, 개인적 연락.

19 Williams 2013.

20 Slon 외 2017.

21 Prüfer 외 2014.

22 돌연변이율과 세대 시간을 더 잘 이해하려는 지속적인 노력으로 인해 날짜가 변경될 수 있다. Moorjani 외 2016을 참조할 것.

23 Lieberman 2008, p. 55. 리버먼은 제벨 이루드 화석의 연대가 31만 5천 년 전이라고 적절하게 추정되기 전에 이 말을 썼다.

24 Marean 2015. 헨리치(Henrich 2016)가 보여 주듯이, 문화 기술에 중점을 두는 것은 일리가 있다.

25 Pearce 외 2013. 7만 5천 년 전으로 거슬러 올라간 두개골에는 31개의 호모 사피엔스의 것과 13개의 네안데르탈인의 것이 포함되어 있다.

26 Melis 외 2006; Tomasello 2016.

27 Asakawa-Haas 외 2016; Schwing 외 2016; Drea and Carter 2009.

28 Hare 외 2007.

29 Joly 외 2017.

30 Stringer 2016.

31 Weaver 외 2008.

32 Lieberman 2013; 기후의 영향: Pearson 2000. 두개골과 치아의 변화를 설명하는 생각은 리버먼(Lieberman 2008)에서 나왔다. 리버먼(Lieberman 2011)은 이러한 문제에 대해 자세히 설명한다.

33 Leach 2003, p. 360.

34 호모 사피엔스의 유전적 뿌리: Schlebusch 외 2017.

7장 폭군의 문제

1 이기적이지 않은 행동을 보이는 동물들: de Waal 1996, 2006, Peterson 2011. 그린(Greene 2013)은 신을 불러들이지 않고 도덕성을 설명하려는 것에 대한 다윈의 관심을 다루었다.

2 남성은 여성보다 폭력적이다: Daly and Wilson 1988, Wrangham and Peterson 1996, Pinker 2011.

3 Darwin 1871, p. 875.

4 같은 책, p. 876. 다윈은 처형과 처벌의 잠재적인 선택적 효과에 깊은 인상을 받았지만, 도덕적으로 긍정적인 행동에 대한 사회적 승인과 비교하여 그 중요성을 평가하려는 노력을 기울이지 않았다. 다윈의 다음 문장("기본적인 사회적 본능이 원천적으로 얻어졌다."라고 쓴 후)은 그의 모호함을 보여 준다. "그러나 나는 이미 열등한 종족을 대하는 동안 도덕의 진보로 이어지는 원인들, 즉 동료의 승인, 습관에 의한 동정심 강화, 모범과 모방, 이성, 경험, 심지어 자기 이익, 유년기 동안의 가르침, 종교적인 감정에 대해 충분히 말했다." 이 요약된 진술에서 사회적 처벌의 영향이 언급되지 않는다는 것을 감안할 때 그가 앞 단락에서 논의한 폭력 성향 감소의 진화에 관한 그의 주장이 크게 무시되었다는 것은 놀라운 일이 아니다.

5 Darwin 1871, p. 842.

6 놀랍게도 다윈은 도덕의 진화에 대한 시나리오를 길들이기의 과정과 비교했다. 그는 "가축의 번식에 있어서는 그 수가 많지 않지만 열등한 개체를 제거하는 것은 결코 성공을 향한 중요하지 않은 요소가 아니다."라고 언급했다. 다윈이 말했던 열등성inferiority은 과도한 공격성이다. 그는 폭력적인 남자의 생존을 제한하는 인간의 법칙은 폭력적인 동물의 생존을 제한하는 인간의 행동과 같은 효과를 가지고 있다고 말했다. 두 경우 모두 다윈이 도덕의 진화에 부여한 효과인 공격성의 감소를 가져왔지만, 벨랴예프 덕분에 오늘날 우리는 그것을 길들이기 또는 자기 길들이기의 핵심 요소로 인식할 수 있다. 다윈은 그 비유를 더 자세히 설명했다. 길들이기된 동물과 마찬가지로, 그는 인간이 (침략자의 처형 덕분에) 생물학적으로 도덕적으로 된 결과 가끔 유전적인 역전이 일어날 것이라고 추측했다. 이것은 예의 바른 가정에서 예외적으로 폭력적인 사람들의 기이한 모습을 설명할 수 있다. 인류 안에서는, "때로는 최악의 성향이 있을 수 있다. 때때로 어떤 원인도 없이 가족에게 나타나는 것은 아마도 우리가 여러 세대를 거쳐 제거되지 않는 야만적인 상태로 되돌아간 것일 수 있다."(Darwin 1871, p. 876) 여기서 다시 그는 인간의 공격성이 우리가 길들이기와 매우 유사한 것으로 인식할 수 있는 과정에 의해 감소되었다고 생각했다.

7 같은 책, p. 872. 이 인용에서 나는 혼란을 줄 수도 있다고 생각되는 다음의 문구를 생략

했다. "그리고 이것은 자연 선택일 것이다." 이 추가된 문구는 다윈이 자연 선택이 애국심, 충실도 등의 증가의 원인이 된다고 생각한 것으로 해석될 수 있지만, 『인간의 유래와 성선택』의 이 장(5장)의 다른 구절들에서 그는 이러한 특성들이 유전적 변화를 통해 퍼졌다고 생각하지 않았다는 것이 분명하다.

8 Bagehot 1883, p. 32. 배젓에게 "똘똘 뭉친" 부족은 강력한 연합의 사회였다. 그는 덧붙였다. "모든 동물 중에서 가장 강한 인간은 다른 동물과 다르다. 인간은 자신의 가축자가 되어야 했다. 그는 자신을 길들여야 했다. 그리고 그것이 일어났던 방식은 가장 순종적이고 가장 유순한 종족이 실제 삶의 투쟁의 첫 단계에서 가장 강한 정복자가 되는 것이었다."

9 Hanson 2001.

10 Choi and Bowles 2007; Bowles 2009. 최정규와 보울스(Choi and Bowles 2007)는 "행동하는 집단의 구성원이 다른 집단에 대한 적대적인 행동의 결과로 혜택을 보는 경우" "사망위험"을 초래하거나 "연합, 공동 보험 및 교환을 위한 유익한 기회"를 포기하는 개인을 언급하며 집단적 이타주의에 대한 명시적 정의를 내리고 있다(p. 636).

11 Langergraber 외 2011; van Schaik 2016.

12 Bellinger Centenary Committee 1963, p. 14. 최정규와 보울스(Choi and Bowles 2007)가 인용한 호주 원주민의 "총력전"에 대한 언급은 루란도스(Lourandos 1997)에 있다. 루란도스(Lourandos 1997)는 콜먼(Coleman 1982)을 인용하여 전투에 대한 설명을 하지 않았다. 콜먼(Coleman 1982, p. 2)은 7백 명과 관련된 투쟁을 다음과 같이 언급했다. "벨링거 강 근처의 노스 비치에 있는 초기 정착민들이 목격한 싸움에는 맥클레이와 벨링거강의 사람들이 클라렌스의 사람들에 맞섰고, 약 7백 명이 참여했다."(Bellinger Centenary Committee 1963). 여성, 어린이, 노인들은 종종 전사들과 동행했으며, 그 싸움은 한 달 동안의 축제, 결혼식 및 코로보리로 이어졌다. 벨링거 100주년 위원회(Bellinger Centenary Committee 1963)의 보고서는 30페이지의 팸플릿으로, 그중 절반은 농업 기계에 대한 광고다. 이것은 학술적 출판처럼 꾸며지지 않았으며, 참고 문헌이 없다. 주제는 농장의 성과다. 존 그리어(John Greer) 씨가 주목했다고 알려진 전투 보고서를 쓴 저자의 이름은 없다. "그와 다른 많은 초기 정착민들은 흑인들이 특별히 '안전 지대'로 설정한 지역에서 감시할 수 있는 특권을 가졌다. 이것은 부족 전쟁에서 항상 행해졌다."(p. 13) 이 전투는 1862년 뉴사우스웨일스 북동쪽 지역인 벨링거 밸리 지역에 최초의 공식 정착민이 도착한 후 언젠가 이루어졌다.

13 Wheeler 1910. Gat 2015, p. 148~149에서 인용.

14 자기희생적 행동에 대한 문화적 영향: Kruglanski 외 2018.

15 Darwin 1871, p. 870.

16 Alexander 1979

17 Engelmann 외 2012. Nettle 외 2013도 참조할 것. Engelmann 외 2016.

18 커즈번과 리어리(Kurzban and Leary 2001)는 물고기(큰가시고기)에서 영장류(개코원숭이, 침팬지)에 이르기까지, "나쁜 협력자"를 피하는 사례를 인용했다. 큰가시고기의 경우, 기생충에 감염된 개체가 "나쁜 협력자"였다.

19 Bateson 외 2006.

20 Gurven 외 2000. Boehm 2012도 참조할 것.

21 Nesse 2007, p. 146. Nesse 2010도 참조할 것.

22 Cieri 외 2014.

23 자성화는 시에리 등(Cieri 외 2014)에 의해 검토되었다. Leach 2003; Lefevre 외 2013.

24 Anderl 외 2016; Stirrat 외 2012; Carré 외 2008, 2013; Haselhuhn 2015. 표준화된 안면

폭은 냥안 너비를 상면의 높이로 나눈 값으로 측정된다.

25 Hrdy 2009; van Schaik 2016; Tomasello 2016.

8장 사형

1 익명 1821, pp. 15~16.

2 배너(Banner 2003, pp. 1~2)는 익명(1821)의 글에 근거한 클라크의 사례를 설명한다. 지금 도 비폭력 범죄로 처형되는 곳이 있다. 사우디아라비아에서는 마약, 배교, 이단 및 요술을 행한 사람에게 사형을 선고할 수 있다. 국제앰네스티(Amnesty International 2015)에 따르 면, 1985년 1월부터 2015년 6월까지 사우디아라비아에서 최소 2,208명이 사형을 당했다 고 한다.

3 Bedau 1982; Fischer 1992; Banner 2003.

4 Fischer 1992, pp. 91~92.

5 같은 책, p. 193; Bedau 1982, p. 3.

6 Morris and Rothman, eds., 1995.

7 Hoffman 2014, p. 281.

8 Otterbein 1986, p. 107. 그의 표본에는 53개의 사회가 있었다.

9 Boehm 1999, 2012.

10 Lee 1984, p. 96.

11 Workman 1964.

12 Boas 1988, p. 668.

13 Warner 1958, pp. 160~161.

14 White, ed., 1985, p. 132.

15 Gellner 1994, p. 7.

16 Bridges 1948, p. 410.

17 내가 여기서 의지적 대 선천적이라고 묘사한 마법과 요술의 구분은 그 차이점에 대한 너 프트(Knauft 1985, p. 340)의 풍부한 논의를 간략하게 요약한 것이다.

18 같은 책, pp. 98~99. 너프트는 몇 가지 실제 비난이 실려 있는 완전한 기록에서 대화를 완곡한 표현으로 바꾸고 압축했다.

19 Vrba 1964, p. 115.

20 Des Pres 1976, p. 140. 미국 남북 전쟁 동안 섬터 기지라고도 알려진 앤더슨 빌 교도소 에서도 빵 법과 유사한 정신에 대한 이야기가 나왔다. Futch 1999.

21 Weinstock 1947, pp. 120~121.

22 Kim 2015.

23 말로(Marlowe 2005)는 341개의 가장 유명한 민족 언어 수렵 채집인 사회의 총인구 규모 가 평균 895명임을 발견했다.

24 Bridges 1948, p. 216.

25 Fried 1967; Woodburn 1982; Flanagan 1989; Boehm 1999. 가장 평등하지 않은 이동 수렵 채집인은 호주 원주민으로, 50세 정도의 남성 장로들이 젊은 아내를 독점하는 "노 인 정치적" 사회라고 불렸다(Berndt 1965; Meggitt 1965; Hiatt 1996). 장로들은 종교적 신 념에 대한 절대적인 통제권과 함께 무서운 힘을 가졌다. "그들은 공식적인 지도자이기보 다 (…) 원주민 권위의 표상이었다."(Liberman 1985, p. 65) 다른 평등주의 사회와 마찬가

지로 원주민들은 "다른 원주민들에게 명령을 내릴 열망이 없다"고 말한다. 그 이유는 다음과 같다. "사회적 권력에 대한 열망이 없는 것은 아니다. 그들이 동료보다 낮다고 추정하는 것에 대한 사회적인 영향을 우려하는 것이다."(Liberman 1985, p. 259).

26 Liberman 1985, pp. 27~28.

27 Shostak 1981.

28 Marlowe 2004, p. 77.

29 이 일반화에는 흥미로운 예외가 있다. 보노보는 수컷과 암컷이 분리되고 겹치는 위계질서를 형성하여, 각 성별은 알파가 있고 수컷 또는 암컷이 지배할 수 있다. 소수의 영장류 종은 어떤 알파 위치도 없고 뚜렷한 위계질서가 없는 수컷-수컷 관계의 체계를 갖춤으로써 이동 수렵 채집자들을 피상적으로 반영한다. 그러나 그러한 영장류들 사이의 평등주의는 야망이 깃들어 있지 않다는 점에서 인간의 평등주의와 다르다. 평등한 수컷 영장류들은 서로 경쟁하는 데 최소한의 관심을 보인다(예를 들어 타마린, 아래 주 31 참조).
　수컷의 계급이 수렵 채집인과 더 비슷한 영장류 종은 번식하는 수컷이 서로 싸우는 일이 거의 없는 하마드리아 개코원숭이다. 각각은 하나 이상의 암컷과 긴밀한 유대를 형성하고, 한 가족, 즉 한 수컷 단위로 영구적으로 그들과 가깝게 지내게 된다. 여러 수컷 단위가 하나의 씨족으로 결합되는데, 그 안에서 수컷은 서로의 가족을 존중한다. 그들은 서로의 암컷을 훔치려고 하지 않는다. 두세 집안은 비슷하게 하나의 무리로 결합되는데, 그 안에서 다시 한 번, 번식하는 수컷은 상호 존중을 받는다. 서로 다른 무리가 만날 때만, 특히 서로의 암컷에 접근하기 위해 경쟁할 때 수컷들이 공격성을 보일 가능성이 높다(Swedell and Plummer 2012). 따라서 수컷 하마드리아 개코원숭이는 자신의 가족이나 무리 내에서 수컷과 겨루려고 하는 것에는 관심이 없다. 이와는 대조적으로 인간의 경우 수렵 채집인들은 신체적 기술, 사냥 능력, 신성한 지식, 무속성 등에서 위신을 겨룬다. 그들은 평등주의가 경쟁에 대한 관심이 부족해서가 아니라 "부족인들의 폭정"에서 나온다고 한다.

30 Chapais 2015.

31 남아메리카의 작은 타마린 원숭이 무리들에는 종종 한 마리의 암컷과 두 마리의 성인 수컷만 있다. 두 수컷은 짝짓기를 하지만, 서로에게 매우 드물게 공격적이어서 수컷들 사이의 우세는 설명되지 않았다. 수컷들은 종종 서로 몸치장을 하고 음식을 나눠 먹는다. 쌍둥이는 일상적이고, 두 아기는 다른 아버지를 가질 수 있다(Goldizen 1989; Huck 외 2005; Garber 외 2016).

32 Woodburn 1982, p. 346.

33 Boehm 1999, p. 68.

34 이누이트 불량배: Boehm 1999, p. 80.

35 Lee 1969.

36 Woodburn 1982, p. 440.

37 Cashdan 1980, p. 116.

38 Burch 1988, p. 25.

39 Briggs 1970.

40 Durkheim 1902.

41 Boehm 1999, p. 68.

42 같은 책, p. 83. 보엠은 그런 불량배가 살해되지 않은 예외적인 한 가지 사례를 발견했다. 이 불량배는 그린란드의 에스키모 주술사였는데, 그는 그의 집단 내의 경쟁자들을 죽여서 생존자들을 두려움에 떨게 만들었다. 그의 행동에 대한 보고는 불과 몇 주 동안 에스키모 집단을 방문했던 스칸디나비아 사람들로부터 나왔다. 보엠은 조사를 통해 방문자들이 더 오래 머물렀다면 그들이 주술사의 처형을 기록했을 것이라는 점을 확신했다.

43 Phillips 1965, p. 187.

44 주/'호안시의 규범 집행: Wiessner 2005. 자료는 308건의 대화에서 나온 것이다.

45 Muller and Wrangham 2004; Carré 외 2011; Terburg and van Honk 2013.

46 Langergraber 외 2012; Mech 외 2016.

47 Knauft 1985.

48 이러한 수치는 같은 책 표 4와 5를 토대로 계산한 것으로, 표 4는 성인 남성 230명 중 81명(즉 35.2퍼센트), 성인 여성 164명 중 48명(즉 29.3퍼센트)이 살인으로 죽었다는 것을 보여 준다. 표 5는 남성 살인 피해자 101명 중 70명(즉 69.3퍼센트)이 주술사였고, 55명의 여성 살인 피해자 중 29명(즉 52.7퍼센트)이 주술사였던 것을 보여 준다. 따라서 주술사로 사망하는 전체 사망률은 성인 남성의 69.3퍼센트 중 35.2퍼센트(즉 24.4퍼센트), 성인 여성의 52.7퍼센트 중 29.3퍼센트(즉 15.4퍼센트)로 나타났다. 다른 살인 사건들의 목록은 "직접 주술 관련", "주술적 습격", "전투", "정신 관련", "기타/원인 불명" 등이다.

49 Knauft 2009.

50 Kelly 1993, p. 548.

51 Nash 2005.

52 Benedict 1934.

53 Otterbein 1986, p. 38.

54 Boehm 1999, p. 79.

55 Beard 2015; Workman 1964.

56 Dediu and Levinson 2013; Hublin et al 2015; Prüfer 외 2014; Tattersall 2016.

57 Otterbein 1986; Kelly 2005; Okada and Bingham 2008; Phillips 외 2014; Gintis 외 2015.

58 Steven LeBlanc, 개인적 연락. 르블랑은 1990년대 캘리포니아의 한 선교 단체 기금 모금 투어에서 야노마뫼 남성으로부터 이런 이야기를 들었다.

59 Tomasello and Carpenter 2007, p. 121.

60 같은 책.

61 Morrison and Reiss 2018.

62 Tattersall 2016, p. 164. 이 출처는 언어의 진화에 관한 방대한 문헌에 대한 간략하고 유용한 소개를 제공한다. 또한 약 5만 년 전쯤에 결정적인 능력의 증가와 함께 느린 발전이 있었음을 시사한 클라인(Klein 2017), 홍적세 동안 발달한 다른 정신 능력과 언어의 관련성을 다루는 코발리스(Corballis 2017), 얼마나 큰 두뇌가 언어 능력과 같은 새로운 특성으로 이어질 수 있는지를 시사하는 버크너와 크라이넨(Buckner and Krienen 2013), 언어의 진화를 선행하고 가능하게 하는 특정한 인지 능력을 암시하는 하우저와 워투물(Hauser and Watumull 2017)도 참조할 것.

9장 길들이기의 결과

1 단세포 생명체로부터의 인간의 진화: Dawkins 2005.

2 가장 오래된 영장류 화석은 거의 6천만 년 전, 고생물에서 유래된 것이지만, 유전 자료에 따르면 영장류는 백악기 후기부터 유래되었다고 한다(Francis 2015).

3 Lovejoy 2009. Hylander 2013; Muller and Pilbeam 2017도 참조할 것.

4 헤어(Hare 2017)는 또한 단순히 더 커지면 더 큰 뇌를 갖게 된다고 언급했다. 뇌가 클수록 전두엽 피질이 불균형적으로 크기 때문에, 자기 조절의 증대는 직접적으로 선택되었기보

다는 더 크게 성장하는 뇌의 부수적인 결과로 뒤따랐을 수도 있다.

5 MacLean 외 2014.

6 Herculano-Houzel 2006

7 Francis 2015.

8 Geiger 외 2017.

9 Trut 외 2009; Evin 외 2017; Sánchez-Villagra 외 2017.

10 유형 성숙Neoteny은 유형 성숙적인 형상이 느린 속도로 발달한다는 것을 의미한다. 변이 후에는 조상과 후예의 발달 속도는 같지만, 유형 성숙적인 형상은 비교적 늦게 발달하기 시작한다. 조기 발생은 동물이 비교적 일찍 성적으로 성숙할 때 일어난다(Gold 1977).

11 Trut 외 2009, p. 353.

12 Gariépy 외 2001.

13 닭의 조상인 적색야계를 대상으로 실험적인 길들이기 프로그램도 진행되었다. 인간에 대한 공포가 적은 개체를 선택함으로써 길들이기 증후군이 발생했다는 견해를 뒷받침하는 다른 결과들 중 하나가 도출되었다. 더 유순한 가금류에 대한 선택은 혈중 세로토닌 양의 증가와 뇌의 축소를 가져왔다(Agnvall 외 2015, 2017).

14 Buttner 2016.

15 Trut 외 2009.

16 길들이기된 종마다 유형 변화 효과가 다르다. 은여우의 경우 감정 반응도가 낮은 개체를 선택했기 때문에 코르티솔의 수치가 훨씬 낮은 반면에 기니피그는 야생 조상이나 야생 기니피그(케비), 길들이기된 여우, 청둥오리, 쥐에 비해 코르티솔의 감소는 보이지 않는다. 그러나 기니피그의 코르티솔 수치가 낮진 않지만, 기니피그는 스트레스 반응에 의한 코르티솔의 급증을 크게 줄인 선택된 여우들과 비슷하다(Künzl and Sachler 1999). 반면에 사육된 적색야계는 선택되지 않은 조상들만큼 많은 코르티솔을 생산한다(Agnvall 외 2015).

17 Trut 1999.

18 Lord 2013; Buttner 2016. 개와 늑대는 유전적으로 거의 동일하지만 스트레스 규제에 관련된 두 유전자는 시상하부에서 표현되는 비율(CALCB(칼시토닌 관련 폴리펩타이드 베타)와 NPY(뉴로펩타이드 Y))이 다르다(Buttner 2016).

19 Künzl and Sachsler 1999; Trut 외 2009.

20 Hemmer 1990; Leach 2003; Raine 외 1998b; Isen 외 2015. 인과 관계의 방향은 공격에서의 성공을 가능하게 하는 신체적 힘보다 더 복잡할 수 있다. 2,495명의 아이들을 대상으로 한 미네소타 쌍둥이 연구에서 열한 살의 더 공격적인 소년들이 그들이 더 어렸을 때 반드시 더 강했던 것은 아니라는 점이 발견되었다(Isen 외 2015).

21 Lieberman 외 2007; Durrleman 외 2012.

22 Wobber 외 2010; Durrleman 외 2012; Behringer 외 2014.

23 Huxley 1939.

24 Naef 1926(독일어).

25 Gould 1977; Bromhall 2003. 많은 면에서, 인간의 발달은 정말로 느리다. 신경생물학자로 활동을 시작한 과학 저널리스트 리처드 프랜시스Richard Francis는 인간과 침팬지를 체형과 신경의 특징 면에서 비유했다. 인간의 경우, 뼈와 근육이 더 느리게 발달하고, 전반적으로 성장이 둔화되며, 사춘기의 성장은 나중에 시작되어 더 오래 지속된다. 뇌에서 축삭은 나중에 미엘린화되어 배움이 더 오래 지속될 수 있게 된다. 유전자 발현 유형은 뇌의 부위에 따라 다르다. 전두엽 피질과 같은 몇몇 영역에서는 특정 나이에 침팬지에서 발현되는 유전자가 나중에 인간에게서 표현된다. 그러나 유인원에서 인간으로의 많은 변

화는 우리의 긴 다리와 큰 발과 같이 유형 진화적이 아니었다. 유인원에 관한 인간생물학 전체를 포괄하는 "전체적인 유형 진화"의 개념은 확실히 잘못된 것이다(Francis 2015).

26 Liu 외 2012.

27 Miller 외 2012.

28 허디(Hrdy 2014)는 유인원에 비해 인간의 신경과 행동 발달에서 어떻게 지연과 가속이 조합되는지 예를 들었다. 예를 들어 인간은 신체적 능력은 천천히 발달하지만, 보호자와 상호 작용하는 면에서는 빠르게 발달한다.

29 Zollikofer 2012.

30 Williams 2013.

31 Hublin 외 2015.

32 Marean 2015.

33 Liu 외 2012. 최근의 증거는 일반적으로 인간의 특징인 시냅스 발육의 지연이 자폐증을 가진 사람에게서는 와해된 것을 보여 준다(Liu 외 2016).

34 Kaiser 외 2015.

35 Higham 외 2014; Bridget Alex, 개인적 연락; Prüfer 외 2014; Wynn 외 2016. 네안데르탈인의 연대는 이전에 지브롤터의 고램 동굴을 토대로 2만 5천 년 전이라고 정해졌지만, 지금은 그러한 늦은 연대가 정확한지 여부가 불확실하다(Higham 외 2014).

36 Hayden 2012; Villa and Roebroeks 2014; Roebroeks and Soressi 2016.

37 Hardy 외 2012. 네안데르탈인이 광범위하게 많은 지역에서 불을 이용했다는 분명한 증거가 있는데도 불구하고 (뒤에 밝혀진) 유럽에 있는 네안데르탈인의 두 거주지는 불 없이 상당 기간 동안 거주했음을 나타낸다. 이 관찰은 네안데르탈인이 불을 만들 수 없었다는 생각으로 이어졌는데(Dibble 외 2018년), 소렌슨(Sorensen 2017)이 이 견해에 이의를 제기했다. 모든 호모속이 요리된 식단을 필요로 한다는 해부학적 증거는 네안데르탈인이 날음식으로 생존했다는 사실을 놀랍게 만든다(Wrangham 2009).

38 Roebroeks and Soressi 2016, p. 6374.

39 Marean 2015; Wynn 외 2016.

40 Hayden 1993; Marean 2015; Shea and Sisk 2010.

41 Marean 2015; Pearce 외 2013.

42 네안데르탈인들의 큰 눈: Pearce 외 2013.

43 Tattersall 2015, p. 206.

44 Hayden 2012.

45 Prüfer 외 2014.

46 Marean 2015.

47 Hayden 2012.

48 Hare 외 2002.

49 Hare 외 2005. 나는 이 조사 당시 브라이언 헤어의 대학원 지도 교수였고, 두 생각을 구분할 수 있는 실험을 볼 수 있는 기회에 매료되었다. 나탈리 이그나치오Natalie Ignacio는 시베리아에서 자신의 상급 우등연구를 수행하면서 용감한 시도를 보여 주었다. 류드밀라 트루트와 노보시비르스크에 있는 그녀의 동료들은 우리 작은 연구팀의 훌륭한 진행자였다.

50 보노보는 침팬지 같은 조상으로부터 자기 길들이기된 것처럼 보이기 때문에 침팬지보다 더 협조적인 의사소통 기술을 가졌을 것이다. 보노보가 침팬지보다 인간의 행동에 대해

더 잘 이해하고 있다는 증거가 있다. 인간이 새로운 방향을 바라볼 때, 보노보는 침팬지보다 인간의 시선을 따라갈 가능성이 더 높다. 그러나 불행하게도 침팬지처럼 보노보는 사물-선택 시험에서 실패한다. 이것은 보노보의 경우 반응적 공격에 대항한 선택에 인간이 관여되지 않았기 때문일 것이다.

51 Hare 외 2005.

52 Buttner 2016.

53 Vasey 1995. 중요한 요인은 짝짓기 능력이 호르몬에 의해 제약을 받는가 하는 것이다. 여우원숭이와 로리스의 경우 짝짓기가 호르몬의 영향을 받고 있으며 동성애 행동도 없다. 원숭이나 유인원의 경우, 동성애 행동이 일반적이며, 이를 표현하는 데 호르몬이 필요하지 않다. Wallen 2001도 참조할 것.

54 Bagemihl 1999도 참조할 것.

55 Young and VanderWerf 2014.

56 Vasey 1995.

57 Furuichi 2011; Tokuyama and Furuichi 2016. 비록 암컷 보노보들이 그들의 지역 사회 내에서 매우 광범위하게 성적으로 상호 작용하지만 (그리고 이웃 공동체 구성원들과도) 클레이와 추버뷜러(Clay and Zuberbühler 2012)는 포획된 공동체에서는 상위 계급의 암컷들 사이의 성적 상호 작용이 드물다는 것을 발견했다.

58 Hines 2011; Skorska and Bogaert 2015; Whitam 1983; Barthes 외 2015.

59 2000년 인구조사, 페플라우와 핑거후트(Peplau and Fingerhut 2007)의 미국 데이터. 크니프(Knipe 2017)의 영국 데이터.

60 VanderLaan 외 2016. 또 다른 가설이 제안되었다. 동성에게 끌리는 것은 특성 보유자의 어머니에 대한 높은 열정과 연관되어 있기 때문에 선호되지만, 유사한 문제가 혈연에 의한 이타주의에 적용된다. 즉 개인의 생식적 노력을 포기하기에는 이익이 불충분하다는 것이다(Skorska and Bogaert 2015).

61 Muscarella 2000.

62 Roselli 외 2011.

63 같은 책.

64 Roselli 외 2004.

65 Valentova 외 2014; Li 외 2016.

66 Bagemihl 1999.

67 McIntyre 외 2009. 유인원의 표본은 인간에 대한 조사에서 연구된 수천 명과 비교할 때 적다. 침팬지는 79마리이고, 보노보는 39마리다.

68 Wallen 2001.

69 자기 길들이기가 언제 일어났고, 얼마나 오래 걸렸는지에 대한 시점은 내가 제공한 가장 간단한 형태 외에도 다양한 가능성이 있다. 예를 들어 10만 년 전에 살인 음모를 형성하기에 언어 기술이 충분하지 않았다면, 그 이후에 알파 수컷의 첫 번째 제거가 일어났을 것이다. 이 경우, 호모 사피엔스의 초기 단계에서 눈썹 융선의 상실, 더 작은 얼굴 및 성적인 이형성의 감소는 전통적으로 논쟁된 바와 같이 상관된 결과이기보다는 적응일 것이다. 과거로 되돌아가면, 호모가 처음 오스트랄로피테신으로부터 2백만에서 3백만 년 전에 진화했을 때 자기 길들이기의 형태가 있었을 것이다. 또는 오스트랄로피테신이 6백만에서 9백만 년 전에 숲 유인원에서 진화했을 때 또는 훨씬 더 일찍 길들이기가 일어났을 것이다. 그러한 추측은 시험해 보아야 한다.

1 Freuchen 1935, pp. 123~124.

2 Haidt 2012, p. 190.

3 Darwin 1871; de Waal 2006; Tomasello 2016; Henrich 2016; Baumard 2016.

4 Boehm 2012.

5 데시올리와 커즈번(DeScioli and Kurzban 2009; 2013)은 이 점을 분명히 밝혔다. 그들은 다윈이 문제를 구성하는 방식으로 도덕에 대한 많은 진화론적 분석이 제한되었다고 지적했다. 다윈에게 "다른 사람들에게 선을 행하는 것"은 "도덕의 기초석"이었다(Darwin 1871, p. 871). 데시올리와 커즈번(DeScioli and Kurzban 2009, p. 283)은 알렉산더(Alexander 1987), 다윈(Darwin 1871), 드 발(de Waal 1996), 리들리(Ridley 1996), 라이트(Wright 1994)가 다윈을 따르고 있다고 제시했다. 피터슨(Peterson 2011)을 참조할 것. 피스케와 라이(Fiske and Rai 2015)는 도덕적 행동에는 경쟁적이고 폭력적인 행동의 합리화가 포함된다는 대안적인 견해를 보여 준다.

6 Graves 1929(1960), p. 56.

7 Des Pres 1976.

8 Davie 1929, pp. 19~20.

9 Hinton 2005, p. 2. Gourevitch 1998도 참조할 것. Goldhagen 1996.

10 Fiske and Rai 2015, p. xxi.

11 데시올리와 커즈번(DeScioli and Kurzban 2009) 및 소시어(Saucier 2018)는 이 정의의 타당함을 보여 주었다.

12 De Waal 2006.

13 Warneken 2018.

14 Hamlin and Wynn 2011.

15 Hauser 2006; Bloom 2012. 그러나 종교 신자들은 비신자들보다 같은 (집단 안에서) 친사회적인 경향이 있다(Cowgill 외 2017).

16 Decety 외 2015. 5세에서 12세까지의 어린이들로, 캐나다, 중국, 요르단, 터키, 미국 및 남아프리카에 살고 있었다. 종교에는 무슬림(43퍼센트), 기독교(24퍼센트), 유대인(3퍼센트), 불교(2퍼센트), 힌두교(0.5퍼센트)가 포함되었다. 28퍼센트는 종교가 없었다. 무슬림과 기독교 어린이는 모두 종교가 없는 어린이보다 이타적이지 않았다.

17 Bloom 2012.

18 DeScioli and Kurzban 2009.

19 Haidt 2007, pp. 998, 1000.

20 Gintis 외 2015; Henrich 2016.

21 Jensen 외 2007. 젠슨 등(Jensen 외 2013)은 침팬지가 최후의 통첩 게임을 할 때 다른 관련 행동을 나타내지 않는다는 결론에 대한 비판에 응답했다.

22 Elkin 1938; Berndt and Berndt 1988.

23 문화적 규범과 관련해서도 도덕적 행동에 제기되는 비슷한 문제가 제기된다. 그것이 집단에 유익한지, 그 사실 때문에 반드시 생기는지 하는 것이다. 선택적으로 적용되는 음식 금기와 같은 규범이 집단에 혜택을 가져다줄 수 있다는 것(예를 들어 임산부가 유아에게 위험할 수 있는 음식을 먹지 못하게 하는 등)은 그런 규범이 집단 선택의 형태를 통해 발생했다는 것을 많은 사람에게 제시한다. 그러나 다른 과정도 그럴듯하며, 보다 강력한 개인 또는 하위 집단에 의한 규칙이 시행된다. Singh, M. 외 2017을 참조할 것.

24 Hauser 2006.

25 쿠시먼과 영(Cushman and Young 2011)은 이 세 가지를 "조치/생략", "평균/부작용", "접촉/비접촉" 편견이라고 했다. 명확성을 기하기 위해 나는 도덕적 반응에 대한 편견의 영향을 강조하여 명칭을 변경했다(각각 "무행위", "부작용", "비접촉" 편견).

26 쿠시먼과 영(Cushman and Young 2011)은 무행위 편견과 부작용 편견이 도덕적 문제뿐만 아니라 도덕적 결과가 없는 문제에도 사람들의 해결책에 영향을 미친다는 증거를 발견했다. 예를 들어 사망한 사람의 수에 영향을 미치는 도덕적 딜레마 대신, 어떤 딜레마는 바위가 절벽 아래로 떨어졌는지 여부에 영향을 줄 수 있다. 편견이 도덕 영역에 국한되지 않았기 때문에 그들은 편견이 "민속 심리적 인지 및 인과적 인지와 같은 비도덕적 영역에서의 인식의 구조"에서 파생되었다고 주장했다(p. 1068). 인과의 방향이 반대인 것도 똑같이 그럴듯해 보인다. 즉 비도덕적 편견은 도덕적 편견에서 나온다.

27 Hoffman 외 2016.

28 Rudolf von Rohr 외 2015.

29 Jane Goodall, 개인적 연락.

30 Goodall 1986. 푸시 등(Pusey 외 2008)은 다른 어미-딸 쌍에 의한 유아 살해를 추가로 설명했다.

31 Darwin 1871, p. 827.

32 De Waal 2006, p. 54.

33 Boehm 2012, p. 161.

34 Hoebel 1954, p. 142.

35 같은 책, p. 70.

36 Hiatt 1996.

37 Hoebel 1954, p. 90.

38 Bodal 1993. 에덜과 화이튼(Erdal and Whiten 1994)은 "항지배적 계층 구조"라는 용어를 선호했다.

39 Dalberg-Acton 1949, p. 364. 인용문은 1887년 4월 맨델 크리튼Mandell Creighton에게 보낸 편지에 있는 것이다.

40 Boehm 2012, p. 15.

41 Haidt 2007, p. 999.

42 Mencken 1949, p. 617; DeScioli and Kurzban 2013, p. 492.

43 Sznycer 외 2016.

44 Keltner 2009.

45 Goffman 1956. Feinberg 외 2012도 참조할 것.

46 Giammarco and Vernon 2015, p. 97; Scollon 외 2004; Breggin 2014.

47 Williams and Jarvis 2006.

48 Williams and Nida 2011.

49 Chudek and Henrich 2011, p. 218.

50 Henrich 2016.

11장 압도적인 힘: 연합

1 Stevenson 1991, p. 10.

2 같은 책.

3 같은 책, p. 32.

4 같은 책, p. 15.

5 같은 책, p. 141.

6 Mighall 2002.

7 Babcock 외 2014, p. 253; Teten Tharp 외 2011.

8 셰익스피어의 『베니스의 상인』, 5막, 장면 1, 54행.

9 Lorenz 1966. (『공격에 대하여』의 초판은 1963년 독일어로 출판되었다.) 우리가 죽여야 할 사람들의 얼굴을 보는 것이 공격에 방해될 것이라는 생각은 어느 정도 지지를 받는다 (Sapolsky 2017, p. 644). 그러나 강렬한 대면 속에서 나타나는 잔인함의 수많은 예는 그러한 억제가 쉽게 극복될 수 있음을 보여 준다. 수렵 채집인의 예는 버치(Burch 2005, 북극의 이누피아크Inupiaq족)와 젝워드(Zegwaard 1959, 뉴기니의 아스마트족)가 제공한다.

10 Mohnot 1971, p. 188.

11 Hrdy 1974, 1977.

12 유아 살해에 대한 논쟁은 조머(Sommer 2000)에 의해 논의되었다. 바틀릿 등(Bartlett 외 1993)은 영장류의 성선택 가설에 대한 마지막 주요 공격 중 하나였다. 다른 종에 대한 푸시와 페커(Pusey and Packer 1994)의 데이터에 대해서는 데그(Dagg 2000)가 이의를 제기했다.

13 Perry and Manson 2008, p. 198. 1990년 이후 수전 페리가 이끄는 흰 얼굴 카푸친 연구에 관한 이 책은 원시적 고전이다. 이 책은 높은 수준의 관찰과 이론에 기초하고 있으며, 모든 신세계 영장류 중 가장 큰 두뇌를 가진 종에 대한 우리의 이해에 혁명을 가져왔다. 이 종은 집단별 인사와 우정을 표현하는 방법, 복잡한 정치 체계뿐만 아니라 유아와 성인 모두에 대한 많은 폭력과 같은 흥미로운 문화적 특징을 가지고 있다. 초기의 유아 살해 데이터는 맨슨 등(Manson 외 2004)에 발표되었다.

14 필롬빗(Palombit 2012)은 영장류 데이터를 검토했다. 그는 35개 종 54개의 개체군에서 유아 살해를 관찰한 결과, 대부분의 종에서 성선택 이론이 강력하게 뒷받침되지만 일부 경우에는 다른 설명이 필요하다는 것을 다시 보여 주었다. 유아 살해 빈도에 대한 데이터는 와츠(Watts 1989)에 나온다. Henzi 외 2003; Butynski 1982; Crockett and Sekulic 1984.

15 Lukas and Huchard 2014. 루카스와 허처드는 소수의 수컷에 의해 생식이 독점되는 사회적 포유류에서 주로 유아 살해가 발생한다는 것을 발견했다. "유아 살해의 진화는 수컷끼리의 경쟁(갈등)의 강도 변화에 의해 크게 좌우된다. (…) 동성 간의 갈등과 이성 간의 갈들의 강도 변화를 면밀히 반영한다."(p. 843) 그들은 260종의 포유류 종 중 119종(45.7퍼센트)에서 유아 살해를 발견했다.

16 Wilson 외 2014.

17 마모셋의 유아: Beehner and Lu 2013, Saltzman 외 2009. 타마린의 유아: Garber 외 2016.

18 Palombit 2012; Borries 외 1999. 유아 살해가 주도적 공격의 유일한 상황은 아니다. 2장에서 언급한 바와 같이, 시궁쥐와 들쥐의 경우 수컷은 동종을 주도적으로 공격할 수 있다. 한 계통(CD-1)에서 지배적인 수컷 생쥐의 19퍼센트가 낮은 서열의 쥐를 공격하는 것에 강한 관심을 보였으며, 공격적인 행동은 "중독과 같은" 것으로 간주되어 저자들은 이러한 공격 스타일은 진화적인 기원이 있다고 생각하게 되었다(Golden 외 2017). 그러나 야생 쥐에서는 주도적 공격이 연구되지 않은 것으로 보인다.

19 George Williams. Boomsma 2016에서 인용.

20 놀랍게도 달리와 윌슨(Daly and Wilson 1988)이 보여 준 미국과 캐나다의 남성에 의한 유아 살해 유형은 성선택 가설의 몇 가지 예측에 부합하는 것으로 나타났다. 대부분의 경우, 피해자들은 범인과는 다른 남성인 아버지의 보호를 받았고, 어머니는 살인자와 성적

인 관계를 가졌으며, 유아는 충분히 어려서 (보통 2세 미만) 유아의 죽음이 어머니가 더 빨리 임신하는 것을 가능하게 했다는 것을 알 수 있다. 그러나 살인범은 보통 체포되어 투옥되었기 때문에 그 행동은 거의 적응력이 없었다.

21 죽은 암컷은 확인되지 않았지만 아마도 카하마 공동체의 일원일 것이다. 그녀는 윌슨 등 (Wilson 외 2014)에 등재되었다.

22 Muller 2002.

23 예를 들어 2004년 내셔널 지오그래픽 TV 프로덕션의 〈침팬지의 어두운 면The Dark Side of Chimps〉(스티븐 구더Steven Gooder 감독).

24 Power 1991; Sussman, ed., 1998; Ferguson 2011; Marks 2002.

25 Wilson 외 2014.

26 Mitani 외 2010.

27 Williams 외 2004.

28 Cafazzo 외 2016.

29 Cubaynes 외 2014.

30 Mech 외 1998.

31 Cassidy and McIntyre 2016.

32 Wrangham 1999.

33 리(Lee 1979)는 남부 아프리카의 주/'호안시 및 기타 부시먼 집단이 농업 문화의 영향을 받지 않은 원시 사회를 대표한다고 생각했지만 시리레(Schrire 1980) 및 윔슨(Wilmsen 1989)은 목축가와의 상호 작용이 그들의 삶에 다양한 영향을 미쳤다고 주장했다. 머로우(Marlowe 2002)는 토론을 검토하고 하드자의 상황을 설명했다. 리(Lee 2014)는 수렵 채집인의 폭력 유형이 인간이 평화로운 배경에서 진화했음을 알려 준다고 주장했다. 그는 수렵 채집인들은 싸울 일이 거의 없으며 갈등을 피하기 위해 쉽게 흩어질 수 있으며 고고학적 선사 시대의 법의학 데이터는 폭력의 증거를 거의 나타내지 않는다고 주장했다. 그는 남부 아프리카의 수렵 채집인 집단이 "전투력으로 식민지 역사상 유명하다"(p. 219)는 점을 인정했지만 이것이 "전반적으로 역사적 위치상 유사 이전의 유물"이라고 주장했으며, 따라서 그들이 수렵 채집인으로서 전쟁을 했는지의 여부를 이해하는 것과 무관하다고 주장했다. 그의 증거는 차콘과 멘도자(Chacon and Mendoza, eds., 2007) 또는 가트(Gat 2015)의 저작에 기록된 전 세계의 사냥꾼-집단 전쟁에 대한 수많은 이야기와 일치하지 않는다.

34 틴달레(Tindale 1940)는 호주에 유럽이 접촉하기 전에 574개의 "종족(민족어)"이 있었다고 추정했다. 버드셀(Birdsell 1953)은 25만 1천~30만 명의 주민이 있었으며 "종족"당 평균 437~523명이 있었다고 주장했다.

35 Gat 2015.

36 Wheeler 1910, p. 151.

37 Basedow 1929, p. 184.

38 Wrangham and Glowacki 2012의 표 1을 참조할 것.

39 Tindale 1974, p. 327; Roth 1890, p. 93.

40 Radcliffe-Brown 1948, p. 85.

41 Lothrop 1928, p. 88.

42 Burch 2007, pp. 19~20.

43 Bishop and Lytwyn 2007, p. 40.

44 Fry 2006, p. 262.

45 농업 이전의 빈번한 전쟁에 대한 고고학적 증거: LeBlanc 2003. 수렵 채집인과 농부의 사망률: Wrangham 외 2006. 너프트(Knauft 1991)는 수렵 채집인의 사망률이 집단 간 갈등으로 인한 농부의 사망률보다 낮다고 주장했다. 이는 일반적으로 지지를 받았다. 전 세계 사망률: https://ourworldindata.org/war-and-peace. 전 세계 살인 사건: https://data.worldbank.org/indicator/VC.IHR.PSRC.P5.

46 Gat 2015.

47 Fry 2006. 프라이는 이동 수렵 채집인들이 거의 전쟁을 하지 않았다는 견해를 특히 강력하게 지지해 왔다(Fry and Söderberg 2013). 그의 증거는 가트(Gat 2015)에 의해 비판적으로 검토되었다.

48 Kelly 2000, p. 118 and p. 139.

49 Ferguson 1997, p. 321. 가트(Gat 2015)는 퍼거슨이 균형을 바로잡기 위해 다음 문장을 배치했다고 지적했다. "즉 만약 모든 인간 사회가 폭력과 전쟁에 시달려 왔다고 믿는 사람들이 있다면, 또 그것들이 항상 인간의 진화 역사 속에 존재한다고 믿는다면, 이 책은 그들이 틀렸다는 것을 증명한다." 퍼거슨의 후속 조치에 대한 가트의 논평(p. 113)은 다음과 같다. "하지만 두 번째 명제에 나오는 여러 주장은 '검증된' 것이 아니다. 기껏해야 검증되지 않았으므로 추가 조사의 여지가 있다." 나는 동의한다.

50 Lovisek 2007.

51 Zegwaard 1959.

52 Murphy 1957.

53 Chagnon 1997. 야노마뫼에 대한 차그논의 연구는 종종 편파적이거나, 불법적이거나, 그렇지 않으면 틀렸다는 비난을 받아 왔다. 그러나 심층적인 조사로 그의 저작의 정확성과 충실성이 크게 뒷받침되고 있다(Dreger 2011, Shermer 2014).

54 나는 종종 침팬지들 사이에서 한 쌍의 수컷이 경쟁자를 구석으로 몰고 안전하게 공격하는 자세로 시간을 보내는 상호 작용을 보았다. 그런 노력은 항상 경쟁자가 이미 있을 때 일어났다. 나는 관찰자들이 침팬지들이 경쟁자에게 덫을 놓거나 사냥하러 가는 것을 보고한 어떤 사례도 알지 못한다.

55 보엠(Boehm 2017)은 때때로 연합한 수컷들의 살인이 사전에 계획되었을 수 있다는 근거로, 주도적 연합 공격이 침팬지 공동체 내에서 발생했다고 주장했다. 그러나 사전 계획을 했다는 것은 입증되지 않았고, 희생자들은 체계적인 유형이 나타나지 않을 정도로 다양한 지위를 가지고 있었다. 희생자들은 젊거나 늙었으며, 계급이 오르거나 떨어졌다. 피살된 것으로 보이는 알파 수컷은 피무Pimu뿐이었지만, 또 다른 마할레 알파 수컷 은톨로기Ntologi는 연합한 공격에 의해 살해된 것으로 추정되었다(Nishida 1996, 2012).

56 Kaburu 외 2013. Wilson 2014, Boehm 2017도 참조할 것. 야생의 성인 수컷 침팬지들 사이에서 집단 내 공격이 일어나 죽음으로 이어진 다른 사례들도 보고되었지만, 그 공격의 시작은 목격되지 않았다(Pruetz 외 2017; Michael Wilson, 개인적 연락; Nishida 1996; Watts 2004; Fawcett and Muhumuza 2000; Nicole Simmons, 개인적 연락; Nishida 외 1995).

57 De Boer 외 2015.

58 Foucault 1994.

59 Hansen and Stepputat 2006, p. 296.

60 같은 책, p. 301.

61 같은 책, p. 309.

62 Hoebel 1954, p. 26.

63 같은 책, p. 305.

64 Hayden 2014.

65 Pinker 2011.

12장 전쟁

1 Burke 1770, p. 106.

2 Dalberg-Acton 1949, p. 364. 더 자세한 언급은 다음과 같다. "나는 우리가 교황과 왕을 다른 사람들과 달리 그들이 잘못한 것이 없다는 호의적인 가정으로 판단해야 한다는 당신의 주장을 받아들일 수 없다. 어떠한 추정이 있더라도, 권력이 증가할수록, 권력 소유자에 반대하는 다른 방법은 늘어난다. 역사적 책임은 법적 책임의 부족을 보충해야 한다. 권력은 부패하는 경향이 있고, 절대 권력은 반드시 부패한다. 위인은 권위가 아닌 영향력을 행사할 때도 거의 항상 나쁜 사람이다. 권위에 의한 부패의 경향이나 확실성이 더해질 때는 더욱 그러하다. 권력이 그 소유자를 신성하게 만든다는 것만큼 나쁜 이단도 없다."

3 Fuentes 2012, p. 153. 퓨엔테스는 인간, 특히 남성들이 자연적으로 공격적인 성향을 가지고 있다는 생각이 "우리의 공격성과 사회에 대한 공통적인 감각의 필연성을 가능하게 한다"고 주장했다. Fry 2006도 참조할 것.

4 Lee 2014, p. 224.

5 크로폿킨: Crook 1994, p. 194 참조.

6 Gat 2006; Lopez 2016. Tooby and Cosmides 1988; Johnson and Thayer 2016; Lopez 외 2011; McDonald 외 2012; Johnson and Toft 2014; Johnson and MacKay 2014도 참조할 것. 이 참고 문헌들은 모두 개별적인 수준에서 행동하는 분리주의에 초점을 맞추고 있다. 집단 선택이 호전적인 행동의 진화에 영향을 미칠 수 있다고 주장하는 중요한 전통도 있다. 예를 들어 Bowles 2009; Zefferman and Mathew 2015를 참조할 것.

7 Ferguson 1984, p. 12.

8 Fry 2006, p. 2.

9 Fromm 1973, p. 22. 인류학자 로버트 수스먼과 조슈아 마샥은 오래 지속되는 효과를 두려워했다. "전쟁과 살인이 보편적, 원시적, 적응적, 자연적으로 보인다면 (…) 이러한 견해는 집단적 무의식 속에서 사실상 불변의 것이 되어 긍정적인 변화에 대한 우리의 자극을 감소시킬 수도 있다."(Susman and Marshack 2010, p. 24) 가트(Gat 2015 p. 123)가 이 문제를 논의했는데, 그는 다음과 같이 요약했다. "만약 광범위하고 치명적인 폭력이 항상 우리와 함께 있었다면, 그것은 억제하기 거의 불가능한 일차적이고 저항할 수 없는 추진력임에 틀림없다고 사람들은 습관적으로 가정한다."

10 Goodall 1999.

11 Hinde and Rotblat 2003.

12 로버트 힌드는 데이비드 비고트David Bygott(침팬지의 공격성을 연구한 첫 번째 사람), 다이앤 포시Dian Fossey(고릴라에서 여아 살해를 발견), 도로시 체니Dorothy Cheney와 로버트 세이파스Robert Seyfarth(개코원숭이의 사회적 행동을 기술), 알렉산더 하코트Alexander Harcourt와 켈리 스튜어트Kelly Stewart(산악 고릴라의 행동을 상세히 기술)를 포함한 많은 다른 영장류학자들의 대학원 지도 교수였다.

13 Hamburg and Trudeau, eds., 1981.

14 Carnegie Commission on Preventing Deadly Conflict 1997.

15 Hamburg 2002.

16 Hamburg 2010.

17 Crook 1994. 크룩은 다윈주의가 전쟁의 진화와 마찬가지로 평화의 진화에 대해 생각하는

데 크게 기여했음을 보여 주었다. 제1차 세계대전과 제2차 세계대전 사이의 전쟁과 진화론에 대한 책은 오버리(Overy 2009)를 참조할 것. 제1차 세계대전으로 전쟁이 유리하다는 생각에 대한 열의는 줄었지만 사회적 관점과 생물학적 관점 사이의 논쟁은 계속되었다.

피어슨은 사회주의자, 자유사상가, 성적 급진주의자였으며 애국적인 집단의 성공을 보장하기 위해 유전학을 사용해야 한다는 생각을 받아들였다. 크룩은 피어슨의 『자유 사고의 윤리*The Ethic of Free Thought*』(Pearson 1888)를 인용한다. "사회주의자들은 주정부에 대항하는 범법자들에게 (고해를 통한) 사죄와 가장 가까운 목표와 희망을 주는 정신을 가르쳐야 한다."

18 긍정적인 행동이 유전적으로 영향을 받을 수 있다는 것을 허용하는 루소주의자: 사폴스키 (Sapolsky 2017)는 미묘한 설명을 제공한다. 나는 캐럴 후븐에게 이 점에 대해 감사한다.

19 굴드의 인용: Gould 1998, p. 262. 나는 개인적으로 굴드가 그의 중요한 논문을 쓰는 데 내가 관련되었다고 생각한다. 굴드는 하버드대학에서 나의 동료였다. 나는 그를 조금만 알고 있었고, 인간 사회 생물학에 대한 그의 엄격한 비판을 알고 있었다. 1996년 초, 나는 그에게 데일 피터슨과 내가 함께 쓴 『악마 같은 남성: 유인원과 인간 폭력의 기원』에 대한 사전 출판 사본을 보냈다. 나는 그가 인간 폭력의 일부 문제들을 이해하기 위한 행동-생태학 접근법의 가치를 높이 평가하기를 바랐다. 그는 그것에 대해 나에게 응답하지 않았다. 그러나 몇 달 후, 굴드는 『악마 같은 남성』에서 사용한 접근법에 대한 비판을 발표했다. 그의 논문은 『자연사*Natural History*』 잡지(1996년 9월)에서 『프라하 창밖 투척 사건』이라는 제목으로 처음 발표되었다. 그것은 굴드(Gould 1998)로 다시 출판되었다.

20 Ferguson 1984, p. 12.

21 Lee 2014, p. 222. Fry 2006, p. 5도 참조할 것: "인간은 많은 폭력을 겪을 수 있다." 폭력의 가능성을 논박하는 대신, 루소주의 학자들의 주요 불만은 홉스주의자들의 편견이 수렵 채집인들의 높은 사망률이 폭력에 의해 발생한다는 것을 지지한다는 데 있었다(예: Lee 2014).

22 토비와 코스미데스(Tooby and Cosmides 1990) 그리고 맥크레와 코스타(McCrae and Costa 1997)는 인간 본성의 보편성을 논의한다.

23 프리드리히 대제의 인용문은 1759년 볼테르Voltaire에게 보낸 편지에 담긴 것이다. 프리드리히 대제는 그의 아버지 프리드리히 빌헬름 1세의 행동으로 인해 인간의 야수성을 합리화했을 수도 있다. 그는 아이를 자주 때렸다(군대를 위해 거인을 모으거나 번식시키려고 노력하지 않을 때).

24 Gat 2015; Wrangham and Glowacki 2012. 인간과 침팬지를 비교할 때 나는 사회적 상호 작용의 본질을 언급하는 것이다. 나는 이동하는 수렵 채집인이 당신이나 나보다 침팬지와 더 닮았다고 말하지 않는다.

25 Wrangham and Glowacki 2012.

26 Glowacki and Wrangham 2013, 2015.

27 Mathew and Boyd 2011.

28 Wiessner 2006, p. 177.

29 Bourke 2001, p. 67.

30 같은 책, p. 105.

31 같은 책.

32 Boehm 2011.

33 De Quervain 외 2004.

34 Bourke 2001, p. 155.

35 나는 단순한 전쟁이 확실히 동물 간 집단 폭력보다 더 복잡하다는 점을 인정하기 위해 "더

이상 어리둥절하게 만들지 않는"보다는 "거의 어리둥절하게 만들지 않는"이라고 말한다. 예를 들어 단순한 전쟁은 결투에서부터 때때로 일어나는 전투까지 다양하다. 때로는 적대감의 개인적인 관계가 포함된다. 잘못된 인지로 인해 피해자를 찾을 수 있다. 또 내부 또는 외부 전쟁에서 발생할 수 있다. 그리고 집단 간의 동맹을 포함할 수 있다. 문화적 영향은 복수의 필요성에 대한 인식, 군사 훈련의 전통, 가부장적 이데올로기, 집단 간의 언어 차이 등에서 비롯될 수 있다. 나는 폭력의 비율과 양상에 영향을 미치는 그러한 요인들의 중요성을 조금도 과소평가한다는 의미가 아니다. 그것들이 야기하는 변화에도 불구하고, 이러한 영향은 무정부 전쟁 시스템에서 주도적 연합 공격의 핵심 논리에 거의 영향을 미치지 않는다.

또한 살인이 일어나는 이유를 설명하는 것이 소규모 전쟁 이론에서 유일한 도전은 아니다. 진화인류학자들에게 중요한 문제는 집단 간 경쟁의 성공이 "공공의 이익"이라는 사실과 관련이 있다. 일련의 공격으로 인해 공격하는 집단이 영역의 크기를 확장할 수 있다. 이 경우 모든 집단 구성원은 추가 자원을 획득할 수 있다. 이는 일부 집단 회원이 무임승차자가 되는 우대를 받을 수 있음을 의미한다. 무임승차자는 급습에 참여하지 않는 사람들이므로 추가 자원의 혜택은 무료다. 모두가 무임승차자가 된다면 전쟁은 없을 것이다. 로페즈(Lopez 2017)에서는 이 문제에 대해 설명하고 이것이 방어 전쟁보다 공격에 더 많이 적용된다는 점에 주목한다.

이 무임승차자 문제가 어떻게 단순한 전쟁의 관행을 멈추게 하지 않는지를 설명하기 위해, 학자들은 때때로 싸움에 대한 보상이나 벌이 되는 소문이나 문화에 대한 능력과 같은 독특하고 인간적인 특성을 불러일으키는 사람들을 연상할 수 있다. 보상은 실제로 중요할 수 있다. 단순한 전쟁을 하는 전사는 공개적으로 축하받거나 여성이나 물품에 대한 접근성을 높일 수 있다. 단순한 전쟁에서 사망률이 높은 사회에서는 전사가 더 광범위한 보상을 받을 수 있는 것으로 나타났다(Glowacki and Wrangham 2013). 겁쟁이들에 대한 물리적 채찍질 또한 동아프리카의 목축가들 사이에서 기록되었으며, 이는 처벌도 단순한 전쟁에 참여하도록 장려할 수 있음을 시사한다(Mathew and Boyd 2011).

그러나 동물들은 무임승차자 문제를 해결하기 위해 보상과 처벌이 필요하지 않다는 것을 보여 준다. 그러한 격려가 없어도 치명적인 집단 간 공격이 침팬지와 늑대 사이에서 발생한다. 예를 들어 침팬지 중 집단 간 공격에의 참여와 관련하여 보상이나 처벌은 발견되지 않았다(Wrangham and Glowacki 2012). 어떤 남성은 단순히 다른 사람보다 주도권을 행사하여 적의 영토로 가는 길을 선도한다. 이론은 더 열망하는 참가자가 집단의 성공에 더 큰 위험 부담을 가지고 있기 때문에 더 높은 순위의 개인이 되었을 거라고 시사한다(Gavrilets and Fortunato 2014). 개인의 주도권에 대한 다른 다양한 자료가 있지만(Gilby 외 2013), 이용할 수 있는 제한된 증거가 이 생각을 뒷받침한다.

36 Lahr 외 2016.

37 Otterbein 2004; Gat 2006; Flannery and Marcus 2012. 북서해안 아메리카 원주민과 뉴기니 아스마트와 같은 정착된 수렵 채집인들 사이의 전쟁은 전사들 간의 계층적 관계를 포함하여 복잡한 전쟁의 특징을 가졌다는 점에 주목해 보자. 약 4만 년 전 유럽의 후기 구석기 시대에 수렵 채집인 사회가 정착했기 때문에 복잡한 전쟁의 뿌리도 그 당시로 되돌아갈 수 있다.

38 최근의 새로운 요인에 반응하여 진화하는 인간생물학의 다른 예로는 말라리아 노출 증가와 알코올 섭취 증가에 대한 적응이 포함된다. 지능과 사회적 행동에 대한 다양한 영향이 제안되었지만 아직 확실하게 입증되지 않았다(Cochran and Harpending 2009).

39 Turney-High 1949.

40 존슨과 매케이(Johnson and MacKay 2015)는 안전한 주도적 공격의 필수 논리에 따라 전쟁의 일반적인 원칙으로서 힘의 불균형을 탐구한다.

41 Keegan 1976; Collins 2008, 2009.

42 Keegan 1976, p. 71에서 인용.

43 Du Picq 1921.

44 Keegan 1976, p. 69.

45 Collins 2008, 2009; Grossman 1995.

46 Fraser 2000.

47 Keegan 1976, p. 20.

48 전쟁에서 남성과 남성의 유대 관계의 심리적 영향은 오래 지속되는 것으로 보인다. 융거 (Junger 2016)는 전쟁에서 돌아온 후 집단의 단결을 유지하지 못한 현대의 실패가 미국 재향 군인의 외상후 스트레스 장애PTSD의 주요 원천이라고 설득력 있게 주장한다.

49 Bonaparte 1808. 핸슨(Hanson 2001)은 순전히 병사의 수보다 단체 정신의 중요성을 보여 준다.

50 그레인저(Grainger 2007)는 알렉산드로스가 성공적인 사령관이었지만 정치인으로서는 실패했다고 지적했다.

51 Johnson and MacKay 2015.

52 Arreguín-Toft 2005.

53 Dixon 1976, p. 400.

54 Kornbluh, ed., 1998, p. 1.

55 같은 책.

56 Wyden 1979, p. 326.

57 슐레진저: 같은 책, p. 316에서 언급.

58 Weiner 1998.

59 존슨(Johnson 2004)은 자신감이 전쟁에서 많은 출처를 갖고 있으며 긍정적 착각은 중요 한 요인 중 하나일 뿐이라고 지적했다.

60 이것은 보다 일반적인 심리적 현상인 편향된 동화의 형태다(Lord 외 1979).

61 Tuchman 1985, pp. 5, 380.

62 Twain 1917, p. 108.

63 Morgenthau 1973.

64 Keegan 1999, p. 71.

65 윌리엄 호지슨, 「영국이 영국의 아들들에게」. Gardner 1964, p. 10에서 인용.

66 Eliot, ed., 1941, p. 164.

67 Moran 2007.

68 셰익스피어, 『햄릿』, 3막, 1장, 56행.

69 Parry 1998, p. 117.

70 Johnson 1771(1913), p. 62.

71 Pinker 2011; Goldstein 2012; Falk and Hildebolt 2017; Oka 외 2017.

72 이 추정치는 거주 가능한 총면적이 6380만 제곱킬로미터이고, 수렵 채집인의 세계 인구 밀도가 제곱킬로미터당 0.5명(제곱마일당 1.3명)이며, 평균 사회 크기가 1천 명인 것을 기 반으로 한다.

73 더 긴 평화 다음의 전쟁에서 더 많은 사상자가 생김: Falk and Hildebolt 2017.

74 세계 국가의 가능성과 시기에 대한 예측은 카니로(Carneiro 2004)에 의해 검토되었다. 서 기 2300년은 기원전 1500년 이후 자치 정치 단위 수가 감소하는 추세에 따라 예측되었

다. 서기 3500년은 기원전 2100년 아카드 제국 이후로 세계에서 가장 큰 28개의 제국의 크기가 늘어나는 것을 바탕으로 추정되었다.

75 Overy 2009; Hathaway and Shapiro 2017.

76 자살 공격자는 그들의 행동이 적응력이 없는 것처럼 보이기 때문에 놀라운 예외다. 그들은 일반적으로 강력한 문화적 설득의 결과를 나타낸다(Atran 2003).

77 1983년 로널드 레이건 대통령은 스타 워즈Star Wars로 알려진 전략 방위 구상을 제안했다. 레이건은 소련의 핵 공격에 대한 효과적인 방어막을 제공할 것이라는 근거로 전략 방위 구상에 자금을 지원하도록 의회를 설득했다. 이러한 노력은 기술적으로 불가능하고 정치적으로 도전적이며 비용이 많이 드는 것으로 드러났으며 결국 폐기되었다. 그것은 군비 경쟁에 기여했기 때문에 부분적으로 위험했고, 만약 그것이 효과를 발휘했다면 미국 지도자들이 핵 공격에 무적임을 근거로 공격을 늘릴 수 있었기 때문에 위험했다.

13장 역설의 해결: 미덕과 폭력성의 미묘한 관계

1 이러한 역설에 대한 해결책은 많은 부분 너프트(Knauft 1991)가 구상했고 보엠(Boehm 1999; 2012)이 구체화했으며, 여기서 반응적 공격과 주도적 공격의 구별에 대한 추가 인식을 다룬다. 인간의 좋고 나쁜 특성이 우리의 생물학에서 나온다는 일반적인 제안을 가정한 초기의 작가들은 공격적인 경향과 공격적이지 않은 경향의 조합이 어떻게 조정될 수 있는지를 구체적으로 설명하지 못했다.

2 일부 사회적 곤충은 비슷한 조합을 보여 준다. 많은 개미 종은 다른 군집의 구성원을 예상대로 죽일 지만 자신의 군집의 구성원과 조화롭게 협력한다. 개미의 모순적인 행동은 비교적 간단한 메커니즘으로 설명할 수 있다. 같은 둥지 짝으로 생각되는 개체와 상호 작용하지 않는 한, 개체들은 매우 공격적이다. 같은 둥지 짝과 상호 작용하는 경우에는 침략이 억제되고 무제한적인 이타성이 나타난다. 아르헨티나 개미가 가장 극단적인 예다. 비이기적으로 협력하는 수백만의 군집을 포함하여 수십억의 집단이 있지만, 다른 집단과의 만남에서 그들은 살해 전투를 벌인다(Giraud 외 2002; Starks 2003).

3 Blumenbach 1811, p. 340. 자기 길들이기의 초기 에피소드도 발생할 수 있다. 미래의 연구는 오스트랄로피테신이 호모로, 또는 침팬지와 같은 조상이 오스트랄로피테신으로 진화하는 것과 관련된 해부학적 변화의 증거를 찾을 수 있을 것이다.

4 집단 선택 이론(또는 그 가까운 계통인 다단계 선택 이론)을 인간 행동에 적용하는 주요 지지자들로는 소버와 윌슨(Sober and Wilson 1998), 노웍 등(Nowak 외 2010), 보울스와 긴티스(Bowles and Gintis 2011), 그리고 윌슨(Wilson 2012)이 있다.

5 Dawkins 1982; West 외 2007; Coyne 2009; and Pinker 2012을 참조할 것. 핑커(Pinker 2012)는 핑커의 대상이 되는 논문에 대한 응답으로 다른 저자의 20편의 에세이를 포함하는, 집단 선택에 대한 훌륭한 조사다.

6 도밍게스-로드리고와 코보-산체스(Domínguez-Rodrigo and Cobo-Sánchez 2017)는 호모 에렉투스의 사냥을 간단히 검토했다. 케냐의 칸제라에는 2백만 년 전 도살의 증거가 많이 있다. 여기에는 많은 중소형 종(야생 동물 크기)의 뼈가 포함된다(Ferraro 외 2013). 피커링(Pickering 2013)은 약 2백만 년 전에 매복 사냥이 시작되었다는 증거를 주장했다. 매복 사냥에 대한 더 구체적인 증거는 케냐의 올로르게사일리에서 나왔다(Kübler 외 2015). 60~65만 년 전 남아프리카의 시부두에서 먹이 동물이 잡혔다는 증거는 워들리(Wadley 2010)를 참조할 것. 이 주제에 대해 조언을 해 준 생물학자인 닐 로치Neil Roach에게 감사의 말을 전한다.

7 Otterbein 2004, p. 85. Wrangham 2018도 참조할 것. 피커링(Pickering 2013)은 호모의

사냥 먹이와 살인 사건 사이의 연관성에 반대되는 견해를 제시했다. 그는 포식이 호모의 공격과 분리되어 있다고 주장했으며, 사전에 계획된 공격은 무기의 개발에 의해서만 가능해졌다고 주장했다. 침팬지, 늑대 및 다른 종들이 연합을 통해 사전에 공격을 계획하여 무기 없이 죽인다는 점을 감안하면 이 주장은 놀랍다.

8 Wrangham and Peterson 1996.

9 침팬지와 인간 사이의 마지막 공통 조상의 연대에 대한 추정치(오스트랄로피테신의 기원)는 계속해서 개선되고 있다. 그것은 여전히 불확실한 돌연변이율 평가에 부분적으로 좌우된다. 여기에 주어진 연대는 필빔과 리버먼(Pilbeam and Lieberman 2017, p. 53)에 있다. 그들은 침팬지-보노보와 오스트랄로피테신-인간 혈통이 분리될 당시의 가장 좋은 추정치는 790만 년 전이며 650만 년에서 930만 년 전 범위의 가능성이 있다고 판단했다.

10 로살도와 램페르(Rosaldo and Lamphere 1974), 콜리어와 로살도(Collier and Rosaldo 1981)와 같은 페미니스트 인류학 저작은 이 일반화에 유용한 소개를 제공했다. 예를 들어 "가장 평등주의적이라고 할 만한 사회에서부터 성의 계층화가 가장 두드러진 사회까지, 모든 사회에서 남성은 문화적 가치의 중심이다. 활동의 일부 영역은 항상 배타적으로 또는 우세하게 남성적이므로 압도적으로 그리고 도덕적으로 중요하다. (…) 이 관찰은 남성들은 모든 곳에서 여성에 대한 권한을 가지며 여성의 종속과 순응을 주장할 문화적으로 적절한 권리가 있다는 추론을 포함하고 있다"(Rosaldo 1974, pp. 20~21). 본문에서 말했듯이, 이 인간 사회의 진실은 가부장제가 불가피하다는 것을 의미하지는 않는다. 그러나 가부장적 권력의 감소를 위해서는 강력한 제도가 필요하다는 점을 제안하고 싶다.

에필로그

1 사형에 반대하는 세계 연합, http://www.worldcoalition.org/The-UN-General-Assembly-voted-overwhelmingly-for-a-6th-resolution-calling-for-a-universal-moratorium-on-executions.html.

참고 문헌

Adams, Tim. 2013. "How to spot a murderer's brain." *The Guardian* May 12.

Agnvall, Beatrix, Johan Bételky, and Per Jensen. 2017. "Brain size is reduced by selection for tameness in Red Junglefowl—correlated effects in vital organs." *Scientific Reports* 7: 3306.

————, Rebecca Katajamaa, Jordi Altimiras, and Per Jensen. 2015. "Is domestication driven by reduced fear of humans? Boldness, metabolism and serotonin levels in divergently selected red junglefowl *(Gallus gallus)*." *Biology Letters* 11: 20150509.

Aguiar, Diego P., Soufien Sghari, and Sophie Creuzet. 2014. "The facial neural crest controls fore-and midbrain patterning by regulating Foxg1 expression through Smad1 activity." *Development* 141: 2494~2505.

Alcock, John. 1987. "Ardent adaptationism." *Natural History* 96: 4.

Alexander, R. D. 1987. *The Biology of Moral Systems.* New York: Aldine de Gruyter.

Alexander, Richard D. 1979. *Darwinism and Human Affairs.* Seattle: University of Washington Press.

Allman, John M. 1999. *Evolving Brains.* New York: Scientific American Library.

Alperson-Afil, Nira. 2008. "Continual fire-making by Hominins at Gesher Benot Ya'aqov, Israel." *Quaternary Science Reviews* 27: 1733~1739.

————, and Naama Goren-Inbar. 2016. "Acheulian hafting: Proximal modification of small flint flakes at Gesher Benot Ya'aqov, Israel." *Quaternary International* 411: 34~43.

Amnesty International. 2015. *"Killing in the Name of Justice": The Death Penalty in Saudi Arabia.* London: Amnesty International Ltd.

Anderl, Christine, Tim Hahn, Ann-Kathrin Schmidt, Heike Moldenhauer, Karolien Notebaert, Celina Chantal Clément, and Sabine Windmann. 2016. "Facial width-to-height ratio predicts psychopathic traits in males." *Personality and Individual Differences* 88: 99~101.

Anonymous. 1821. *Account of the short life and ignominious death of Stephen Merrill Clark.* Salem, MA: T. C. Cushing.

Argue, Debbie, Colin P. Groves, Michael S. Y. Lee, and William L. Jungers. 2017. "The affinities of *Homo floresiensis* based on phylogenetic analyses of cranial, dental, and postcranial characters." *Journal of Human Evolution* 107: 107~133.

Arreguín-Toft, Ivan. 2005. *How the Weak Win Wars: A Theory of Asymmetric Conflict.* Cambridge, U.K.: Cambridge University Press.

Asakawa-Haas, Kenji, Martina Schiestl, Thomas Bugnyar, and Jorg J. M. Massen. 2016. "Partner choice in raven *(Corvus corax)* cooperation." *PLoS ONE* 11(6): e0156962.

Atran, Scott. 2003. "Genesis of suicide terrorism." *Science* 299: 1534~1539.

Babcock, Julia C., Andra L. T. Tharp, Carla Sharp, Whitney Heppner, and Matthew S. Stanford. 2014. "Similarities and differences in impulsive/premeditated and reactive/proactive bimodal classifications of aggression." *Aggression and Violent Behavior* 19: 251~262.

Bagehot, Walter. 1872. *Physics and Politics: Or Thoughts on the Application of the Principles of 'Natural Selection' and 'Inheritance' to Political Society.* In N. St John-Stevas, ed., *The Collected Works of Walter Bagehot,* vol. VII(Cambridge, MA: Harvard University Press, 1974).

Bagemihl, Bruce. 1999. *Biological Exuberance: Animal Homosexuality and Natural Diversity.* New York: St. Martin's Press.

Bailey, Robert C. 1991. *The Behavioral Ecology of Efe Pygmy Men in the Ituri Forest, Zaire.* Ann Arbor: University of Michigan Museum Press.

Baker, Kate, and Barbara B. Smuts. 1994. "Social relationships of female chimpanzees: Diversity between captive social groups." In *Chimpanzee Cultures,* edited by R. W. Wrangham, W. C. McGrew, F. B. M. de Waal, and P. G. Heltne(Cambridge, Mass.: Harvard University Press), pp. 227~242.

Baker, Laura A., Adrian Raine, Jianghong Liu, and Kristen C. Jacobson. 2008. "Differential genetic and environmental influences on reactive and proactive aggression in children." *Journal of Abnormal Child Psychology* 36: 1265~1278.

Banner, Stuart. 2003. *The Death Penalty: An American History.* Cambridge, Mass.: Harvard University Press.

Barash, David. 2003. "Review of 'Tree of Origin.'" *Physiology and Behavior* 78: 513~514.

Barth, Frederik. 1975. *Ritual and Knowledge Among the Baktaman of New Guinea.* New Haven, Conn.: Yale University Press.

Barthes, Julien, Pierre-André Crochet, and Michel Raymond. 2015. "Male homosexual preference: Where, when, why?" *PLoS ONE* 10 (8): e0134817.

Bartlett, Thad Q., Robert W. Sussman, and Jim M. Cheverud. 1993. "Infant killing in primates—a review of observed cases with specific reference to the sexual selection hypothesis." *American Anthropologist* 95: 958~990.

Basedow, Herbert. 1929. *The Australian Aboriginal.* Adelaide: F. W. Preece.

Bateson, Melissa, Daniel Nettle, and G. Roberts. 2006. "Cues of being watched enhance cooperation in a real-world setting." *Biology Letters* 2: 412~414.

Baumard, Nicolas. 2016. *How Evolution Explains Our Moral Nature.* New York: Oxford University Press.

Beard, Mary. 2015. *SPQR: A History of Ancient Rome.* New York: Liveright.

Bedau, Hugo A. 1982. *The Death Penalty in America: Current Controversies.* Oxford, U.K.: Oxford University Press.

Bednarik, Robert G. 2014. "Doing with less: hominin brain atrophy." *HOMO—Journal of Comparative Human Biology* 65: 433~449.

Behncke, Isabel. 2015. "Plan in the Peter Pan ape." *Current Biology* 25: R24~R27.

Behringer, Verena, Tobias Deschner, Róisín Murtagh, Jeroen M. G. Stevens, and Gottfried Hohmann. 2014. "Age-related changes in thyroid hormone levels of bonobos and chimpanzees indicate heterochrony in development." *Journal of Human Evolution* 66: 83~88.

Bellinger Centenary Committee. 1963. *The Bellinger Valley.* Bellingen, Australia: Courier Sun.

Belyaev, Dmitri K., A. O. Ruvinsky, and L. N. Trut. 1981. "Inherited activation-inactivation of the star gene in foxes." *Journal of Heredity* 72: 267~274.

Benedict, Ruth. 1934. *Patterns of Culture.* Boston, Mass.: Houghton Mifflin.

Berger, Lee R., John Hawks, Paul H. G. M. Dirks, Marina Elliott, and Eric M. Roberts. 2017.

"*Homo naledi* and Pleistocene hominin evolution in subequatorial Africa." *eLife* 6: e24234.

Berkowitz, Leonard. 1993. *Aggression: Its Causes, Consequences, and Control*. Philadelphia: Temple University Press.

Berndt, Ronald M. 1965. "Law and order in Aboriginal Australia." In *Aboriginal Man in Australia*, edited by Ronald M. Berndt and Catherine H. Berndt(Sydney: Angus and Robertson), pp. 167~206.

———, and Catherine H. Berndt. 1988. *The World of the First Australians*. Canberra: Aboriginal Studies Press.

Bhopal, Raj. 2007. "The beautiful skull and Blumenbach's errors." *British Medical Journal* 335: 1308~1309.

Bidau, Claudio J. 2009. "Domestication through the centuries: Darwin's ideas and Dmitry Belyaev's long-term experiment in silver foxes." *Gayana* 73: 55~72.

Birdsell, Joseph B. 1953. "Some environmental and cultural factors influencing the structuring of Australian aboriginal populations." *American Naturalist* 87(834): 171~207.

Bishop, Charles A., and Victor P. Lytwyn. 2007. "'Barbarism and ardour of war from the tenderest years': Cree-Inuit warfare in the Hudson Bay region." In *North American Indigenous Warfare and Ritual Violence*, edited by Richard J. Chacon and Rubén G. Mendoza(Tucson: University of Arizona Press), pp. 30~57.

Black, M. C., K. C. Basile, M. J. Breiding, S. G. Smith, M. L. Walters, M. T. Merrick, J. Chen, and M. R. Stevens. 2011. *The National Intimate Partner and Sexual Violence Survey(NISVS): 2010 Summary Report*. Atlanta: National Center for Injury Prevention and Control, Centers for Disease Control and Prevention.

Bloom, Paul. 2012. "Religion, morality, evolution." *Annual Review of Psychology* 63: 179~199.

Blumenbach, Johann Friedrich. 1795. De Generis Humani Varietate Nativa. In *The Anthropological Treatises of Johann Friedrich Blumenbach(1865)*. Translated by Thomas Bendyshe. London: Longman, Green, Longman, Roberts, & Green, pp. 153~276.

———. 1806. Contributions to Natural History, Part 1. In *The Anthropological Treatises of Johann Friedrich Blumenbach(1865)*. Translated by Thomas Bendyshe. London: Longman, Green, Longman, Roberts, & Green, pp. 277~324.

———. 1811. Contributions to Natural History, Part 2. In *The Anthropological Treatises of Johann Friedrich Blumenbach(1865)*. Translated by Thomas Bendyshe. London: Longman, Green, Longman, Roberts, & Green, pp. 325~345.

Boas, Franz. 1888. The Central Eskimo. In *Sixth Annual Report of the Bureau of Ethnology, 1884–85*, edited by J. W. Powell(Washington, D.C.: Government Printing Office), pp. 409~675.

———. 1904. "The history of anthropology." *Science* 20: 513~524.

———. 1938. *The Mind of Primitive Man*. New York: Macmillan.

Boehm, Christopher. 1993. "Egalitarian behavior and reverse dominance hierarchy." *Current Anthropology* 34: 227~240.

———. 1999. *Hierarchy in the Forest: The Evolution of Egalitarian Behavior*. Cambridge, Mass.: Harvard University Press.

———. 2011. "Retaliatory violence in human prehistory." *British Journal of Criminology* 51: 518~534.

———. 2012. *Moral Origins: The Evolution of Virtue, Altruism, and Shame*. New York: Basic Books.

———. 2017. "Ancestral precursors, social control, and social selection in the evolution of morals." In *Chimpanzees and Human Evolution*, edited by M. N. Muller, R. W. Wrangham and D. P. Pilbeam(Cambridge, Mass.: Harvard University Press).

Bonanni, Roberto, Simona Cafazzo, Arianna Abis, Emanuela Barillari, Paola Valsecchi, and Eugenia Natoli. 2017. "Age-graded dominance hierarchies and social tolerance in packs of free-ranging dogs." *Behavioral Ecology* 28(4): 1004~1020.

Bonaparte, Napoleon. 1808. "Observations on Spanish affairs." August 27. Written at Saint-Cloud.

Boomsma, Jacobus J. 2016. "Fifty years of illumination about the natural levels of adaptation." *Current Biology* 26: R1247~71.

Borries, Carola, Kristin Launhardt, Cornelia Epplen, Jörg T. Epplen, and Paul Winkler. 1999. "Males as infant protectors in Hanuman langurs (Presbytis entellus) living in multimale groups—defence pattern, paternity and sexual behaviour." *Behavioral Ecology and Sociobiology* 46: 350~356.

Bourke, Joanna. 2001. *The Second World War: A People's History*. Oxford, U.K.: Oxford University Press.

Bowles, Samuel. 2009. "Did warfare among ancestral hunter-gatherers affect the evolution of human social behaviors?" *Science* 324: 1293~1298.

―――, and Herbert Gintis. 2011. *A Cooperative Species: Human Reciprocity and Its Evolution*. Princeton, N.J.: Princeton University Press.

Brace, C. Loring, Karen R. Rosenberg, and Kevin D. Hunt. 1987. "Gradual change in human tooth size in the late Pleistocene and post-Pleistocene." *Evolution* 41: 705~720.

Breggin, Peter R. 2014. *Guilt, Shame and Anxiety: Understanding and Overcoming Negative Emotions*. Amherst, N.Y.: Prometheus Books.

Bridges, E. Lucas. 1948. *Uttermost Part of the Earth*. London: Hodder and Stoughton.

Briggs, Jean. 1970. *Never in Anger: Portrait of an Eskimo Family*. Cambridge, Mass.: Harvard University Press.

Bromhall, Clive. 2003. *The Eternal Child: An Explosive New Theory of Human Origins and Behaviour*. London: Ebury.

Brookman, Fiona. 2003. "Confrontational and revenge homicides among men in England and Wales." *Australian and New Zealand Journal of Criminology* 36: 34~59.

―――. 2015. "Killer decisions: The role of cognition, affect and 'expertise' in homicide." *Aggression and Violent Behavior* 20: 42~52.

Brüne, Martin. 2007. "On human self-domestication, psychiatry, and eugenics." *Philosophy, Ethics, and Humanities in Medicine* 2(21): 1~9.

Brusini, Irene, Miguel Carneiro, Chunliang Wang, Carl-Johan Rubin, Henrik Ring, Sandra Afonso, José A. Blanco-Aguiar et al. 2018. "Changes in brain architecture are consistent with altered fear processing in domestic rabbits." *PNAS* 115: 7380~7385.

Buckner, Randy L., and Fenna M. Krienen. 2013. "The evolution of distributed association networks in the human brain." *Trends in Cognitive Sciences* 17(12): 648~665.

Burch, Ernest S., Jr. 1988. *The Eskimos*. Norman, OK: University of Oklahoma Press.

―――. 2007. "Traditional native warfare in western Alaska." In *North American Indigenous Warfare and Ritual Violence*, edited by Richard J. Chacon and Rubén G. Mendoza(Tucson: University of Arizona Press), pp. 11~29.

―――. 2005. *Alliance and Conflict: The World System of the Inupiaq Eskimos*. Lincoln: University of Nebraska Press.

Burke, Edmund. 1770. *Thoughts on the Cause of the Present Discontents*. 3rd ed. London: J. Dodsley.

Bushman, Brad J., and Craig A. Anderson. 2001. "Is it time to pull the plug on the hostile versus instrumental aggression dichotomy?" *Psychological Review* 108: 273~279.

Buttner, Alicia Phillips. 2016. "Neurobiological underpinnings of dogs' human-like social competence: How interactions between stress response systems and oxytocin mediate dogs' social skills." *Neuroscience and Biobehavioral Reviews* 71: 198~214.

Butynski, T. M. 1982. "Harem-male replacement and infanticide in the blue monkey *(Cercopithecus mitis stuhlmanni)* in the Kibale Forest, Uganda." *American Journal of Primatology* 3: 1~22.

Byers, John A. 1997. *American Pronghorn: Social Adaptations and the Ghosts of Predators Past*. Chicago: University of Chicago Press.

Cafazzo, Simona, Martina Lazzaroni, and Sarah Marshall-Pescini. 2016. "Dominance relationships in a family pack of captive arctic wolves*(Canis lupus arctos):* The influence of competition for food, age and sex." *PeerJ* 4: e2707; doi 10.7717/peerj.2707.

Candland, Douglas K. 1993. *Feral Children amd Clever Animals: Reflections on Human Nature*. New York: Oxford University Press.

Cardini, Andrea, and Sarah Elton. 2009. "The radiation of red colobus monkeys (Primates, Colobinae): Morphological evolution in a clade of endangered African primates." *Zoological Journal of the Linnean Society* 157: 197~224.

Carnegie Commission on Preventing Deadly Conflict. 1997. *Preventing Deadly Conflict: Final Report*. Washington, D.C.: Carnegie Commission on Preventing Deadly Conflict.

Carneiro, Miguel, Carl-Johan Rubin, Federica Di Palma, Frank W. Albert, Jessica Alföldi, Alvaro Martinez Barrio, Gerli Pielberg, et al. 2014. "Rabbit genome analysis reveals a polygenic basis for phenotypic change during domestication." *Science* 345: 1074~79.

Carré, Justin M., and Cheryl M. McCormick. 2008. "In your face: Facial metrics predict aggressive behavior in the laboratory and in varsity and professional hockey players." *Proceeding of the Royal Society B* 275: 2651~2656.

Carré, Justin M., Cheryl M. McCormick, and Ahmad R. Hariri. 2011. "The social neuroendocrinology of human aggression." *Psychoneuroendocrinology* 36: 935~944.

Carré, Justin M., Kelly R. Murphy, and Ahmad R. Hariri. 2013. "What lies beneath the face of aggression?" *SCAN* 8: 224~229.

Cashdan, Elizabeth. 1980. "Egalitarianism among hunter-gatherers." *Current Anthropology* 24: 116~110.

Cassidy, Kira A., and Richard T. McIntyre. 2016. "Do gray wolves *(Canis lupus)* support pack mates during aggressive inter-pack interactions?" *Animal Cognition* 19: 937.47; doi: 10.1007/s10071-016-0994-1.

Chacon, R. J., and R. G. Mendoza, eds. 2007. *North American Indigenous Warfare and Ritual Violence*. Tucson: University of Arizona Press.

Chagnon, Napoleon A. 1997. Yanomamo. 5th ed. In *Case Studies in Cultural Anthropology series, ed.* George Spindler and Louise Spindler(Fort Worth, Texas: Harcourt Brace).

Chapais, Bernard. 2015. "Competence and the evolutionary origins of status and power in humans." *Human Nature* 26: 161.83; doi: 10.1007/s12110-015-9227-6.

Chinard, Gilbert. 1931. "Introduction." In *Dialogues curieux entre l'auteur et un sauvage de Bons Sens qui a voyage, et memoires de l'Amerique Septentrionale (Baron Louis Armand de Lom d'Arce Lahontan, 1703.1705)*, edited by Gilbert Chinard(Baltimore: Johns Hopkins University Press).

Choi, Jung-Kyoo, and Samuel Bowles. 2007. "The coevolution of parochial altruism and war." *Science* 318: 636.40.

Chudasama, Yogita, Alicia Izquierdo, and Elisabeth A. Murray. 2009. "Distinct contributions of the amygdala and hippocampus to fear expression." *European Journal of Neuroscience* 30: 2327.37.

Chudek, Maciej, and Joseph Henrich. 2011. "Culture.gene coevolution, norm-psychology and the emergence of human prosociality." *Trends in Cognitive Sciences* 15(5): 218.26.

Cieri, Robert L., Steven E. Churchill, Robert G. Franciscus, Jingzhi Tan, and Brian Hare. 2014. "Craniofacial feminization, social tolerance, and the origins of behavioral modernity." *Current Anthropology* 55: 419.43.

Clark, Gregory. 2007. *A Farewell to Alms. A Brief Economic History of the World*. Princeton and Oxford: Princeton University Press.

Clay, Zanna, Takeshi Furuichi, and Frans B. M. de Waal. 2016. "Obstacles and catalysts to peaceful coexistence in chimpanzees and bonobos." *Behaviour* 153(9.11): 1293.330.

Clay, Zanna, and Klaus Zuberbuhler. 2012. "Communication during sex among female bonobos: Effects of dominance, solicitation and audience." *Scientific Reports* 2: 291.

Clutton-Brock, Juliet. 1992. "How the wild beasts were tamed." *New Scientist* 133(1808): 41.43.

Clutton-Brock, Timothy H., Fiona E. Guinness, and Steven D. Albon. 1982. *Red Deer: Behavior and Ecology of Two Sexes*. Chicago: University of Chicago Press.

Cochran, Gregory, and Henry Harpending. 2009. *The 10,000 Year Explosion: How Civilization Accelerated Human Evolution*. New York: Basic Books.

Coid, J., M. Yang, S. Ullrich, A. Roberts, and R. D. Hare. 2009. "Prevalence and correlates of psychopathic traits in the household population of Great Britain." *International Journal of Law and Psychiatry* 32: 65.73.

Coleman, Julia. 1982. "A new look at the north coast: Fish traps and 'villages.'" In *Coastal Archaeology in Eastern Australia,* edited by Sandra Bowdler(Canberra: Australian National University Press), pp. 1~10.

Collier, Jane F., and Michelle Z. Rosaldo. 1981. "Politics and gender in simple societies." In *Sexual Meanings: The Cultural Construction of Gender and Sexuality,* edited by Sherry B. Ortner and Harriet Whitehead(Cambridge, U.K.: Cambridge University Press), pp. 275~329.

Collins, Randall. 2008. *Violence: A Micro-Sociological Theory.* Princeton, N.J.: Princeton University Press.

————. 2009. "Micro and macro causes of violence." *International Journal of Conflict and Violence* 3(1): 9~22.

Coolidge, Harold J. 1984. "Historical remarks bearing on the discovery of Pan paniscus." In *The Pygmy Chimpanzee,* edited by Randall Susman (New York: Plenum), pp. ix~xiii.

Coppinger, Raymond, and Lorna Coppinger. 2000. *Dogs: A Startling New Understanding of Canine Origin, Behavior, and Evolution.* New York: Scribner.

Corballis, Michael C. 2017. "The evolution of language: Sharing our mental lives." *Journal of Neurolinguistics* 43: 120~132.

Cornell, Dewey G., Janet Warren, Gary Hawk, Ed Stafford, Guy Oram, and Denise Pine. 1996. "Psychopathy in instrumental and reactive violent offenders." *Journal of Consulting and Clinical Psychology* 64: 783~790.

Cowgill, Colleen M., Kimberly Rios, and Ain Simpson. 2017. "Generous heathens? Reputational concerns and atheists' behavior toward Christians in economic games." *Journal of Experimental Social Psychology* 73: 169~179.

Coyne, Jerry A. 2009. *Why Evolution Is True.* New York: Viking.

Craig, Ian W., and Kelly E. Halton. 2009. "Genetics of human aggressive behaviour." *Human Genetics* 126: 101~113.

Creuzet, Sophie E. 2009. "Regulation of pre-otic brain development by the cephalic neural crest." *PNAS* 106: 15774~15779.

Crick, N. R., and K. A. Dodge. 1996. "Social information processing mechanisms in reactive and proactive aggression." *Child Development* 67: 993~1002.

Crockett, Caroline M., and Ranka Sekulic. 1984. "Infanticide in red howler monkeys *(Alouatta seniculus).*" In *Infanticide: comparative and evolutionary perspectives,* edited by G. Hausfater and S. B. Hrdy, pp. 173~191. New York: Aldine.

Crockford, Susan J. 2002. "Animal domestication and heterochronic speciation: the role of thyroid hormone." In *Human Evolution Through Developmental Change,* edited by Nancy Minugh-Purvis and Kenneth McNamara(Baltimore: Johns Hopkins University Press).

Crook, D. Paul. 1994. *Darwinism, War and History: The Debate over the Biology of War from the 'Origin of Species' to the First World War.* Cambridge, U.K.: Cambridge University Press.

Cubaynes, Sarah, Daniel R. MacNulty, Daniel R. Stahler, Kira A. Quimby, Douglas W. Smith, and Tim Coulson. 2014. "Density-dependent intraspecific aggression regulates survival in northern Yellowstone wolves*(Canis lupus).*" *Journal of Animal Ecology* 83: 1344~1356.

Cushman, Fiery, and Liane Young. 2011. "Patterns of moral judgment derive from nonmoral psychological representations." *Cognitive Science* 35(6): 1052~1075; doi: 10.1111/j.1551–6709.2010.01167.x.

Dagg, Anne I. 2000. "The infanticide hypothesis: A response to the response." *American Anthropologist* 102: 831~834.

Dalberg-Acton, John Emerich Edward. 1949. *Essays on Freedom and Power.* Boston, Mass.: Beacon Press.

Daly, Martin, and Margo Wilson. 1988. *Homicide.* Hawthorne, N.Y.: Aldine.

Damasio, Antonio R. 1995. *Descartes' Error: Emotion, Reason, and the Human Brain*. New York: Avon.

Dambacher, Franziska, Teresa Schuhmann, Jill Lobbestael, Arnoud Arntz, Suzanne Brugman, and Alexander T. Sack. 2015. "Reducing proactive aggression through non-invasive brain stimulation." *SCAN* 10: 1303~1309.

Darwin, Charles. 1845 (2005). *Voyage of the Beagle*. In *From So Simple a Beginning: Darwin's Four Great Books*(New York: W. W. Norton).

―――. 1868 *The Variation of Animals and Plants Under Domestication*. London: John Murray.

―――. 1871(2005). *The Descent of Man, and Selection in Relation to Sex*. In *So Simple a Beginning: Darwin's Four Great Books*(New York: W. W. Norton).

―――. 1872(2005). *The Expression of the Emotions in Man and Animals*. In *So Simple a Beginning: Darwin's Four Great Books*(New York: W. W. Norton).

Davidson, Richard J., Katherine M. Putnam, and Christine L. Larson. 2000. "Dysfunction in the neural circuitry of emotion regulation—a possible prelude to violence." *Science* 289: 591~594.

Davie, Maurice R. 1929. *The Evolution of War: A Study of Its Role in Early Societies*. New Haven, Conn.: Yale University Press.

Dawkins, Richard. 1982. *The Extended Phenotype*. Oxford, U.K.: Oxford University Press.

de Almeida, Rosa Maria Martins, João Carlos Centurion Cabral, and Rodrigo Narvaes. 2015. "Behavioural, hormonal and neurobiological mechanisms of aggressive behaviour in human and nonhuman primates." *Physiology & Behavior* 143: 121~135.

de Boer, S. F., B. Olivier, J. Veening, and J. M. Koolhaas. 2015. "The neurobiology of offensive aggression: Revealing a modular view." *Physiology & Behavior* 146: 111~127.

Decety, Jean, Jason M. Cowell, Kang Lee, Randa Mahasneh, Susan Malcolm-Smith, Bilge Selcuk, and Xinyue Zhou. 2015. "The negative association between religiousness and children's altruism across the world." *Current Biology* 25: 2951~2955.

Declercq, F., and Kurt Audenaert. 2011. "Predatory violence aiming at relief in a case of mass murder: Meloy's criteria for applied forensic practice." *Behavioral Sciences and the Law* 29: 578~591.

Dediu, Dan, and Stephen C. Levinson. 2013. "On the antiquity of language: The reinterpretation of Neandertal linguistic capacities and its consequences." *Frontiers in Psychology* 4(307): 1~17.

de Manuel, Marc, Martin Kuhlwilm, Peter Frandsen, Vitor C. Sousa, Tariq Desai, Javier Prado-Martinez, Jessica Hernandez-Rodriguez, et al. 2016. "Chimpanzee genomic diversity reveals ancient admixture with bonobos." *Science* 354: 477~481.

de Quervain, Dominique J.-F., Urs Fischbacher, Valerie Treyer, Melanie Schellhammer, Ulrich Schnyder, Alfred Buck, and Ernst Fehr. 2004. "The neural basis of altruistic punishment." *Science* 305: 1254~1258.

DeScioli, Peter, and Robert Kurzban. 2009. "Mysteries of morality." *Cognition* 112: 281~299.

DeScioli, Peter, and Robert Kurzban. 2013. "A solution to the mysteries of morality." *Psychological Bulletin* 139 (2): 477~496.

Des Pres, Terrence. 1976. *The Survivor: An Anatomy of Life in the Death Camps*. New York: Oxford University Press.

de Waal, F. B. M. 2006. *Primates and Philosophers: How Morality Evolved*. Princeton, N.J.: Princeton University Press.

de Waal, Frans. 1996. *Good Natured: The Origins of Right and Wrong in Humans and Other Animals*. Cambridge, Mass.: Harvard University Press.

Dibble, Harold L., Dennis Sandgathe, Paul Goldberg, Shannon McPherron, and Vera Aldeias. 2018. "Were Western European Neandertals able to make fire?" *Journal of Paleolithic Archaeology* 1 (1): 54~79.

Dirks, Paul H. G. M., Eric M. Roberts, Hannah Hilbert-Wolf, Jan D. Kramers, John Hawks, Anthony Dosseto, Mathieu Duval, et al. 2017. "The age of *Homo naledi* and associated sediments in the Rising Star Cave, South Africa." *eLife* 6: e24231.

Dixon, Norman. 1976. *On the Psychology of Military Incompetence*. London: Jonathan Cape.

Dixson, Alan F. 2012. *Primate Sexuality: Comparative Studies of the Prosimians, Monkeys, Apes and Human Beings*. New York: Oxford University Press.

Dobzhansky, T. 1962. *Mankind Evolving*. New Haven, Conn.: Yale University Press.

Dobzhansky, Theodosius. 1973. "Nothing in biology makes sense except in the light of evolution." *The American Biology Teacher* 35(3): 125~129.

Dodge, Kenneth A., and John D. Coie. 1987. "Social-information-processing factors in reactive and proactive aggression in children's peer groups." *Journal of Personality and Social Psychology* 53 (6): 1146~1158.

Domínguez-Rodrigo, Manuel, and Lucía Cobo-Sánchez. 2017. "A spatial analysis of stone tools and fossil bones at FLK Zinj 22 and PTK I (Bed I, Olduvai Gorge, Tanzania) and its bearing on the social organization of early humans." *Palaeogeography, Palaeoclimatology, Palaeoecology* 488: 21~34.

Drea, Christine M., and A. N. Carter. 2009. "Cooperative problem solving in a social carnivore." *Animal Behaviour* 78: 967~977.

Dreger, Alice. 2011. "Darkness's descent on the American Anthropological Association: A cautionary tale." *Human Nature* 22: 225~246; doi: 10.1007/s12110-011-9103-y.

Duda, Pavel, and Jan Zrzavý. 2013. "Evolution of life history and behavior in Hominidae: Towards phylogenetic reconstruction of the chimpanzee-human last common ancestor." *Journal of Human Evolution* 65: 424~446.

Dugatkin, Lee, and Lyudmila Trut. 2017. *How to Tame a Fox (and Build a Dog): Visionary Scientists and a Siberian Tale of Jump-Started Evolution*. Chicago: University of Chicago Press.

du Picq, Charles Jean Jacques Joseph Ardant. 1921. *Battle Studies: Ancient and Modern Battle*. Translated by John N. Greely and Robert C. Cotton. New York: Macmillan.

Durkheim, Émile. 1902. *The Division of Labor in Society*. New York: Free Press.

Durrleman, Stanley, Xavier Pennec, Alain Trouvé, Nicholas Ayache, and José Braga. 2012. "Comparison of the endocranial ontogenies between chimpanzees and bonobos via temporal regression and spatiotemporal registration." *Journal of Human Evolution* 62: 74~88.

Eliot, T. S., ed. 1941. *A Choice of Kipling's Verse*. London: Faber and Faber.

Elkin, A. P. 1938. *The Australian Aborigines: How to Understand Them*. Sydney: Angus and Robertson.

Ellingson, Ter. 2001. *The Myth of the Noble Savage*. Berkeley: University of California Press.

Engelmann, Jan M., Esther Herrmann, and Michael Tomasello. 2012. "Five-year olds, but not chimpanzees, attempt to manage their reputations." *PLoS ONE* 7(10): e48433.

———. 2016. "The effects of being watched on resource acquisition in chimpanzees and human children." *Animal Cognition* 19: 147~151.

Erdal, David, and Andrew Whiten. 1994. "On human egalitarianism: An evolutionary product of Machiavellian status escalation?" *Current Anthropology* 35: 175~178.

Evin, Allowen, Joseph Owen, Greger Larson, Mélanie Debiais-Thibaud, Thomas Cucchi, Una Strand Vidarsdottir, and Keith Dobney. 2017. "A test for paedomorphism in domestic pig cranial morphology." *Biology Letters* 13: 20170321.

Falk, Dean, and Charles Hildebolt. 2017. "Annual war deaths in small-scale versus state societies scale with population size rather than violence." 58: 805~813.

Fawcett, Katie, and Geresomu Muhumuza. 2000. "Death of a wild chimpanzee community member: Possible outcome of intense sexual competition." *American Journal of Primatology* 51: 243~247.

Feinberg, Matthew, Robb Willer, and Dacher Keltner. 2012. "Flustered and faithful: Embarrassment as a signal of prosociality." *Journal of Personality and Social Psychology* 102(1): 81~97.

Feinstein, Justin S., Ralph Adolphs, Antonio Damasio, and Daniel Tranel. 2011. "The human amygdala and the induction and experience of fear." *Current Biology* 21: 34~38.

Feldblum, Joseph T., Emily E. Wroblewski, Rebecca S. Rudicell, Beatrice H. Hahn, Thais Paiva, Mine Cetinkaya-Rundel, Anne E. Pusey, and Ian C. Gilby. 2014. "Sexually coercive male chimpanzees sire more offspring." *Current Biology* 24: 2855~2860.

Ferguson, R. Brian. 1984. "Introduction." In *Warfare, Culture and Environment,* edited by R. Brian Ferguson(Orlando, Fla.: Academic Press), pp. 1~81.

———. 1997. "Violence and war in prehistory." In *Troubled Times: Violence and Warfare in the Past,* edited by D. Martin and D. Frayer(Amsterdam: Gordon and Breach), pp. 321~355.

———. 2011. "Born to live: Challenging killer myths." In *Origins of Altruism and Cooperation,* edited by R. W. Sussman and C. R. Cloninger(New York: Springer), pp. 249~270.

Ferraro, Joseph V., Thomas W. Plummer, Briana L. Pobiner, James S. Oliver, Laura C. Bishop, David R. Braun, Peter W. Ditchfield, et al. 2013. "Earliest archaeological evidence of persistent hominin carnivory." *PLoS ONE* 8(4): e62174.

Ficks, Courtney A., and Irwin D. Waldman. 2014. "Candidate genes for aggression and antisocial behavior: a meta-analysis of association studies of the 5HTTLPR and MAOAuVNT." *Behavior Genetics* 44: 427~444.

Fischer, David Hackett. 1992. *Albion's Seed: Four British Folkways in America.* New York: Oxford University Press.

Fiske, Alan Page, and Tage Shakti Rai. 2015. *Virtuous Violence: Hurting and Killing to Create, Sustain, End and Honor Social Relationships.* Cambridge, U.K.: Cambridge University Press.

Fitzgerald, F. Scott. 1936. *The Crack-Up.* New York: New Directions.

Flanagan, James G. 1989. "Hierarchy in simple 'egalitarian' societies." *Annual Review of Anthropology* 18: 245~266.

Flannery, Kent, and Joyce Marcus. 2012. *The Creation of Inequality: How Our Prehistoric Ancestors Set the Stage for Monarchy, Slavery and Empire.* Cambridge, Mass.: Harvard University Press.

Flynn, J. P. 1967. "The neural basis of aggression in cats." In *Neurophysiology and Emotion,* edited by D. C. Glass(New York: Rockefeller University Press), pp. 40~60.

Foucault, Michel. 1994. *Power.* Translated by Robert Hurley et al. Edited by Paul Rabinow. Vol. 3, *Essential Works of Foucault 1954–1984.* New York: New Press.

Francis, Richard. 2015. *Domesticated: Evolution in a Man-Made World.* New York: W. W. Norton.

Fraser, David. 2000. *Frederick the Great: King of Prussia.* London: Allen Lane.

Frayer, David W. 1980. "Sexual dimorphism and cultural evolution in the late Pleistocene and Holocene of Europe." *Journal of Human Evolution* 9: 399~415.

Freuchen, Peter. 1935. *Arctic Adventure—My Life in the Frozen North.* New York: Farrar & Rinehart.

Frey, Karin S., Jodi Burrus Newman, and Adaurennaya C. Onyewuenyi. 2014. "Aggressive forms and functions on school playgrounds: profile variations in interaction styles, bystander actions, and victimization." *Journal of Early Adolescence* 34(3): 285~310.

Fried, Morton H. 1967. *The Evolution of Political Society: An Essay in Political Anthropology.* New York: Random House.

Fromm, Erich. 1973. *The Anatomy of Human Destructiveness.* New York: Holt, Rinehart and Winston.

Frost, Peter, and Henry C. Harpending. 2015. "Western Europe, state formation, and genetic pacification." *Evolutionary Psychology* 13(1): 230~243.

Fry, Douglas P. 2006. *The Human Potential for Peace: An Anthropological Challenge to Assumptions About War and Violence.* New York: Oxford University Press.

———, and Patrik Söderberg. 2013. "Lethal aggression in mobile forager bands and implications for the origins of war." *Science* 341: 270~274.

Fuentes, Agustin. 2012. *Race, Monogamy, and Other Lies They Told You.* Berkeley: University of California Press.

Furuichi, Takeshi. 1989. "Social interactions and the life history of female Pan paniscus in Wamba." *International Journal of Primatology* 10:173~197.

———. 2009. "Factors underlying party size differences between chimpanzees and bonobos: A review and hypotheses for future study." *Primates* 50: 197~209.

———. 2011. "Female contributions to the peaceful nature of bonobo society." *Evolutionary Anthropology* 20: 131~142.

Futch, Ovid L. 1999. *History of Andersonville Prison*. Gainesville: University Press of Florida.

Garber, P. A., L. M. Porter, J. Spross, and A. Di Fiore. 2016. "Tamarins: Insights into monogamous and non-monogamous single female social and breeding systems." *American Journal of Primatology* 78: 298~314.

García-Moreno, Claudia, Henrica A. F. M. Jansen, Charlotte Watts, and Mary Ellsberg. 2005. *"WHO Multi-Country Study on Women's Health and Domestic Violence Against Women: Summary Report of Initial Results on Prevalence, Health Outcomes and Women's Responses."* Geneva: World Health Organization.

García-Moreno, Claudia, Christina Pallitto, Karen Devries, Heidi Stöckl, Charlotte Watts, and Naeemah Abrahams. 2013. *Global and Regional Estimates of Violence Against Women: Prevalence and Health Effects of Intimate Partner Violence and Non-partner Sexual Violence*. Geneva, Switzerland: World Health Organization.

Gardner, Brian. 1964. *Up the Line to Death: The War Poets 1914–1918*. London: Methuen.

Gariépy, J., D. Bauer, and R. Cairns. 2001. "Selective breeding for differential aggression in mice provides evidence for heterochrony in social behaviours." *Animal Behaviour* 61: 933~947.

Gat, A. 2006. *War in Human Civilization*. Oxford, U.K.: Oxford University Press.

Gat, Azar. 2015. "Proving communal warfare among hunter-gatherers: The Quasi-Rousseauan Error." *Evolutionary Anthropology* 24: 111~126.

Gavrilets, Sergey, and Laura Fortunato. 2014. "A solution to the collective action problem in between-group conflict with within-group inequality." *Nature Communications* 5: 3256.

Gehlen, Arnold. 1944. *Der Mensch: Seine Natur und seine Stellung in der Welt*. 3rd ed. Berlin: Junker und Dünnhaupt.

Geiger, Madeleine, Allowen Evin, Marcelo R. Sánchez-Villagra, Dominic Gascho, Cornelia Mainini, and Christoph P. E. Zollikofer. 2017. "Neomorphosis and heterochrony of skull shape in dog domestication." *Scientific Reports* 7: 13443.

Gellner, Ernest. 1994. *Conditions of Liberty: Civil Society and Its Rivals*. London: Hamish Hamilton.

Giammarco, Erica A., and Philip A. Vernon. 2015. "Interpersonal guilt and the Dark Triad." *Personality and Individual Differences* 81: 96~101.

Gilby, Ian C., Michael L. Wilson, and Anne E. Pusey. 2013. "Ecology rather than psychology explains co-occurrence of predation and border patrols in male chimpanzees." *Animal Behaviour* 86: 61~74.

Gintis, Herbert, Carel van Schaik, and Christopher Boehm. 2015. "Zoon Politikon: The evolutionary origins of human political systems." *Current Anthropology* 56: 327~353.

Giraud, Tatiana, Jes S. Pedersen, and Laurent Keller. 2002. "Evolution of supercolonies: The Argentine ants of southern Europe." *PNAS* 99 (9): 6075~6079.

Glasse, Robert M. 1968. *Huli of Papua: A Cognatic Descent System*. The Hague, Netherlands: Mouton.

Glowacki, L., and R. Wrangham. 2013. "The role of rewards in motivating participation in simple warfare: A test of the cultural rewards war-risk hypothesis." *Human Nature* 24: 444~460.

Glowacki, Luke, and Richard W. Wrangham. 2015. "Warfare and reproductive success in a tribal population." *PNAS* 112: 348~353; doi: 10.1073/ pnas.1412287112.

Goffman, Erving. 1956. "Embarrassment and social organization." *American Journal of Sociology* 62: 264~271.

Golden, Sam A., Conor Heins, Marco Venniro, Daniele Caprioli, Michelle Zhang, David H. Epstein, and Yavin Shaham. 2017. "Compulsive addiction-like aggressive behavior in mice." *Biological Psychiatry* 82 (4): 239~248.

Goldhagen, Daniel J. 1996. *Hitler's Willing Executioners: Ordinary Germans and the Holo-*

caust. New York: Alfred A. Knopf.

Goldizen, Anne W. 1989. "Social relationships in a cooperatively polyandrous group of tamarins*(Saguinus fuscicollis)." Behavioral Ecology and Sociobiology* 24: 79~89.

Goldstein, Joshua S. 2012. *Winning the War on War: The Decline of Armed Conflict Worldwide.* New York: Plume Books.

Goodall, Jane. 1986. *The Chimpanzees of Gombe: Patterns of Behavior.* Cambridge, Mass.: Harvard University Press.

———. 1999 *Reason For Hope: A Spiritual Journey.* New York: Warner.

Goren-Inbar, N., A. Alperson, M. E. Kislev, O. Simchoni, Y. Melamed, A. Ben-Nun, and E. Werker. 2004. "Evidence of Hominin Control of Fire at Gesher Benot Ya'aqov, Israel." *Science* 304: 725~727.

Goren-Inbar, Naama, Yoel Melamed, Irit Zohar, Kumar Akhilesh, and Shanti Pappu. 2014. "Beneath still waters—multistage aquatic exploitation of *Euryale ferox* (Salisb.) during the Acheulian." *Internet Archaeology* 37; doi: 10.11141/ia.37.1.

———, Gonen Sharon, Nira Alperson-Afil, and Gadi Herzlinger. 2015. "A new type of anvil in the Acheulian of Gesher Benot Ya'aqov, Israel." *Philosophical Transactions of the Royal Society B* 370: 20140353.

Gould, Stephen Jay. 1977. *Ontogeny and Phylogeny.* Cambridge, Mass.: Harvard University Press.

———. 1987. "Freudian slip." *Natural History* 96: 14~21.

———. 1996. *The Mismeasure of Man.* New York: W. W. Norton.

———. 1997. "The exaptive excellence of spandrels as a term and prototype." *PNAS* 94: 10750~10755.

———, and Richard Lewontin. 1979. "The spandrels of San Marco and the Panglossian paradigm: A critique of the adaptationist programme." *Proceedings of the Royal Society B* 205: 581~598.

Gourevitch, P. 1998. *We Wish to Inform You That Tomorrow We Will Be Killed with Our Families.* New York: Farrar, Straus and Giroux.

Grainger, John D. 2007. *Alexander the Great Failure: The Collapse of the Macedonian Empire.* London: Hambledon Continuum.

Graves, Robert. 1929(1960). *Goodbye to All That.* London: Penguin.

Greene, Joshua. 2013. *Moral Tribes: Emotion, Reason, and the Gap Between Us and Them.* New York: Penguin.

Grinker, Roy Richard. 1994. *Houses in the Rainforest: Ethnicity and Inequality Among Farmers and Foragers in Central Africa.* Berkeley: University of California Press.

Grossman, Dave. 1995. *On Killing: The Psychological Costs of Learning to Kill in War and Society.* New York: Little, Brown.

Groves, Colin P. 1989. "Feral mammals of the Mediterranean islands: Documents of early domestication." In *The Walking Larder: Patterns of Domestication, Pastoralism, and Predation,* edited by J. Clutton-Brock(London: Unwin Hyman), pp. 46~58.

Gunz, Philipp, Simon Neubauer, Lubov Golovanova, Vladimir Doronichev, Bruno Maureille, and Jean-Jacques Hublin. 2012. "A uniquely modern human pattern of endocranial development: Insights from a new cranial reconstruction of the Neandertal newborn from Mezmaiskaya." *Journal of Human Evolution* 62: 300~313.

———, Bruno Maureille, and Jean-Jacques Hublin. 2010. "Brain development after birth differs between Neanderthals and modern humans." *Current Biology* 20: R921~22.

Gurven, Michael, W. Allen-Arave, Kim Hill, and A. Magdalena Hurtado. 2000. "'It's a wonderful life': Signaling generosity among the Ache of Paraguay." *Evolution and Human Behavior* 21: 263~282.

Haidt, Jonathan. 2007. "The new synthesis in moral psychology." *Science* 316: 998~1002.

———. 2012. *The Righteous Mind: Why Good People Are Divided by Politics and Religion.* New York: Pantheon.

Haldane, J. B. S. 1956. "The argument from animals to men: An examination of its validity for anthropology." *Journal of the Royal Anthropological Institute of Great Britain and*

Ireland 86: 1~14.

Hamburg, D. A., and M. B. Trudeau, eds. 1981. *Biobehavioral Aspects of Aggression.* New York: Alan R. Liss.

Hamburg, David A. 2002. *No More Killing Fields: Preventing Deadly Conflict.* New York: Rowman and Littlefield.

————. 2010. *Preventing Genocide: Practical Steps Toward Early Detection and Effective Action.* Boulder, Colo.: Paradigm.

Hamlin, J. Kiley, and Karen Wynn. 2011. "Young infants prefer prosocial to antisocial others." *Cognitive Development* 26(1): 30~39.

Hansen, Thomas Blom, and Finn Stepputat. 2006. "Sovereignty revisited." *Annual Review of Anthropology* 35: 295~315.

Hanson, Victor Davis. 2001. *Carnage and Culture: Landmark Battles in the Rise of Western Power.* New York: Doubleday.

Hardy, Karen, Stephen Buckley, Matthew J. Collins, Almudena Estalrrich, Don Brothwell, Les Copeland, Antonio García-Tabernero, et al. 2012. "Neanderthal medics? Evidence for food, cooking, and medicinal plants entrapped in dental calculus." *Naturwissenschaften* 99: 617~26.

Hare, B., and S. Kwetuenda. 2010. "Bonobos voluntarily share their own food with others." *Current Biology* 20: 230~31.

Hare, Brian. 2017. "Survival of the friendliest: *Homo sapiens* evolved via selection for prosociality." *Annual Review of Psychology* 68: 155~86.

————, Michelle Brown, Christina Williamson, and Michael Tomasello. 2002. "The domestication of social cognition in dogs." *Science* 298: 1634~36.

————, Alicia P. Melis, Vanessa Woods, Sara Hastings, and Richard Wrangham. 2007. "Tolerance allows bonobos to outperform chimpanzees on a cooperative task." *Current Biology* 17: 619~23.

————, Irene Plyusnina, Natalie Ignacio, Oleysa Schepina, Anna Stepika, Richard Wrangham, and Lyudmila Trut. 2005. "Social cognitive evolution in captive foxes is a correlated by-product of experimental domestication." *Current Biology* 15: 1~20.

————, Victoria Wobber, and Richard W. Wrangham. 2012. "The self-domestication hypothesis: Bonobos evolved due to selection against male aggression." *Animal Behaviour* 83: 573~585.

Harvati, Katerina. 2007. "100 years of *Homo heidelbergensis*—life and times of a controversial taxon." *Mitteilungen der Gesellschaft für Urgeschichte* 16: 85~94.

Haselhuhn, Michael P., Margaret E. Ormiston, and Elaine M. Wong. 2015. "Men's facial width-to-height ratio predicts aggression: a meta-analysis." *PLoS ONE* 10 (4): e0122637.

Hathaway, Oona A., and Scott J. Shapiro. 2017. "Outlawing war? It actually worked." *New York Times* September 2.

Hauser, Marc D. 2006. *Moral Minds: How Nature Designed Our Universal Sense of Right and Wrong.* New York: HarperCollins.

————, and Jeffrey Watumull. 2017. "The Universal Generative Faculty: The source of our expressive power in language, mathematics, morality, and music." *Journal of Neurolinguistics* 43: 78~94.

Hayden, Brian. 1993. "The cultural capacities of Neandertals: A review and re-evaluation." *Journal of Human Evolution* 24: 113~146.

————. 2012. "Neandertal social structure?" *Oxford Journal of Archaeology* 31(1): 1~26.

————. 2014. *The Power of Feasts: From Prehistory to the Present.* Cambridge, U.K.: Cambridge University Press.

Hearne, Vicki. 1986. *Adam's Task: Calling Animals by Name.* New York: Alfred A. Knopf.

Heider, Karl. 1972. *The Dani of West Irian: An Ethnographic Companion to the Film "Dead Birds."* New York: Warner Modular Publication.

Heider, Karl G. 1997. *Grand Valley Dani: Peaceful Warriors.* New York: Holt, Rinehart and Winston.

Hemmer, H. 1990. *Domestication: The Decline of Environmental Appreciation.* Cambridge,

U.K.: Cambridge University Press.

Henneberg, Maciej. 1998. "Evolution of the human brain: Is bigger better?" *Clinical and Experimental Pharmacology and Physiology* 25: 745~49.

———, and M. Steyn. 1993. "Trends in cranial capacity and cranial index in Subsaharan Africa during the Holocene." *American Journal of Human Biology* 5: 473~479.

Henrich, Joseph. 2016. *The Secret of Our Success: How Culture Is Driving Human Evolution, Domesticating Our Species, and Making Us Smarter.* Princeton, N.J.: Princeton University Press.

Henzi, Peter, and Louise Barrett. 2003. "Evolutionary ecology, sexual conflict, and behavioral differentiation among baboon populations." *Evolutionary Anthropology* 12: 217~230.

Herculano-Houzel, Suzana. 2016. *The Human Advantage: A New Understanding of How Our Brain Became Remarkable.* Boston: MIT Press.

Herdt, Gilbert. 1987. *The Sambia: Ritual and Gender in New Guinea.* Fort Worth, Texas: Harcourt Brace Jovanovich.

Herrera, Ana M., Patricia L. R. Brennan, and Martin J. Cohn. 2015. "Development of avian external genitalia: Interspecific differences and sexual differentiation of the male and female phallus." *Sexual Development* 9(1): 43~52.

Hess, Nicole, Courtney Helfrecht, Edward Hagen, Aaron Sell, and Barry Hewlett. 2010. "Interpersonal aggression among Aka hunter-gatherers of the Central African Republic: Assessing the effects of sex, strength, and anger." *Human Nature* 21: 330~354.

Hiatt, Les R. 1996. *Arguments About Aborigines: Australia and the Evolution of Social Anthropology.* New York: Cambridge University Press.

Higham, Tom, Katerina Douka, Rachel Wood, Christopher Bronk Ramsey, Fiona Brock, Laura Basell, Marta Camps, et al. 2014. "The timing and spatiotemporal patterning of Neanderthal disappearance." *Nature* 512: 306~309.

Hinde, Robert, and Joseph Rotblat. 2003. *War No More: Eliminating Conflict in the Nuclear Age.* London: Pluto Press.

Hinde, Robert A. 2008. *Ending War: A Recipe.* Nottingham, U.K.: Spokesman.

Hines, Melissa. 2011. "Prenatal endocrine influences on sexual orientation and on sexually differentiated childhood behavior." *Frontiers in Neuroendocrinology* 32: 170~82.

Hinton, Alexander L. 2005. *Why Did They Kill? Cambodia in the Shadow of Genocide.* Berkeley: University of California Press.

Hoebel, E. Adamson. 1954. *The Law of Primitive Man: A Study in Comparative Legal Dynamics.* Cambridge, Mass.: Harvard University Press.

Hoffman, Carl. 2014. *Savage Harvest: A Tale of Cannibals, Colonialism, and Michael Rockefeller's Tragic Quest for Primitive Art.* New York: William Morrow.

Hoffman, Moshe, Erez Yoeli, and Carlos David Navarrete. 2016. "Game theory and morality." In *The Evolution of Morality,* edited by T. K. Shackelford and R. D. Hansen, 289~316. New York: Springer.

Hood, Bruce. 2014. *The Domesticated Brain.* London: Penguin.

Hrdy, S. B. 1977. *The Langurs of Abu.* Cambridge, Mass.: Harvard University Press.

Hrdy, Sarah B. 2014. "Development plus social selection in the emergence of 'emotionally modern' humans." In *Origins and Implications of the Evolution of Childhood,* edited by C. L. Meehan and A. N. Crittenden(Santa Fe, N.Mex.: SAR Press).

Hrdy, Sarah Blaffer. 2009. *Mothers and Others: The Evolutionary Origins of Mutual Understanding.* Cambridge, Mass.: Harvard University Press.

Hublin, Jean-Jacques, Abdelouahed Ben-Ncer, Shara E. Bailey, Sarah E. Fredline, Simon Neubauer, Matthew M. Skinner, Inga Bergmann, et al. 2017. "New fossils from Jebel Irhoud, Morocco and the pan-African origin of *Homo sapiens.*" *Nature* 546: 289~92.

———, Simon Neubauer, and Philipp Gunz. 2015. "Brain ontogeny and life history in Pleistocene hominins." *Philosophical Transactions of the Royal Society B* 370: 20140062.

Huck, Maren, Petra Löttker, Uta-Regina Böhle, and Eckhard W. Heymann. 2005. "Paternity and kinship patterns in polyandrous moustached tamarins(*Saguinus mystax*)." *American Journal of Physical Anthropology* 127: 449~464.

Hughes, Joelene, and David W. Macdonald. 2013. "A review of the interactions between free-roaming domestic dogs and wildlife." *Biological Conservation* 157: 341~351.

Hutchinson, J. Robert. 1898. *The Romance of a Regiment: Being the True and Diverting Story of the Giant Grenadiers of Potsdam, How They Were Caught and Held in Captivity 1713–1740*. London: Sampson Low.

Huxley, Aldous. 1939. *After Many a Summer Dies the Swan*. New York: Harper and Row.

Huxley, Thomas Henry. 1863(1959). *Man's Place in Nature*. Ann Arbor, Mich.: Ann Arbor Paperbacks.

Hylander, William L. 2013. "Functional links between canine height and jaw gape in catarrhines with special reference to early hominins." *American Journal of Physical Anthropology* 150: 247~259.

Isen, Joshua D., Matthew K. McGue, and William G. Iacono. 2015. "Aggressive-antisocial boys develop into physically strong young men." *Psychological Science* 26(4): 444~455.

Ishikawa, S. S., A. Raine, T. Lencz, S. Bihrle, and L. LaCasse. 2001. "Increased height and bulk in antisocial personality disorder and its subtypes." *Psychiatry Research* 105(3): 211~219.

Jensen, Keith, Josep Call, and Michael Tomasello. 2007. "Chimpanzees are rational maximizers in an ultimatum game." *Science* 318: 107~109.

———. 2013. "Chimpanzee responders still behave like rational maximizers." *PNAS* 110 (20): E1837.

Johnson, Dominic D. P. 2004. *Overconfidence and War: The Havoc and Glory of Positive Illusions*. Cambridge, Mass.: Harvard University Press.

———, and Niall J. MacKay. 2015. "Fight the power: Lanchester's laws of combat in human evolution." *Evolution and Human Behavior* 36(2): 152~163.

———, and Bradley Thayer. 2016. "The evolution of offensive realism: Survival under anarchy from the Pleistocene to the present." *Politics and the Life Sciences* 35(1): 1~26.

———, and Monica Duffy Toft. 2014. "Grounds for war: The evolution of territorial conflict." *International Security* 38: 7~38.

Johnson, Samuel. 1771(1913). "Thoughts on the late transactions respecting Falkland's Islands." In *The Works of Samuel Johnson*. Troy, N.Y.: Pafraets & Co.

Joly, Marine, Jerome Micheletta, Arianna De Marco, Jan A. Langermans, Elisabeth H. M. Sterck, and Bridget M. Waller. 2017. "Comparing physical and social cognitive skills in macaque species with different degrees of social tolerance." *Proceedings of the Royal Society B* 284: 20162738.

Junger, Sebastian. 2016. *Tribe: On Homecoming and Belonging*. New York: Grand Central Publishing.

Kaburu, S. S. K., S. Inoue, and N. E. Newton-Fisher. 2013. "Death of the alpha: Within-community lethal violence among chimpanzees of the Mahale Mountains National Park." *American Journal of Primatology* 75: 789~797.

Kagan, Jerome. 1994. *Galen's Prophecy: Temperament in Human Nature*. New York: Westview Press.

Kaiser, Sylvia, Michael B. Hennessy, and Norbert Sachser. 2015. "Domestication affects the structure, development and stability of biobehavioural profiles." *Frontiers in Zoology* 12(suppl. 1): S19.

Kalikow, Theodora J. 1983. "Konrad Lorenz's ethological theory: Explanation and ideology, 1938–1943." *Journal of the History of Biology* 16(1): 39~73.

Kano, Takayoshi. 1992. *The Last Ape: Pygmy Chimpanzee Behavior and Ecology*. Stanford, Calif.: Stanford University Press.

Keedy, Edwin R. 1949. "History of the Pennsylvania Statute creating degrees of murder." *University of Pennsylvania Law Review* 97(6): 759~777.

Keegan, John. 1976. *The Face of Battle: A Study of Agincourt, Waterloo and the Somme*. London: Jonathan Cape.

———. 1999. *The First World War*. New York: Alfred A. Knopf.

Keeley, Lawrence H. 1996. *War Before Civilization*. New York: Oxford University Press.

Kelley, Jay. 1995. "Sexual dimorphism in canine shape among extant great apes." *American Journal of Physical Anthropology* 96(4): 365~389.

Kelly, Raymond C. 1993. *Constructing Inequality: The Fabrication of a Hierarchy of Virtue Among the Etoro.* Ann Arbor: University of Michigan Press.

―――. 2000. *Warless Societies and the Origins of War.* Ann Arbor: University of Michigan Press.

―――. 2005. "The evolution of lethal intergroup violence." *PNAS* 102(43): 15294~15298.

Kelly, Robert L. 1995. *The Foraging Spectrum: Diversity in Hunter-Gatherer Lifeways.* Washington, D.C.: Smithsonian Institution.

Keltner, Dacher. 2009. *Born to Be Good: The Science of a Meaningful Life.* New York: W. W. Norton.

Kim, Tong-Hyung. 2015. "South Korea says Kim Jong Un has executed 70 officials in 'Reign of Terror.'" *Huffington Post,* July 9.

Klein, Richard G. 2017. "Language and human evolution." *Journal of Neurolinguistics* 43: 204~221.

Knauft, Bruce M. 1985. *Good Company and Violence: Sorcery and Social Action in a Lowland New Guinea Society.* Berkeley: University of California Press.

―――. 1991. "Violence and sociality in human evolution." *Current Anthropology* 32: 391~428.

―――. 2009. *The Gebusi: Lives Transformed in a Rainforest World.* New York: Mc-Graw-Hill.

Kornbluh, Peter, ed. 1998. *Bay of Pigs Declassified: The Secret Report on the Invasion of Cuba.* New York: New Press.

Kruska, D. 1988. "Mammalian domestication and its effects on brain structure and behavior." In *The Evolutionary Biology of Intelligence,* edited by H. J. Jerison and I. Jerison(Berlin, Heidelberg: Springer), pp. 211~250.

Kruska, D. C. T., and V. E. Sidorovich. 2003. "Comparative allometric skull morphometrics in mink (*Mustela vison* Schreber, 1777) of Canadian and Belarus origin: Taxonomic status." *Mammalian Biology* 68: 257~276.

Kruska, Dieter. 2014. "Comparative quantitative investigations on brains of wild cavies *(Cavia aperea)* and guinea pigs(*Cavia aperea* f. porcellus): A contribution to size changes of CNS structures due to domestication." *Mammalian Biology* 79: 230~239.

Kruska, Dieter C. T., and Katja Steffen. 2013. "Comparative allometric investigations on the skulls of wild cavies *(Cavia aperea)* versus domesticated guinea pigs (*C. aperea* f. porcellus) with comments on the domestication of this species." *Mammalian Biology* 78: 178~186.

Kübler, Simon, Peter Owenga, Sally C. Reynolds, Stephen M. Rucina, and Geoffrey C. P. King. 2015. "Animal movements in the Kenya Rift and evidence for the earliest ambush hunting by hominins." *Scientific Reports* 5: 14011.

Künzl, Christine, Sylvia Kaiser, Edda Meier, and Norbert Sachser. 2003. "Is a wild mammal kept and reared in captivity still a wild animal?" *Hormones and Behavior* 43: 187~196.

―――, and Norbert Sachser. 1999. "The behavioral endocrinology of domestication: A comparison between the domestic guinea pig (*Cavia aperea f. porcellus)* and its wild ancestor, the cavy(*Cavia aperea).*" *Hormones and Behavior* 35: 28~37.

Kurzban, Robert, and Mark R. Leary. 2001. "Evolutionary origins of stigmatization: The functions of social exclusion." *Psychological Bulletin* 127(2): 187~208.

LaFave, Wayne R., and Austin W. Scott, Jr. 1986. *Criminal Law.* 2nd ed. St. Paul, Minn.: West

Lahr, Marta Mirazón, F. Rivera, R. K. Power, A. Mounier, B. Copsey, F. Crivellaro, J. E. Edung, et al. 2016. "Inter-group violence among early Holocene hunter-gatherers of West Turkana, Kenya." *Nature* 529(7586): 394~98.

Langergraber, Kevin E., Kay Prüfer, Carolyn Rowney, Christophe Boesch, Catherine Crockford, Katie Fawcett, Eiji Inouef, et al. 2012. "Generation times in wild chimpanzees and gorillas suggest earlier divergence times in great ape and human evolution." *PNAS* 109(39): 15716~15721; doi: 10.1073/pnas.1211740109.

————, Grit Schubert, Carolyn Rowney, R. Wrangham, Zinta Zommers, and Linda Vigilant. 2011. "Genetic differentiation and the evolution of cooperation in chimpanzees and humans." *Proceedings of the Royal Society B* 278: 2546~2552.

Leach, Helen. 2003. "Human domestication reconsidered." *Current Anthropology* 44: 349~368.

Lee, Richard B. 1969. "Eating Christmas in the Kalahari." *Natural History* 78: 14~22; 60~63.

————. 1979. *The !Kung San: Men, Women and Work in a Foraging Society.* Cambridge, U.K.: Cambridge University Press.

————. 1984. *The Dobe !Kung.* New York: Holt, Rinehart and Winston.

————. 2014. "Hunter-gatherers on the best-seller list: Steven Pinker and the 'Bellicose School's' treatment of forager violence." *Journal of Aggression, Conflict and Peace Research* 6(4): 216~228.

Lefevre, C. E., G. J. Lewis, D. I. Perrett, and L. Penke. 2013. "Telling facial metrics: Facial width is associated with testosterone levels in men." *Evolution and Human Behavior* 34(4): 273~279.

Lescarbot, Marc. 1609. *Nova Francia: A Description of Arcadia.* Translated by P. Erondelle. London: Routledge, 1928.

Lewejohann, Lars, Thorsten Pickel, Norbert Sachser, and Sylvia Kaiser. 2010. "Wild genius—domestic fool? Spatial learning abilities of wild and domestic guinea pigs." *Frontiers in Zoology* 7(9): 1~8.

Li, Caixia, Manhong Jia, Yanling Ma, Hongbing Luo, Qi Li, Yumiao Wang, Zhenhui Li, et al. 2016. "The relationship between digit ratio and sexual orientation in a Chinese Yunnan Han population." *Personality and Individual Differences* 101: 26~29.

Liberman, Kenneth. 1985. *Understanding Interaction in Central Australia: An Ethnomethodological Study of Australian Aboriginal People.* Boston: Routledge and Kegan Paul.

Librado, Pablo, Cristina Gamba, Charleen Gaunitz, Clio Der Sarkissian, Mélanie Pruvost, Anders Albrechtsen, Antoine Fages, et al. 2017. "Ancient genomic changes associated with domestication of the horse." *Science* 356: 442~445.

Lieberman, Daniel E. 2008. "Speculations about the selective basis for modern human craniofacial form." *Current Anthropology* 17: 55~68.

————. 2013. *The Story of the Human Body: Evolution, Health, and Disease.* New York: Pantheon.

————, Brandeis M. McBratney, and Gail Krovitz. 2002. "The evolution and development of cranial form in *Homo sapiens.*" *PNAS* 99: 1134~1139.

Lieberman, D. E., J. Carlo, M. Ponce de León, and C. Zollikofer. 2007. "A geometric morphometric analysis of heterochrony in the cranium of chimpanzees and bonobos." *Journal of Human Evolution* 52: 647~662.

Limolino, Mark V. 2005. "Body size evolution in insular vertebrates: Generality of the island rule." *Journal of Biogeography* 32: 1683~1699.

Liu, Xiling, Dingding Han, Mehmet Somel, Xi Jiang, Haiyang Hu, Patricia Guijarro, Ning Zhang, et al. 2016. "Disruption of an evolutionarily novel synaptic expression pattern in autism." *PLoS Biology* 14(9): e1002558.

————, Mehmet Somel, Lin Tang, Zheng Yan, Xi Jiang, Song Guo, Yuan Yuan, et al. 2012. "Extension of cortical synaptic development distinguishes humans from chimpanzees and macaques." *Genome Research* 22(4): 611~622.

Lopez, Anthony C. 2016. "The evolution of war: Theory and controversy." *International Theory* 8(1): 97~139.

————. 2017. "The evolutionary psychology of war: Offense and defense in the adapted mind." *Evolutionary Psychology* 15(4): 1~23; doi: 10.1177/1474704917742720.

————, Rose McDermott, and Michael Bang Petersen. 2011. "States in mind: Evolution, coalitional psychology, and international politics." *International Security* 36: 48~83.

Lord, C. G., L. Ross, and M. R. Lepper. 1979. "Biased assimilation and attitude polarization: The effects of prior theories on subsequently considered evidence." *Journal of Personality and Social Psychology* 37(11): 2098~2109.

Lord, Kathryn. 2013. "A comparison of the sensory development of wolves *(Canis lupus lupus)* and dogs*(Canis lupus familiaris)." Ethology* 119: 110~120.

———, Mark Feinstein, Bradley Smith, and Raymond Coppinger. 2013. "Variation in reproductive traits of members of the genus Canis with special attention to the domestic dog*(Canis familiaris)." Behavioral Processes* 92: 131~142.

Lorenz, Konrad. 1966. *On Aggression.* New York: Harcourt Brace.

Lorenz, Konrad Z. 1940. "Durch Domestikation verursachte Störungen arteigener Verhalten." *Zeitschrift für angewandte Psychologie und Charakterkunde* 59: 1~81.

———. 1943. "Die angeborenen Formen möglicher Erfahrung." *Zeitschrift für Tierpsychologie* 5: 235~409.

Losos, Jonathan B., and Robert E. Ricklefs. 2009. "Adaptation and diversification on islands." *Nature* 457: 830~837.

Lothrop, S. K. 1928. *The Indians of Tierra del Fuego.* New York: Museum of the American Indian, Heye Foundation.

Lourandos, Harry. 1997. *Continent of Hunter-Gatherers.* Cambridge, U.K.: Cambridge University Press.

Lovejoy, C. Owen. 2009. "Reexamining human origins in light of *Ardipithecus ramidus." Science* 326: 74e1~74e8.

Lovisek, Joan A. 2007. "Aboriginal warfare on the Northwest Coast: Did the potlatch replace warfare?" In *North American Indigenous Warfare and Ritual Violence,* edited by Richard J. Chacon and Rubén G. Mendoza(Tucson: University of Arizona Press), pp. 58~73.

Lukas, Dieter, and Elise Huchard. 2014. "The evolution of infanticide by males in mammalian societies." *Science* 346: 841~844.

MacHugh, David E., Greger Larson, and Ludovic Orlando. 2017. "Taming the past: Ancient DNA and the study of animal domestication." *Annual Review of Animal Biosciences* 5: 329~351.

MacLean, Evan L., Brian Hare, Charles L. Nunn, Elsa Addessi, Federica Amici, Rindy C. Anderson, Filippo Aureli, et al. 2014. "The evolution of self-control." *PNAS* 111: E2140~48.

Malmkvist, Jens, and Steffen W. Hansen. 2002. "Generalization of fear in farm mink, *Mustela vison,* genetically selected for behaviour towards humans." *Animal Behaviour* 64: 487~501.

Malone, Paul. 2014. *The Peaceful People: The Penan and Their Fight for the Forest.* Petaling Jaya, Malaysia: Strategic Information and Research Development Centre.

Manjila, Sunil, Gagandeep Singh, Ayham M. Alkhachroum, and Ciro Ramos-Estebanez. 2015. "Understanding Edward Muybridge: Historical review of behavioral alterations after a 19th-century head injury and their multifactorial influence on human life and culture." *Neurosurgical Focus* 39(1): E4.

Manson, Joseph H., Julie Gros-Louis, and Susan Perry. 2004. "Three apparent cases of infanticide by males in wild white-faced capuchins*(Cebus capucinus)." Folia primatologica* 75: 104~106.

Marean, Curtis W. 2015. "An evolutionary anthropological perspective on modern human origins." *Annual Review of Anthropology* 44: 533~556.

Marks, Jonathan. 2002. *What It Means to Be 98% Chimpanzee.* Berkeley: University of California Press.

Marlowe, Frank. 2002. "Why the Hadza are still hunter-gatherers." In *Ethnicity, Hunter-Gatherers, and the "Other": Association or Assimilation in Africa,* edited by Sue Kent(Washington, D.C.: Smithsonian Institution Press), pp. 247~275.

Marlowe, Frank W. 2004. "What explains Hadza food sharing?" *Economic Anthropology* 23: 69~88.

———. 2005. "Hunter-gatherers and human evolution." *Evolutionary Anthropology* 14: 54~67.

Mashour, George A., Erin E. Walker, and Robert L. Martuza. 2005. "Psychosurgery: Past, present, and future." *Brain Research Reviews* 48: 409~419.

Mathew, Sarah, and Robert Boyd. 2011. "Punishment sustains large-scale cooperation in prestate warfare." *PNAS* 108: 11375~11380.

McCrae, Robert R., and Paul T. Costa. 1997. "Personality trait structure as a human universal." *American Psychologist* 52(5): 509~516.

McDermott, Rose, Dustin Tingley, Jonathan Cowden, Giovanni Frazzetto, and Dominic D. P. Johnson. 2009. "Monoamine oxidase A gene (MAOA) predicts behavioral aggression following provocation." PNAS 106(7): 2118~2123.

McDonald, Melissa M., Carlos David Navarrete, and Mark Van Vugt. 2012. "Evolution and the psychology of intergroup conflict: The male warrior hypothesis." *Philosophical Transactions of the Royal Society B* 367: 670~679.

McIntyre, Matthew H., Esther Herrmann, Victoria Wobber, Michel Halbwax, Crispin Mohamba, Nick de Sousa, Rebeca Atencia, Debby Cox, and Brian Hare. 2009. "Bonobos have a more human-like second-to-fourth finger length ratio (2D:4D) than chimpanzees: A hypothesized indication of lower prenatal androgens." *Journal of Human Evolution* 56: 361~365.

Mead, Margaret. 1954. "Some theoretical considerations on the problem of mother-child separation." *American Journal of Orthopsychiatry* 24: 471~483.

Mech, L. David, L. G. Adams, T. J. Meier, J. W. Burch, and B. W. Dale. 1998. *The Wolves of Denali*. Minneapolis: University of Minnesota Press.

———, Shannon M. Barber-Meyer, and John Erb. 2016. "Wolf *(Canis lupus)* generation time and proportion of current breeding females by age." *PLoS ONE* 11(6): e0156682.

Meggitt, M. J. 1965. "Marriage among the Walbiri of central Australia: A statistical examination." In *Aboriginal Man in Australia*, edited by Ronald M. Berndt and Catherine H. Berndt(Sydney: Angus and Robertson), pp. 146~166.

Melamed, Yoel, Mordechai E. Kisleva, Eli Geffen, Simcha Lev-Yadunc, and Naama Goren-Inbar. 2016. "The plant component of an Acheulian diet at Gesher Benot Ya'aqov, Israel." *PNAS* 113(51): 14674~14679.

Melis, Alicia P., Brian Hare, and Michael Tomasello. 2006. "Engineering cooperation in chimpanzees: Tolerance constraints on cooperation." *Animal Behaviour* 72: 275~286.

Meloy, J. Reid. 2006. "Empirical basis and forensic application of affective and predatory violence." *Australian and New Zealand Journal of Psychiatry* 40: 539~547.

Mencken, H. L. 1949. *A Mencken Chrestomathy*. New York: Alfred A. Knopf.

Mighall, Robert. 2002. "Introduction." In *Robert Louis Stevenson: The Strange Case of Dr. Jekyll and Mr. Hyde, and Other Tales of Terror*, edited by Robert Mighall (London: Penguin), pp. ix~xlii.

Miller, Daniel J., Tetyana Duka, Cheryl D. Stimpson, Steven J. Schapiro, Wallace B. Bazeb, Mark J. McArthur, Archibald J. Fobbs, et al. 2012. "Prolonged myelination in human neocortical evolution." *PNAS* 109(41): 16480~16485.

Mitani, J. C., D. P. Watts, and S. J. Amsler. 2010. "Lethal intergroup aggression leads to territorial expansion in wild chimpanzees." *Current Biology* 20: R507~8.

Mitteroecker, Philipp, Philipp Gunz, Markus Bernhard, Katrin Schaefer, and Fred L. Bookstein. 2004. "Comparison of cranial ontogenetic trajectories among great apes and humans." *Journal of Human Evolution* 46: 679~698.

Mohnot, S. M. 1971. "Some aspects of social changes and infant-killing in the Hanuman langur, Presbytis entellus(Primates: Cercopithecidae), in Western India." *Mammalia* 35: 175~198.

Montague, Michael J., Gang Li, Barbara Gandolfi, Razib Khan, Bronwen L. Aken, Steven M. J. Searle, Patrick Minx, et al. 2014. "Comparative analysis of the domestic cat genome reveals genetic signatures underlying feline biology and domestication." *PNAS* 111 (48): 17230~17325.

Moorjani, Priya, Carlos Eduardo G. Amorim, Peter F. Arndt, and Molly Przeworski. 2016. "Variation in the molecular clock of primates." *PNAS* 113 (38): 10607~10612.

Moran, John. 2007. *The Anatomy of Courage*. London: Robinson.

Morgenthau, Hans. 1973. *Politics Among Nations*. New York: Alfred A. Knopf.

Morris, N., and D. J. Rothman, eds. 1995. *Oxford History of the Prison: The Practice of Punishment in Western Society*. New York: Oxford University Press.

Morrison, Rachel, and Diana Reiss. 2018. "Precocious development of self-awareness in dolphins." *PLoS ONE* 13(1): e0189813; doi: 10.1371/journal.phone.0189813.

Muller, Martin N. 2002. "Agonistic relations among Kanyawara chimpanzees." In *Behavioural Diversity in Chimpanzees and Bonobos*, edited by Christophe Boesch, Gottfried Hohmann, and Linda Marchant(Cambridge, U.K.: Cambridge University Press), pp. 112~124.

———, and David R. Pilbeam. 2017. "Evolution of the human mating system." In *Chimpanzees and Human Evolution*, edited by M. N. Muller, R. W. Wrangham, and D. R. Pilbeam(Cambridge, Mass.: Harvard University Press), pp. 328~426.

———, M. Emery Thompson, Sonya M. Kahlenberg, and Richard W. Wrangham. 2011. "Sexual coercion by male chimpanzees shows that female choice may be more apparent than real." *Behavioral Ecology and Sociobiology* 65: 921~933.

———, and Richard W. Wrangham. 2004. "Dominance, aggression and testosterone in wild chimpanzees: A test of the 'challenge hypothesis.'" *Animal Behaviour* 67: 113~123.

Murphy, R. F. 1957. "Intergroup hostility and social cohesion." *American Anthropologist* 59: 1018~1035.

Muscarella, Frank. 2000. "The evolution of homoerotic behavior in humans." *Journal of Homosexuality* 40(1): 51~77.

Myers Thompson, Jo A. 2001. "On the nomenclature of Pan paniscus." *Primates* 42(2): 101~111.

Naef, Albert. 1926. "Über die Urformen der Anthropomorphen und die and the phylogeny of human impairment.") *Naturwissenschaften* 14: 472~77. (Article in German.)

Nash, George. 2005. "Assessing rank and warfare strategy in prehistoric hunter-gatherer society: A study of representational warrior figures in rock-art from the Spanish Levant." In *Warfare, Violence and Slavery in Prehistory*, edited by M. Parker Pearson and I. J. N. Thorpe(Oxford, U.K.: Archaeopress), pp. 75~86.

Nelson, Walter H. 1970. *The Soldier Kings: The House of Hohenzollern*. New York: G. P. Putnam.

Nesse, Randolph M. 2007. "Runaway social selection for displays of partner value and altruism." *Biological Theory* 2(2): 143~55.

———. 2010. "Social selection and the origins of culture." In *Evolution, Culture, and the Mind*, edited by Mark Schaller, Ara Norenzayan, Steven J. Heine, Toshio Yamagishi, and Tatsuya Kameda(New York: Psychology Press), pp. 137~50.

Nettle, Daniel, Katherine A. Cronin, and Melissa Bateson. 2013. "Responses of chimpanzees to cues of conspecific observation." *Animal Behaviour* 86: 595~602.

Neumann, Craig S., Robert D. Hare, and Dustin A. Pardini. 2015. "Antisociality and the Construct of Psychopathy: Data from Across the Globe." *Journal of Personality* 83(66): 678~692.

Nielsen, Rasmus, Joshua M. Akey, Mattias Jakobsson, Jonathan K. Pritchard, Sarah Tishkoff, and Eske Willerslev. 2017. "Tracing the peopling of the world through genomics." *Nature* 541: 302~310.

Nikulina, E. M. 1991. "Neural control of predatory aggression in wild and domesticated animals." *Neuroscience & Biobehavioral Reviews* 15: 545~547.

Nisbett, Alec. 1976. *Konrad Lorenz*. New York: Harcourt Brace Jovanovich.

Nishida, Toshisada. 1996. "The death of Ntologi, the unparalleled leader of M group." *Pan Africa News* 3: 4.

———. 2012. *Chimpanzees of the Lakeshore: Natural History and Culture at Mahale*. New York: Cambridge University Press.

———, K. Hosaka, Michio Nakamura, and M. Hamai. 1995. "A within-group gang attack on a young adult male chimpanzee: Ostracism of an ill-mannered member?" *Primates* 36: 207~211.

Nowak, Katarzyna, Andrea Cardini, and Sarah Elton. 2008. "Evolutionary acceleration and divergence in *Procolobus kirkii*." *International Journal of Primatology* 29: 1313~1339.

Nowak, Martin A., Corina E. Tarnita, and Edward O. Wilson. 2010. "The evolution of eusociality." *Nature* 466: 1057~1062.

Oftedal, Olav Y. 2012. "The evolution of milk secretion and its ancient origins." *Animal* 6(3): 355~368.

Oka, Rahul C., Marc Kissel, Mark Golitko, Susan Guise Sheridan, Nam C. Kim, and Agustín Fuentes. 2017. "Population is the main driver of war group size and conflict casualties." *PNAS* 114(52): E11101~10.

Okada, Daijiro, and Paul M. Bingham. 2008. "Human uniqueness—self-interest and social cooperation." *Journal of Theoretical Biology* 253: 261~270.

Orwell, George. 1938. *Homage to Catalonia*. London: Secker and Warburg.

Otterbein, Keith F. 1986. *The Ultimate Coercive Sanction: A Cross-Cultural Study of Capital Punishment*. New Haven, Conn.: HRAF Press.

―――. 2004. *How War Began*. College Station: Texas A&M University Press.

Overy, Richard. 2009. *The Twilight Years: The Paradox of Britain Between the Wars*. New York: Viking.

Painter, Nell Irvin. 2010. *The History of White People*. New York: W. W. Norton.

Palagi, Elisabetta. 2006. "Social play in bonobos *(Pan paniscus)* and chimpanzees *(Pan troglodytes)*: Implications for natural social systems and interindividual relationships." *American Journal of Physical Anthropology* 129: 418~426.

Pallitto, Christina, and Claudia García-Moreno. 2013. "Intimate partner violence and its measurement: Global considerations." In *Family Problems and Family Violence*, edited by Steven R. H. Beach, Richard E. Heyman, Amy Smith Slep, and Heather M. Foran(New York: Springer), pp. 15~32.

Palombit, Ryne A. 2012. "Infanticide: Male strategies and female counterstrategies." In *The Evolution of Primate Societies*, edited by John C. Mitani, Josep Call, Peter M. Kappeler, Ryne A. Palombit, and Joan B. Silk(Chicago: University of Chicago Press), pp. 432~468.

Paquin, Stephane, Eric Lacourse, Mara Brendgen, Frank Vitaro, Ginette Dionne, Richard E. Tremblay, and Michel Boivin. 2014. "The genetic-environmental architecture of proactive and reactive aggression throughout childhood." *Monatsschrift für Kriminologie und Strafrechtsreform* 97(5~6): 398~420.

Parish, Amy M. 1994. "Sex and food control in the 'Uncommon Chimpanzee': How bonobo females overcome a phylogenetic legacy of male dominance." *Ethology and Sociobiology* 15: 157~179.

Parry, Richard Lloyd. 1998. "What young men do." *Granta* 62: 83~124.

Payn, Graham, and Sheridan Morley, eds. 1982. *The Nöel Coward Diaries*. London: Papermac.

Pearce, Eiluned, Chris Stringer, and R. I. M. Dunbar. 2013. "New insights into differences in brain organization between Neanderthals and anatomically modern humans." *Proceedings of the Royal Society B* 280: 20130168.

Pendleton, Amanda L., Feichen Shen, Angela M. Taravella, Sarah Emery, Krishna R. Veeramah, Adam R. Boyko, and Jeffrey M. Kidd. 2018. "Comparison of village dog and wolf genomes highlights therole of the neural crest in dog domestication." *BMC Biology, in press. doi:* 10 .1186/s12915-018-0535-2.

Peplau, Letitia Anne, and Adam W. Fingerhut. 2007. "The close relationships of lesbians and gay men." *Annual Review of Psychology* 58: 405~424.

Perry, Susan, and Joseph H. Manson. 2008. *Manipulative Monkeys: The Capuchins of Lomas Barbudal*. Cambridge, Mass.: Harvard University Press.

Peterson, Dale. 2011. *The Moral Lives of Animals*. New York: Bloomsbury.

Phillips, Herbert P. 1965. *Thai Peasant Personality: The Patterning of Interpersonal Behavior in the Village of Bang Chan*. Berkeley: University of California Press.

Phillips, Tim, Jiawei Li, and Graham Kendall. 2014. "The effects of extra-somatic weapons on the evolution of human cooperation towards non-kin." *PLoS ONE* 9(5): e95742.

Pickering, Travis R. 2013. *Rough and Tumble: Aggression, Hunting and Human Evolution*.

Berkeley: University of California Press.

Pilbeam, David R., and Daniel E. Lieberman. 2017. "Reconstructing the Last Common Ancestor of chimpanzees and humans." In *Chimpanzees and Human Evolution*, edited by M. N. Muller, D. R. Pilbeam, and R. W. Wrangham(Cambridge, Mass.: Harvard University Press), pp. 22~141.

Pilot, Małgorzata, Tadeusz Malewski, Andre E. Moura, Tomasz Grzybowski, Kamil Olenski, Stanisław Kaminski, Fernanda Ruiz Fadel, et al. 2016. "Diversifying selection between pure-breed and free-breeding dogs inferred from genome-wide SNP analysis." *Genes, Genomes and Genetics* 6 (8): 2285~2298.

Pinker, Steven. 2011. *The Better Angels of Our Nature: Why Violence Has Declined*. New York: Penguin.

———. 2012. "The false allure of group selection." https://www.edge.org/ conversation/ the-false-allure-of-group-selection;doi: 10.1002/9781119125563.evpsych236.

Plomin, Robert. 2014. "Genotype-environment correlation in the era of DNA." *Behavior Genetics* 44: 629~638.

Plyusnina, Irina Z., Maria Yu Solov'eva, and Irina N. Oskina. 2011. "Effect of domestication on aggression in gray norway rats." *Behavior Genetics* 41: 583~592.

Polk, Kenneth. 1995. "Lethal violence as a form of masculine conflict resolution." *Australian and New Zealand Journal of Criminology* 28: 93~115.

Power, Margaret. 1991. *The Egalitarians—Human and Chimpanzee: An Anthropological View of Social Organization*. Cambridge, U.K.: Cambridge University Press.

Price, Edward O. 1999. "Behavioral development in animals undergoing domestication." *Applied Animal Behaviour Science* 65: 245~271.

Pruetz, Jill D., Kelly Boyer Ontl, Elizabeth Cleaveland, Stacy Lindshield, Joshua Marshack, and Erin G. Wessling. 2017. "Intragroup lethal aggression in West African chimpanzees(Pan troglodytes verus): Inferred killing of a former alpha male at Fongoli, Senegal." *International Journal of Primatology* 38: 31~57.

Prüfer, K., F. Racimo, N. Patterson, F. Jay, S. Sankararaman, S. Sawyer, A. Heinze, et al. 2014. "The complete genome sequence of a Neanderthal from the Altai Mountains." *Nature* 505: 43~49.

Prüfer, Kay, Kasper Munch, Ines Hellmann, Keiko Akagi, Jason R. Miller, Brian Walenz, Sergey Koren, et al. 2012. "The bonobo genome compared with the chimpanzee and human genomes." *Nature* 486: 527~531.

Pusey, Anne, Carson Murray, William Wallauer, Michael Wilson, Emily Wroblewski, and Jane Goodall. 2008. "Severe aggression among female *Pan troglodytes schweinfurthii* at Gombe National Park, Tanzania." *International Journal of Primatology* 29: 949~973.

———, and Craig Packer. 1994. "Infanticide in lions: Consequences and counterstrategies." In *Infanticide and Parental Care*, edited by S. Parmigiani and F. von Saal(London: Harwood Academic Publishers), pp. 277~330.

Rabett, Ryan J. 2018. "The success of failed *Homo sapiens* dispersals out of Africa and into Asia." *Nature Ecology and Evolution* 2: 212~219.

Radcliffe-Brown, A. 1922. *The Andaman Islanders: A Study in Social Anthropology*. Cambridge, U.K.: Cambridge University Press.

Raia, Pasquale, Fabio M. Guarino, Mimmo Turano, Gianluca Polese, Daniela Rippa, Francesco Carotenuto, Daria M. Monti, Manuela Cardi, and Domenico Fulgione. 2010. "The blue lizard spandrel and the island syndrome." *BMC Evolutionary Biology* 10(289): 1~16.

Raine, A., J. R. Meloy, S. Bihrle, J. Stoddard, L. LaCasse, and M. S. Buchsbaum. 1998a. "Reduced prefrontal and increased subcortical brain functioning assessed using positron emission tomography in predatory and affective murderers." *Behavioral Sciences and the Law* 16(3): 319~332.

Raine, Adrian. 2013. *The Anatomy of Violence: The Biological Roots of Crime*. London: Allen Lane.

———, Chandra Reynolds, Peter H. Venables, Sarnoff A. Mednick, and David P. Farrington. 1998b. "Fearlessness, stimulation-seeking, and large body size at age 3 years as early predispositions to childhood aggression at age 11 years." *Archives of General Psychiatry* 55(8): 745~751.

Ramm, Steven A., L. Schärer, J. Ehmcke, and J. Wistuba. 2014. "Sperm competition and the evolution of spermatogenesis." *Molecular Human Reproduction* 20(12): 1169~1179.

Range, Friederike, Caroline Ritter, and Zsófia Virányi. 2015. "Testing the Myth: Tolerant Dogs and Aggressive Wolves." *Proceedings of the Royal Society B* 282: 20150220.

Ridley, Matthew. 1996. *The Origins of Virtue*. London: Viking.

Roebroeks, Will, and Marie Soressi. 2016. "Neandertals revised." *PNAS* 113(23): 6372~6379.

Rosaldo, Michelle Z. 1974. "Women, culture and society: A theoretical overview." In *Woman, Culture and Society*, edited by Michelle Z. Rosaldo and Louise Lamphere (Stanford, Calif.: Stanford University Press), pp. 17~42.

Roselli, Charles E., Kay Larkin, John A. Resko, John N. Stellflug, and Fred Stormshak. 2004. "The volume of a sexually dimorphic nucleus in the ovine medial preoptic area/anterior hypothalamus varies with sexual partner preference." *Endocrinology* 145(2): 478~483.

―――, Radhika C. Reddy, and Katherine R. Kaufman. 2011. "The development of male-oriented behavior in rams." *Frontiers in Neuroendocrinology* 32: 164~169.

Roth, H. Ling. 1890. *The Aborigines of Tasmania*. London: Kegan Paul, Trench.

Rowson, B., B. H. Warren, and C. F. Ngereza. 2010. "Terrestrial molluscs of Pemba Island, Zanzibar, Tanzania, and its status as an 'oceanic' island." *ZooKeys* 70: 1~39.

Rudolf von Rohr, Claudia, Carel P. van Schaik, Alexandra Kissling, and Judith M. Burkart. 2015. "Chimpanzees' bystander reactions to infanticide: An evolutionary precursor of social norms?" *Human Nature* 26: 143~160.

Ruff, C. B., E. Trinkaus, and T. W. Holliday. 1997. "Body mass and encephalization in Pleistocene *Homo*." *Nature* 387: 173~176.

Ruff, Christopher B., Eric Trinkaus, Alan Walker, and Clark Spencer Larsen. 1993. "Postcranial Robusticity in *Homo*. I: Temporal trends and mechanical interpretation." *American Journal of Physical Anthropology* 91: 21~53.

Saey, Tina Hesman. 2017. "DNA evidence is rewriting domestication origin stories." *Science News* 191(13): 20~36.

Sánchez-Villagra, Marcelo R., Madeleine Geiger, and Richard A. Schneider. 2016. "The taming of the neural crest: A developmental perspective on the origins of morphological covariation in domesticated mammals." *Royal Society Open Science* 3: 160107.

―――, Valentina Segura, Madeleine Geiger, Laura Heck, Kristof Veitschegger, and David Flores. 2017. "On the lack of a universal pattern associated with mammalian domestication: Differences in skull growth trajectories across phylogeny." *Royal Society Open Science* 4: 170876; doi: 10.1098/rsos.170876.

Sanislow, Charles A., D. S. Pine, K. J. Quinn, M. J. Kozak, M. A. Garvey, R. K. Heinssen, P. S. Wang, and B. N. Cuthbert. 2010. "Developing constructs for psychopathology research: Research domain criteria." *Journal of Abnormal Psychology* 119(4): 631~639.

Sapolsky, Robert M. 2017. *Behave: The Biology of Humans at Our Best and Worst*. New York: Penguin.

Saucier, Gerard. 2018. "Culture, morality and individual differences: Comparability and incomparability across species." *Philosophical Transactions of the Royal Society B* 373: 20170170.

Schlesinger, Louis B. 2007. "Sexual homicide: Differentiating catathymic and compulsive murders." *Aggression and Violent Behavior* 12: 242~256.

Schrire, Carmel. 1980. "An inquiry into the evolutionary status and apparent identity of San hunter-gatherers." *Human Ecology* 8(1): 9~32.

Schultz, Ted R., and Seán G. Brady. 2008. "Major evolutionary transitions in ant agriculture." *PNAS* 105: 5435~5440.

Schwing, Raoul, Élodie Jocteur, Amelia Wein, Ronald Noë, and Jorg J. M. Massen. 2016. "Kea cooperate better with sharing affiliates." *Animal Cognition* 19: 1093~1102.

Scollon, Christie N., Ed Diener, Shigehiro Oishi, and Robert Biswas-Diener. 2004. "Emotions across cultures and methods." *Journal of Cross-Cultural Psychology* 35(3): 304~326.

Segal, Nancy. 2012. *Born Together—Reared Apart: The Landmark Minnesota Twins Study.* Cambridge, Mass.: Harvard University Press.

Shea, Brian T. 1989. "Heterochrony in human evolution: The case for neoteny reconsidered." *Yearbook of Physical Anthropology* 32: 69~104.

Shea, John J., and Matthew L. Sisk. 2010. "Complex projectile technology and *Homo sapiens* dispersal into Western Eurasia." *PaleoAnthropology* 2010: 100~122; doi: 10.4207/PA.2010.ART36.

Shermer, Michael. 2004. *The Science of Good and Evil: Why People Cheat, Gossip, Care, Share, and Follow the Golden Rule.* New York: Henry Holt.

Shimamura, Arthur P. 2002. "Muybridge in motion: Travels in art, psychology and neurology." *History of Photography* 26 (4): 341~350.

Shostak, Marjorie. 1981. *Nisa: The Life and Words of a !Kung Woman.* New York: Random House.

Shumny, V. K. 1987. "In memory of Dmitri Konstantinovich Belyaev." *Theoretical and Applied Genetics* 73: 932~933.

Sidorovich, V., and D. W. Macdonald. 2001. "Density dynamics and changes in habitat use by the European mink and other native mustelids in connection with the American mink expansion in Belarus." *Netherlands Journal of Zoology* 51(1): 107~126.

Siegel, A., and J. Victoroff. 2009. "Understanding human aggression: New insights from neuroscience." *International Journal of Law and Psychiatry* 32: 209~215.

Siever, Larry J. 2008. "Neurobiology of aggression and violence." *American Journal of Psychiatry* 165: 429~442.

Simões-Costa, Marcos, and Marianne E. Bronner. 2015. "Establishing neural crest identity: A gene regulatory recipe." *Development* 142: 242~257.

Singh, J. A. L., and Robert M. Zingg. 1942. *Wolf-Children and Feral Man.* Hamden, Conn.: Archon.

Singh, Manvir, Richard W. Wrangham, and Luke Glowacki. 2017. "Self-interest and the design of rules." *Human Nature* 28: 457~480.

Singh, Nandini, Frank W. Albert, Irina Plyusnina, Lyudmila Trut, Svante Pääbo, and Katerina Harvati. 2017. "Facial shape differences between rats selected for tame and aggressive behaviors." *PLoS ONE* 12(4): e0175043.

Skorska, Malvina N., and Anthony F. Bogaert. 2015. "Sexual orientation: Biological influences." *International Encyclopedia of the Social & Behavioral Sciences* 21: 773~778.

Slon, Viviane, Bence Viola, Gabriel Renaud, Marie-Theres Gansauge, Stefano Benazzi, Susanna Sawyer, Jean-Jacques Hublin, et al. 2017. "A fourth Denisovan individual." *Science Advances* 3: e1700186.

Smith, Richard J., and William L. Jungers. 1997. "Body mass in comparative primatology." *Journal of Human Evolution* 32: 523~559.

Snyder, Timothy. 2010. *Bloodlands: Europe Between Hitler and Stalin.* New York: Basic Books.

Sober, Elliott, and David S. Wilson. 1998. *Unto Others: The Evolution and Psychology of Unselfish Behavior.* Cambridge, Mass.: Harvard University Press.

Sommer, Volker. 2000. "The holy wars about infanticide: Which side are you on?" In *Infanticide by Males and Its Implications,* edited by C. P. van Schaik and C. Janson(Cambridge, U.K.: Cambridge University Press), pp. 9~26.

Sorensen, Andrew C. 2017. "On the relationship between climate and Neandertal fire use during the Last Glacial in south-west France." *Quaternary International* 436 114~128.

Stamps, J. A., and M. Buechner. 1985. "The territorial defense hypothesis and the ecology of insular vertebrates." *Quarterly Review of Biology* 60: 155~181.

Starks, Philip T. 2003. "Selection for uniformity: Xenophobia and invasion success." *Trends in Ecology and Evolution* 18(4): 159~162.

Statham, Mark J., Lyudmila N. Trut, Ben N. Sacks, Anastasiya V. Kharlamova, Irina N. Oskina, Rimma G. Gulevich, Jennifer L. Johnson, et al. 2011. "On the origin of a domesticated species: Identifying the parent population of Russian silver foxes*(Vulpes vulpes)*." *Biological Journal of the Linnean Society* 103: 168~175.

Stearns, Jason K. 2011. *Dancing in the Glory of Monsters: The Collapse of the Congo and the Great War of Africa.* New York: PublicAffairs, Perseus.

Stevenson, Robert Louis. 1991(1886). *The Strange Case of Dr. Jekyll and Mr. Hyde.* New York: Dover.

Stimpson, Cheryl D., Nicole Barger, Jared P. Taglialatela, Annette Gendron-Fitzpatrick, Patrick R. Hof, William D. Hopkins, and Chet C. Sherwood. 2016. "Differential serotonergic innervation of the amygdala in bonobos and chimpanzees." *Social Cognitive and Affective Neuroscience* 11(3): 413~422.

Stirrat, Michael, Gert Stulp, and Thomas V. Pollet. 2012. "Male facial width is associated with death by contact violence: Narrow-faced males are more likely to die from contact violence." *Evolution and Human Behavior* 33: 551~556.

Stringer, Chris. 2016. "The origin and evolution of *Homo sapiens*." *Philosophical Transactions of the Royal Society B* 371: 20150237.

Stringer, Christopher B. 2012. *The Origin of Our Species.* London: Penguin.

Surbeck, Martin, Tobias Deschner, Verena Behringer, and Gottfried Hohmann. 2015. "Urinary C-peptide levels in male bonobos *(Pan paniscus)* are related to party size and rank but not to mate competition." *Hormones and Behavior* 71: 22~30.

————, Tobias Deschner, Grit Schubert, Anja Weltring, and Gottfried Hohmann. 2012. "Mate competition, testosterone and intersexual relationships in bonobos, *Pan paniscus*." *Animal Behaviour* 83: 659~669.

Surbeck, Martin, Cédric Girard-Buttoz, Christophe Boesch, Catherine Crockford, Barbara Fruth, Gottfried Hohmann, Kevin E. Langergraber, Klaus Zuberbühler, Roman M. Wittig, and Roger Mundry. 2017. "Sex-specific association patterns in bonobos and chimpanzees reflect species differences in cooperation." *Royal Society Open Science* 4: 161081.

————, and Gottfried Hohmann. 2013. "Intersexual dominance relationships and the influence of leverage on the outcome of conflicts in wild bonobos(Pan paniscus)." *Behavioral Ecology and Sociobiology* 67: 1767~1780.

Sussman, Robert W., and Joshua Marshack. 2010. "Are humans inherently killers?" *Global Non-Killing Working Papers* 1: 7~28.

Sussman, Robert W., ed. 1998. *The Biological Basis of Human Behavior: A Critical Review.* New York: Prentice Hall.

Suzuki, Kenta, Maki Ikebuchi, Hans-Joachim Bischof, and Kazuo Okanoya. 2014. "Behavioral and neural trade-offs between song complexity and stress reaction in a wild and a domesticated finch strain." *Neuroscience and Biobehavioral Reviews* 46: 547~556.

Swedell, Larissa, and Thomas W. Plummer. 2012. "A papionin multilevel society as a model for hominin social evolution." *International Journal of Primatology* 33(5): 1165~1193.

Sznycer, Daniel, John Tooby, Leda Cosmides, Roni Porat, Shaul Shalvie, and Eran Halperin. 2016. "Shame closely tracks the threat of devaluation by others, even across cultures." *PNAS* 113(10): 2625~2630.

Takemoto, Hiroyuki, Yoshi Kawamoto, and Takeshi Furuichi. 2015. "How did bonobos come to range south of the Congo River? Reconsideration of the divergence of *Pan paniscus* from other *Pan* populations." *Evolutionary Anthropology* 24: 170~184.

Tattersall, Ian. 2015. *The Strange Case of the Rickety Cossack, and Other Cautionary Tales from Human Evolution.* New York: Palgrave Macmillan.

————. 2016. "A tentative framework for the acquisition of language and modern human cognition." *Journal of Anthropological Sciences* 94: 157~166.

Terburg, David, and Jack van Honk. 2013. "Approach–avoidance versus dominance–submissiveness: A multilevel neural framework on how testosterone promotes social status." *Emotion Review* 5(3): 296~302.

Teten Tharp, Andra L., Carla Sharp, Matthew S. Stanford, Sarah L. Lake, Adrian Raine, and Thomas A. Kent. 2011. "Correspondence of aggressive behavior classifications among young adults using the Impulsive Premeditated Aggression Scale and the Reactive Proactive Questionnaire." *Personality and Individual Differences* 50: 279~285.

Theofanopoulou, Constantina, Simone Gastaldon, Thomas O'Rourke, Bridget D. Samuels, Angela Messner, Pedro Tiago Martins, Francesco Delogu, Saleh Alamri, and Cedric Boeckx. 2017. "Comparative genomic evidence for self-domestication in *Homo sapiens*." *PLoS ONE* 12(10): e0185306.

Thomas, Elizabeth Marshall. 1959. *The Harmless People*. New York: Vintage.

Tindale, Norman B. 1940. "Distribution of Australian aboriginal tribes: A field survey." *Transactions of the Royal Society of South Australia* 64(1): 140~231.

———. 1974. *Aboriginal Tribes of Australia: Their Terrain, Environmental Controls, Distribution, Limits, and Proper Names*. Berkeley: University of California Press.

Tokuyama, Nahoko, and Takeshi Furuichi. 2016. "Do friends help each other? Patterns of female coalition formation in wild bonobos at Wamba." *Animal Behaviour* 119: 27~35.

Tomasello, Michael. 2016. *A Natural History of Human Morality*. Cambridge, Mass.: Harvard University Press.

———, and Malinda Carpenter. 2007. "Shared intentionality." *Developmental Science* 10 (1): 121~125.

Tooby, J., and L. Cosmides. 1988. "The evolution of war and its cognitive foundations." *Technical Report*, No. 88–1. Santa Barbara: Institute for Evolutionary Studies, University of California, Santa Barbara.

———. 1990. "On the universality of human-nature and the uniqueness of the individual—the role of genetics and adaptation." *Journal of Personality* 58(1): 17~67.

Treves, Adrian, and Lisa Naughton-Treves. 1997. "Case study of a chimpanzee recovered from poachers and temporarily released with wild conspecifics." *Primates* 38 (3): 315~324.

Trut, L. N. 1999. "Early canid domestication: The farm-fox experiment." *American Scientist* 87: 160~169.

———, F. Ya Dzerzhinskii, and V. S. Nikol'skii. 1991. "Intracranial allometry and craniological changes during domestication of silver foxes." *Genetika* 27 (9): 1605~1611. (Article in Russian.)

Trut, Lyudmila N., Irina Oskina, and Anastasiya Kharlamova. 2009. "Animal evolution during domestication: The domesticated fox as a model." *BioEssays* 31: 349~360.

Tuchman, Barbara W. 1985. *The March of Folly: From Troy to Vietnam*. New York: Random House.

Tulogdi, A., M. Toth, J. Halasz, E. Mikics, T. Fuzesi, and J. Haller. 2010. "Brain mechanisms involved in predatory aggression are activated in a laboratory model of violent intra-specific aggression." *European Journal of Neuroscience* 32: 1744~1753.

Tulogdi, Aron, Laszlo Biro, Beata Barsvari, Mona Stankovic, Jozsef Haller, and Mate Toth. 2015. "Neural mechanisms of predatory aggression in rats—Implications for abnormal intraspecific aggression." *Behavioural Brain Research* 283: 108~115.

Turney-High, H. H. 1949. *Primitive War: Its Practice and Concepts*. Columbia: University of South Carolina Press.

Tuvblad, Catherine, and Laura A. Baker. 2011. "Human aggression across the lifespan: Genetic propensities and environmental moderators." *Advances in Genetics* 75: 171~214.

———, Adrian Raine, Mo Zheng, and Laura A. Baker. 2009. "Genetic and environmental stability differs in reactive and proactive aggression." *Aggressive Behavior* 35: 437~452.

Twain, Mark. 1917. *What Is Man?* New York: Harper.

Umbach, Rebecca, Colleen M. Berryessa, and Adrian Raine. 2015. "Brain imaging research on psychopathy: Implications for punishment, prediction, and treatment in youth and adults." *Journal of Criminal Justice* 43: 295~306.

Valentova, Jaroslava Varella, Karel Kleisner, Jan Havlíček, and Jiří Neustupa. 2014. "Shape differences between the faces of homosexual and heterosexual men." *Archives of Sexual Behavior* 43: 353~361.

van den Audenaerde, D. F. E. 1984. "The Tervuren Museum and the pygmy chimpanzee." In *The Pygmy Chimpanzee: Evolutionary Biology and Behavior,* edited by R. L. Susman(New York: Plenum), pp. 3~11.

van der Dennen, Johann M. G. 2006. "Review essay: Buss, D. M. (2005), the Murderer Next

Door: Why the Mind Is Designed to Kill." *Homicide Studies* 10(4): 320~335.

VanderLaan, Doug P., Lanna J. Petterson, and Paul L. Vasey. 2016. "Femininity and kin-directed altruism in androphilic men: A test of an evolutionary developmental model." *Archives of Sexual Behavior* 45: 619~633.

van der Plas, Ellen A. A., Aaron D. Boes, John A. Wemmie, Daniel Tranel, and Peg Nopoulos. 2010. "Amygdala volume correlates positively with fearfulness in normal healthy girls." *SCAN* 5: 424~431.

van Schaik, Carel P. 2016. *The Primate Origins of Human Nature*. Hoboken, N.J.: John Wiley.

Vasey, Paul L. 1995. "Homosexual behavior in primates: A review of evidence and theory." *International Journal of Primatology* 16: 173~204.

Veroude, Kim, Yanli Zhang-James, Noelia Fernandez-Castillo, Mireille J. Bakker, Bru Cormand, and Stephen V. Faraone. 2015. "Genetics of aggressive behavior: An overview." *American Journal of Medical Genetics Part B* 171B: 3~43.

Villa, Paola, and Will Roebroeks. 2014. "Neandertal demise: An archaeological analysis of the modern human superiority complex." *PLoS ONE* 9(4): e96424.

Vrba, Rudolf. 1964. *I Cannot Forgive*. New York: Grove.

Wadley, Lyn. 2010. "Were snares and traps used in the Middle Stone Age and does it matter? A review and a case study from Sibudu, South Africa." *Journal of Human Evolution* 58: 179~192.

Wallen, Kim. 2001. "Sex and context: Hormones and primate sexual motivation." *Hormones and Behavior* 40: 339~357.

Wang, Xu, Lenore Pipes, Lyudmila N. Trut, Yury Herbeck, Anastasiya V. Vladimirova, Rimma G. Gulevich, Anastasiya V. Kharlamova, et al. 2017. "Genomic responses to selection for tame/aggressive behaviors in the silver fox *(Vulpes vulpes)*." *bioRxiv;* doi: 10.1101/228544.

Warneken, Felix. 2018. "How children solve the two challenges of cooperation." *Annual Review of Psychology* 69: 205~229.

Warner, W. Lloyd. 1958. *A Black Civilization: A Social Study of an Australian Tribe*. Revised ed. New York: Harper.

Watts, David P. 1989. "Infanticide in mountain gorillas: new cases and a reconsideration of the evidence." *Ethology* 81: 1~18.

———. 2004. "Intracommunity coalitionary killing of an adult male chimpanzee at Ngogo, Kibale National Park, Uganda." *International Journal of Primatology* 25(3): 507~521.

Weaver, T. D., C. C. Roseman, and C. B. Stringer. 2008. "Close correspondence between quantitative-and molecular-genetic divergence times for Neandertals and modern humans." *PNAS* 105: 4645~4649.

Weiner, Tim. 1998. "C.I.A. bares own bungling in Bay of Pigs report." *New York Times,* February 22, 1998.

Weinshenker, N. J., and A. Siegel. 2002. "Bimodal classification of aggression: Affective defense and predatory attack." *Aggression and Violent Behavior* 7: 237~250.

Weinstock, Eugene. 1947. *Beyond the Last Path*. Translated by Clara Ryan. New York: Boni and Gaer.

West, S. A., A. S. Griffin, and A. Gardner. 2007. "Social semantics: Altruism, cooperation, mutualism, strong reciprocity and group selection." *Journal of Evolutionary Biology* 20: 415~432.

Wheeler, G. 1910. *The Tribe and Intertribal Relations in Australia*. London: John Murray.

Whitam, Frederick L. 1983. "Culturally invariable properties of male homosexuality: Tentative conclusions from cross-cultural research." *Archives of Sexual Behavior* 12 (3): 207~226.

White, Isobel, ed. 1985. *Daisy Bates: The Native Tribes of Western Australia*. Canberra: National Library of Australia.

Wiessner, Polly. 2005. "Norm enforcement among the Ju/'hoansi Bushmen: A case of strong reciprocity?" *Human Nature* 16: 115~145.

———. 2006. "From spears to M-16s: Testing the imbalance of power hypothesis among the Enga." *Journal of Anthropological Research* 62: 165~191.

Wilkins, Adam S., Richard W. Wrangham, and W. Tecumseh Fitch. 2014. "The 'domestication syndrome' in mammals: A unified explanation based on neural crest cell behavior and genetics." *Genetics* 197: 795~808.

Williams, Frank L. 2013. "Neandertal craniofacial growth and development and its relevance for modern human origins." In *The Origins of Modern Humans: Biology Reconsidered*, edited by Fred H. Smith and James C. M. Ahern(New York: John Wiley), pp. 253~284.

Williams, J., G. Oehlert, J. Carlis, and A. Pusey. 2004. "Why do male chimpanzees defend a group range?" *Animal Behaviour* 68: 523~532.

Williams, Kipling D., and Blair Jarvis. 2006. "Cyberball: A program for use in research on interpersonal ostracism and acceptance." *Behavior Research Methods* 38 (1): 174~180.

———, and Steve A. Nida. 2011. "Ostracism: Consequences and coping." *Current Directions in Psychology* 20: 71~75.

Wilmsen, E. 1989. *Land Filled with Flies: A Political Economy of the Kalahari*. Chicago: University of Chicago Press.

Wilson, Edward O. 2012. *The Social Conquest of Earth*. New York: Liveright.

Wilson, Margo, and Martin Daly. 1985. "Competitiveness, risk taking, and violence: The young male syndrome." *Ethology and Sociobiology* 6: 59~73.

Wilson, Michael L., Christophe Boesch, Barbara Fruth, Takeshi Furuichi, I. C. Gilby, Chie Hashimoto, Catherine Hobaiter, et al. 2014. "Lethal aggression in *Pan* is better explained by adaptive strategies than human impacts." *Nature* 513: 414~417.

Wittig, Roman M., and Christophe Boesch. 2003. "Food competition and linear dominance hierarchy among female chimpanzees of the Taï National Park." *International Journal of Primatology* 24(4): 847~867.

Wobber, Victoria, Richard Wrangham, and Brian Hare. 2010. "Bonobos exhibit delayed development of social behavior and cognition relative to chimpanzees." *Current Biology* 20: 226~230.

Wolfgang, Marvin. 1958. *Patterns of Criminal Homicide*. Philadelphia: University of Pennsylvania Press.

Won, Y., and J. Hey. 2005. "Divergence population genetics of chimpanzees." *Molecular Biology and Evolution* 22: 297~307.

Woodburn, James. 1982. "Egalitarian societies." *Man* 17(3): 431~451.

Workman, B. K. 1964. *They Saw It Happen in Classical Times: An Anthology of Eye-Witnesses' Accounts of Events in the Histories of Greece and Rome, 1400 B.C.–A.D. 540*. New York: Blackwell.

Wrangham, Richard W. 1999. "Evolution of coalitionary killing." *Yearbook of Physical Anthropology* 42: 1~39.

———. 2018. "Two types of aggression in human evolution." *PNAS* 115(2): 245~253; doi: 10.1073/pnas.1713611115.

———, and Dale Peterson. 1996. *Demonic Males: Apes and the Origins of Human Violence*. Boston: Houghton Mifflin.

———, Michael L. Wilson, and Martin N. Muller. 2006. "Comparative rates of aggression in chimpanzees and humans." *Primates* 47: 14~26.

Wrangham, R. W., and L. Glowacki. 2012. "War in chimpanzees and nomadic hunter-gatherers: Evaluating the chimpanzee model." *Human Nature* 23: 5~29.

Wright, Robert. 1994. *The Moral Animal*. New York: Pantheon.

Wrinch, Pamela N. 1951. "Science and politics in the U.S.S.R.: The genetics debate." *World Politics* 3(4): 486~519.

Wyden, Peter. 1979. *Bay of Pigs: The Untold Story*. New York: Simon and Schuster.

Wynn, Thomas, Karenleigh A. Overmann, and Frederick L. Coolidge. 2016. "The false dichotomy: A refutation of the Neandertal indistinguishability claim." *Journal of Anthropological Sciences* 94: 201~221.

Xu, Jiaquan, Sherry L. Murphy, Kenneth D. Kochanek, and Brigham A. Bastian. 2016. "Deaths: Final data for 2013." *National Vital Statistics Reports* 64(2): 1~118.

Yamakoshi, Gen. 2004. "Food seasonality and socioecology in *Pan:* Are West African chimpanzees another bonobo?" *African Study Monographs* 25(1): 45~60.

Young, Lindsay C., and Eric A. VanderWerf. 2014. "Adaptive value of same-sex pairing in Laysan albatross." *Proceedings of the Royal Society B* 281: 20132473.

Zammito, John H. 2006. "Policing polygeneticism in Germany, 1775: (Kames,) Kant, and Blumenbach." In *The German Invention of Race,* edited by Sara Eigen and Mark Larrimore(Albany: State University of New York Press), pp. 35~54.

Zefferman, Matthew R., and Sarah Mathew. 2015. "An evolutionary theory of large-scale human warfare: Group-structured cultural selection." *Evolutionary Anthropology* 24: 50~61.

Zegwaard, G. A. 1959. "Head-hunting practices of the Asmat of Netherlands New Guinea." *American Anthropologist* 61: 1020~1041.

Zollikofer, Christoph P. E. 2012. "Evolution of hominin cranial ontogeny." In *Progress in Brain Research,* edited by M. A. Hofman and Dean Falk(Amsterdam: Elsevier), pp. 273~292.

옮긴이 후기

리처드 랭엄은 인간이 극도로 낮은 반응적 공격을 보이지만, 전쟁과 같이 높은 주도적 폭력을 행사한다는 역설을 보인다고 하면서, 반응적 공격이 더 많았던 인류의 조상은 인간에 의해, 즉 자기 길들이기에 의해 순해졌다는 주장을 고고학, 고생물학, 심리학, 생화학, 신경생리학, 발생학, 뇌과학, 해부학, 근대 사회사상, 형법학 등을 이용하여 설명한다. 여기서 반응적 공격은 지각된 위협이나 도발에 대한 적대적이며 방어적인 분노 반응과 관련이 있고, 주도적 공격은 특정 목적을 달성하거나 세력, 예상되는 이익을 얻기 위한 목표 지향적 공격 행동을 지칭한다. 특히 랭엄은 알파 남성은 괴롭힘을 당하는 피지배자들의 협력을 기반으로 한 주도적 (계획적) 공격을 통해 사형이라는 형태로 제거된다고 했다. 이를 위해 언어의 발달이 필요한데, 언어가 없이는 협력을 계획할 수 없기 때문이다. 또한 언어는 수다와 소문을 통해 평등주의를 유지하기 위한 민간 차원에서의 사찰을 가능하게 만들었다. 따라서 인간은 다른 유인원에 비해 평판에 민감한 것이다. 이 과정을 통해 폭력이나 공격에 관련된 유전 인자가 유전자 풀pool 안에서 희석되거나 다음 세대로 전달되지 않게 된다. 수렵 채집 사회, 농업 혁명, 국가의 발생을 통해 사형은 제도화되어 인간 사회 안에서 이타주의, 협력, 친사회성, 질서, 도덕이 탄생하게 되었다고 한다. 그러나 다수에 의한 무제한적 권력을 남용하게 만들어 전쟁, 노예제, 전체주의를 낳아 작가는 그런 협력을 지양하도록 권고한다. 이렇게 함으로써 조직적 폭력이나 전쟁을 방지하고 사형 제도를 폐지할 것을 주장한다.

랭엄은 인간이 우리의 조상보다 순해진 이유는 공격적이고 법을 어기는 사람들을 사형을 통해 제거하여 길들이기가 이루어졌기 때문이라고 했다. 물론 사형은 범행을 저지르려는 또는 반사회적인 생각을 가진 사람들이 악한 행동을 하면 죽을 수 있다는 공포를 주기 때문에 사전에 범행을 막는 효과가 있을 것이다. 그러나 폭력, 사형이 인류를 순하게 만들었는가에 대해서는 다시 생각할 필요가 있다. 인간의 협력을 통해 폭력 없이 일을 해결한 역사가 많으며, 과학을 통한 합리주의적인 사고의 형성, 계몽, 문화의 발달은 인간을 인간답게 만드는 데 일조했다고 생각한다.

랭엄은 선함의 역설을 설명하면서 루소주의자와 홉스주의자를 끌어들였다. 루소주의자들은 인간의 폭력은 문화적인 결과일 뿐, 생물학적인 근거가 없으며 인간은 본래 선하다는 입장이다. 루소주의자들은 만약 폭력이 유전자에 의한 것이라면 인류는 폭력을 피할 수 없다는 것을 두려워한다. 홉스주의자들은 인간은 선천적으로 악하기 때문에 교화를 통해 개선해야 한다고 주장한다. 동양에서는 맹자가 성선설을 주장했고 순자가 성악설을 주장했으며, 송나라 성리학에서는 두 학설이 융합되기도 했다. 이런 점에서 인간의 본성에 대한 철학적 접근은 동서양 모두 공통으로 존재했다. 랭엄은 인간이 선과 악을 동시에 가졌다고 주장하면서, 악이나 폭력적인 면이 유전자의 영향을 받는다는 것은 사실이지만 그렇다고 막을 수 없다는 것에는 반박한다. 영장류학자 프란스 드 발은 "우리는 침팬지보다 더 잔인하고, 보노보보다 공감 능력이 뛰어나다."라고 했다. 나는 여기에 공감하는 입장이지만, 사람마다 다르며 그 정도 차이는 어쩌면 유전적, 환경적으로 결정될 수 있는 문제라고 생각한다.

랭엄은 책의 앞부분에서 아돌프 히틀러가 동물 애호가였는데도 불구하고 수많은 유대인을 학살했고 이오시프 스탈린은 교도소에서 모범수로 있었던 조용한 사람이었지만 정권을 잡은 후 많은 사람을 학살한 것을 이야기했다. 나는 인간이 원래 선하고 악한 것을 떠나서 각 인간이 선해질 수 있는 잠재력과 악해질 수 있는 잠재력은 모두 유전체에 의해 형성되고 경험과 환경이 인간성을 변화시킨다고 생각한다. 히틀러는 아버지로부터 신체적인 학대를 받으면서 자랐다. 히틀러의 어머니는 아버지의 세 번째 부인이었고, 그는 넷째 아들로 여섯 아이 중에서 살아남은 두 자식 중 하나였다. 그는 암과 투병을 했던 어머니에게 헌신했지만, 어머니가 결국 죽었고, 어머니의 주치의는 유대인이었다. 따라서 히틀러의 유대인에 대한 증오는 그때부터 시작되었을지도 모른다. 스탈린은 알코올 중독자인 아버지로부터 무자비한 폭행과 구타를 겪으며 자랐다. 이처럼 히틀러와 스탈린에게는 어두운 과거가 있었으며, 현대 생물학에서는 아동 학대가 후성유전학적 변화를 일으켜 탈선을 유도하고 그 트라우마가 대대로 유전된다는 결과가 있다. 아니 땐 굴뚝에 연기가 나지 않듯이 원인이 없이는 두 사람이 잔인해질 수 없다고 생각한다. 두 사람은 독재자가 될 때까지 정치적인 목적을 위해 악을 숨기고 사람을 모은 것이다. 반면에 안톤 체호프는 폭력적인 아버지 밑에서 자랐는데도 가족이 올바르게 살게 하기 위해 헌신을 했다. 이렇듯 본성과 양육은 (유전자와 환경은) 어느 하나가 결정적으로 중요한 것이 아니라 동시에 상호 작용을 하는 것이다. 마찬가지로 선과 악은 명료하게 대립하는 개념으로 보이지만, 그 둘의 경계는 분명하지 않고, 외부에서 주어지는 것이 아니라 내부의 자유 의지에 의해 실행되는 것이다. (그럼 그 자유 의지는 어느 정도 유전적으로 영향을 받는 것이 아닌가?) 괴테는 『파우스트』에서 악 역시 세상의 질서에 필연적이라는 사실을 밝혔다.

폭력과 공격은 아我와 타他의 문제에서, 즉 나는 남과 다르다거나 남보다 더 우월하다는 생각에서 비롯되는 듯하다. 에드워드 윌슨은 『인간 본성에 대하여』에서 "우리는 사람을 동료와 이방인으로 구분하는 성향이 있다. 그리고 이방인의 행동에 두려움을 느끼고 공격을 통해 갈등을 해결한다"고 말했다. 따라서 윌슨은 폭력이 필연적임을 말한다. 우리의 면역계를 살펴보아도 자기self와 비자기non-self를 구분하여 비자기는 어떻게 해서든지 제거하는 것을 볼 수 있다. 동물은 타他에 의해 죽음을 당할 수 있다는 공포와 불안을 해소하기 위해 폭력을 사용하여 자기를 지키려고 하는 것이다. 따라서 폭력은 적응적인 형질이기 때문에 생존 능력을 증가시킨다고 볼 수 있다. 그러나 협력을 잘 못하고 반응적 공격을 많이 한 네안데르탈인들은 협력을 잘하는 호모 사피엔스를 능가할 수 없었고 결국 멸종했다. 그리고 폭력은 극단적인 불평등에서도 비롯되었다. 농업 혁명 이후 빈부의 차이가 생겨 불평등이 형성되고 극단에 가면 전쟁, 혁명, 폭력, 국가의 몰락으로 이어진 역사가 있다. 인간은 불평등을 혐오한다.

최근에 길들이기 증후군에 관련이 있는 유전자를 찾았다는 발표

옮긴이 후기

가 있었다. 바로 *BAZ1B*라는 유전자인데, 이 유전자에 의해 만들어지는 단백질은 다른 단백질에 인산기를 붙이는 효소의 일종이다. BAZ1B 단백질은 단백질의 인산화를 통해 염색질의 상태를 변화시켜 다른 유전자의 발현을 조절한다. 유전체에서 DNA 염기 서열의 변화 없이 단지 사이토신cytosine 염기에 메틸기를 붙인다든지 DNA가 감고 있는 히스톤 단백질에 메틸기나 아세틸기 등을 붙여 염색질의 상태를 변화시켜 유전자의 발현을 조절하는 것을 후성유전학적 조절이라 부르는데, 이런 조절은 여러 가지 환경 변화에 의해 일어날 수 있으며, 대대로 유전될 수 있다. 따라서 BAZ1B 단백질은 신경능선의 후성 유전체에 영향을 주어 길들이기를 일으키는 것으로 생각이 된다. *BAZ1B* 유전자는 신경능선과 얼굴의 발달에 매우 중요한 역할을 한다. 인간의 유전병 중에 윌리엄스-보이렌 증후군을 가진 사람은 *BAZ1B* 유전자를 두 개가 아니라 하나를 갖고 있어 공간 인식의 현저한 감소, 뛰어난 음악적 재능, 언어 능력의 감소, 인지 능력의 손상, 작은 두개골, 작고 여린 얼굴, 극단적인 상냥함, 공격성의 감소, 모험을 피하는 경향을 나타내 길들이기 증후군과 매우 유사한 표현형을 보인다. 신기하게도 인간의 7번 염색체에 있는 이 유전자와 상동 유전자인 *GTF2I* 유전자는 개와 여우에서 6번 염색체에 존재하고 사회성이 강한 개들은 *GTF2I* 유전자에 결함이 있는 것으로 밝혀졌다. 야생 동물과 길들이기된 동물 사이에 시상하부에서의 후성유전학적 차이가 있다는 것은 보고가 되어 있다. 즉 늑대와 개 사이에서, 적색야계와 닭 사이에서, 야생 여우와 벨랴예프가 선택적으로 교배해서 길들이기된 은여우에서 차이가 있다는 것이다. *BAZ1B* 유전자가 길들이기에 절대적인 작용 인자라고 말하기는 어렵고, 윌리엄스-보이렌 증후군에서의 표현형과 길들이기된 동물의 특징 간에 차이가 존재하면, 길들이기 증후군에는 암이나 당뇨병처럼 여러 가지 유전자가 관여할 가능성이 높다. 예를 들어 *BAZ1B* 유전자는 448개의 상이한 유전자 활성에 영향을 준다. 그리고 본문에서 말하듯이 공격성은 테스토스테론과 코르티솔의 양과 관련이 있으며, 폭력을 억제하는 데 세로토닌과 옥시토신의 양이 관여한다. 따라서 인간의 폭력과 관용은 호르몬을 생성하는 유전자와 관련이 있을 점이라는 것은 확실하다.

인간과 침팬지의 단백질 서열은 평균 99퍼센트 이상 동일하다는 것이 밝혀졌다. 그렇다면 인간과 침팬지의 차이는 어디에서 오는 것일까? 달리 말해 폭력성이 강한 침팬지로부터 인간은 어떻게 유순하게 변했으며, 야생의 여우는 어떻게 인위적인 교배를 통해 순해질 수 있는 것인가? 생물학자 메리-클레어 킹Mary-Claire King과 앨런 찰스 윌슨Allan Charles Wilson은 그런 변화는 자연 선택으로 만들어진 돌연변이가 아니라 유전자의 활성 조절에 의한 것이라고 말했다. 이는 후성유전학적 조절을 암시하는 것이다. 인간의 길들이기에서 사형 가설이 적용되었지만, 최근의 과학적 발견과 어떤 관계가 있는지 밝혀야 하는 것이 숙제다.

결론적으로, 인간은 선과 악을 동시에 갖고 있으며 각각이 밖으로 나타날 수 있는 잠재력은 얼마든지 있다. 인류는 이 사실을 알고 전쟁, 폭력, 자기도취, 오만에 빠지지 않도록 함께 노력해야 한다.

마지막으로, 자연과학과 인문학을 연결한 통섭적인 책을 번역, 출판하게 도와준 을유문화사 대표님과 김경민 편집장님, 김지연 편집자께 감사를 드린다.

찾아보기